河北省天气预报手册

本书编写组　编著

内容简介

本书以提高天气预报业务人员业务技能为目的，围绕着天气预报技术岗位工作的实际需求，介绍了天气预报业务人员必备的知识和技能。全书共分为9章，内容包括河北省地理和天气气候特征，各类灾害性和高影响天气的特点及其监测、预报、预警技术，气象要素预报及数值预报释用等。

本书可供从事天气分析预报的气象、水文、航空、交通、环境、海洋等工作者参考，也可供相关行业的科研人员和大、中专院校师生参考。

图书在版编目(CIP)数据

河北省天气预报手册/本书编写组编著. --北京：气象出版社，2017.7（2019.12重印）
ISBN 978-7-5029-6597-6

Ⅰ.①河… Ⅱ.①河… Ⅲ.①天气预报-河北-手册
Ⅳ.①P45-62

中国版本图书馆CIP数据核字(2017)第165195号

河北省天气预报手册
本书编写组 编著

出版发行：气象出版社
地　　址：北京市海淀区中关村南大街46号　　邮政编码：100081
电　　话：010-68407112(总编室)　010-68408042(发行部)
网　　址：http://www.qxcbs.com　　E-mail：qxcbs@cma.gov.cn
责任编辑：李太宇　隋珂珂　　终　　审：吴晓鹏
责任校对：王丽梅　　责任技编：赵相宁
封面设计：博雅思企划
印　　刷：北京建宏印刷有限公司
开　　本：787 mm×1092 mm　1/16　　印　　张：18
字　　数：460千字
版　　次：2017年7月第1版　　印　　次：2019年12月第3次印刷
定　　价：110.00元

《河北省天气预报手册》编撰委员会

主　编　宋善允

副主编　彭　军　连志鸾　陈小雷　张迎新

委　员　（按姓氏笔画排列）

王宗敏　孔凡超　李云川　李江波　李宗涛

李延江　张江涛　赵玉广　郭迎春　景　华

序

河北省地处中纬度，东临渤海，为沿海与内陆的过渡地带，南北跨度约6.5个纬距；地势西北高、东南低：西北部是坝上高原，北部、西部分别为燕山、太行山山地，盆地、丘岭分布其间；东南部为黄河、海河、滦河冲积平原；东部沿海，有487千米的海岸线。河北省特殊的地理位置、复杂多样的地形地貌，形成了复杂多变的天气气候：降水、气温及各类灾害性天气发生的时、空变率非常大；暴雨、干旱、大风、冰雹、雷电、高温、雾、霾、干热风、低温冻害、风暴潮等各类气象灾害频繁；山洪、滑坡、泥石流、森林火灾等气象次生灾害时有发生。近年来，随着经济社会的快速发展，各类自然灾害造成的损失越来越大，对气象工作提出了更高的要求和更严峻的挑战。这就需要气象工作者更准确地预报重大灾害性、关键性、转折性天气，为防灾减灾和人民福祉安康提供有力的气象保障。

几十年来，河北省历代气象科技工作者始终紧紧围绕提高天气预报准确率这一永恒的主题，不断探索河北省天气气候变化规律和灾害性天气发生机理，研究各种灾害性天气预报技术方法，不断提炼总结，积累了丰富经验，取得了许多研究成果。近年来，国家和河北省气象部门大力推进气象现代化建设，新的观测资料和越来越多的数值预报产品不断投入天气预报业务和科研应用；数值预报产品检验和解释应用能力不断增强。河北省气象局加强了暴雨、强对流、数值预报释用等关键技术创新团队建设；进行了科学合理的现代天气业务布局和流程调整；加强了预报员技能训练和专家型预报员队伍培养，使天气预报质量稳步提高；应用新资料、新技术、新方法，对灾害天气发生及演变规律，从多角度分析研究，取得了许多新的成果。这些工作都为《河北省天气预报手册》(以下简称《手册》)的修订、补充、完善创造了有利条件。

1987年我省编著的《手册》，距今已30个年头，远不能适应当前的业务需要。天气预报业务技术的发展和新时期推进现代天气业务体系建设的需求，迫切需要再次组织新版《手册》的编写。此次编写工作是在中国气象局、北京大学等单位有关专家的指导下，河北省气象部门各业务单位专家的积极参与和支持下完成的。该书凝聚了数代气象工作者的智慧，既继承了过去的经验，也补充了新的研究成果，同时也培养和锻炼了预报员队伍，必将对河北省气象事业发展产生积极的推进作用。谨此，我向参与此书编写并付出艰辛努力的专家和气象科技人员表示衷心的感谢！

宋善允[1]

2017 年 2 月

[1] 宋善允，河北省气象局局长。

前　言

河北省地处华北平原，环绕京津，东濒渤海，西倚太行山与山西省交界，南接黄淮平原与河南省为邻，东南与山东省毗连，北连蒙古高原与内蒙古自治区接壤，东北与辽宁省相接。河北省地域辽阔，气候资源虽然丰富，气象灾害却又频繁发生。影响河北省的天气气候事件主要有干旱、暴雨(雪)、连阴雨、雷电、冰雹、高温、寒潮、霜冻、大风(沙尘暴)、龙卷、大雾和霾等。这些气象灾害往往给国民经济、人们的生产生活造成重大影响，带来严重经济损失。

随着气象科学技术水平和观测手段不断进步，新的天气预报理论、预报方法正在发生前所未有的变化。为了满足不断增长的气象服务需求，提高新老预报员对河北省天气气候的认识，把握灾害天气过程的特点，充分挖掘数值预报产品的实用价值，在河北省气象局党组直接领导与组织下，成立了以预报员为主要力量的编写组。全体编写人员共同努力，在1987版《河北省天气预报手册》的基础上，整理了近年来的预报经验及气象科研成果，经过反复修改，完成了手册的编写任务。

为了帮助预报员做好灾害性天气预报，《手册》介绍了在气象业务和科研工作中总结出来的灾害性天气特征、影响系统等，并提出了一些预报方法和预报着眼点。本手册主要是为具有气象专业背景、天气动力学和天气学基础的河北预报员编写的实用性技术手册，可以作为当地预报员岗位培训教材，也可供京津乃至华北地区预报员参考。

《手册》编写组主要由河北省气象台技术人员组成，部分市局技术人员参与其中。连志鸾、陈小雷、张迎新、李宗涛、孔凡超负责本手册内容设计、编写组织和文稿审定工作。《手册》各章主笔分工如下：第1章 气候特征，由郭迎春负责编写；第2章 气象要素预报与数值预报产品释用，由景华负责编写；第3章 暴雨预报、第7.2节 华北回流由张迎新负责编写；第4章 强对流天气，由李云川负责编写；第5章 寒潮，由赵玉广负责编写；第6章 雾，由李江波负责编写；第7.1节 太行山东麓焚风，由王宗敏负责编写；第8章 大风，由张江涛负责编写；第9章 海洋天气监测与预报，由李延江负责编写。全书由张迎新技术负责，李宗涛、孔凡超完成了文字审核、绘图等工作，张珊、王玉虹做了许多辅助性工作。河北省气象台其他技术人员给予了大力支持。

《手册》编写得到了河北省气象局横向科研项目资助；省气象局各位领导对《手册》的编写给予了高度重视和大力支持，在此表示衷心感谢。

北京大学陶祖钰教授、河北省气象台马瑞隽高级工程师、秦宝国高级工程师、王福侠高级工程师认真审阅了书稿并提出许多修改意见，在此一并致谢！

在《手册》撰写过程中，参考了许多人的研究成果，除参考文献所列正式刊登的论文、论著外，还有一些资料来自会议、报告等材料。对没有正式发表的文献未能一一列出作者和出处，恳请有关人员谅解，在此也深表谢意。

《河北省天气预报手册》编写组

2017年2月

目　录

第 1 章　气候特征

某一地区气候形成的主要因素是太阳辐射、大气环流和自然地理环境。太阳辐射是大气圈、水圈、生物圈中所发生的一切物理过程及现象的能量源泉，因而是气候形成的基本因素；大气环流主要决定气候的季节特征；太阳辐射和自然地理环境主要决定气候的地理分布特征。当然，人类活动也会影响气候变化，另外还有气候变迁，这是经过相当长时期的自然现象。以上两方面，即人类活动对气候的影响和气候变迁问题，我们在本章不予讨论。气候是指某一地区相当长时期内各种天气样本的统计特征，包括平均、极值、综合和概括。天气样本来自天气过程。天气过程的发生，主要是由于大气环流支配下的天气系统活动。因此，对于某一地区的天气气候特征，主要考虑大气环流、自然地理条件及天气系统活动这三方面因素。

1.1　自然地理概况与主要气候特征

1.1.1　自然地理概况

河北省地处华北平原东北部，在首都北京及天津的周围，东濒渤海，西倚太行山与山西省交界，南接黄淮平原与河南省为邻，东南与山东省毗连，北连蒙古高原与内蒙古自治区接壤，东北与辽宁省相接。河北省地域十分广阔，位于 36°01′N 至 42°35′N、113°29′E 至 119°58′E 之间，南北跨越约 6.5 个纬距，南北长约 730 km，东西宽约 560 km，总面积约 18.77×10^4 km^2。在全省总面积中，坝上高原占 8.5%，山地面积占 48.1%，河北平原占 43.4%。全境大体上由高原、山地和平原，即坝上高原和基本上由燕山与太行山所构成的山地以及河北平原三部分组成(高原位于西北缘；燕山自西向东、太行山自北向南构成半环状“弧形山脉”环抱着河北平原)，并自西北向东南依次排列，形成西北高、东南低逐级下降的地势，地貌复杂多样，高原、山地、丘陵、盆地、平原类型齐全，高低相差悬殊。坝上高原系内蒙古高原的一部分，地势南高北低，平均海拔 1200～1500 m；坝上到坝下地势陡降，但海拔 1000 m 以上的孤峰林立，其中全省第一高峰小五台山海拔 2871.5 m。山地由中山、低山、盆地、丘陵组成，海拔多在 2000 m 以下。在太行山、燕山和冀西北山地，盆地和谷地穿插其间，其中较大的有阳原、蔚县、怀安、宣化、涉县、武安、井陉、涞源、遵化、迁西、抚宁等盆地和平山、承德、平泉等谷地。背山面海的河北平原是华北大平原的一部分，依据相对位置和成因可分为三部分：山前冲积洪积平原，沿燕山、太行山山麓分布，由冲积洪积扇相连组成，海拔高度在 110 m 以下；中部冲积平原；海拔高度多在 40 m 以下，地势自北、西、南三面向天津方向缓缓倾斜，海拔高度逐渐降至 3 m 左右滨海平原。本区地面稍有起伏，缓岗、洼地交互分布，主要洼地有宁晋泊、大陆泽、白洋淀、文安洼、千倾洼等；滨海冲积海积平原，环渤海沿岸分布，由河流三角洲、滨海洼地、海积砂堤缀连而成，著名洼地有七里海和南大港。

在地理上（图 1.1），河北省一般划分为五个区：冀北高原气候区、燕山丘陵气候区、太行山气候区、山前平原气候区和冀东平原气候区（臧建升等，2008）。

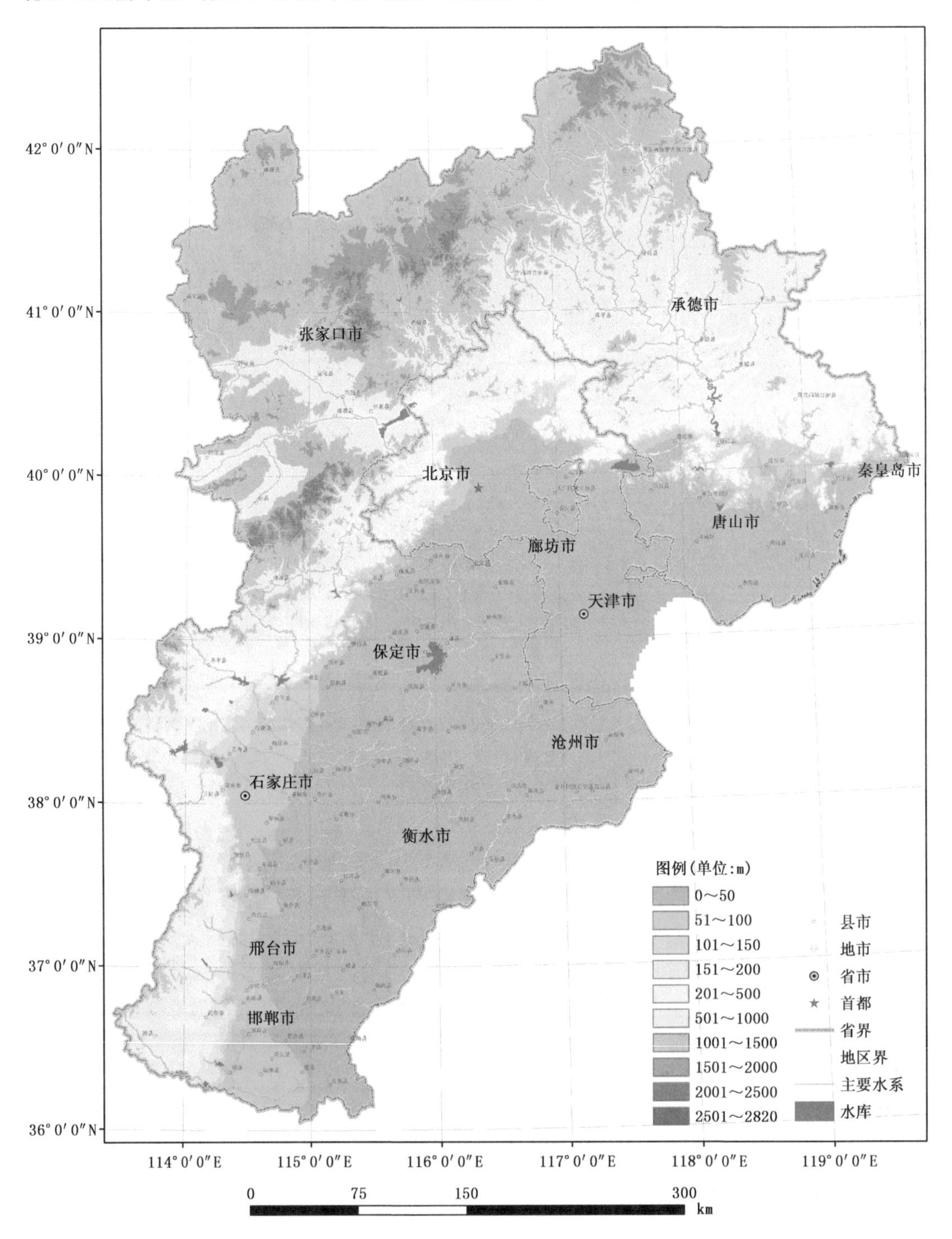

图 1.1　河北省地形图

河北省的河流分属内外两大流域系统，内陆水系主要分布在张家口坝上，多为短小河流，均汇注于内陆湖泊；外流水系除沿海有单独入海的小河外，均分属于海河、滦河、辽河水系。海河水系由海河及其五大支流即北运河、永定河、大清河、子牙河、南运河组成，流域面积占全省总面积的2/3以上。海河上源一级支流及其二级支流，遍及河北省大部分地区，以及北京、天津全部地域和周边省份一部分地域。滦河源于丰宁县，上源为闪电河，沿途汇入众多支流，最后从乐亭县南入海，流域面积占全省总面积的20%左右。辽河支流流经承德地区东部，流域面积仅占全省总面积的2%左右。目前，河北省境内有大型水库21座(包括海委管辖的潘家口、大黑汀及岳城三水库)，中型水库39座，小型水库1050座。河北省大陆海岸线长437.94 km，滩涂面积849.81 km^2，浅海面积5607.55 km^2，海岛72个(图略)。

河北省自然环境和地质环境条件复杂多样，人类工程经济活动剧烈，造就了地质灾害种类的多样性。河北省地质灾害种类除地震外，主要有崩塌、滑坡、泥石流、地面塌陷、地裂缝、地面沉降、海水入侵、水土流失、土地沙漠化等多种类型(图1.2)。

海河流域位于112°E至120°E、35°N至43°N之间，包括海河、滦河、徒骇马颊河等水系。流域范围，西以山西高原与黄河流域接界，北以蒙古高原与内陆河流域接界，东北与辽河流域接界，南界黄河，东临渤海。流域面积31.78×10^4 km^2，占全国总面积的3.3%。流域地跨8个省(自治区、直辖市)，包括北京、天津两市，河北省大部，山西省东部和北部，山东、河南两省北部，以及内蒙古自治区、辽宁省的一小部分。

海河是我国七大江河之一，犹如一把巨扇铺撒在华北广袤的大地上。海河拥有蓟运河、潮白河、北运河、永定河、大清河、子牙河、漳卫南运河等七条河流，最后汇集天津，注入渤海。海河流域的北部和西部为山地和高原，东部和东南部为广阔平原，山地高原和平原面积各占60%和40%。主要山脉有燕山、太行山，从东北至西南，形成一道高耸的屏障，环抱着平原。山地与平原几成直接相交，丘陵过渡地区甚短。太行山、燕山以西、以北分布着面积较广的黄土高原，水土流失严重，是流域内泥沙的主要来源。平原的地势，由西南、西、北三个方面向渤海倾斜，按其成因大致可分为山前平原，中部平原和滨海平原。由于黄河多次改道经海河平原入海，京杭大运河横贯流域东部，以及受海河各支流冲积的影响，形成平原上缓岗与坡洼相间分布的复杂地形，对洪水的排泄造成一定的困难。

1.1.2 主要气候特征

河北省气候属于温带半湿润半干旱大陆性季风气候，四季分明。冬季寒冷干燥、雨雪稀少；春季冷暖多变、干旱多风；夏季炎热潮湿、雨量集中；秋季风和日丽、凉爽少雨。河北省光照资源丰富，年总辐射量为4974～5966 MJ/m^2，年日照时数2126～3063 h；南北气温差异较大，年平均气温为2.2～14.6℃，极端最高气温极值44.4℃(出现在沙河市，2009年6月25日)，极端最低气温极值－42.9℃(出现在围场县御道口，1957年1月12日)，年无霜冻期80～205 d。降水分布不均，年降水量为338.4～688.9 mm，总的趋势是东南部多于西北部(苏剑勤等，1996)。

1.1.2.1 太阳辐射

河北省年总辐射量为4974～5966 MJ/m^2，其总辐射量的空间总体分布趋势：北部年值高于南部，中部东西横向由边缘趋于中间时呈递减特性。除省内中南部和东部部分地区年太阳

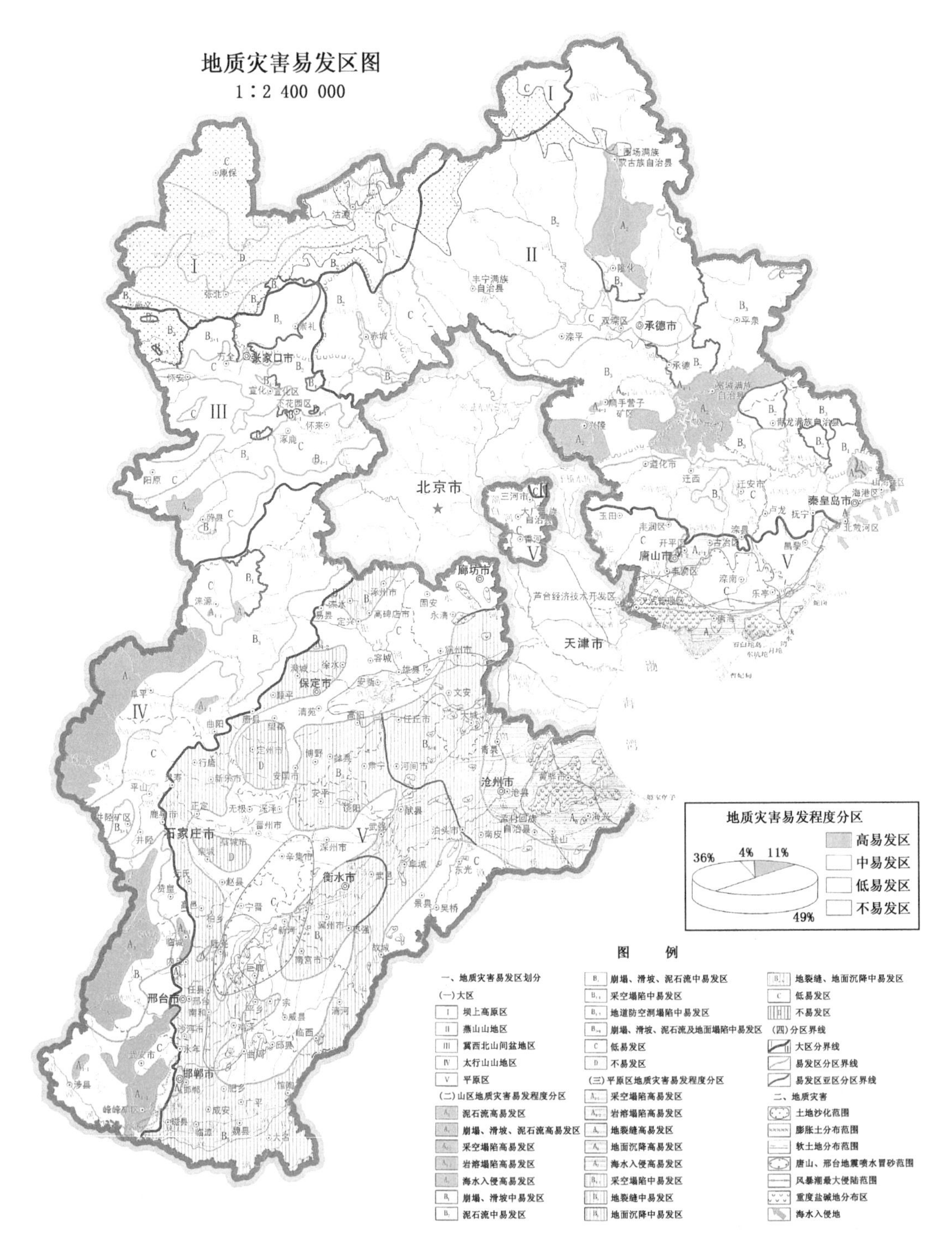

图 1.2　河北省地质灾害易发区分布图

总辐射小于 5200 MJ/m^2，其他地区均在 5200 MJ/m^2 以上。其太阳能资源比内蒙古、新疆、青海、西藏等省(自治区)少，和辽宁、吉林、山东、山西等省相近。我省太阳能资源较为丰富的地区主要集中在长城以北的张家口和承德两地及沧州的局部地区。一年中，太阳总辐射量夏季最多，占年总量的33%；冬季最少，占15%；春季占31%，秋季占21%。

1.1.2.2　日照时数

河北省是全国光照较充沛的地区，全省年均日照时数为2496小时，年日照时数为2126～3063小时，日照百分率达50%～70%。其地理分布是北部多，南部少，沿海地区多，山麓平原少。北部高原、山区和沿海平原是河北省年日照时数最多的地区，为2800～3063小时，太行山南段及其山麓平原日照时数较少，为2301～2600小时，其余地区多在2600～2800小时之间。月日照时数以5月最多，为265～307小时；冬季最少，为165～210小时。近50年平均日照时数呈现下降趋势，平均每10年减少70小时。

1.1.2.3　气温

河北省区域多年平均气温为11.8℃。由于南北跨度大且地形复杂，各地气温相差很大，年平均气温分布由北向南逐渐升高，各地在2.2～14.6℃之间，峰峰最高为14.6℃，康保最低为2.2℃。全省日极端最高气温多出现在6月，极端最低气温多出现在1月。近50多年来日极端最高气温于2009年6月25日出现在沙河县，为44.4℃；日极端最低气温于2000年2月1日出现在沽源，为－39.9℃。近50年平均气温呈现上升趋势，平均每10年上升0.27℃，50年累计上升了1.35℃。

1月为全省最冷月，该月全省各地平均气温均低于0℃，南北最大温差达20.4℃，冀北高原为－21～－14℃，为全省最寒冷区。

4月全省各地气温迅速回升，该月全省各地气温在2.2～15.8℃之间，长城以南除冀东沿海部分地区和西部太行山的北部山区低于12℃外，其余广大地区在12℃以上，其中峰峰最高为15.8℃；冀北高原大部分地区为3～5℃，其中御道口最低，仅2.2℃。

7月为全省最热月，长城以南除秦皇岛一带为24～25℃外，其余大部分地区在25℃以上，其中邯郸和邢台为27.0℃，为全省最高。长城以北在17～24℃之间，其中御道口最低为17.0℃。

10月全省平均气温在0.8～15.1℃之间，长城以南在11℃以上，长城以北在10℃以下，冀北高原1～5℃。峰峰15.1℃，为全省最高；御道口0.8℃，为全省最低。

河北省气温年较差北大南小，随纬度和高度递减，范围为27.6～38.1℃。长城以北地区在32℃以上，其中冀北高原在35～38℃，为全省最大地区；长城以南大部分地区气温年较差在32℃以下，其中太行山山区、冀中南平原的南部气温年较差在30℃以下，为全省最小地区。

1月平均最低气温分布呈南高北低纬状型分布，南北差异显著。同纬度地区平均最低气温山区低于平原，沿海高于内陆。全省1月平均最低气温在－28.4～－4.4℃之间，南北温差达24.0℃。长城以北的中温带1月平均最低气温基本在－12℃以下；长城以南的暖温带，1月平均最低气温基本在－12℃以上。

7月平均最高气温分布呈南高北低纬状型分布。同纬度地区平均最高气温山区低于平原，沿海低于内陆。全省7月平均最高气温为23.4～32.2℃，南北温差8.8℃。长城以北的中温带7月平均最高气温基本在29℃以下；长城以南的暖温带，7月平均最高气温大部分地区在29℃以上。

1.1.2.4　降水

全省年平均降水量为503.5 mm，各地在338.4～688.9 mm之间。年降水量时空分布不均，燕山南麓是多雨中心，年降水量在 600 mm 以上；冀西北高原为少雨区，年降水量不足 400 mm。年降水主要集中在夏季，占全年的 66%；冬季降水最少，仅占全年的 2%。有气象观测记录以来，1964 年降水量最多，全省平均为 814.6 mm；1997 年最少，为 340.4 mm。

本省年降水量分布特征是南部多、北部少，沿海多、内陆少，山区多、平原少，山地的迎风坡多、背风坡少。年降水量的空间分布在太行山、燕山山脉存在四个多雨中心，即兴隆—遵化、涞源—紫荆关、阜平、浆水；而少雨中心一个位于冀西北高原，另一个位于冀中南平原。

河北省各地季降水量分布很不均匀，一般规律是夏季最多，春秋季次之，冬季最少。

春季降水量全省各地为 48～91 mm，占全年降水量的 10%～14%；夏季降水量全省各地为 222～538 mm，各地全年降水量的 60%～75%都集中在夏季；秋季降水量全省各地为 62～108 mm，占全年降水量的 13%～22%；冬季全省各地受蒙古干冷高压控制，降水稀少，全省各地为 5～16 mm，仅占全年降水量的 1%～3%。

1.1.2.5　风

冀北高原和沿海平原年平均风速大多在 3.0 m/s 以上，其中张家口西北部高原处的多年平均风速在 3.4～4.4 m/s，为风速最大区域；在燕山丘陵和太行山区处存在两个风速低值中心，并且燕山丘陵区的风速尤其小，中心数值在 1.1 m/s 以下。随时间推移，风速不断减小，但在不同年代，风速的高、低值中心基本不变。

各季风速分布形式基本与年平均分布趋势相同，春季(4 月)平均风速在 1.8～5.5 m/s 之间，为一年中最大；夏季(7 月)平均风速在 0.9～3.6 m/s 之间；秋季(10 月)平均风速在 0.9～3.9 m/s 之间；冬季(1 月)平均风速在 1.0～4.2 m/s 之间，仅次于春季。

全省各地大风日数分布不均匀，范围在 3～59 天之间，冀北高原是大风日数的高值中心，涞源～阜平一带是次高中心，渤海沿岸和海岛也是大风日数的相对高值区；邯郸、邢台西部山区以及燕山的低丘山区是大风日数的低值区。

1.1.2.6　无霜期

河北省南北跨度大，热量资源和无霜期由南向北递减。冀北高原为河北省热量最低地区≥0℃积温为 2100～2800℃ · d，无霜冻期 80～110 天；长城以北的山地和盆地地区≥0℃积温 2800～4200℃ · d，无霜冻期 110～170 天；长城以南至滹沱河以北地区≥0℃积温 4200～4800℃ · d，无霜冻期 170～190 天；滹沱河以南及太行山南部低山丘陵地区为河北省热量条件最好地区，≥0℃积温 4800～5200℃ · d，无霜冻期 190～205 天。河北省热量按地带划分，大致是冀北高原为一年一熟低温作物区，冀北高原以南至长城以北，为一年一熟中温作物区，长城以南至滹沱河以北为二年三熟作物区，南部为一年二熟作物区。

河北省年无霜期日数基本呈现南多北少纬状型分布态势，保定、廊坊以南大部分地区在 200 天以上，冀北高原在 120 天以下，其余大部分地区多在 120～200 天之间。

1.1.2.7　冰雹、雷暴、雾、沙尘暴日数

河北省年冰雹日数的分布特征是北部多、南部少，山区多、平原少。冀北高原为 4～7 天，燕山山区与太行山山区为 1～3 天，平原地区在 1 天以下。

本省年雷暴日数的分布特征是西北部多、东南部少，西部山区多、沿海平原少。冀北高原、冀北山地、燕山山区与太行山山区多为 35～40 天，其中蔚县、尚义、怀安、丰宁、遵化、阜平等地达 45～47 天；平原东南部在 25 天以下；其他地区在 25～35 天之间。

河北省年雾日数的分布特征是南部多、北部少，平原多，山区少。冀北高原、冀北山地、燕山山区与太行山山区多为5～10天，其中承德东北部、张家口南部、石家庄西部在5d以下；唐山东南部、廊坊南部、保定东部、石家庄东部、衡水西部、邢台东部、邯郸东部等地为25～40天；其他地区在10～25天之间。

本省年沙尘暴日数的分布特征是西北部地区最多，平原中部次之，其他地区较少。冀西北高原为4～7天，张家口大部、廊坊南部、保定东部、石家庄东部、衡水西部、邢台东部、邯郸中部等地为1～3天；其他地区在1天以下。

1.1.2.8　山区气候特征

由于山区地形地势等因素的共同影响，导致其异于平原气候而独具特色的山地气候特征（程树林等，1993）。

山区垂直气候带谱明显。太行山燕山海拔高度差异大，温热随海拔高度降低迅速，山上山下温度和热量有明显的差别。“山下桃花山上雪”、“一山有四季”等民谚即是对山地垂直气候分异的真实写照。太行山东坡、燕山南坡的低丘山区属暖温气候带，进入中山区转为中温带气候，到亚高山的山腰坡段出现冷温气候，再上至山顶，全年皆冬，已为寒温带气候。

山区多降水。由于山区阶梯状地貌，造成暖湿气流在迎风坡抬升，使得降水量随海拔高度增加，在山区迎风坡出现多雨中心。

两山东西、南北温热差异显著。太行山东坡南端较其北端年平均气温高3℃以上，≥0℃积温多600℃·d以上；太行山西坡南端较北端年平均气温高4℃以上，≥0℃积温多900℃·d以上；年平均气温东坡比西坡平均高4～5℃，≥0℃积温平均多1000℃·d以上。燕山南坡年平均气温比北坡高2～3℃，≥0℃积温多600℃·d以上。

山区逆温暖脊明显。山区由于局地小地形的作用，在山坡上多出现逆温暖带。由于太行山大地形的影响，在其东坡低丘部位形成暖脊，这是太行山温热方面的一个显著特点。

山区多“冷湖”，又多“暖盆”。太行山区西坡盆地多为“冷空气湖”，东坡盆地则多为暖性盆地，这一特征在太行山区表现得十分明显。

太行山东麓多焚风。太行山东麓低山丘陵区及山麓平原地带多焚风现象，尤其在冬半年焚风出现机会最多。太行山东坡焚风比大、小兴安岭和长白山等地更为典型。

山区冰雹霜冻严重。“雹走一线，霜打一片”，是冰雹和霜冻的分布特征。太行山燕山是雹源之地，雹线走向多为西北至东南，逢山口而出，择谷地而行，致使谷地冰雹多于山岗，并远远呈线状影响平原。山区霜冻分布则多在低凹处，影响也十分严重。

山谷风频繁。两山常有山风和谷风.是山区风向在昼夜间的变化特征。日间气流沿山谷和山坡向上流动，形成谷风；夜间山顶、山坡上的冷空气向谷底流动而形成山风。山谷风现象在两山区比较普遍，山区许多气象站点的风的观测记录，都能明显地反映出来。

1.1.2.9　海岸带与海岛及渤海气候特征

（1）海岸带与海岛气候特征

海岸带通常是指高潮位时海岸向陆10～15 km的陆地及低潮位向海至水深15 m以内的浅海之间的狭长地带。本省海岸带北起山海关南张庄与辽宁接壤，南至大口河口与山东为邻（中间夹有天津市海岸带），大陆岸线总长度为487 km，其中从南张庄至饮马河口为基岩海岸，饮马河口以西至大清河口为沙质海岸，大清河口以西及沧州岸段为淤泥质海岸。本省大潮高潮线以上面积大于 500 m^2 的海岛共有 132 个，以石臼坨岛面积最大(3.42 km^2)。

河北省海岸带和海岛气候属于暖温带半湿润季风气候类型，除具有本省一般的气候特征外，还具有水陆两种不同的物理属性的边界地带所共有的大陆性与海洋性过渡型气候特征。由于本省海岸带背倚广阔的欧亚大陆，面临三面环陆的渤海，因而受海洋的影响不如我国其他海域(黄海、东海、南海)的海岸带那样明显，形成受大陆影响较明显的过渡型气候，不妨称为大陆性过渡型气候。本省海岸带和海岛气候和邻近大陆相比，具有春夏凉、秋冬暖，最高气温偏低，最低气温偏高，气温年、日较差较小，风速大，降水较少，强对流性天气日数及雾日少等特点。

(2)渤海气候特征

渤海为我国内海，受陆地气候和水文影响较大，具有季风明显，浪小潮弱，结冰严重的特点。渤海风向具有明显的季节变化，冬季盛行偏北风，夏季盛行偏南风，春秋为过渡季节。海上风速一般大于陆上，且离岸愈远，风速愈大。渤海风与浪关系很大。渤海以风浪为主，只有海峡夏季涌浪多于风浪，所以各季浪向的变化基本与风向相同，春、夏季东南浪最多，秋、冬季偏北浪最多。

渤海风对潮汐与潮流还有影响。由于受风的影响，每次潮水涨落的时间相差很大，偏东风潮涨得快，落得慢；偏西风则涨得慢，落得快。如果遇到强烈持续的大风，还可能使潮位出现骤涨骤落或几天不涨不落的现象。大风还可能引起风暴潮，夏季一般由台风造成，其他季节多为寒潮或冷空气入侵时的东北大风下产生的。

渤海沿岸平均每年有 10 天左右的大雾，多为陆上辐射雾移到海上的，主要出现在冬、春季，一般日出前生成，日出后逐渐消散，影响范围不大；中部海面和海峡每年有 20～50 天大雾，主要是夏季平流雾，多产生于下半夜和拂晓前，一般维持 5～7 小时，有时终日或连续数日不消，此种雾浓度大，变化小。此外还有降水雾，多出现在春、秋季微风小雨的天气，维持时间也较长。

1.1.2.10 海河流域气候特征

海河流域内多年平均降水量 539 mm，且年内分配非常集中，汛期(6—9 月)雨量占全年降雨量的 75%～85%，往往集中在一两次暴雨。降雨量年际变化大，具有连枯连丰的特点。

流域暴雨形成的洪水，洪峰高、洪量集中，预见期短，突发性强，时空分布极不均匀，给防洪减灾和雨洪利用增加了难度。

流域山区水土流失严重，以永定河、滹沱河和漳河等尤为突出，洪水含沙量大，造成水库淤积严重。

海河流域洪涝灾害频繁，是灾害损失严重的地区。据统计，1469—1948 年的 480 年间，流域内发生水灾 194 次，其中大水灾 14 次，给人民生命财产带来十分惨重的损失。新中国成立后，流域内发生水灾 22 次，其中大水灾 3 次。1963 年海河南系发生特大洪水，受灾人口 4079 万，直接经济损失约 80 亿元。1996 年海河南系又发生了 1963 年以来的最大洪水，洪水总量虽然仅相当于 1963 年的 24%，但经济损失约 400 亿元。

近 50 年来，海河流域年降水量呈明显减少趋势，平均每 10 年减少 21 mm，年平均气温呈明显升高趋势，平均每 10 年升高 0.3℃。海河流域气候暖干化趋势造成地表水资源大量减少，平均每 10 年减少 18%。

1.1.2.11　气象灾害种类多、发生频繁

河北省范围内，气象灾害的种类繁多，且发生频繁。主要有水灾、旱灾、风灾、雹灾、雷电灾、冻灾（寒潮、霜冻）等多种气象灾害，气象次生灾害主要有风暴潮、泥石流、滑坡等。

本省境内冷暖气团活动频繁，气象灾害具有以下显著特点：

(1)灾害的种类多、频次高、范围广。河北省每年都会有多种灾害不同程度地在各地发生，而且有些灾害每年还会以多种形式发生多次，频次较高。如旱灾，就有春旱、春夏连旱、伏旱、秋旱、冬春连旱等；风灾既有冬季的寒潮风，又有夏季的雷雨大风、龙卷风、台风、干热风等。各种灾害每年几乎遍及全省各地，形成全省范围内的多灾局面。

(2)旱涝交替发生，呈阶段性，且往往多灾并发，这是河北省气象灾害最明显的标志。全省每年都有一些地方严重干旱，同时，另一些地区又遭受洪涝灾害袭击。从河北省旱涝灾害发生的历史看，往往是连续几年、几十年多旱灾，而另一个时期多洪涝灾害，呈现出一定的阶段性。在旱涝交替发生的过程中，往往还会伴有多种灾害同时发生，如在洪涝灾害的同时，常常伴有雷电、大风、冰雹等气象灾害。

(3)各种气象灾害的区域分布明显，且相对稳定。受气候、地理位置、地形等因素的影响，河北省各类气象灾害大致分布如下：北部张家口、承德地区，冬春多大风、沙尘暴、大雪、冰雹天气，夏秋多干旱、暴雨及霜冻天气；西部太行山地区多干旱天气，又因太行山迎风坡的抬升作用，还易发生暴雨，引起洪涝灾害，若遇雨量较大的年份，易导致山洪暴发；东部沿海地区易受台风、海啸袭击发生风暴潮，且多受风雹危害；沧州、衡水以及邢台、廊坊、保定部分地区的黑龙港流域为本省的干旱区域，平原地区受历史上黄河多次改道的影响，有许多纵横交错的岗洼地，河道排水不畅，又是容易发生沥涝的地区。全省受冬季强冷空气的影响，寒潮大风天气较多。

(4)特大灾害频繁发生，损失惨重。关于河北省特大气象灾害的记述屡见史端。中华人民共和国成立以来，多次遭受特大气象灾害袭击，如1954、1956、1963、1977、1996年的大水洪涝灾害，1965、1972、1975、1992、1997年以及1980年起的10年旱灾等。频繁严重的气象灾害给河北省的工农业生产及人民生命财产带来严重损失。

1.1.3　自然地理条件对气候的影响

河北省自然地理条件复杂，因而气候及其地理分布也复杂。自然地理环境、地势、地貌、山脉走向、纬度以及渤海都是影响我省气候及其地理分布的因素。

坝上高原与内蒙古高原相连，地势比较平坦开阔，冬半年经常受寒潮或冷空气袭击，多西北大风，是我省大风最多的区域。

北部山地，孤峰林立，对北方冷空气阻挡作用不大，但有利于削弱冷空气，在一定程度上对平原地区受北方冷空气影响起着“屏障”作用。同样，南方暖湿空气也不易深入北部山地，更不易深入坝上高原。北部山地西部，沿洋河和桑干河谷地多大风。燕山南麓地处夏季风的迎风坡，因而多暴雨，为我省暴雨最多的区域。

太行山基本上呈南北走向，西来冷空气越过太行山后，在其东麓常产生焚风。越山的冷空气绝热下沉增温，且气压、湿度下降，常形成华北干槽。由于焚风作用，在山麓丘陵与平原处出现一条以赞皇为中心的高温地带。焚风一年四季都有，其中以冬季最多，春秋季次之，夏季最少。焚风以春季最强。太行山又是偏东风的迎风坡，回流或锢闪锋降水往往以太行山东麓严

重，因而春秋季连阴雨常以这一带严重；有时，盛夏期间，西太平洋副热带高压特别偏北，此时若西太平洋副热带高压南侧的东风气流配合热带或副热带涡旋北上，则有可能造成太行山东麓持续性特大暴雨。如1956年8月初和1963年8月上旬出现的特大暴雨就是此种情况下分别由台风和西南涡所造成。

河北平原向东南方向延伸，除了低矮起伏的山东丘陵和沂蒙山区外，别无大山阻挡暖湿空气深入；而对于冷空气来说，则有上述两个“屏障”的影响，因此河北平原连同燕山南麓到太行山东麓的山区降水多，而寒潮和大风少。

渤海为我国内海，一般只有我省近海地区受其影响大，北部唐山沿海受海洋影响远比沧州沿海显著，尤以秦皇岛受海洋的影响最大，气温夏季低于内地，秋冬季则高于内地。渤海海面向西收缩成渤海湾，有利于偏东风加强，因而滨海平原（一般距海岸100 km左右）多回流天气的偏东大风，常伴有低云，有时伴有降水。

纬度对气候的影响被我省复杂的自然地理条件（特别是地势高低相差悬殊）所掩盖，而我省年平均气温以北部边缘的塞罕坝最低（－0.5℃），南部边缘的峰峰最高（14.2℃），这大体上可以视为含有纬度影响的因素。

此外，由于我省自然地理条件复杂，尚有一些局地小地形影响的气候，例如盆地和河川谷地年平均气温较同高度的山地高，山脉的迎风坡、喇叭口等地形有利于暴雨的发展、加强等等。

1.1.4 现代（近50年来）气候变化主要特征

1.1.4.1 平均气温、平均最高气温、平均最低气温变化特征

河北省范围内（包括京津，下同，简称京津冀）各区域年平均气温、平均最高气温、平均最低气温均呈升高趋势，平均最低气温增温幅度最大；不同区域增温幅度不同，气温变化存在季节差异。

1961—2012年京津冀整体区域年平均、最高、最低气温均呈增加趋势（图1.3），且变化态势趋于一致，变化速率分别为0.24℃/(10a)、0.16℃/(10a)、0.39℃/(10a)。其中最低气温变化速率最大，平均气温其次，最高气温最小。1998年和2007年分别为年平均、最高、最低气温的最大值和次大值，这两年平均气温都在12.0℃以上，年平均最高气温均为18.0℃，年平均最低气温均在6.8℃以上；近年来（2007年以后）年平均气温、最高气温、最低气温均略有回落。

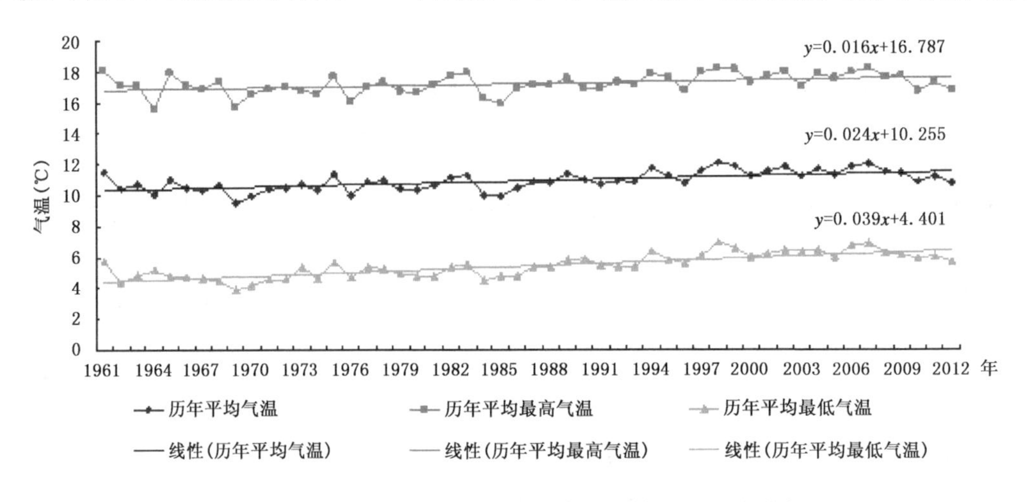

图1.3 京津冀整个区域年平均、最高、最低气温历年变化曲线

1.1.4.2　降水量变化特征

1961 年以来，京津冀年降水量变化呈减少趋势，速度为每 10 年减少 11.6 mm，包括京津在内的其他 6 个区年降水量的变化也呈减少趋势，但减少的幅度各不相同，按从大到小的幅度依次为：冀东平原地区 22.7 mm/(10a)，太行山前平原地区 12.5 mm/(10a)，京津地区 12.4 mm/(10a)，太行山区 10.2 mm/(10a)，燕山丘陵区 8.5 毫米/10 年，冀北高原 1.2 mm/(10a)。从京津冀整个区域降水量变化来看，2000 年以来降水量呈现缓慢增加趋势(图 1.4)。

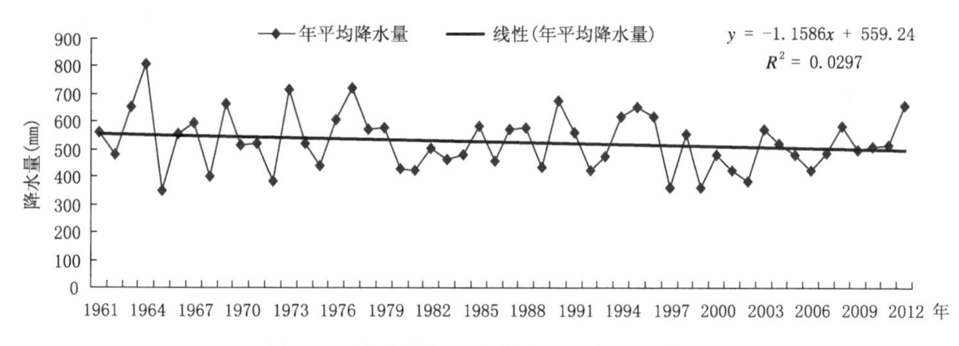

图 1.4　京津冀年平均降水量历年变化曲线

1.1.5　气候分区

根据我省自然地理条件和气候的地理分布特征，将全省分为五个气候区：冀北高原气候区、燕山丘陵气候区、太行山气候区、山前平原气候区和冀东平原气候区。

(1)冀北高原气候区：指张家口和承德二地区的北部高原地带。该区冬季严寒，积雪期长。冬、春季多西北大风，8 级以上的大风并非少见，常造成“白毛风”和“黄毛风”。夏季气候温凉，多雷雨、冰雹和雾。

(2)燕山丘陵气候区：包括除冀北高原以外的张家口地区和承德地区。该区绝大部分地区晴天多，云雾少。冬季有些山梁、风口，如独石山、郭家屯、棋盘山等地，气温低，大风多，仅次于冀北高原。冬、春季洋河、桑干河河谷多大风、风沙。夏季凉爽，多局部暴雨、山洪、雷暴和冰雹，尤其燕山南麓暴雨之多为全省之冠。

(3)太行山气候区：指保定、石家庄、邢台和邯郸四地区的西部地带。全区降雨较多。夏季北段暴雨较多。值得注意的是本区有可能出现持续性特大暴雨。春、秋季南段有可能出现强连阴雨。涞源山地冬季寒冷、风大，夏季多冰雹；半山至赞皇一带夏季酷热，闷热天气较多；其他大部分地方冬季不甚寒冷，夏季不太炎热，风小，风沙少，湿度不大。

(4)山前平原气候区：包括保定、石家庄、邢台和邯郸四地区的京广线以东地带，以及衡水地区和沧州地区。该区春季少雨干旱，邢台、衡水等地多局部风沙。夏季炎热潮湿，风小。秋、冬季多雾。

(5)冀东平原气候区：包括廊坊地区、唐山地区中南部和秦皇岛地区南部。该区春季多东北大风。夏季多雨，闷热潮湿，但沿海地区不太闷热；夜间多积雨云、雷暴。冬季多雾。

1.2 大气环流与季风气候

1.2.1 大气环流的平均场

一年当中,冬季和夏季的大气环流是两种有显著差异的极端状态,人们常用来作为大气环流基本状态,而又常常以1月和7月月平均图分别表示冬季和夏季大气环流的情况,一般称之为大气环流“平均场”。通常采用500hPa平均场和地面平均场(海平面平均气压场)。这种平均场本质上反映了气候特点(河北省气象局,1987)。

1.2.2 季节的划分和转换

一年分四季,每季三个月:春季(3—5月),夏季(6—8月),秋季(9—11月)和冬季(12—2月),这称为“天文季节”。在气象上按大气环流或大型天气过程情况划分季节,称之为“天气季节”或“自然天气季节”。在某一天气季节内,大气环流和大型天气过程总保持着一定的特点,并盛行着某些天气过程。气候学上以平均气温作为划分四季的温度指标,当连续五天日平均气温稳定在22℃以上时为夏季开始,稳定在10℃以下时为冬季开始,在10～22℃之间为春秋季,从10℃升到22℃是春季,从22℃降到10℃是秋季。

东亚地区是著名的季风区域,季节变化非常明显。一般,我国东部大体上可划分出七个自然天气季节,即初冬(10月中、下旬开始),隆冬(11月末或12月初开始),晚冬(3月上、中旬开始),春(4月中、下旬开始),初夏(6月上,中旬开始),盛夏(7月上、中旬开始),秋(8月末或9月初开始)。

季节转换期是短暂的,在这短暂的时刻,大气环流发生显著质变,同时盛行的天气过程也随之发生显著的变化。根据研究,在中纬度,高空东西风结构(急流)的变化是季节转换的一个良好标志。

1.2.3 东亚季节环流特征及河北省各季节主要影响天气系统

现在,我们把东亚高空东西风急流的变化与季节的转换,大气环流平均场的转变以及我省各季节主要影响系统综合成表1.1。

表1.1可以帮助分析和阐明我省季风气候特点。同时,根据表1.1,对于我省各季节的大气层结稳定度还可以作一个定性的估计,这也会有助于分析和阐明我省季风气候特点。

我省各季节的大气层结稳定度的定性估计:春季是由冬到夏的过渡,对于我省来说,大气层主要特点是低层增温迅速(辐射增温和印度热低压的平流增温以及西风带冷空气的下沉绝热增温),而高空冷空气活动还相当强(高空副热带急流偏南,我省仍受西风带影响;东亚大槽虽减弱,但还有相当强的势力),因此,大气层结常处于不稳定状态。初夏,地面的气温、湿度增加更快,而在高空,东亚大槽尚存在残余势力,急流位置与我省所处的地理纬度相当,冷空气活动还有一定的势力,因此,大气层结也经常是不稳定的;而且,由于高空急流与我省所处的地理纬度相当,因而有利于加大风的垂直切变,从而更有利于不稳定度加强。盛夏受副热带系统控制,低层高温、高湿,很有利于不稳定度发展,但高空冷空气活动很弱,且多以偏西路径东移,所以对流发展往往不如初夏强烈。秋季是由夏到冬的过渡，地面蒙古冷高压重建，并且向东南方向扩展，控制我省；而高空副热带高压南退缓慢，大气层结往往处于下冷上暖的稳定状态。冬季大气层结则基本上处于稳定状态。

另外，说明一点，表 1.1 对我省各季节主要影响天气系统仅列出带有明显季节特点、造成我省严重天气的影响系统。

表 1.1　东亚季节环流特征及河北省各季节主要影响天气系统

	天气季节转换	东亚高空南支急流（副热带急流）变化及东风与太平洋副高脊线活动	北半球 500 hPa 和地面水平环流变化	东亚 500hPa 形势和地面活动中心变化	东亚季风	河北省主要影响天气系铣	其他
春	3 月上旬晚冬开始	南支急流强度显著减弱，位置仍在 30°N 以南	开始向夏季环流型式过渡。西风带上槽脊尺度变小，强度减弱，槽脊移动性明显。低纬副热带系统开始活跃	500 hPa 东亚大槽明显减弱变宽平；地面蒙古冷高压显著减弱，印度低压和西太平洋副热带高压开始活跃	冬季风第一次明显减弱，夏季风在华南出现	蒙古气旋，江淮气旋，回流或华北锢囚锋，蒙古横槽	
	4 月中、下旬春季开始	南支急流又一次明显减弱，位置稍北移			冬季风再度减弱，华南夏季风盛行，华中开始受夏季风影响		
夏	6 月上、中旬“六月突变”初夏来临	南支急流由 34°N 突然北撤至 40°N 以北，中心强度稍减弱。东风建立，西太平洋副高脊线第一次北跳，接近 25°N	西风带平均槽脊变为 4 个，副热带高压北移	500 hPa 东亚大槽趋于消失；地面蒙古高压向北收缩，强度很弱，印度低压控制我国大陆	冬季风退缩到北方，且达到最弱的程度；夏季风在华南达到极盛，在华中盛行并开始影响华北	东北冷涡，黄河气旋，江淮气旋，西北低涡，西南低涡	江淮流域进入梅雨季节，印度西南季风爆发
	7 月上、中旬盛夏开始	南支急流进一步北撤至 45°N 至 60°N 之间，强度再次减弱到一年中最弱的程度。西太平洋副高脊线第二次北跳，在海上脊线可北伸至日本，在我国大陆达 30°N 附近	呈现典型稳定的夏季型式	500 hPa 东亚大槽完全消失，西太平洋副高达最北位置；地面低纬两个活动中心成为主要角色	夏季风在华中达到极盛，在华北开始盛行，冬季风完全退出我国大陆	西南低涡，台风（台风倒槽），冷暖切变（西北低涡）	梅雨过程结束，赤道辐合带北移至华南地区
秋	8 月末、9 月初秋季开始	南支急流显著加强，并开始向南扩展，中心位置维持在 40°N 附近。东风开始南移	开始向冬季环流型式过渡				
冬	10 月中旬、“十月突变”初冬来临	南支急流迅速建立，并南移，基本上稳定在 30°N 以南的冬季平均位置上	西风带变成冬季的三槽脊型				
	11 月末或 12 月初隆冬开始	南支急流中心强度明显加强，达到一年中最强的程度，并稳定于 30°N 以南的冬季平均位置上	呈现典型稳定的冬季型式				

续表

500 hPa 东亚大槽在 130°E 附近开始建立，西太平洋副高势力减弱，脊线南撤至 25°N 至 30°N，海上中心则向东南移；地面变化更明显，蒙古冷高压再建，大陆上热低压及南方热带系统基本消失	夏季风退出华北、华中，冬季风侵入	冷切变，回流	
500 hPa 东亚大槽明显加强，副高退出大陆，整个东亚为西风带控制；地面蒙古高压和阿留申低压大大加强	夏季风退出华南，冬季风开始控制我国整个大陆	寒潮	
500 hPa 东亚大槽发展得最为强大且稳定，地面蒙古冷高压和阿留申低压也达到最为强大且稳定的程度	冬季风达到最强，最稳定的程度		

1.2.4　各季气候概况

河北省地处中纬度欧亚大陆的东岸，属于温带大陆性季风气候，其特点是：冬季干寒少雪，春季干燥多风沙，夏季炎热多雨，秋季晴朗，冷暖适中。

冬夏气温相差悬殊，冬季全省平均气温－3.0℃，夏季 24.6℃，二者相差 27.6℃；全省平均气温最低的 1 月－4.8℃，最高的 7 月 25.6℃，二者则相差 30.4℃。显然，这是冬夏两种有显著差异的极端状态的大气环流所造成的。在夏季，6 或 7 月是我省出现高温的时期，全省大部分地区气温在 40℃以上的高温现象并非少见。然而，初夏 6 月和盛夏 7 月出现的高温有所不同，前者往往由西风带变性气团而造成的高温，而后者则往往为副热带系统控制所造成的高温，所以前者往往表现为“干热”，而后者则往往表现为“闷热”。

夏季降水集中，约占全年总降水量的 70%左右，暴雨集中程度更明显，50 mm 以上的暴雨日数约占全年总日数的 95%，并且主要集中在 7—8 月，占全年的 86%。但各地集中的程度有所不同，北部比南部更为集中，这是由于北部仅在夏季风最盛时才具备暴雨的水汽条件。

初夏，西太平洋副热带高压脊第一次北跳，夏季风开始影响我省，6 月下旬，我省暴雨明显增多，大暴雨更为明显；盛夏，西太平洋副热带高压脊第二次北跳，夏季风在我省盛行，7 月下旬，我省暴雨又一次大幅度增加，到达一年中最高峰。同样，大暴雨更为明显。暴雨、大暴雨高度集中于 7 月中旬到 8 月中旬，最集中于 7 月下旬到 8 月上旬。由此可见，对于我省来说，一般 6 月下旬进入“汛期”，8 月末“汛期”结束，7 月中旬到 8 月中旬为“汛期”的重要阶段，而“七下八上”尤为重要。这和夏季风的影响及其影响程度密切联系。

春季多大风，约占全年的 45%左右。本省各地的最大风速有一明显特征，以西北风占绝对优势，地势较高的测站其最大风速大于地势较低的测站，沿海的最大风速大于内陆地区。全省各地最大风速为 13.3～29.7 m/s，有 54%的站点其年最大风速超过 20 m/s。主要分布在沿海和高原地区，其中张北最大，达 29.7 m/s。全省大多数测站最大风速的风向以西北、西北偏西和西北偏北大风为主，其中西北风向约占 43%，西北偏北风向约占 16%，西北偏西风向约占13%。年最大风速多出现于春季和夏初，4、5、6三个月出现的年最大风速的站点约占全省测站的56%左右，其中尤以4月份最多，约占34%。由此可以看出春末夏初的环流形势直接影响着年最大风速及其风向。

此外，气候各年都有差异，这主要由于大气环流各年都不一样。我省各年降水不仅有差异，而且有时差异悬殊。如邯郸站最多降水年为1572.1 mm，最少220.0 mm，最多为最少的7倍。我省降水主要集中于夏季，旱涝往往取决于夏季降水，夏季降水往往则取决于少数几场暴雨。例如，1963年8月上旬我省太行山东麓持续7天之久的一场特大暴雨，使当时我省由原来的抗旱急转为抗洪。

1.3　主要极端天气气候事件及影响

影响我省的天气气候事件主要有：干旱、暴雨、洪涝、大风(包括沙尘天气)、寒潮与霜冻、雷电、冰雹、高温与干热风、雾和霾、暴雪、连阴雨、风暴潮等，往往给国民经济、生产生活造成重大影响，有时会造成严重的经济损失。

1.3.1　干旱

干旱是河北省发生最频繁、影响最大的气象灾害。河北省属大陆性季风气候，大部分地区年降水量不足，降水变率大，季节分配不均，降水主要集中于夏季。因此，春旱、初夏旱、伏旱、秋旱发生频繁，又以春旱最为频繁，素有“十年九春旱”之说。20世纪50年代以来，河北省气温随年代逐渐上升，往往是高温干旱同时出现。高温加剧了旱情，使农田需水量增加；高温也使城市生活用水量增加，加大了城市供水的负担；高温干旱是导致水资源趋于紧张的重要因素。由于降水少，使水资源严重不足。20世纪80年代以来，由于用水量增加，地下水累计超采超过了1000×10^8 m^3，造成地下水位持续下降，导致土地干化、地面塌陷、地表裂缝，造成很大损失。目前华北平原地区已经出现了总面积超过4×10^4 km^2的世界上最大的地下水漏斗。干旱和水资源不足已成为制约河北省经济发展的重要因素。我省从1997—2009年已连续13年少雨干旱。

1.3.2　暴雨、洪涝

河北省受夏季风活动的影响，降水强度的季节性变化很大，在雨量相对集中的夏季，常有暴雨发生。由于暴雨具有强度大、历时长、降水量大且集中等特点，易导致平地积水，河道漫溢，有时甚至导致山洪暴发，淹没良田，房屋倒塌，给国家和人民的生命财产造成重大损失。因此，暴雨是造成洪涝灾害的重要原因，是河北省最主要的气象灾害之一。

1.3.3　大风、沙尘暴

1.3.3.1　大风

大风是一种严重的气象灾害，一年四季均有发生，给工农业生产和国民经济造成重大损失。大风不仅危害陆地且危及海面，夏季雷雨大风具有很强的破坏性，刮倒大树，吹断电线等事件经常发生；春季海上东北大风常刮翻船只，造成渔业生产的损失。沿海地区出现偏东、东北大风时常产生拍岸浪，甚至出现风暴潮。河北省范围内，大风的主要表现形式为台风、寒潮大风、龙卷风、雷雨大风等。河北省地处沿海，易受台风影响，台风常带来狂风、高潮、巨浪和暴雨，破坏力极易酿成灾害。寒潮大风是伴随寒流带来的大风天气。龙卷风是自积雨云底伸展出来的到达地面的、强烈旋转的漏斗状云体，是一种破坏力极强的小尺度风暴。龙卷风是一种小范围的猛烈旋风。在其涡旋内部，空气柱强烈旋转着，当龙卷发生时，一个漏斗形或象鼻似的空气柱自积雨云底部向下伸展。龙卷风旋转空气柱的直径一般不超过 1000 m，在天气图上发现不了它。其移动路径长度为数十米至数十千米。一般出现在春、夏季。龙卷风的类型可分为 3 种：陆龙卷、水龙卷和高空漏斗云。漏斗云的母体是积雨云，未触地时，称为高空漏斗云；若伸及水面，称为水龙卷；若伸及地面，称为陆龙卷。陆龙卷、水龙卷和高空漏斗云之间可以相互转化。陆龙卷移到水面，就成为水龙卷；水龙卷移到陆地，就成为陆龙卷。龙卷风具有极大的吸力，若它在水面上经过，能吸起巨大的水柱；经由陆地时，能吸起巨大的沙尘，形成尘柱。龙卷风风速很大，通常约 50 m/s，高者可达 150～200 m/s，甚至还可超过声速。强大的风力能卷走巨大的物品。

1.3.3.2 沙尘暴

沙尘暴是由于强风将地面大量沙尘吹起，使空气混浊，水平能见度低于 1000 m 的一种天气现象。冀北高原俗称“黄毛风”。河北省沙尘暴一般持续 1～2 d，连续时数也不太长，一般只有几小时，有时也可达十几个小时。沙尘暴加重了空气污染的程度，使能见度降低，对人们身体健康和交通安全都有一定不利影响。

研究表明：尽管我国北方沙尘暴 50 多年来总体趋势是在减少，但近年来，沙尘暴发生的频率有回升趋势。20 世纪 80 年代以来，由于气候变暖，该地区气温显著升高，蒙古气旋减弱，高压加强，阻挡了北方冷空气的南下，使得中国北方沙尘暴减少。但近年来，这种情况开始改变，本省沙尘天气发生的频率也较高，可能将进入新一轮的沙尘暴相对活跃期。例如，2010 年 4 月 26 日，受地面气旋和冷空气影响，我省保定、沧州、石家庄、衡水、邢台、邯郸和张家口的部分地区有 91 个县市出现大风，风力 7～8 级、阵风 9～10 级，其中任县和临城风速达 30 m/s，风力为 11 级；衡水南部、邢台东部、邯郸东部有 13 个县市出现沙尘暴，其中平乡、广宗、威县出现能见度小于 500 m 的强沙尘暴，为 1994 年以来同期日沙尘暴范围最大的一天。

1.3.4 寒潮与霜冻

河北省内的冷冻灾主要是由寒潮大风引起的霜冻、雪冻等灾害。寒潮是强冷空气活动引起大范围气温下降的天气过程。当冷空气入侵后，使大范围地区的地面气温在 24 小时内下降 10℃以上，最低气温达 5℃以下。寒潮是冬季影响河北省的主要灾害性天气，北部地区春、秋两季也受其危害。春季寒潮易冻伤作物幼苗，秋季寒潮易影响作物成熟，冬季寒潮会危害作物越冬。雪灾是因降雪过多，积雪过厚，雪层维持时间过长给越冬作物、畜牧业、交通运输和群众生活带来的灾害。霜冻灾是植物生长季节里因植株体温降到 0℃以下而受灾。发生霜冻时，如空气中水汽含量少，可能不出现白霜，出现白霜时，有的作物也不一定发生霜冻。

1.3.4.1 寒潮

寒潮是河北省的重要灾害性天气过程。冬半年在特定的天气环流背景下，高纬度地区的冷空气聚积、暴发南下，造成大范围地区气温骤然大幅度下降，风向突变、风力猛增，常伴有雨雪、雨淞和霜冻天气，这种强冷空气活动称之为寒潮。寒潮出现常常会引发其他一些灾害性天气的出现，低温冻害就是其中的主要灾害之一。在秋末的11月份，由于寒潮降温，日最低气温≤−7℃时，常使冬小麦遭受冻害甚至死亡。低温冻害也会对北部高原和山区的畜牧业及日光温室蔬菜生产带来危害。寒潮天气过程出现时产生的低温冻害、大风、积雪，也常会使铁路路轨冻裂，影响交通，冻坏室外的各种设备和各种输送管道，酿成事故。寒潮大风不仅会影响航运安全，还会毁坏建筑，刮断电线等，影响通讯畅通和电力供应，干扰人们正常的社会生产和生活。

1.3.4.2　霜冻

霜冻是指春末秋初，在夜间和早晨，地面或叶面最低温度骤然下降到0℃以下，使农作物遭受冻害的低温现象。霜冻主要是由于冷空气入侵引起的。如果冷空气入侵造成平流降温，再加上夜间地面的辐射冷却，可使局地降温幅度加大。每年秋季出现的第一次霜冻称为初霜冻，每年春季最晚一次出现的霜冻称为终霜冻。把地面最低温度≤0℃的初、终日定为初、终霜冻日。

初霜冻出现得早，其强度虽小，但对作物的危害甚重，因该时作物尚未成熟，低温超过作物所能忍受的程度而受到伤害，并进而影响产量。初霜冻出现得晚，其强度虽重，但作物已进入成熟阶段或已开始收获，其损失较小。终霜冻则出现越早对作物的危害越轻，越晚则越重，尤其在河北省的北部和东北部。霜冻强度具有不连续性。初霜冻南轻北重，终霜冻南重北轻。在同一纬度上，山区重于平原，山谷洼地重于高岗平原。

1.3.5　雷电

雷电是一种强危险性气象灾害。当地面温度高、湿度大、蒸发强时，湿热的空气被强大的上升气流推到空中，遇冷形成浓积云。由于云中冷暖气流上下交换，对流加剧，云滴发生强烈碰撞摩擦而产生电。当云中正负电荷形成的电场强度达到一定程度时，正负电荷就会放电中和，由于电流很大，温度极高，会产生强烈的火花，使空气急剧膨胀而爆炸，发生响声。火花就是闪电，响声就是雷声。由于光速比声速快得多，所以有雷电时总是先见到闪电，后听到雷声。

雷电是一种常见的气象灾害。雷电发生时，常会由于强大电流的通过而杀伤人畜，破坏农作物、树木、电力交通设施、建筑物，形成灾害。雷电主要有线状雷或球状雷。线状雷不易致灾，球状雷能量较高，能在地上滚动，甚至穿墙入室，温度极高，易致灾。

雷击直接威胁人类的生命安全。雷击时强大的电流会造成人的心脏和呼吸系统停顿而使人丧生；雷电曾引起过无数次森林火灾，而使人类社会遭受巨大的经济损失。据2005—2009年资料统计，河北省平均每年因雷电灾害所造成的死亡人数占因气象灾害总死亡人数的50%。

1.3.6　冰雹

冰雹是以雹胚为核心在冰雹云中撞冻大量过冷却水而形成的，是河北省夏季灾害性天气之一。它是伴随飑线、局地强风暴等强对流系统出现的一种天气现象，破坏性很大，常给人民的生命财产带来严重危害。河北省每年因遭受冰雹袭击造成农作物减产和绝收的面积在9×10^4 hm^2以上。

全省各地地方志中关于冰雹灾害记录之多，仅次于旱涝。俗话说“雹打一条线”，但有时降雹范围很广，成片地区受其影响，如 1977 年 5 月 25 日下午到前半夜，北京、天津及河北省 8 个地区 56 个县降雹。

1.3.7 高温与干热风

1.3.7.1 高温

气象部门规定，一日内有两个以上相邻地、市出现高温≥35℃时，即定为一个高温日。在预报服务中，根据河北省具体情况规定，中南部平原地区日最高气温达 38℃以上定为高温日。

高温对人畜健康有一定的不利影响。长时间在烈日、高温条件下作业，体力消耗大，容易引起中暑和死亡。河北省人畜因高温而直接或间接死亡的事件时有发生。建国以来，石家庄地区 1971 年 7 月 15—17 日因高温(36～38℃)和高湿(相对湿度 70%)有一百多人和数百头牲畜死亡。1972 年 6 月下旬到 7 月初，河北南部平原地区，因高温酷热而死亡的人数竟达数百人。2009 年 6 月 20 日至 7 月 7 日，我省出现持续性、大范围高温天气，平均日最高气温 34.7℃，中南部地区超过 35℃，其中正定、藁城、石家庄、无极、栾城、任县连续 15 天日最高气温超过 35℃。全省有 26 个县市达到或超过有气象记录以来历史同期最长连续高温日数，其中 14 个县市突破历史同期最长连续高温日数。特别是 23—25 日，中南部地区连续 3 天出现超过 40℃的高温酷热天气。25 日，邢台市沙河站日最高气温达 44.4℃，突破我省有气象记录以来日最高气温历史极值，18 个站突破该站有气象观测记录以来的最高值。

1.3.7.2 干热风

干热风是小麦灌浆到成熟(5 月中旬到 6 月中旬)出现的一种高温、低湿并伴有一定风力的灾害性天气，因其主要对成熟期的小麦造成危害，所以也称为小麦干热风。

干热风是危害小麦的重要气象灾害。小麦遭遇干热风时，植株蒸腾强度骤然加大，根系活力减退，造成水分平衡失调，生理机能加速，致使植株过早衰老，出现叶黄茎萎，芒炸颖开，甚至青枯逼熟，导致小麦失去正常生机，使千粒重降低，轻者减产 10%左右，重者减产 20%以上。

1.3.8 雾和霾

雾是由空气中的水汽凝结或凝华而成的，它对能见度有很大影响。气象部门规定把水平能见度小于 1 km 的叫大雾，小于 10 km 的叫轻雾。

雾对海、陆、空、交通及通讯等方面的影响很大，尤其在较严重的情况下，常导致交通事故发生、通讯中断、电网遭到破坏等，给人民的生命财产及国民经济带来巨大的损失。例如 1990 年 2 月 5—12 日，全省大面积出现大雾期间，在任丘县路段导致了一起死亡 7 人伤 5 人的特大交通事故；大雾造成大面积“污闪”掉闸，南网 6 个地区的大面积“污闪”波及 5 个 220 kV 站，使 27 条 220 kV 线路多条 110 kV 线路造成大面积停电，损失相当严重。石家庄火车站停电 1 小时，造成 30 对火车停开。

霾的主要成分是尘埃，如硫酸、硝酸一类微小颗粒物(常为 $PM_{2.5}$)。2008 年监测表明，北京地区 PM_{10} 中气溶胶粒子污染可归为燃煤、燃油、与经济活动和居民日常活动有关的溶剂排放等三大来源，对 2013 年北京地区颗粒物 PM_{10} 和 $PM_{2.5}$ 化学成分的分析和综合源解析，机动车为城市 $PM_{2.5}$ 的最大来源，约为四分之一；其次为燃煤和外来输送，各占五分之一。

霾形成时空气相对湿度在 80%以下，能见度为 1 km 以上 10 km 以下，颜色有点儿发黄或呈褐色。污染物排放是形成霾的“元凶”，而气象条件是形成霾的“帮凶”。

京津冀地区为全国霾气溶胶污染最严重的地区之一，霾日数呈现城市比农村多、平原比山区多的特点。北京、天津、石家庄等大中型城市及周边地区年雾或霾日数在 120 天以上。

河北省中南部平原地区由于受太行山、燕山山脉组成的“弧形山脉”影响，使山前暖区空气流动性较小、污染物和水汽容易聚集。同时，也迫使来自河北省的偏南风回流后产生上升，为霾形成提供了条件。在没有冷空气影响时，平原吹东南风、偏南风，受山脉的阻挡，霾容易在平原一带积聚。太行山“焚风效应”造成偏西气流越过太行山后下沉增温，空气干燥，使大气层结更加稳定，下沉气流也不利于污染物的垂直扩散。

近 50 年来，我省秋冬季平均风速及大风日数均呈减少趋势，平均风速每 10 年减小 0.22 m/s，大风日数每 10 年减少 1.9 天；相对湿度略呈增加的趋势，平均每 10 年增加 0.04%。这些因素都有利于雾和霾天气的形成。

1.3.9　暴雪

暴雪是指 24 小时降水量≥10.0 mm 的降雪天气过程。暴雪灾害影响交通、通讯、输电线路安全；冻坏农作物，导致农业歉收或严重减产，对蔬菜生产和供应造成不利影响；伴随低温冻害，致使老人及牲畜冻伤或冻死，造成道路积冰，致使交通事故多发和行人跌倒或摔伤。

2009 年 11 月 8—12 日，我省先后出现全省范围强降雪，张家口南部、廊坊北部、唐山北部、保定南部、沧州南部、石家庄、衡水、邢台、邯郸降大到暴雪，其中石家庄市有 8 个县降水量为 51.1～93.5 mm，石家庄市区降水量最大为 93.5 mm。全省有 47 个县市的最大积雪深度突破当地有气象记录以来的历史极值，主要分布在中南部地区，其中石家庄大部、邢台西部、邯郸西部累计积雪深度超过 30 cm，石家庄市区累计积雪深度最大为 55 cm；中南部地区有 29 个县市日最大降雪量突破当地有气象记录以来的历史极值，主要集中在石家庄、邢台、邯郸和衡水地区。据省民政部门统计，这次暴雪使石家庄、邢台、邯郸、保定、衡水、张家口、廊坊等市的 87 个县(市、区)328.4 万人受灾，其中因灾死亡 7 人，受伤 109 人，农作物受灾面积 162700 ha，因灾倒塌房屋 1544 间，损坏房屋 5046 间，倒塌农业大棚 22517 个，城市集贸市场等大量设施被毁。因灾造成直接经济损失 15.2743 亿元。

1.3.10　连阴雨

所谓连阴雨是指连续 3 天以上，每天日照≤2 小时，其中至少有 2 个雨日，视为一次连阴雨天气过程。本省连阴雨春夏秋三季都可能出现，但对农业生产影响大、危害重的主要是 4—9 月出现的连阴雨，尤其是春播、麦收、秋收季节的连阴雨对农业生产影响更大。

2007 年 9 月 26—10 月 10 日，河北省中南部地区持续出现连阴雨天气，其持续时间之长、连续降水日数之多为历史同期所罕见。据统计，此次灾害共造成全省 393.77 万人受灾，农作物受灾面积 479870 ha，倒塌毁坏房屋 11413 间，造成直接经济损失 25.79 亿元，其中农业经济损失 24 亿元。

1.3.11　风暴潮

风暴潮是一种破坏性较强的气象次生灾害。当海水潮位处于高潮时，若出现强烈的大风扰动，如强风暴和气压骤变、向岸大风即推波助澜，使水位暴涨，海水溢侵内陆造成灾害。

形成严重风暴潮的主要原因一般有三个：一是具有强烈而持久的向岸大风，二是具有有利的岸带地形（如喇叭口状港湾及平缓海滩），三是具有天文大潮的配合。河北沿海风暴潮可分为热带气旋风暴潮和强冷空气风暴潮。渤海为一个向东开口的港湾浅海，位于半封闭型的渤海湾内，具有明显的季风气候特点。当渤海出现强烈而持久的偏东大风时，海水便会不断地在渤海湾内堆积，形成风暴潮。河北沿海历史上强大的风暴潮多与天文大潮配合，两者叠加，潮位更高，造成严重的灾害。如 1938 年 8 月 11 日，河北沿海出现 6 级以上东北风、大暴雨，8 时左右海潮涌向陆地，到中午大潮时间，汹涌澎湃的海潮侵陆 20 km，船只被卷到陆上，大潮浸淹地区水深 5 m，历时 4 d 才退去，致使宋家庄（属海兴县）一带土地两、三年无法耕种。据近百年资料看，1895、1911、1917、1926、1938、1939、1949、1965、1972、1985、1992、1997 年等都发生过风暴潮。

参考文献

程树林，郭迎春，等，1993. 太行山燕山气候考察研究[M]. 北京：气象出版社：3-6.
河北省气象局，1987. 河北省天气预报手册[M]. 北京：气象出版社：7-39.
苏剑勤，程树林，郭迎春，等，1996. 河北气候[M]. 北京：气象出版社：1-285.
臧建升，郭迎春，等，2008. 中国气象灾害大典 · 河北卷[M]. 北京：气象出版社：8-354.

第 2 章　气象要素预报与数值预报产品释用

气象要素预报是各级气象台站日常业务预报的基本内容，也是预报业务质量考核的重要方面。本章从影响要素的因子、预报着眼点、预报客观方法和指标等方面，介绍了云、一般性降水、气温、地面风、能见度等常规要素的预报以及数值预报产品的解释应用和检验。

2.1　云的预报

云的生成和演变与降水有着密切的关系，并对温度、湿度、能见度等气象要素的变化有着重要的影响。云的预报是要素预报中首先要重点考虑的项目。

2.1.1　云的形成及预报着眼点

云是由于大气中的水汽凝结或凝华而产生的。形成云的基本条件有两个：一是空中要有足够的水汽；二是要有使空气中的水汽发生凝结的冷却过程，主要是由上升运动引起的绝热冷却。云的预报主要是通过各种资料，对水汽和上升运动这两个条件进行分析和判断。

对水汽的分析，主要是通过地面或高空各层的露点、温度露点差、比湿等分析水汽的空间分布，通过分析环流形势的演变和干、湿平流的情况，判断水汽未来的变化；另外从温度对数压力图上的层结曲线和露点曲线的分布状态，可了解水汽的垂直分布和各高度上空气的饱和程度，温度露点差愈小的区域，空气愈接近饱和，愈有利于云的生成和发展。

大尺度动力强迫、地形强迫、热对流以及小尺度强迫均可引发上升运动。对上升运动的分析，主要是：① 通过环流形势判断是否有明显的天气系统，主要包括：锋面、气旋、高空槽、低涡、切变线等，在足够的水汽条件下，系统性的上升运动，能形成大范围的云和降水；② 要注意分析小范围的辐合区，包括局地的风向辐合、风速辐合、气流的垂直切变等，在一定条件下可产生局地的云雨；③ 注意地形和下垫面性质的不同引起的局地上升运动。在迎风坡空气沿坡上升，有利于云的形成，反之，背风坡空气做下沉运动，不利云的形成；④ 由于热力作用，形成的山谷风和海陆风均可产生局地的上升和下沉运动，对云的形成和消散均有影响。

在实际业务中，除了分析天气尺度的影响系统外，要注意结合本地区下垫面的具体特点进行具体分析预报。

2.1.2　低云的预报

云底高度低于 2500 m 的云一般称为低云。低云一般包括层积云（Sc）、层云（St）、雨层云（Ns）、积云（Cu）和积雨云（Cb）。低云日数有明显的年变化。石家庄正定民航机场利用 1995 年 3 月至 2004 年 12 月近 10 年的地面气象观测资料分析机场区域各月低云日平均日数

(图 2.1),以一天中有一个时次出现低云记为一个低云日,将云底高度分为 2500 m、1000 m、500 m 3 档分别统计,由图可见,3 个级别都呈单峰型,夏季 7、8 月多,冬季 1、2 月少,7 月份平均低云日数最高为 25 天,2 月份最少仅有 7 天。

低云是由大气低层的水汽凝结或凝华而形成的。预报低云时,应着重分析大气低层(地面、925 hPa 和 850 hPa)的水汽条件和冷却过程。由产生低云对应的天气条件可分为锋面低云、平(回)流低云、扰动低云和对流低云。

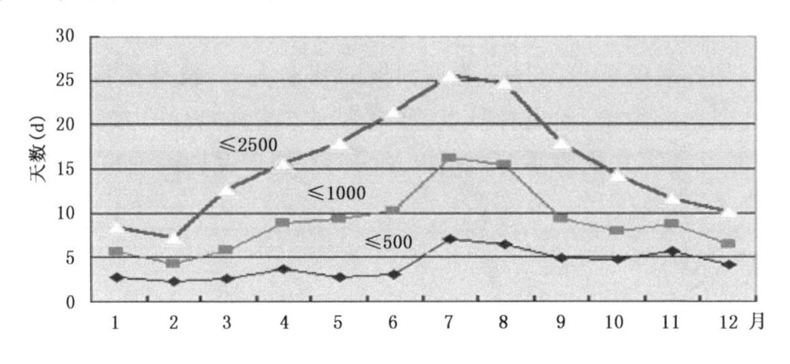

图 2.1　石家庄正定民航机场各月低云日平均天数

锋面低云,指锋面附近的低云。在锋面附近有利于产生锋上低云(雨层云、层积云)、锋下扰动低云(层积云、碎积云)和碎雨云。锋上低云主要是在锋上暖气团的抬升和低压槽的辐合上升运动的作用下,使暖空气中的水汽凝结而成的。当冷气团中低层层结不太稳定、风的垂直切变比较大时,就会产生扰动,在水汽条件具备时,即可形成锋下扰动低云。碎雨云是由于锋上暖雨滴降至锋下冷气团中蒸发,使冷空气饱和凝结而形成的。预报时首先要分析锋面云的实况和过去的变化,再结合各种形势场预报,对锋面附近的水汽和上升运动等情况进行分析判断。

平(回)流低云,是沿海地区常见的一种低云。产生这种低云一般有两种基本型式,一是平流低云,其地面形势特点:海上为稳定的暖高压,其后部暖湿的偏东或东南气流流到相对冷的陆地或遇到冷洋流时,由于上升和扰动作用形成平流低云或平流辐射雾(图 2.2a)。另一种型式为回流低云,其地面形势特点为:海上为从大陆入海的冷高压,其西部或西南部出现的低云是由于入海后增暖、增湿变性的冷空气在回流到大陆上升冷却而形成的(图 2.2b)。平(回)流低云的预报主要是分析和预报平(回)流形势能否建立,进而分析高压后部的暖湿平流条件和空气移到陆地的冷却条件,判断能否形成低云。

扰动低云,主要是指有地面或 850 hPa 上的低压(涡)、低槽、切变线造成低层扰动产生辐合上升运动,而形成的低云。其预报主要是对低层低涡、气旋、切变线等系统分析和预报。

对流低云,是不稳定气团内经常出现的云,尤以夏季最常见。一般出现在空中冷平流区、地面气旋后部或反气旋前部、气压梯度较小或正在减弱的气压场中,以及一切有利于气流辐合的区域。当大气仅是低层不稳定,而上层有逆温等阻挡层时,形成淡积云;若大气不稳定度较大,对流高度超过凝结高度很多时,垂直发展旺盛,就会形成浓积云;随着对流发展,当云顶伸展到温度很低(通常为-15℃以下)的高空时,云顶的过冷水滴逐渐冻结为冰晶,这时浓积云将发展为积雨云,而产生局地雷雨。对流低云生成条件归纳为(1)足够的水汽;(2)大气低层不稳定;(3)适当的外力抬升。预报对流低云就是利用实况、数值预报产品等各种资料对低云生成

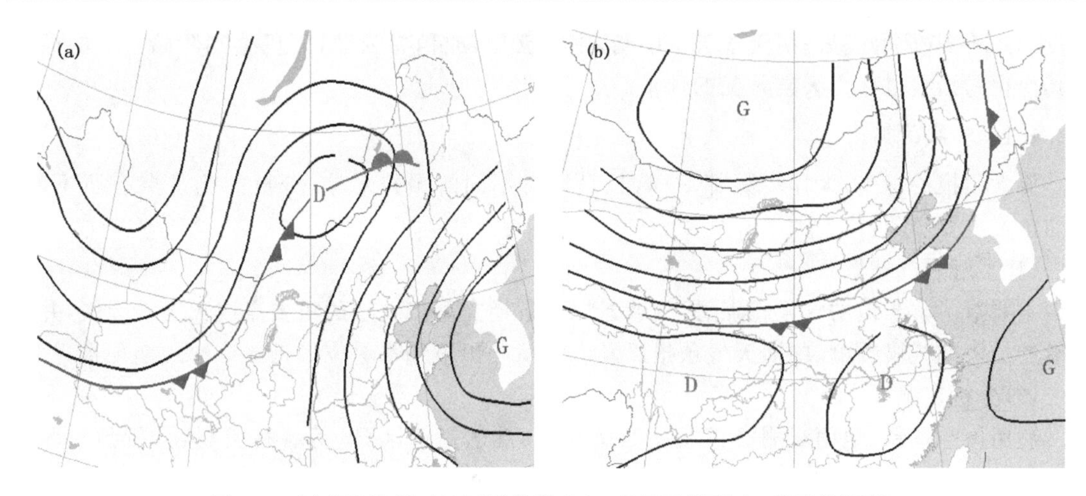

图 2.2　平(回)流低云地面形势模式(a. 高压后部型;b. 高压底部型)

所需条件进行分析判断。

以上所述四种低云之间不是完全孤立的,而是互相联系的,在一定条件下可以互相转化。(北京大学地球物理系气象教研室，1976)

2.1.3　中高云的预报

中高云一般指云底高度高于 2500 m 的云。中云包括高积云(Ac)、高层云(As),云底高度一般 2500～4500 m;高云包括卷云(Ci)、卷积云(Cs)、卷层云(Cc)之类的云,出现在 4500～10000 m 高度上。中高云是在中高空(主要指 700 hPa,500 hPa)上升运动作用下,使空气冷却凝结或凝华而形成的。中高空水汽来源主要是靠水平输送,冷却主要靠系统性的上升运动和波动,中高云的演变与中高空天气形势关系最为密切。在高空槽前和低涡的前部,暖平流区和锋区附近,都有利于中高云的发展。预报时要注意判断中高空温压场形势的变化,综合分析中高云实况和形势场。

高空槽是我省产生中高云的主要天气系统。高空槽的深度不同或槽的走向不同,中高云出现的情况也有不同。主要有以下几种情况:(1)短波槽,500 hPa 短波槽区域,若温度梯度和风速均很小或湿度很小(温度露点差大于 10℃),而地面一般为高压脊或高压中心附近,则无云;反之若温度梯度和风速较大,而地面为高压南部或两高之间,则有高云,而地面为倒槽或闭合低压时,常常中、高云均有。(2)长波槽,有长波槽时,地面通常有锋面,易产生恶劣天气,以中云为主,常有低云和降水;在远离槽线的地方还有高云。(3)横槽,无冷锋对应的横槽,且槽前为偏西风时,云区位于槽前三个纬距以南地区,云区宽约 400～500 km;有冷锋对应的横槽,云区从槽前两个纬距处开始,一直到冷锋锋线。(4)锋区,一般 500 hPa 平直西风锋区地带有高云,但当锋区内气流为较强的西北风时,锋区无云。

2.1.4　天空状况的预报

机场和军队的气象台对云的预报要求较高,而地方上的气象台一般只须报出云的概量(晴、少云、多云、阴)。通常晴天指天空无云,或有中、低云量不到 1 成,高云量在 4 成以下;少云指天空中有 1～3 成的中、低云层,或有 4～5 成的高云;多云指天空中有 4～7 成的中、低云层，或有6～10成的高云；阴天指天空阴暗，密布云层，或稍有云隙，而仍感到阴暗。云的概量及其变化的预报也称为天空状况的预报。

2.1.4.1　预报思路

要素预报的思路，大体步骤都一样，只是针对不同的预报对象，分析的侧重点有所不同。云的预报主要步骤：

(1)了解天气背景

主要指了解当地的气候特点、天气背景以及近期需重点关注的重要点或灾害性天气，并查看最近的短期气候预测、中期天气预报以及上级指导预报和本单位最近的一次短期预报。

(2)分析实况

利用探空资料、地面观测资料以及卫星云图、雷达资料、GPS等各种资料，分析预报区域以及周围地区天空状况的实况和过去24小时的变化情况，并结合高空、地面形势场的分析，明确目前高、低空的主要影响系统和其强度以及影响区域。运用天气学原理，结合形成云所需的条件，主观外推未来云变化(云的高低和云量多少)的趋势。

(3)数值预报分析和应用

可直接分析有天空状况的数值模式输出的预报产品(如欧洲细网格数值预报云量的预报产品、德国数值预报天空状况的预报产品等)；也可利用数值预报的天气形势、要素、物理量等预报场，分析主要影响系统、温度条件、水汽条件、上升运动、大气层结等，结合预报员经验，运用本地总结的预报指标和预报工具制作天空状况预报。

(4)本地订正

根据本地地形、地貌等地方性特点，进行订正，得出本地天空状况最后预报。

2.1.4.2　本地预报工具或指标

各地市预报员在预报中，都总结了一些预报指标或预报工具。下面介绍唐山市利用日本传真图进行天空状况的预报指标。

阴天的预报指标，满足以下其中一条即可报阴天。

① FXFE572或FXFE782图上预报本站温度露点差$T-T_d=0$；

② FXFE572或FXFE782图上预报本站$T-T_d\leqslant 6$，FXFE782或FXFE783图上本站位于上升区内；

③ FSFE02或FSFE03预报本站有降水；

④ FSFE02或FSFE03预报本站为低压控制且上游有雨区时。

晴天或晴间多云的预报指标，满足以下其中一条即可报晴天或晴间多云。

① FXFE572或FXFE782图上预报本站$T-T_d\geqslant 18$；

② FXFE572或FXFE782图上预报本站$12\leqslant T-T_d\leqslant 18$，高空为西北气流；

③ 572或782图上预报本站$6\leqslant T-T_d\leqslant 12$，782或783图上本站处于下沉区，或地面为高压控制。

多云的预报指标，满足以下其中一条即可报多云。

① FXFE572或FXFE782图上预报本站$T-T_d<12$，高空为西南气流，或FXFE782、FXFE783图上本站为上升气流；

② FXFE572或FXFE782图上预报本站$6<T-T_d<12$，高空关键区内有影响系统；

③ FXFE572 或 FXFE782 图上预报本站 $0<T-T_d<6$，且本站为下沉气流控制。

随着数值预报的发展，我们可以得到各层的温、湿、风、垂直速度、稳定度等各种数值预报输出产品，可以紧紧围绕水汽和上升运动这两个产生云的条件进行分析总结，提炼各地的预报指标，进行云的定性或定量预报。

2.2　一般性降水预报

一般性降水是相对暴雨而言的，通常指未达到暴雨级别的降水过程。本节除介绍降水成因、主要影响系统以及预报思路等内容外，还介绍了河北省春季第一场透雨、连阴雨、雨雪转换等预报思路和方法。

2.2.1　降水的预报

2.2.1.1　降水的形成条件及分析要点

降水形成的条件主要：一是水汽条件，二是垂直条件，三是云滴增长条件。其中云滴增长条件主要取决于云层厚度，而云层厚度又取决于水汽和垂直运动条件，故在降水预报中主要分析水汽条件和垂直运动条件（朱乾根等，2007）。

(1)水汽条件的分析

水汽是形成降水的最基本条件，分析水汽条件主要是分析大气中的水汽含量和饱和程度及其变化、水汽源地、水汽输送、水汽辐合等。

①水汽含量和饱和程度

大气中水汽含量主要通过各层的比湿、露点来判断，大气中的水汽主要在对流层的下部(500 hPa 以下)，故预报时要重点关注中低层(925 hPa、850 hPa 和 700 hPa)的水汽情况。

各层等压面上 $T-T_d$ 线表示空气的饱和程度，通常将$(T-T_d)\leqslant 2$℃的区域作为饱和区，$(T-T_d)\leqslant 4\sim 5$℃作为湿区。还有可用 RH 来表示空气的饱和程度，一般 $RH\geqslant 90\%$ 为饱和区。

除了分析某一层的水汽含量，还要分析整层的水汽情况，可通过单站探空曲线或剖面图分析湿层(饱和层)厚度，湿层越厚越有利于降水；也可通过计算大气可降水量来分析，此外通过地基 GPS 资料反演出的大气可降水量(PWV)也能看出某地大气整层水汽情况。

②水汽的变化

某地水汽的变化(局地变化)主要有比湿平流、比湿垂直输送、凝结和蒸发以及湍流扩散，其中比湿平流最为重要，预报中主要是通过分析等比湿线(或等露点线)和风场来判断干、湿平流。某地区降水(特别是较大降水)前，其低层一般有明显的湿度增加。

③水汽源地和水汽输送

河北省的水汽源地主要有孟加拉湾和我国的南海、东海、黄海。孟加拉湾和南海的水汽是通过西南气流向我省输送，东海和黄海则是通过强盛的东南气流向我省输送，输送量的大小用水汽通量表示。水汽通量是用来表示单位时间内通过大规模水平气流被输送到降水区的水汽量。预报时要特别关注低空急流对水汽输送的影响。

④水汽的辐合

有了水汽输送，还需要水汽的水平辐合，才能上升冷却凝结成雨，一般用水汽通量散度表示。由于水汽通量辐合主要由风的辐合造成，故在业务中还可通过分析风场的辐合，特别是低层风场的辐合来判断水汽的辐合情况。

(2)垂直运动的分析

垂直运动一般可分为两大类，即大范围的垂直运动和中小尺度系统中的垂直运动。大范围的垂直运动与天气尺度系统相联系，包括大范围流场的辐合辐散、温度平流、涡度平流、锋面抬升等。中小尺度系统中的垂直运动与大气层结不稳定相联系。

日常预报中一方面可以利用物理量诊断和数值预报中垂直速度的值直接进行分析判断，另一方面还可以通过以下几个方面分析垂直运动情况。

①低层辐合

除分析计算得到辐散场外，一般通过分析低层风场，主要有风向、风速的辐合、风向的气旋性切变等分析判断上升运动。

②高层辐散

除运用辐散场、风场分析外，还可用涡度平流来分析判断，高层（一般分析 200 或 300 hPa)西风带中，高空槽前有正相对涡度平流，有辐散上升运动。高空锋区急流附近一般常有正相对涡度平流，故上升运动也很强。此外运用云导风资料或卫星云图云系的发散运动也可以判断高层辐散情况，进而判断上升运动。

③层结不稳定引起的上升运动

经验表明出现较大降水，特别是局地暴雨，多与对流上升运动相联系。有关这方面的内容将在暴雨和强对流章节详细说明。

④非绝热加热对垂直运动的影响

非绝热加热作用有凝结潜热、辐射、下垫面加热等，其中尤以凝结潜热加热为主，潜热的释放使环境空气增温，从而加强上升运动。这也是降水的正反馈作用。

⑤地形对垂直运动的影响

地面起伏不平可以改变气流的结构，造成摩擦层气流辐合作用而引起垂直作用，同时地形还可以使天气系统的发展和移动受影响。地形对降水的作用，主要表现在迎风坡的强迫抬升和诸如狭管地形、喇叭口地形等特殊地形的辐合抬升。在同样的天气形势下，迎风坡的降水要比其他地区大。例如 2000 年 7 月 3—6 日的河北省中南部受低涡影响，出现连续暴雨过程，对比邢台山区水文站和浆水气象站、山前站以及东部平原站逐日(08 时—08 时)降水量资料显示(表 2.1)，总体上，总过程降水量山区站大于山前站、山前站大于平原站，最大降水中心出现在

表 2.1　2000 年 7 月 3—6 日连续暴雨过程逐日(08 时—08 时)及总过程雨量(单位:mm)

站名		海拔高度(m)	3 日	4 日	5 日	6 日	过程总量
山区站	坡底	315	37	105	320	43	508
	獐貘	340	28	99	231	45	403
山前站	邢台	78	36	138	111	45	330
	临城	125	47	74	103	25	249
平原站	临西	36	13	56	5	1	75
	清河	32	25	41	3	0	69

位于太行山东麓迎风坡峡管、喇叭口山地地形的坡底。类似的情况在河北著名的“63.8”、“96.8”大暴雨过程中均有出现。

2.2.1.2　河北省降水的主要天气系统

影响河北省并可产生降水的天气系统主要有冷锋、气旋、低槽、低涡、切变线、热带涡旋等(河北省气象局，1987)。

(1)冷锋

冷锋在河北省一年四季均可出现，是最常见的天气系统，也是造成降水最常见的天气系统。但不是所有冷锋都有降水。冬半年我省在干冷的大陆气团控制下，冷风过境有时并不出现降水，而多伴有大风或沙尘天气。夏季大气层结不稳定，水汽含量多，有较明显的冷锋过境总能造成不同强度的降水。弱高空槽前倾多产生雷阵雨天气，常伴有短时大风；若高空槽后倾，地面锋面与 700 hPa 槽线间有带状雨区，一般是稳定性降水。

根据冷空气路径可分为偏西冷锋、西北冷锋、偏北冷锋和华北锢囚锋。

①偏西冷锋

东亚地区上空为平直西风环流，锋区在 40°—45°N 一带，从巴尔喀什湖附近有低槽东移，经我国新疆、河西走廊和河套一带东移。冷锋多是南北走向。当冷锋到达河套地区时常发展出一片雨区，随冷锋东移，影响我省大部地区。这是最易产生降水的一类冷锋，冬半年造成降水的冷锋就多半是这种冷锋。若受高空槽影响，有西北涡相伴东移，冬季可造成大雪，夏季可造成暴雨。

②西北冷锋

东亚地区经向环流较明显，锋区在 45°N 以北，随上游低槽东移加深，有冷锋从蒙古国一带向东南移动，影响我省。冷锋是东北～西南走向，地面冷高压前部常有蒙古低压发展东移，冷空气从低压后部南下影响我省。冬半年寒潮冷锋多半为这种路径，一般少降水、多大风。夏季这种冷锋影响我省多产生雷阵雨天气。

③偏北冷锋

贝加尔湖一带为长波脊，东北地区为低涡或冷槽，有时在蒙古国有一横槽，槽后脊前偏北气流向南移动，南下到渤海一带，影响我省。这种冷锋在冬季多为华北锢囚锋或回流天气中东面的一支冷锋，与华北冬季降水关系密切。夏季与西北冷锋相似，多引起雷阵雨，有时在东北低涡稳定的情况下，每天午后可从我国内蒙古边境一带有副冷锋南下，造成我省雷阵雨。

④华北锢囚锋

华北锢囚锋发生在东亚中纬度锋区比较平直，位于 40°N 一带，冷空气分成两支，一支从东北地区南下经渤海向西南方向扩散(回流)；另一支从河西走廊一带东移，西来的冷锋多伴有倒槽，有时有低压中心。两支冷锋在河套以东地区相遇形成锢囚锋，高空暖空气在东侧冷空气垫上上滑，造成华北地区降水。若西来冷槽与西北涡或西南涡结合，则会使降水加强。我省冬季比较大的降雪以及春、秋季比较大的降水或连阴雨多数与回流或华北锢囚锋有关，特别对太行山南段和平原南部影响严重。

(2)气旋

气旋是造成华北降水的重要天气系统，主要有蒙古气旋、河套气旋、黄河气旋、江淮气旋。

①蒙古气旋

蒙古气旋是指产生于蒙古国一带的锋面低压系统(多发生在蒙古中部和东部高原上，约在

45°—50°N、100°—115°E 之间）。一年四季均有出现，以春秋两季最为常见，尤以春季最多（约占 40%左右），一般影响河北省坝上地区和北部山区的西部以及太行山北部山区。蒙古气旋是北支锋区上的天气系统，以大风天气为主，也常产生降水天气，但降水量小，且带局部性。降水一般多出现在发展较强的气旋中心偏北的部位。但若东移到我国东北地区或渤海一带加深发展为东北低压（500 hPa 图上 40°—50°N、115°—130°E 范围内出现低压中心）的蒙古气旋，则我省的降水区扩大到燕山地区，甚至扩大到沿海平原北部，而且降水在上述地区加强。

蒙古气旋一般产生在高空锋区疏散槽前的下方，高空有正涡度平流。在预报蒙古气旋发生发展时，应当首先分析高空形势，注意高空正涡度中心移动的方向，以及它和地面上冷锋的相对位置。当冷锋移入蒙古，高空正涡度中心正好输送到地面冷锋的上空，这就是蒙古气旋发生的一般形势。

②河套气旋

各季都有，是影响我省降水的主要系统。过程一般是从河西一带有冷空气东移，黄河、渭河一带有暖性切变北移，两者在河套地区相遇形成气旋东移。这类气旋多在明显的高空槽前部，槽后冷空气南下促使气旋发展，其冷暖锋结构明显，降水在气旋中心前方、暖锋前部较显著。

③黄河气旋

其形成位置偏南，锋区及冷空气到达位置也较偏南。冷空气从河西走廊经关中地区东移，与江淮地区的暖性切变相接于黄河中游形成气旋。形成后多向 NE、NNE 移动，影响我省。它以初夏为多，盛夏明显减少。黄河气旋是我省主要暴雨系统之一，以影响平原地区以及燕山和太行山区为主。暴雨中心一般出现在气旋中心前方，暖锋前部。冷锋附近可出现局部暴雨。另外，黄河气旋向渤海移动时，常造成渤海大风。

预报黄河气旋生成主要考虑从河西东移低槽的加深，低空（700 hPa 或 850 hPa）偏南风较大，且常发展成低空急流，预报时要注意低空急流发展前局部的急流中心或急流核；其次考虑副高的位置，据统计，副高脊线在 25°—27°N 或 588 dagpm 线在 30°—35°N 时，黄河气旋生成的机会最多。当环流形势稳定，可有气旋接连发生，造成连续性暴雨天气。1971 年 6 月 23—29 日，三次西南涡或西北涡东移，其中有两次产生黄河气旋，造成我省大面积的暴雨和严重的连阴雨。

④江淮气旋

江淮气旋是指发生在长江下游，淮河流域及湘赣地区的锋面气旋。以春夏两季出现较多，特别是在 6 月份活动最盛。江淮气旋是南支锋区上的天气系统，它常与低空西南涡配合，是造成江淮地区暴雨的重要天气系统之一。只有向东北方向移动能进入黄海以北的江淮气旋才可能对我省有影响，一般影响太行山南段和平原南部，有时也会影响到整个平原地区。绝大多数情况下，降水量不会太大。江淮气旋造成我省降水，多数为气旋北部偏东风与高空槽前西南风结合。另外，要注意有时江淮气旋北部的偏东风影响到渤海海面，可能造成偏东大风。

（3）西来槽

西来槽是我省常见的以降水为主的天气系统，但是一般单一的西来槽不致造成我省太严重的天气，而当低槽与其他影响系统如冷锋、西南涡、西北涡、副高等相结合时，降水加强，甚至产生暴雨。

（4）低涡

主要是指高空图上出现的闭合低压环流系统。在华北地区低涡各季节都能出现并产生降水天气。有些低涡与锋面和气旋相结合,也有不与地面气压系统相结合的。降水出现在涡中心和涡移动路径的右前方 SW—SE 气流辐合区里。

①东蒙冷涡

东蒙冷涡是指高空发生在(或经过)蒙古国中东部的西风带冷性低涡,一般以高空较低层的 700 hPa 上表现明显。从春末到秋初都会出现,而以夏季,尤其初夏为多且影响严重。

东蒙冷涡是我省最主要的强对流天气系统,常造成午后到傍晚的雷阵雨伴大风天气,同时经常伴有降雹,且多强冰雹。东蒙冷涡带来的天气具有日变化明显、时间短、强度大、局部性明显且可能持续数日等特点,个别地点降水量可达暴雨程度。

东蒙冷涡的天气主要出现在冷涡的东南方。它对我省的影响程度和范围主要决定于冷涡产生的位置,强度和移向。东蒙冷涡一般影响坝上和山区,但要注意有少数影响到平原地区,而且可能影响很严重。另外若东蒙冷涡移动缓慢或停滞少动,可造成我省连续数日的冷涡天气。

东蒙冷涡常形成于亚洲高空经向阻塞形势下,常见的有贝加尔湖阻塞,西西伯利亚阻塞和雅库茨克阻塞,而以贝加尔湖阻塞为多。冷涡的生成在于西风槽内冷空气被"切断"出来,预报时要注意槽后北部有暖平流切入,南部有较强的冷平流存在,即要求一个较深的冷舌稍落后在槽线后方。

②西北涡

西北涡是指低空(主要 700 hPa 图上)在青海湖附近的低涡(常由柴达木盆地的低涡东移而成),一般在夏季影响我省,是我省主要暴雨系统。

西北涡形势特征主要是东高西低。乌拉尔山是长波脊,贝加尔湖以西是低槽,以东为高压脊(120°E 附近),华北受高压脊控制。

③西南涡

西南涡是指低空 700 hPa 或 850 hPa 上,在川西 27°—33°N、99°—105°E 形成、发展,向东北方向移动的低涡。降水主要发生在低涡移动路径的前方。常在夏季影响我省。

西南涡是我省最重要的暴雨系统之一,常造成我省大范围的暴雨。"63.8"太行山特大暴雨就是一种特殊的西南涡所造成。

(5)高空切变线

高空切变线主要指风场的不连续线。

①冷性切变线

冷性切变线是指高空低层 700 hPa 或 850 hPa 上偏北风与西南风的风场不连续线,通常为西风带低槽倒卧于副高的北侧。一般在盛夏到秋季影响我省。

②暖性切变线

暖性切变线是指高空低层 700 hPa 或 850 hPa 上西南风与东南风所构成的风场不连续线。多在盛夏影响我省。它是我省暴雨系统之一。通常降水具有明显的阵性,分布不均匀。

(6)热带涡旋类——台风和台风倒槽

台风为形成于热带洋面上的气旋性涡旋。一般在盛夏期间(7 月下旬到 8 月上旬)影响我省。是我省最主要的暴雨系统,常会造成大范围大暴雨或特大暴雨。台风直接影响我省的为数很少,多为台风倒槽与西风带弱冷空气结合(常见的为与冷锋、西来槽或切变线结合)影响我省。另外，台风外围偏东急流水汽输送与影响我省的降水系统结合，对降水的加强也有一定作用。

以上有关暴雨的主要影响系统在暴雨一节还会有深入说明。

2.2.1.3 降水的预报思路和方法

降水预报的思路与云的预报一致，只是在实况和数值预报的分析和应用时，主要针对降水所需的水汽和垂直运动条件进行分析。

在数值预报应用方面，可针对一种数值预报运用MOS方法、PP法、卡尔曼滤波等各种数值预报进行解释应用，建立方程得到客观预报。也可对各种数值预报的降水预报结果进行综合集成。下面介绍承德利用多种数值预报产品做分县降水预报的方法。

对承德市2004—2005年降水资料，进行分级处理，采用多元线性回归的方法，把各数值预报产品中的分县降水预报等级作为预报因子与第二天实况降水等级建立不同天气系统的分县降水预报方程。结果发现，多家数值预报产品综合后所得到分县预报结果的预报 T_s 值，明显高于单一数值预报产品的 T_s 值，以此来提高数值预报产品对分县降水的预报能力。

方法简介：

① 资料处理

应用2004—2005年承德市9个观测站20—20时的分县实况降水量，与前一天下午T213、MM5、日本传真图(08时FSFE02、FSFE03)、德国天气在线24小时预报降水量，建立分县多元回归方程。

预报降水量和实况降水量均采用分级处理的方法，把各家数值预报产品作为预报因子，实况降水量作为预报量。在分级时把实况降水量的等级比预报因子的等级大一个量级来处理，可消除预报因子与预报量等级接近对回归效果的影响，得到通过F检验的回归方程。

分级标准见表2.2。

表2.2 预报量与预报因子的降水量分级表

预报量级别(Y)	0	10	20	30	40
预报因子级别(Xi)	0	1	2	3	4
对应降水的量值区间(r)	无降水	$r \leqslant 10$ mm	10 mm$<r \leqslant 20$ mm	20 mm$<r \leqslant 40$ mm	40 mm$<r$

$X1$：T213分县预报未来24小时降水量等级；

$X2$：MM5分县预报未来24小时降水量等级；

$X3$：日本分县预报未来24小时降水量等级；

$X4$：德国天气在线分县预报未来24小时降水量等级；

Y：分县24小时实况降水量等级。

② 影响系统的分类

把影响承德市全区降水的天气形势(109个样本)按冷空气路径和影响系统路径分为北来系统、西来系统、南来系统。

北来系统包括：东蒙冷涡、华北冷涡、西北冷锋、西北槽；

西来系统包括：西来槽，西来冷锋、人切(西北涡)、冷性切变线；

南来系统包括：西南涡、暖切变线、台风倒槽。

为了求得对于每一类型系统各家数值预报产品的预报能力，计算了各家数值预报产品的预报降水量等级与各类影响系统所产生的实况降水量等级之间的相关系数，除德国天气在线对北来系统预报的相关系数低于 0.6，其他数值预报产品的预报降水等级与实况降水等级均有较好的正相关关系。

③ 建立回归方程，得出回归系数

取 T213、MM5、日本、德国天气在线 24 小时分县预报的降水量级（$X1$、$X2$、$X3$、$X4$）为预报因子采用多元线性回归方法，得到了全区 27 个分县降水等级预报方程。用方程试报 109 个个例，得出全区 24 小时分县降水平均 Ts 值为 72.5%，比任何一种单一的数值降水预报的 Ts 值都高（日本最高 Ts 为 70.6%）。

2.2.2　春季第一场透雨的预报

河北省是农业大省，春季是冬小麦返青、生长的重要阶段，又是春作物播种的时期，这时需要充足的水份。而河北省春季是“十年九旱”，素有“春雨贵如油”的说法。故春季首场透雨的预报对做好农业气象服务有着特殊意义。

2.2.2.1　标准

定义：4—5 月中南部平原地区有 40%以上的站数出现达到 24 小时降水量≥15 mm 的降水过程，称为中南部地区的春季首场透雨过程。4—5 月平原地区 24 小时降水量≥15 mm，张家口、承德两地区 24 小时降水量≥10 mm，分别有 35%以上站数达到上述标准的降水过程，称为全省的春季第一场透雨过程。

凡在本季度内出现了第一场透雨过程后，再相继出现达到第一场透雨过程的标准，其中并有大于 5 个站日雨量达大雨及以上的过程为春季大雨过程。

2.2.2.2　预报指标

春季第一场透雨的预报，实际上就是春季中到大雨的预报。从历年来透雨的影响系统分析，将春季第一场透雨降水和大雨以上降水过程分为低槽型、切变型、低涡型、回流型四种类型。

(1)低槽型

形势规则：

08 或 20 时 500 hPa(700hPa)在 30°—45°N，95°—113°E 范围内有低槽，且低槽的南北振幅要大于 7(或 5)个纬距。槽两侧同纬度上任意两站的风向差必须大于 70°以上。

预报规则(08 或 20 时)：

A 500 hPa 40°—50°N，65°—90°E 内为南北向高压脊；

B 700 hPa 25°—35°N，110°E 以东有高压中心或高压脊；

C 500 hPa(或 700)高空槽前至少有三个站的偏南风≥8 m/s；

D 700 hPa 52889 站或 53614 站的 24 小时变温≤2℃；

E 700 hPa 53845 站和 53772 站的 $T-T_d$<13℃；

F 700 hPa 53798 站、53772 站、53036 站、57494 站均为偏南风>4 m/s；

G 700 hPa 53463 站的 T≤−4℃，24 小时变温≤−11℃；

H 700 hPa 53588 站吹 6 m/s 以上 S 到 SW 风，同时 54337 站和 53772 站的气压差>3 hPa，54337 站和 53614 站的气压差>16 hPa。

达到低槽型标准同时符合上述任意 5 条以上预报规则时可预报春季第一场透雨或大雨以上的降雨过程。

(2)切变型

①南来切变

形势规则

700 hPa 30°—37°N，110°—120°E 有大于 5 个纬距的切变线，切变南侧的偏南风要大于 8 m/s；500 hPa 25°—40°N，95°—115°E 内有大于 5 纬距的低槽。

预报规则

A 700 hPa 57083、57494、57036 三站的 $T-T_d$<10℃；

B 700 hPa 45°—60°N，100°—115°E 内有<－12℃的冷中心。

②北来切变

形势规则

700 hPa 37°—45°N，105°—120°E 内有东-西向或东北-西南向的切变。切变北侧的偏北风大于 12 m/s；500 hPa 35°—55°N，100°—115°E 内有大于 5 纬距的低槽并同时伴有小于－24℃的冷中心。

预报规则

A 700 hPa 54511、53772、57083、54824 中的任意三站的 $T-T_d$<4℃。

符合切变类的形势规则要同时满足全部预报规则时才能预报春季的第一场透雨或大雨以上的降雨过程。

(3)低涡型

形势规则

500 hPa 在 37°—45°N，100°—120°E 内有冷涡，涡后为大范围>12 m/s 的西北风

预报规则：

A 700 hPa 在 37°—45°N，100°—120°E 内范围内任意 2 站的 $T-T_d$<4℃；

B 35°—40°N，115°—120°E 内至少有一站 $T-T_d$<8℃。

预报低涡型条件下出现春季的第一场透雨或大雨以上的降雨过程，无论形势还是预报规则必须全部满足。

(4)回流型(08、20 时)

形势规则

500、700 hPa 在 40°—50°N，90°—115°E 内范围有 NE—SW 向低槽；500、700 hPa 在 30°—40°N，100°—115°E 内有强锋区(5 纬距内>4、3 条等温线)；地面在同时次图上亚洲区域为北高南低或东高西低形势且在 30°—40°N，95°—110°E 为倒槽或低值区(低压)。

预报规则

A 700 hPa 在 30°—40°N，100°—115°E 内 $T-T_d$<5℃饱和区；

B 700 hPa 08 时 45—55°N，105°—125°E 区域内的 24 小时变温<－4℃；

C 700 hPa 08 时 51133 和 51644 站的温度差>10℃；50527 和 54511 站的温度差>8℃；50527 和 54102 站的温度差>10℃；

E 57816、57494、57083 站的 T_d≥0℃；

F 地面图 45°—60°N，100°—120°E 内高压中心强度>1030 hPa；

G 地面图 54527、54539 站吹偏东风(E—NE)≥4 m/s；

H 14 时 54337 和 53614 站的气压差>8 hPa；53068 和 53772 站的气压差>10 hPa。

以上是老一辈预报员总结的指标法。在当前以数值预报为基础的预报业务中，这种指标法可以作为参考应用，特别是在数值预报不稳定、各家预报分歧较大时应用价值较高。

2.2.3　连阴雨的预报

连阴雨是我省重要天气过程之一，春夏秋三季都可能出现，但对农业生产影响大、危害重的主要是 4—9 月出现的连阴雨，尤其是春播、秋收季节的连阴雨对农业生产影响更大。

2.2.3.1　标准与统计特征

把日降水量≥0.1 mm 作为一个雨日，全天日照≤2 小时算作阴天。规定：连续 3 天或以上雨日，同时至少连续 2 天阴天算作一次连阴雨天气过程。连阴雨天气过程，从第一个阴天或雨日算连阴雨天气过程开始，连续 2 天日降水量≤0.1 mm 或连续 2 天日照>2 小时，算连阴雨过程结束。连阴雨过程期间，可以有一天不是阴天或雨日。

对全省性连阴雨天气过程：全省至少有 1/6 的站同时出现连阴雨时，算作全省连阴雨天气过程。最先出现连阴雨站点的连阴雨开始日期，算全省连阴雨开始日期。最晚结束连阴雨站点的结束日期，算全省连阴雨的结束日期。

春季连阴雨：4 月正值全省春作物播种时期，播前出现连阴雨会造成推迟下种，播后出现连阴雨会使种籽霉烂。春季连阴雨又常与低温相伴，影响春小麦、春玉米、棉花等春播作物的出苗和生长。4 月连阴雨基本上是南部多、北部少；太行山区多，燕山山区少；山前平原多，其他地区少。

秋季连阴雨：9 月是秋作物成熟收获的季节，同时也是冬小麦播种的时期。秋季出现的连阴雨会造成秋粮和棉花及经济作物减产，影响秋收种麦。9 月连阴雨为南部多，北部少；西部多，东部少；太行山区多，燕山山区少。秋季连阴雨对农业生产影响较重的年份有 1969、1978、1985、1995、2007 年。

2.2.3.2　环流特点及预报着眼点

春季和秋季连阴雨属于过渡季节连阴雨，这种连阴雨环流形势的主要特点和预报着眼点(河北省气象局，1987)：

(1)过渡季节连阴雨是一种大型天气过程。降水范围大，持续时间长。因此，这类天气过程与大型环流形势的调整和持续有关。连阴雨的预报应着眼于大型环流的调整与建立。

(2)河北省过渡季节连阴雨，都是由于高空在亚洲中纬度地区维持一支近东西向的带状锋区造成的。这支锋区的建立、持续和消亡，在春季主要与乌拉尔山高压脊(通常是一个阻塞高压)，极涡位置偏离，巴尔喀什湖附近的切断低压或低槽，以及南北两支气流的汇合有关。在秋季，除与上述西风带系统有关外，还与副热带高压的强度和脊线位置关系密切。连阴雨的分析和预报，要首先着眼于这些系统的发展和演变。

(3)连阴雨期间的地面气压形势，在蒙古和我国东北地区，常是一个长轴呈东西向的带状高压，冷空气最初从偏东路径入侵我省，气压场形成“东高西低”形势，连阴雨开始。最后冷空气从偏西路径过来，地面气压场转成“西高东低”，连阴雨结束。典型的连阴雨天气，常是一种回流天气形势。

(4)一次过渡季节连阴雨天气是由两次以上降水过程组成。连阴雨期间的降水过程在700hPa 图上通常是由西来槽和横切变造成,在大型环流形势稳定的条件下,造成降水的这种系统会重复出现。在两次降水过程之间会出现短时间的晴天,预报员须注意不要把天气的暂时好转,误认为连阴雨过程的结束。连阴雨过程的结束应该是大型环流形势的完全改变,在东亚建立起一支强西北气流。

2.2.3.3 典型个例

2007 年 9 月 26 日至 10 月 10 日,河北省中南部地区持续出现连阴雨天气,其持续时间之长、连续降水日数之多为历史同期所罕见。持续的阴雨天气使部分玉米等作物发生霉变、发芽,棉花烂桃,枣类腐烂,棉花、花生的产量、品质下降,据统计,此次灾害造成直接经济损失25.79 亿元,其中农业经济损失 24 亿元。

2007 年 9 月 26 日到 10 月 10 日 500 hPa 平均环流形势(图 2.3)表明:这次连阴雨过程西太平洋副热带高压偏强,乌拉尔山高压脊处于准静止或缓慢移动状态,巴尔喀什湖为稳定的长波槽或低压,西太平洋副热带高压后部的西南暖湿气流与中纬度西风气流中的扰动相结合,形成了河北省长时间的持续性强降水天气。

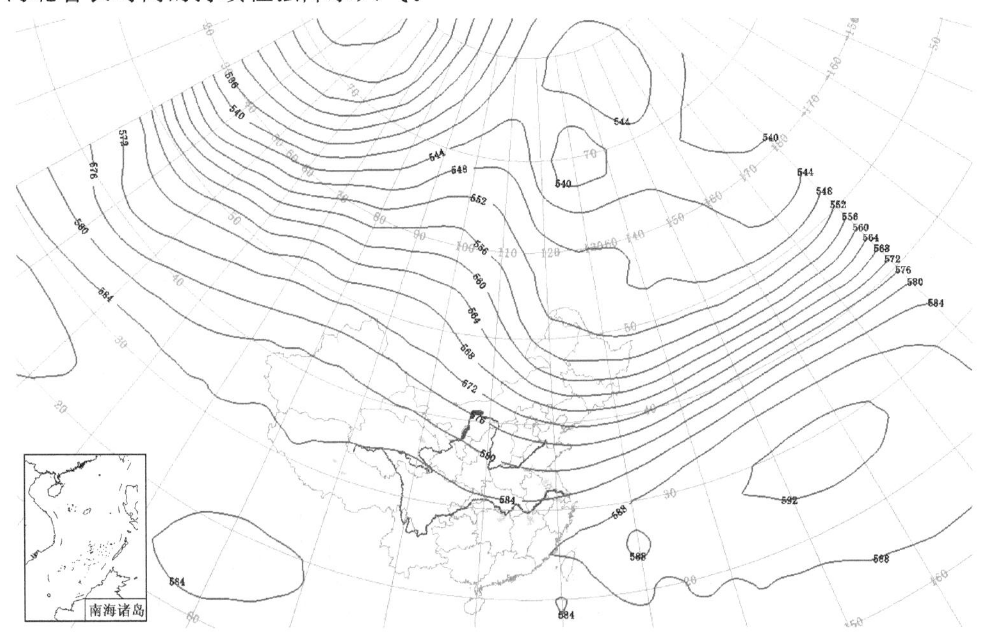

图 2.3 2007 年 9 月 26 日到 10 月 10 日 500 hPa 平均环流形势

沿 115°E 剖面的时间序列图(图 2.4)可以看出:500 hPa 从 9 月 26 日—10 月 6 日,588 dagpm 特征等值线一直活跃在 32°—36°N 之间,位置偏北且稳定少动,表明西太平洋副热带高压一直处于强盛阶段,西风带上不断有小槽活动,表明不断有小股冷空气东移;这期间 700 hPa 在 38°—39°N 之间和 850 hPa 在 37°—39°N 之间有切变线南北跳跃,低层有辐合。在此期间河北全省共有 142 个站出现降水,其中石家庄、沧州等地区的 12 个站出现了 100 mm 以上的大暴雨。10 月 7 日开始,850 hPa 转为较强的北风,随后 700 hPa 和 500 hPa 也转为偏北风,588 dagpm 特征等值线迅速东移南退,有较强冷空气南下,8—9 日受西风带冷空气影响,我省部分地区又有少量降水,10 日后,随着环流调整,连阴雨过程结束。

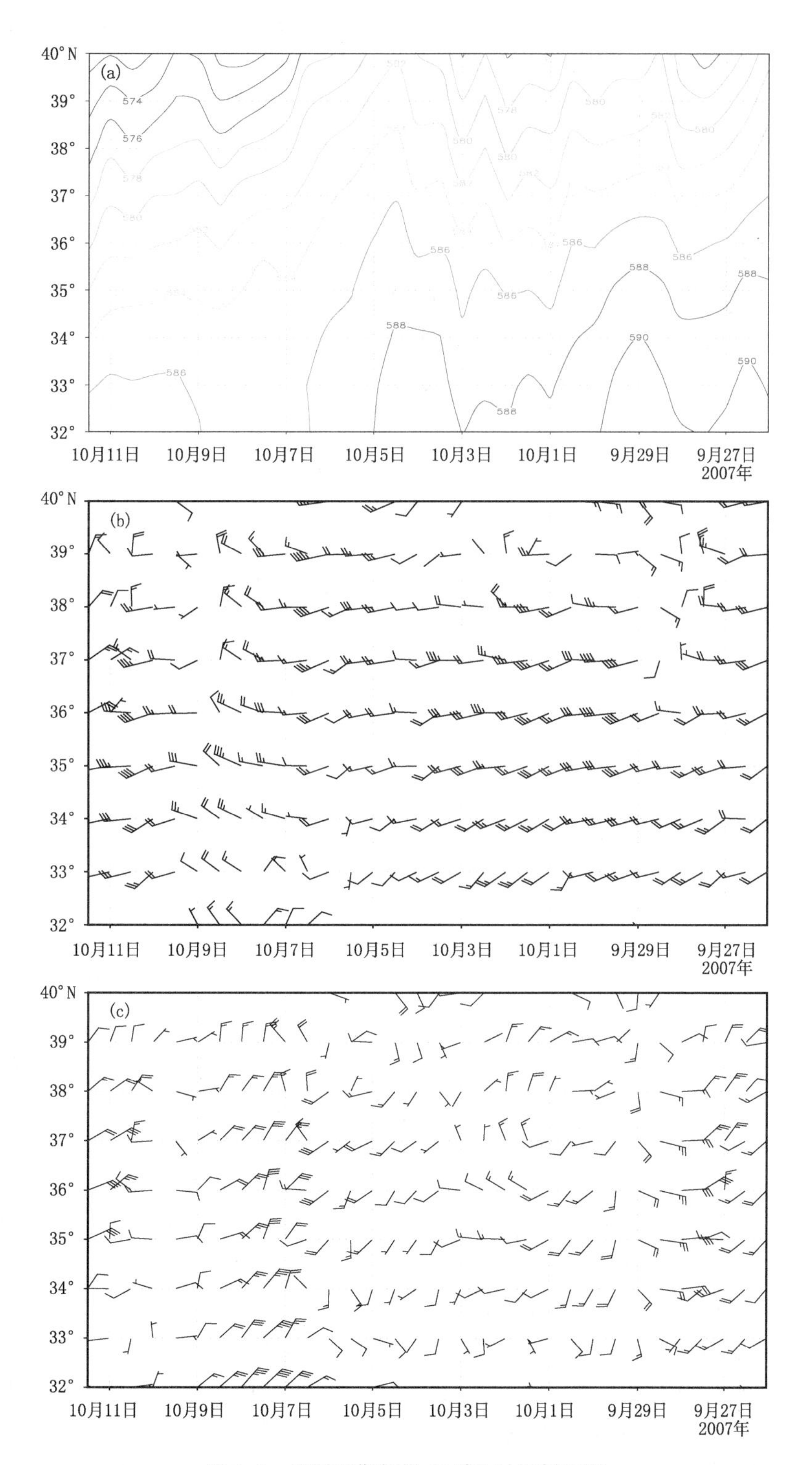

图 2.4　连阴雨期间沿 115°E 时间剖面图

(a)500 hPa 高度场；(b) 700 hPa 风场；(c) 850 hPa 风场

这次连阴雨过程期间，除27日和7日分别伴有较明显的冷高压和冷锋的冷空气活动，转东北风外，其他时段都为弱气压场控制，没有形成“东高西低”的气压场形势，无长时间的东北风维持，所以与典型的连阴雨天气相比，此次连阴雨期间回流天气并不明显。

分析过程的物理量诊断场，可见这次过程：

水汽条件，这次过程前期由副高外围西南暖湿气流、后期为西风槽前的西南气流向我省输送水汽，水汽源地为我国的南海。

热力和不稳定条件，分析了表征大气中低层温湿状况的 K 指数，K 指数越大，层结越不稳定。连阴雨开始的26—27日河北中南部的 K 指数维持在30～36℃的较高水平，但由于此时段的冷空气很弱，没有形成对流的动力条件，只产生了稳定性降水。28—30日 K 指数有明显下降，在0～16℃之间，10月1—3日后又有缓慢回升，达到16～24℃，4—5日 K 指数达到一个新高，为28～36℃，符合有分散雷暴的条件，6—7日也维持在28～32℃之间，为次高水平，连阴雨持续，8—9日 K 指数快速下降，最低达－24℃，说明有干冷空气影响，热力及湿度条件迅速下降，降水停止，10日 K 指数又有回升，对应一次西来槽影响带来的弱降水。对应实况除了4日傍晚和5日早晨分别在河北中部有雷阵雨天气产生外，其他时段都为稳定性降水。

动力条件，从700 hPa垂直速度的剖面图(图略)分析，整个连阴雨期间都没有太强的垂直上升运动，只是在26—27日、29日、4—6日有弱上升速度，说明整体对流不强。从形势场分析，200 hPa西风急流轴在40°N附近，河北省位于急流南侧的高空辐散区，配合低层稳定的切变辐合，有利于连阴雨天气的形成。

2.2.4 雨雪转换的预报

过渡季节降水性质的预报是预报中的难点，以前由于实况资料和数值预报产品资料较少，预报总结的指标也相对较粗，且只能以当时所能得到的850 hPa温度总结预报指标。如承德总结本区日本传真图FXFE782上850 hPa温度预报≤－1℃时，坝上地区夜间段降水性质报雪；FXFE782上850 hPa温度预报≤－4℃时，北部地区夜间段降水性质报雪；FXFE782上850 hPa温度预报≤－7℃时，其市中南部地区夜间段降水性质报雪；同样本区日本传真图FXFE783上850 hPa温度预报分别满足上述指标时，白天段降水性质报雪。

随着气象现代化的发展，自动站和多普勒雷达的建设，为我们深入分析总结雨雪转换的判据提供了丰富的资料。

2007年3月3—6日，一次强寒潮袭击了我国中东部地区，给河北省带来了大到暴雨(雪)、大风、强降温天气，省内大部分地区经历了从雨→雨夹雪→雪的相态转变，而河北西部的部分地区却在十几个小时内经历了从雨→雨夹雪→雪→雨夹雪→雨的相态转换，在历史上比较少见。李江波等(2009)利用NCEP 1°×1°资料、常规观测资料、自动站资料、多普勒天气雷达资料，分析了这次强寒潮天气背景下的降水多相态转换的成因，同时给出了判别雨雪转换的天气学指标和多普勒天气雷达回波图的判据。由图2.5可见，1000 hPa温度低于2℃时，降水相态为降雪，而在2～4℃之间则有可能是雨或雨夹雪；925 hPa温度低于－2℃时，降水相态为降雪，在0～2℃之间，可能是雨或雨夹雪。由表2.3可见0℃层亮带高度的迅速下降，可作为从雨向雪转换的判据之一。

表 2.3　石家庄(53698)降水性质与 0℃层亮带随时间演变

时间(北京时)	降水性质	0℃层亮带高度	0℃层亮带形态	0℃层亮带亮度
3 日 00:19→15:21	雨	1.2 km→0.5 km	半圆→圆	明亮
15:53→18:00	雨夹雪	0.4 km→0.2 km	圆→消失	亮→消失
18:46→22:48	雪	0.2 km→0.0 km	圆	渐亮→暗→消失
22:54→4 日 02:00	雪	无亮带	无亮带	无亮带
4 日 03:00→11:18	雪→雨夹雪→雨	无亮带	无亮带	无亮带

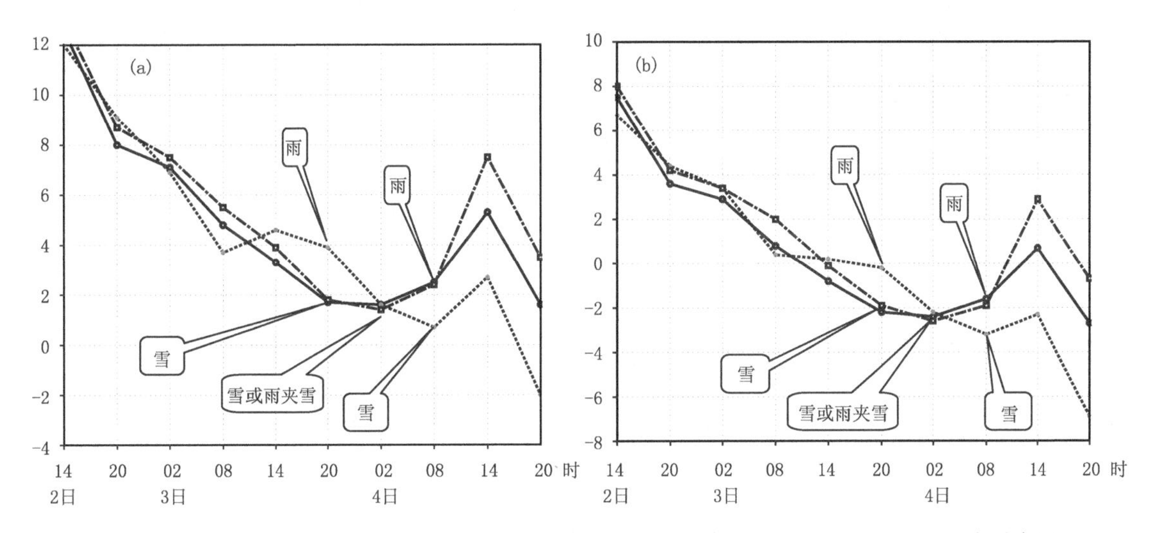

图 2.5　2007 年 3 月 2 日 14 时—4 日 20 时石家庄、北京、邢台 1000 hPa 和 925 hPa 温度时序图
(a. 1000 hPa，b. 925 hPa，图中实线代表石家庄、点线代表北京、长虚线代表邢台，单位：℃)

表 2.4　雨转雪过程中 0℃层高度和低层温度

站名	时间(年-月-日-时)	降水性质	0℃层高度(hPa)	温度(℃)			
				地面	850	925	1000
邢台	2007-12-09-20	雨	920	2	−3	0	2
邢台	2001-02-22-20	雨	750	6	1	6	4
济南	2001-02-22-20	雨	810	2	4	10	6
邢台	2003-03-15-08	雨	970	1	−4	−1	2
北京	2003-03-15-20	雨	970	2	−6	−3	2
南昌	2004-12-27-20	雨	940	2-7	−4	−1	2
南昌	2005-03-11-20	雨	680	6	8	5	10
邢台	2006-04-11-20	雨	680	10	3	6	12
邢台	2007-03-03-08	雨	855	6	0	2	6
北京	2007-03-03-20	雨	920	5	−3	0	4
北京	2003-03-16-08	雨夹雪	1000	0	−7	−3	0
邢台	2006-04-12-08	雨夹雪	1000	1	−8	−5	−1
邢台	2007-03-04-08	雨夹雪	975	2	−5	−2	2

续表

站名	时间 (年-月-日-时)	降水性质	0℃层高度 (hPa)	温度(℃)			
				地面	850	925	1000
邢台	2001-02-23-08	雪	1000	0	−10	−7	−3
济南	2001-02-23-08	雪	<1000	−2	0	−6	−2
邢台	2007-03-03-20	雪	1000	1	−4	−3	0
北京	2007-03-04-08	雪	1000	0	−5	−5	0
南昌	2004-12-28-08	雪	<1000	0-2	−6	−4	−4
南昌	2005-03-12-08	雪	<1000	0-6	−4	−2	−2
邢台	2003-03-15-20	雪	1000	0	−4	−2	0
邢台	2007-12-10-08	雪	1000	0	−4	−3	0

表2.4给出近年我国东部7次雨转雪过程中一些探空站12小时内从雨转为雪的0℃层高度和低层温度。可以看出:(1)从雨向雪转换过程中,0℃层高度都有明显的下降,7次过程中,降雨时,0℃层高度变化范围为680～970 hPa,降雪或雨夹雪时0℃层高度基本都在1000 hPa以下;(2)降雪发生时地面温度基本在0℃上下;(3)850 hPa温度变化幅度很大,可见850 hPa温度对降水相态影响不大。(4)雨夹雪或降雪时,925 hPa温度在−2℃以下,1000 hPa温度在2℃以下,可见925 hPa以下温度对降水相态起主要作用(李江波等, 2009)。

张南等(2014)对2013年4月19日河北省一次晚春回流降水相态变化特征进行了分析,发现地面温度对这次降水过程的雨雪相变指示性不大;700 hPa低空急流对中空暖层的形成起决定作用,当暖层消失,降水相态完全转为降雪;925 hPa上−2℃温度特征线与降雪区对应较好;雷达回波的0℃层亮带高度的快速降低与降水相态转变时间一致(张南等, 2014)。

段宇辉等(2013)对比分析了2009年10月31日至11月1日和2012年3月17—18日发生在华北北部的两场相似形势的典型雨转暴雪天气过程,得到了700 hPa出现冷平流中心且高度降低,近地层偏东风的有组织增强,850 hPa温度≤−4℃,地面温度≤1℃是雨转雪的重要特征(段宇辉等, 2013)。

综上可见,0℃层高度低于950 hPa,925 hPa温度低于−2℃,700 hPa暖层消失,出现冷平流中心且高度降低,多普勒天气雷达上0℃层亮带高度迅速下降时,降水将从雨逐渐向雨夹雪到雪转变。这些雨雪转换的判据具有一定的普遍性,对预报有指示意义。

2.3　地面风的预报

近地面层的空气运动,与自由大气有显著的不同,即使是大型运动,也不是近地转的。这主要是由近地面层的特性决定的。

2.3.1　影响地面风的因素

影响地面风的因子主要有气压场、地表摩擦、温度层结、变压场、热力环流、地形等。各种影响因子,在不同的天气形势下,所起的作用不同(朱乾根等, 2007)。

(1)地面气压场

虽然地面风与地面图上的等压线有一定的交角，但当天气系统明显，地面气压场较强时，地面风主要以系统风为主，即高压，风为顺时针方向运转、低压为逆时针转。

(2)摩擦作用

粗糙的下垫面摩擦作用使风力减小，并使风向偏离等压线指向低压一侧。在陆地上因摩擦力较大，风向与等压线交角可达 30°—45°，风速甚至只有地转风的一半；而在海上因摩擦力小，实际风接近地转风，约为地转风的三分之二，交角也只有 15°左右。

(3)温度层结

摩擦层的厚度约 1500 m 左右，在摩擦层中，因摩擦随高度减小，风速随高度增加。当空气层结稳定时，铅直交换弱，空气动量下传较小；而当空气层结不稳定时，铅直交换强，空气动量下传较强。如白天地面加热，空气层结变得不稳定，使午后风速增大，而夜间地面冷却，空气变得稳定，风速亦减小。

(4)变压场

近地面层中，除摩擦作用外，变压风是造成地转偏差的另一重要因素。由于三小时变压的影响，常使风向与等压线不平行，而是偏向三小时变压梯度的方向。特别是在气压场较弱的情况下，风吹的方向几乎平行于变压梯度的方向，变压梯度越大，风速也越大。故当变压场梯度较大时，要考虑变压风。

(5)局地热力环流

在海、陆以及山区和平原的交界区由于受热不均而引起局地环流，产生海陆风和山谷风，对附近区域的地面风有明显的影响。

(6)地形动力作用

山脉的走向、分布对风也有明显的影响，如阻挡作用、狭管作用等，对附近地区的风向和风速均有影响。

2.3.2　地面风预报着眼点

地面风的预报与气压形势预报有密切的联系，要预报好风，首先要做好准确的天气形势预报，其次还要充分估计影响风的其他因子的作用。日常业务中考虑的常规风的预报着眼点有：

(1)从系统的移动考虑风的预报，这里主要是系统风的预报。

(2)从系统的变化考虑风的变化。系统加强，风速加大；系统减弱，风速减小。一般要关注以下 4 个方面：

①平流作用，特别是强冷平流会使地面风加大。寒潮偏北大风多与强的冷平流相联系；

②强的正涡度平流能使地面低压发展，使风加大。蒙古低压和东北低压发展时产生的大风属这种情况；

③大量降水潜热释放易使地面气旋加深，风加大。春末夏初在沿海一带常见到这类气旋发展时的大风，至于台风、雷雨、飑线产生的大风更是直接与潜热释放的能量转换有关；

④气旋入海，有利于海上风速加大。

(3)考虑动量下传的作用，若高空风速大，午后地面风速易加大；若高空有强冷平流，则地面风速加大。

(4)考虑本地区的地理位置、地形特点等因素对风向风速的影响。特别是气压场较弱时，风速不大，风向常常以本地的地方性风为主。

2.3.3 地面风客观预报方法和指标

2.3.3.1 平原地区风的预报

平原地区地形相对简单，风的预报可以采用天气动力学方法，先由公式直接计算得出，然后根据经验进行加、减级处理。以下以沧州的常规风预报为例进行说明。

(1)由地转风公式计算地转风

$C_g = -\frac{1}{2\omega\rho\sin\varphi}\frac{\partial p}{\partial n}$，其中 C_g 为地转风，ω 为地球自转速度，ρ 为空气密度，φ 为地理纬度，$\frac{\partial p}{\partial n}$ 为垂直气压梯度。

(2)根据地转风计算预报的风向风速

表 2.5a 不同下垫面和稳定度地转风 C_g 与实测风 C 风向交角

	不稳定	中性	稳定
洋面	15°	20°	30°
光滑陆地	25°	30°	40°
一般陆地	30°	35°	45°
崎岖陆地	35°	40°	50°

稳定度的划分：

当 $T_{850}-T_{地}\geqslant-10$℃时为稳定状态，交角取中值；$T_{850}-T_{地}\geqslant-3$℃时为逆温状态，交角一般较中值大 5℃。

当 $T_{850}-T_{地}\leqslant-12$℃时为不稳定状态，$-10℃>T_{850}-T_{地}>-12$℃时，为中性状态，交角均取中值。

表 2.5b C 与 C_g 不同交角的风速比值

交角 β	10°	15°	20°	25°	30°	35°	40°	45°
C/C_g	0.78	0.71	0.61	0.48	0.37	0.25	0.14	0.00

$\alpha=\theta-\beta$，其中：α 为预报的风向；θ 为等压线走向；β 为实测风与地转风夹角。

由上式以及表 2.5a 和表 2.5b 可得预报的风向风速。

(3)动量下传因素

当高空风与地面风交角≤90°且 850 hPa 风速≥4 m/s 时考虑动量下传因子。

风速差 $\Delta df=V_{850}\times(|T_{850}-T_{地}|+12$ 小时平流变化的绝对值$+8)\div20$

当高空风与地面风交角≥20°且≤90°时，动量下传，S—W 风向右偏转 15°～25°，(交角 20°偏 15°、交角 20°时取中间值)；交角≥30°，偏转 25°。

以上通过计算和订正可得到定量风向风速，但还要根据系统的强度和变化进行风速的加、减级订正。

凡符合以下条件之一，风速加报一级，但不重复加级。

①华北地形槽天气系统，850 hPa 风速≥6 m/s，且与地面风向交角≤90°；

②700 hPa 或 500 hPa 为东亚大槽和低温槽控制，高空为偏北系统，地面为 W—N 风；

③高空有冷平流，地面有冷锋过境；

④入海低压天气系统本站为偏东风；

⑤地面有入海高压，本站为 S—W 风。

凡符合以下条件之一，风速减报一级，但不重复减级。

①天空为阴天(中低云≥8 个量)；

②有稳定降水；

③高空暖高中心控制(低压造成南风除外)；

④地面高压中心控制；

⑤本区为上升区；

⑥地面有积雪或雾。

以上是沧州的经验，当有特殊地形时还要考虑地形等因素的订正。如秦皇岛市由于受燕山和海洋的影响，需要再进一步订正。指标如下：

地形风加减级规则：

①秦皇岛本站 NW 风(70°—360°)一般很小，很少出现大风。故当计算的风力大于 3 级时应考虑减级；当风力小于 4 级时，地形订正减一级。

②冷空气进入东北，受大小兴安岭和长白山的作用，沿辽东湾峡管进入本站，风速一般较大，故东风时应考虑加级，当风速小于 4 级时，一般加一级。

③当形势为华北干槽，高空为暖平流时，常出现较大 SW 风，此时应考虑加级。

海陆风的影响：当地转风较小时，海陆风对风向起决定作用。一般风速为 1～4 m/s。受海陆风日变化影响，本站风向白天为偏南风，夜间为偏北风；风速一般小于 4 级，而夜间风速需向下减 1～2 级。

2.3.3.2　地形复杂的山区风的预报

我省北部山区地形复杂，南北高度差异很大，即使在相同气压场条件下，风向风速差异仍很大。故需要对历史资料进行统计分析，找出适合的方法。这里简单介绍承德市常规风的预报方法。

(1)风速的预报

根据影响风速的主要因素，找出物理意义明确、预报效果好的因子，如气压梯度、日本传真图 782、783 上预报对当地 850 hPa 的风速等因子，分月、分站建立预报方程。

(2)风向的预报

分两种情况考虑：

①当气压场较弱，预报风力小于 3 级时，采用该季节最多风向进行预报；

②当预报风力大于 3 级时，可根据影响本地气压场等压线走向，将地转风风向根据不同季节、不同地理位置进行订正，订正值由统计历史资料得出。例如：兴隆站由于特殊地形影响，除寒潮大风天气外，其常年吹 SW 风。

2.4 温度的预报

地面观测中观测的气温是离地面 1.50 m 高度处的气温。地面气温的预报也主要是指这一高度的气温。本节介绍了常规天气的温度预报以及与温度有关的灾害性天气(高温和干热风)的预报。

2.4.1 常规气温的预报

2.4.1.1 影响气温的因子

根据热力学方程：

$$\frac{\partial T}{\partial t}=-\mathbf{V}\cdot\nabla T-w(\gamma_d-\gamma)+\frac{1}{c_p}\frac{\mathrm{d}Q}{\mathrm{d}t}$$

温度的局地变化决定于:温度平流,空气的垂直运动,非绝热加热。不同的天气系统下,影响气温的各因子所起的作用是不同的。

(1)温度平流 $[-(\mathbf{V}\cdot\nabla T)]$

温度平流是由于沿气流方向气温分布不均匀,由空气水平运动所引起的局地温度变化。暖平流引起局地温度上升,冷平流引起局地温度下降。气温变化程度取决于温度平流的强度。在热力性质比较均匀的气团内部这一项对温度局地变化的作用很小,但在锋面附近或锋生场中这一项作用很大,有时会掩盖气温的正常日变化,在温度预报成败中起决定作用。如:强冷空气白天南下入侵,局地气温明显下降,最低温度有可能出现在当日的中午。

(2)垂直运动 $[-w(\gamma_d-\gamma)]$

垂直运动对气温局地变化的影响,其作用大小主要有与垂直运动的方向、强度以及大气稳定度有关。当大气层结稳定即 $\gamma_d-\gamma>0$(未饱和空气)或 $\gamma_s>\gamma$(饱和空气)时,若有上升运动($w<0$),当地气温就将下降;而有下沉运动($w>0$)就会引起局地气温上升。当大气层结不稳定时,上升运动使局地气温上升,下沉运动使局地气温下降。中性层结大气,则垂直运动对局地气温变化无影响。平原地区垂直运动近于零,可以忽略这个因子,但在山区附近的区域,这一因子就会起作用。我省太行山的焚风现象就是这一作用引起的。

(3)非绝热因子 $\left(\frac{1}{c_p}\frac{\mathrm{d}\overline{Q}}{\mathrm{d}t}\right)$

非绝热变化是空气与外界热量交换的结果,包括辐射、湍流交换、凝结和蒸发等过程。主要表现在大气低层。气温的非绝热变化主要表现为气温的日变化和气团的变性。预报中可从以下几个方面考虑:

①云的影响:决定地面气温日变化的最根本因子是太阳辐射,而云影响太阳辐射,故云对地面热量收支有很大的影响。云层起到“花房效应”,晴天气温变化大,阴天变化小。

②风的影响:风大,湍流交换强,反之交换就弱。白天地面接受太阳辐射而增温,强风,湍流热通量大,使白天最高气温不会太高,弱风则最高气温易升高。夜晚地面辐射冷却,湍流将热量向下传递,风强使最低气温不致太低,风弱或无风时,降温大。

③降水的影响。降雨时,由于雨滴在下落途中不断蒸发,大量吸收周围空气的热量,从而

使地面气温降低，特别是当白天有雷阵雨时，冷空气随同降水一起倾泻至地面，往往使气温突降十几度。降雪时，气温一般不很低，降雪过后，由于地面积雪反射太阳辐射，减少地面吸收热量，积雪融化也消耗热量，因此气温下降特别大。

④低空相对湿度的影响：低层湿度大或有雾生成时，对气温的影响与云类似，白天使气温不易升高，夜间使气温不易降低。

⑤低层大气稳定度的影响：湍流热交换不仅与风速大小有关，还与层结稳定度有关。低层大气层结稳定时地面热量不易上传到较高的层次，日出后太阳辐射，大量热量聚积在近地面层，气温上升快，日变化大。低层大气稳定度小，气温上升慢，日变化小。

⑥下垫面性质的影响：不同性质的下垫面，热容量是不同的。热容量大的下垫面，如潮湿的地面、草原、植被覆盖下的下垫面、有积雪的地面等，增温和冷却都比较慢，气温日变化就小；反之沙漠、沙滩、无植被覆盖下的下垫面等热容量小的下垫面，气温日变化大。

此外，城市和郊区乡村的气象要素的差别明显，制作温度预报时要考虑城市热岛效应。(北京大学地球物理系气象教研室，1976)

2.4.1.2 气温预报着眼点

气温的常规预报主要预报日最高气温和日最低气温。由于气温是一个连续变化的量，做温度预报前首先要了解本地气温变化的气候规律，包括最低气温、最高气温的平均值和极端值，作为气温预报的重要背景。一般在近地面层中以非绝热变温和平流变温为主。预报时：

(1)一般先考虑是否有明显的冷暖平流，平流的强度以及影响时间都会对气温预报有很大影响。一般冷平流的强度越强，降温就越明显。但不同路径的冷空气对各地的影响也有所不同。影响河北省的冷空气路径可分为四条：一西北路径，二偏北路径，三偏西路径，四偏东路径。前两条路径是常见的冷空气路径，冷空气势力强，常造成全省各市大幅度降温，尤其北方城市降温严重。第三条路径冷空气越过太行山后常产生焚风效应，当冷空气势力不是很强时，我省西南部沿太行山一线的县市，常出现降温不明显或不降反增的情况。有关焚风效应后面有专门的章节讨论。第四条路径使河北省东部城市降温明显。

(2)考虑非绝热变温因子的影响，包括云的情况(云高、云量)、风的情况(风向、风速)、以及天气现象(降水、雾)等。

(3)参考数值预报以及释用产品的预报结果。

(4)结合本地的地理位置、下垫面情况，利用本地工具和预报指标，对上级指导预报的温度预报进行订正。

2.4.1.3 气温预报工具

各地一般用统计方法，结合数值预报，选取影响本地温度变化的主要因子建立各地温度预报方程，得到客观温度预报。

例如邯郸温度预报的方法。气温选用代表站，涉县代表西部山区、邯郸代表城市、大名代表东部平原。用多元线性回归方法得出预报方程。

$Y=n_1x_1+n_2x_2+n_3x_3+n_4x_4+n_5x_5+C$，其中

x_1：当日代表站14时气温；x_2：云量预报值；x_3：850 hPa温度预报值；x_4：为南北分量的风速预报值；x_5：东西分量的风速预报值。C：为常数项。

河北省气象台基于国家气象中心的MEOFIS(精细化气象要素预报解释应用系统)系统，

用 MOS 方法制作河北省温度精细化客观要素预报。主要方法：

(1)利用 2006—2011 年 T639 数值预报产品，按照 MEOFIS 系统规定的数据格式，建立预报因子资料库。预报因子有：地面温度；地面气压；10 m 纬向风；10 m 经向风；2 m 温度；2 m 相对湿度；地表温度；第一层土壤温度；第一层土壤湿度；大尺度降水；对流降水；降雪；地表感热通量；地表潜热通量；地表太阳辐射；地表热辐射；低云量；中云量；高云量；从上一时次开始的最高温度；从上一时次开始的最低温度；表面蓄水量；蒸发；径流；积雪深度；温度；高度；纬向风 ；经向风；垂直速度；比湿；相对湿度共 32 个。

(2)根据模式历史资料和实况资料，对每一个站点，每一个时次的要素预报用逐步回归的方法对预报因子进行相关分析，找到相关性最好的几个因子，并确定相关系数；用前月、当月、次月 3 个月资料建立当月预报方程的方法，逐月建立预报方程。得到所有台站各个月的预报方程。

(3)每天定时下载 T639 资料，利用各站方程计算出 0～168 小时的整点温度、最高以及最低温度的客观，时间分辨率，0～72 小时为 3 小时间隔；72～168 小时为 12 小时间隔；空间分辨率可精细化到乡镇。

除了常规温度预报，预报中还需特别注意气温灾害性天气(霜冻、高温、干热风等)的预报。霜冻预报将在寒潮一章中介绍，以下介绍我省高温和干热风的预报。

2.4.2 高温的预报

2.4.2.1 定义及统计特征

按照气象部门有关规定，高温指某站日最高温度达到或超过 37℃。

河北省高温主要出现 5、6、7 月，特别是 6 月各站高温日数最多。河北省区域性高温(三个及以上相邻地、市出现高温)持续时间一般为 2～3 天，但在一定的环流形势下，持续最长时间曾达 12～13 天，持续 6 天以上高温天气的区域，都分布在中南部平原地区。

2.4.2.2 高温天气形势特点

按高温地域空间的分布分为东北部高温(承德为中心)、西北部高温(张家口宣化)以及中南部高温(太行山东麓)三种类型。

(1)东北部高温(承德为中心)

高、低空主要形势：

①500 hPa 锋区偏北，高空弱脊控制。

②850 hPa 上 24℃暖中心偏北。

③地面我省东北地区有热低压。

典型个例：2000 年 7 月 11—15 日我省东北部持续高温天气，其中 14 日最高气温达 39℃。高低空形势如图 2.6。

(2)西北部高温(张家口宣化)

该型高低空主要形势特点：

①500 hPa 锋区偏北。

②850 hPa，河套暖中心明显加强东扩，我省西北部地区位于 24℃等温线之内。

③地面我省处在锋前暖区，蒙古气旋前部。

典型个例：2007 年 6 月 26 日，我省张家口等西北部地区出现 37～38℃的高温天气。高低

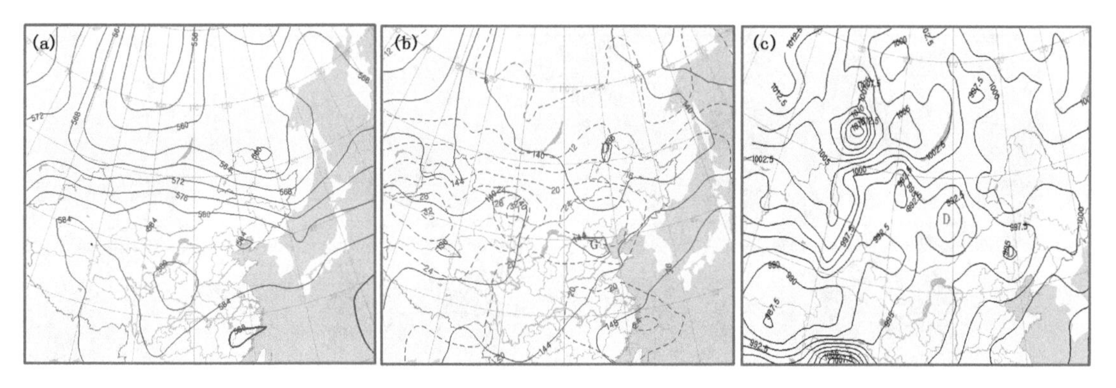

图 2.6　2000 年 7 月 14 日形势场
(a)08 时 500 hPa 高度场;(b)08 时 850 hPa 高度和温度场;(c)14 时地面气压场

空形势如图 2.7。

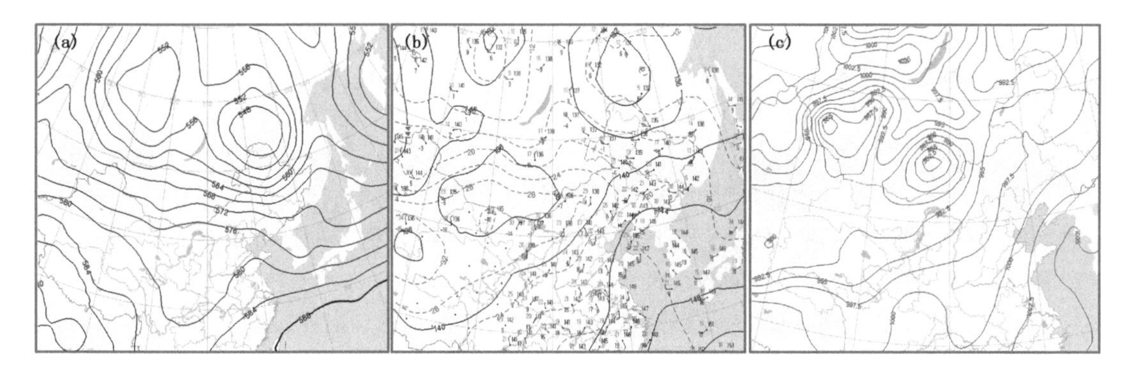

图 2.7　2007 年 6 月 26 日形势场
(a)08 时 500 hPa 高度场;(b)20 时 850 hPa 高度和温度场;(c)14 时地面气压场

(3)中南部高温(太行山东麓)

① 500 至 700 hPa 日本海到江淮一带为一较深的低压槽,黄河上游经河套伸向蒙古东部一带为暖高压,暖舌伸向河套及华北。

② 850 hPa 处于低压后部,河套暖高压前部,有大于 24℃暖区配合。

③ 地面图上,暖高压多呈南北走向,覆盖着河套及黄河流域, 有时有华北地形槽,此种形式下, 夜间多有焚风出现。

典型个例:2002 年 7 月 8—17 日,中南地区持续出现高温天气,其中 15 日石家庄最高气温达 43.4℃。高低空形势如图 2.8。

2.4.2.3　高温预报着眼点

高温预报主要关注影响控制我省的气团性质。稳定的高温环流形势一般:

①500 hPa 形势多为高压脊或西北气流控制,天气以晴为主,有利于辐射增温。

②850 hPa 有温度脊或暖中心控制我省。在湿度较小的情况下,一般 850 hPa 温度达 24℃,要考虑 37℃的高温天气,若 850 hPa 温度达 27℃,则要考虑 40℃的高温天气。

③地面形势一般为华北干槽,热低压,锋前暖区,或地面高压位于河套地区为西高东低形

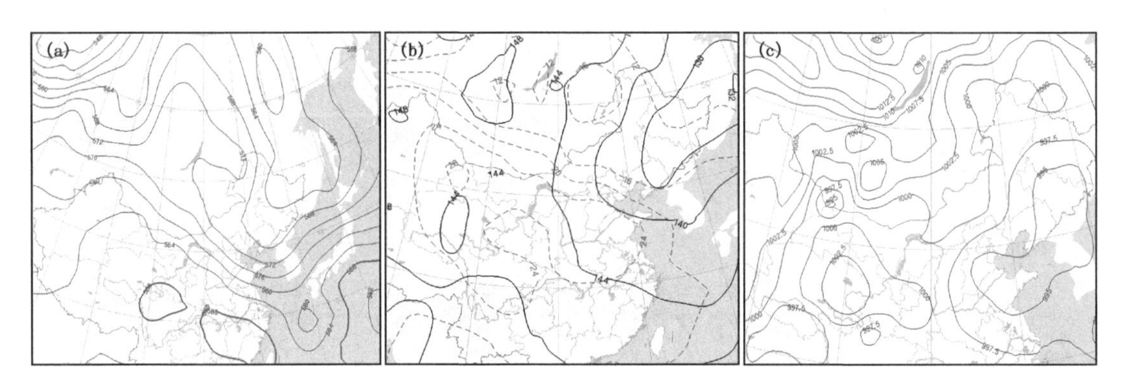

图 2.8　2002 年 7 月 15 日形势场

(a)08 时 500 hPa 高度场;(b)08 时 850 hPa 高度和温度场;(c)14 时地面气压场

势,则有利于太行山东麓出现焚风。

④要注意前一天以及当日早晨地面要素(温度、湿度、风以及天空状况等)的情况。

2.4.3　干热风的预报

2.4.3.1　定义及统计特征

干热风是小麦灌浆到成熟(5 月中旬到 6 月中旬)出现的一种高温、低湿并伴有一定风力的灾害性天气,主要对成熟期的小麦造成危害。享有华北粮仓称号的河北省广大平原——小麦产区,几乎年年受到干热风不同程度的危害。

干热风的指标是选用温度、湿度、风力三要素组合来确定的。各地定的指标不尽相同,这里参考了《中国气象灾害大典(河北卷)》(臧建升，2008)选用的定义(表 2.6)。另规定凡一日内有两个以上相邻地、市出现干热风时,定为干热风日。

表 2.6　干热风的标准

类型	14 时气温(℃)	14 时相对湿度(%)	14 时风速(m/s)
重	≥35	≤20	≥3
中	≥33	≤25	≥3
轻	≥30	≤30	≥3

干热风地理分布特点是北少南多,北弱南强。最早干热风出现于 5 月 11 日,最晚在 6 月 21 日结束。干热风天气持续时间以 2 天为最多,最长时间 5～6 天。

据统计,河北省南部地区小麦干热风出现高峰在 5 月 29—31 日和 6 月 4—6 日,前一个高峰期对小麦危害严重;中部地区有三个高峰期,即 5 月 21—31 日,6 月 5—6 日,6 月 10—12 日,第二个高峰期对小麦危害严重;北部地区有三个高峰期与中部地区相同,以第三个高峰 6 月 10—12 日对小麦危害最重。一日之中,干热风在午前形成并逐渐加强,傍晚逐渐减弱结束。(苏剑勤等,1996)

2.4.3.2　干热风的天气形势

我省干热风主要有两种形势:

①冷气团经蒙古国南下,进入河套和华北后很快变性,使华北出现干槽。

②变性的冷气团进入黄海和渤海后增强，干暖气流沿高压后侧进入我省。

连续5～6天干热风天气的500 hPa形势是：日本海到江淮流域有一较深的低压槽，槽后自西南有一高压脊经河套伸向我国东北一带，河北省位于槽后脊前的西北气流里，经蒙古进入我国的弱冷空气不断变性增温，尤其是西路弱冷空气越过太行山后下沉增温，使华北出现地形干槽，更容易在我省的平原中南部地区形成持续干热风。

2.4.3.3　干热风的预报着眼点

①首先确定有无易形成干热风的天气形势。

②按照要素预报方法预报最高气温、风速大小，并用温度露点差间接预报相对湿度。

当上述条件符合干热风标准时即可作出干热风预报。

2.5　能见度的预报

能见度是反映大气透明度的一个指标。这里重点讨论常规观测中的地面水平能见度。

2.5.1　影响能见度的主要因子

大气中的水汽凝结物和固体杂质的聚集与扩散，是造成能见度变化和决定能见度好坏的根本原因。而雾、霾、降水、烟幕、沙尘、吹雪等天气现象，都是水汽凝结物和固体杂质聚集的结果，当这些天气现象出现时能见度变坏，可见能见度和当时的天气状况密切相关。

空气质量对能见度的好坏也有一定的影响，当空气污染严重时，大气中的悬浮颗粒物较多，大气透明度低，能见度也较差(姚学祥，2011)。

2.5.2　能见度的主观预报

主要是在实况的基础上，根据未来天气状况、空气质量的预报，结合地方经验，主观对实况进行外推订正，或对数值预报的输出产品进行订正，制作能见度的预报。

由于能见度和当时的天气状况密切相关。故准确做出天气现象的预报是能见度主观预报的基础。针对影响能见度的不同因子，预报关注的重点也有所不同。

雾、霾、烟幕所需的环流背景和气象条件大体相同。常出现在天气系统较弱且稳定少变、大气层结稳定(低层常有逆温层)、气压梯度较小、风较弱的气象条件下。这时地面形势一般是弱高压脊(或弱高压)、均压场(或鞍形场)。高空形势一般是较弱的平直西风环流或小槽小脊，冷暖平流比较弱。有关雾霾的预报后面有专门章节详细讨论。

沙尘、吹雪(是指地面上的积雪被风吹起，大量雪片飞扬在空中的天气现象)出现的天气条件基本上是一致的，前者扬起的是沙或尘土，而后者扬起的是雪。这两种天气的预报，首先要考虑地表面是否有沙地和积雪，只有当地表面的沙地和积雪比较干松时，才有利于形成沙尘和吹雪天气；再则要考虑是否有大风出现、是否有一定的动力条件将沙或雪扬起。

降雨，强降雨和特别密的小雨对能见度也有较大的影响，可根据降水的性质和强度来判断降水对能见度的影响。

空气质量的好坏与空气中污染物浓度密切相关。当大气层结稳定，近地面低空有逆温存在、地面处于均压场、风速小时，气象条件不利于污染物扩散，易造成边界层污染物的积累，从而影响能见度。

2.5.3 能见度的客观预报

主要是用统计学方法，对数值模式产品进行释用，得到客观的能见度预报。由于预报中更关注低能见度的预报，这里介绍河北省气象台针对大雾引起的低能见度进行的能见度分级客观预报，该预报采用 MOS 法，利用本地中尺度 MM5 模式进行。

（1）所用资料

2006—2007 年间逐日 MM5 模式输出产品，MM5 模式采用两层嵌套，背景场为 1°×1°的 NCEP 再分析资料，细网格格距为 15×15 km，预报时效为 48 小时，每隔 3 小时输出一次，空间分辨率在近地层加密。

相应的低能见度天气（大雾）资料主要采用 2006—2007 年逐日大雾灾情报资料。

（2）预报因子选取

统计分析表明，河北平原大雾多发生在 500 hPa 平直环流背景下，大雾发生时，层结稳定，有逆温层存在，逆温一般位于 900 hPa 以下，湿层多位于 1000 hPa 以下，一般 1000 hPa 相对湿度在 70%以上。因此针对大雾低能见度天气的预报因子从以下几个方面考虑：

①湿度条件

近地层的相对湿度决定大雾能否发生，而 1000 hPa 以下尤其是地面相对湿度起决定作用，因此湿度因子选取 1000 hPa 和地面相对湿度的平均值，记为：

因子 X_1：$rh=(rh_{1000}+rh_{地面})/2$

另外，统计分析表明，不管大雾的性质是辐射雾、平流雾、平流辐射雾还是锋面雾，其湿度场的空间结构大部分为“上干下湿”，即 850 hPa 以上的湿度较小，以下尤其是 1000 hPa 以下湿度较大。引入一个参数——M 指数：

因子 X_2：$M=\dfrac{2\Delta t_{000}+(T_{000}-T_{925})}{\Delta t_{700}+\Delta t_{500}+C}-RH$

其中 Δt、RH 分别表示温度露点差和地面相对湿度，T_{000}和 T_{925}分别为 1000 hPa 和 925 hPa 的温度，C 是为了避免分母为 0 而引入的常量，取 $C=1$。

②层结稳定度条件

初始大气层结状态会影响雾的形成时间、浓度和厚度，大气层结愈稳定愈利于雾的形成，使雾形成得越早。逆温层一般发生在 925 hPa 以下。引入近地层 K 指数：

因子 X_3：$K_{低}=t_{地面}-t_{925}+t_{d地面}-(t-t_d)_{1000}$

③近地层风场

研究发现，大雾发生时，除平流雾外，近地层风场多为弱风场，高空受西北气流控制时，850 hPa 风速一般不超过 8 m/s，以下层次更小。因此选取 925 hPa 风速 f_{925}做为一因子。即：

因子 X_4：925 hPa 风速 f_{925}

考虑到平流雾或锋面雾发生时，近地层多为偏南风，选取 850 hPa 风场 v 分量 V_{850}做为预报因子。即：

因子 X_5：850 hPa 风场 v 分量 V_{850}

④地面气压场

从地面气压场看，大雾发生时，河北平原为弱气压场控制，实践表明，MM5 地面风速预报往往偏大，故引入地面气压强度因子 P，即河北平原区域内(36°—40°N，114.5°—120°E)，选取气压最高值 P_1、次高值 P_2、最低值 P_3、次低值 P_4。地面气压强度为

因子 X_6：$P=((P_1-P_3)+(P_2-P_4))/2$

(3)建立大雾能见度预报方程

先将能见度做分级处理：当 $vv\leqslant 50$ m，$y=1$；50 m$<vv\leqslant 200$ m，$y=2$；200 m$<vv\leqslant 500$ m，$y=3$；500 m$<vv\leqslant 1000$ m，$y=4$；$vv>1000$ m，$y=5$。

选用 08 时为初始场的 MM5 预报产品，将 24 小时、48 小时预报场的相关因子与相应大雾实况所对应的能见度等级 y 建立预报方程，将两年逐日样本资料每两个月(1—2 月、3—4 月等)分别建立平原站点 24、48 小时的预报方程。

(4)结果检验

对 2008 年 11—12 月大雾低能见度天气，上述 MOS 法和指标法(具体方法见第六章雾和霾)预报采用点对点的评分办法进行对比评定，结果(表 2.7)可见：MOS 客观分级预报 24 小时的正确率较指标法低 1%，大体相当；但 48 小时较指标法却高 10%，优势较明显。

表 2.7a　MOS 方法 2008 年 11—12 月低能见度(大雾)分县预报 TS 评分

时效	正确率	漏报率	空报率
24	40.6	36.0	51.6
48	33.3	42.9	69.

表 2.7b　指标法 2008 年 11—12 月大雾分县预报 TS 评分

时效	正确率	漏报率	空报率
24	41.6	33.0	47.6
48	23.4	48.9	58.

2.6　数值预报产品的解释应用和检验

2.6.1　数值预报产品的解释应用

随着数值预报的发展，大尺度形势场的数值预报(特别是三天以内的预报)已达到较高水平，但气象要素的数值预报产品准确率目前还不能满足业务需求。而数值预报产品的解释应用可以改善气象要素预报的准确率。

数值预报产品的解释应用，主要通过统计方法来实现，业务中应用比较多、效果较好的主要有 PP 法、MOS 法，这从前面要素预报的客观方法介绍中也能看出；此外还有卡尔曼滤波法、综合集成法、专家系统、配料法、指标叠套法、最优预报等技术方法。

PP 法即完全预报方法(Perfect Prognostic Method，简称 PP 法)，它是利用长期的历史观测资料来建立预报方程。优点是预报关系稳定，不受数值模式变动的影响；缺点是预报关系没有考虑数值预报模式的预报误差。

MOS 法即模式输出统计(Model Out Statistics，简称 MOS)，它是利用数值预报产品来建

立预报方程。其优点是这种关系考虑了数值预报的偏差和不确定性，并且能自动地与局地天气匹配；缺点是这种预报关系依赖数值预报模式，模式的改变会导致这种预报关系的改变，使其稳定性较 PP 法差。

卡尔曼滤波法是由卡尔曼建立的。在 PP 法和 MOS 法中，预报方程的回归系数是固定不变的，而卡尔曼滤波法，其预报方程的回归系数是随时间变化的。预报每向前延伸一步，都将预报结果与观测进行比较，其差别将反馈到回归系统的变化方程中。通过利用前一时刻预报误差的反馈信息及时修正预报方程，以提高下一时刻的预报精度。但这种方法是在假定滤波对象是离散时间的线性动态系统的前提下进行的，故该方法的预报对象应选择温度、湿度和风这类有线性变化特征的变量，而不能选择降水、雷暴等不具有线性变化特征的非连续性变量。此外虽然这种方法对样本量要求不多，只要有少量的历史样本资料（2 个月左右）就可，但是预报因子要有很高的精度，且与预报对象的相关程度也要求较高；递推滤波的时间间隔不宜长，一般在短时或短期预报中应用该方法优于中期预报。

综合集成预报主要是将多种数值预报或方法的预报结果加权集成得到的。加权方法是这种预报方法的关键，不同的加权方法预报结果会有很大不同。省台的温度集成预报产品是将各个温度预报产品的过去一周的预报情况进行检验，误差最小的占最大的比重，误差最大的占的比重最小，赋予不同的权重系数，最后利用各个产品未来各时次预报情况，根据前面确定的权重系数，加权集成得出未来各个时次的预报产品。

最优预报的主要思路是根据过去一周预报质量，选取质量最高的产品，将该产品最近一次的预报作为该时次的预报（朱乾根等，2007）。

专家系统、配料法和指标叠套法在后面暴雨、强对流、大雾等灾害性天气的预报中会涉及到，这里不再赘述。

这里只是简单介绍了几种常用的数值预报解释应用的方法，其他如动力相似、智能神经元、诊断分析等众多方法也在一些省市应用，但不管是哪一种方法，都需要长期的、不断的积累、完善、改进，才能使其预报准确率不断提高。

2.6.2　数值预报产品的检验

数值预报产品的检验是使用好数值预报、做好数值预报释用工作的基础。数值预报检验包括形势预报场检验、要素预报检验和中尺度模式的检验。

2.6.2.1　形势预报场检验

对于形势场的检验，模式研发人员有诸如平均误差、均方根误差、相关系数等定量的统计检验结果。但预报业务中，预报员关心的是数值预报对某种天气系统预报的是偏快还是偏慢，强度是偏强还是偏弱。预报员主要是利用 MICAPS 平台，将实况和预报场叠加显示，以判断数值预报对某个影响系统或在某个区域的偏差情况。

此外，还可以针对天气系统进行统计检验。省气象台张国华等（2009）曾对 2004 年欧洲（EC）24、48 小时的划定区域的形势预报场，采用相似法进行检验，结果见表 2.8。

表 2.8　对 2004 年欧洲(EC)形势预报场分型检验结果

	类型		槽	切变	低涡	副高	高压	偏北气流	西北气流	偏西气流	西南气流	偏南气流
	样本数(个)		34	68	5	15	44	28	102	54	10	3
EC	正确率(%)	24 h	70.6	67.6	80	66.7	81.8	67.9	94.1	88.9	90	50
		48 h	66.7	65.7	100	73.3	81.8	65.5	93.1	90.9	90	33.3

从表可见：除偏南气流型(只有 3 个样本，缺乏代表性)外，EC 模式 24 和 48 小时的准确率均在 60%以上，其中低涡、高压、西北气流、偏西气流和西南气流五个类型的准确率在 80%以上。而西北气流、偏西气流两型 24 和 48 小时的准确率均在 88%以上，表明模式对这两种类型在划定区域的形势预报较准；而对切变和偏北气流型，24 和 48 小时的准确率均在 70%以下，槽和副高型 24 和 48 小时的准确率也在 75%以下，这提示我们在使用 EC 数值预报时，当预报我省为切变、偏北气流和槽、副高型时要注意进行适当订正(张国华等，2009)。

2010 年省气象台利用 2009 年 6 月 1 日—2010 年 8 月 31 日 T639 和欧洲中心(EC)资料的形势场资料，针对影响河北的主要影响系统进行了检验。结果见表 2.9。

表 2.9　不同模式对影响河北省的主要影响系统的预报检验结果

影响系统	T639	EC
副热带高压	24～72 小时位置偏南 96，120 小时预报位置较好	24 小时位置略偏北 48～120 小时效果较好
北涡	24～72，120 小时预报涡位置偏北 96 小时预报涡位置偏南	预报涡位置略偏北
南涡	预报偏东	预报偏东
冷锋	24～96 小时预报效果较好，120 小时预报偏慢	EC 模式预报效果较好
高空槽	24～72 模式预报效果较好，72，96 小时预报偏快	EC 模式报效果较好

以上统计检验结果，对预报员掌握数值预报的预报性能、提高对数值预报的主观订正能力有很大帮助。

2.6.2.2　要素预报的检验

主要是针对降水、温度等要素预报进行准确性的客观检验。这种检验一方面可以不断发现问题，提供给模式研发人员，改进预报模式，另一方面可帮助预报员有针对性地使用要素预报产品，还可以为预报方法研究人员改进技术方法。例如在数值预报产品解释应用的综合集成预报法中，权重系数的确定就引入了对近期各集合成员的检验结果，而最优预报法，则是直接根据过去一周预报质量，选取质量最高产品的预报结果作为最终预报。

省气象台利用 2009 年 6 月 1 日—2010 年 8 月 31 日资料对预报业务中应用的中国 T639、日本、德国数值预报产品在副热带高压、北涡、南涡、冷锋、高空槽、西南气流、东北回流等七种不同形势下 24—120 小时京津冀范围降水进行了分级检验，分析检验结果(表 2.10)可见，三家数值预报对高空槽形势各时次、各级别的预报整体均不错，有较强的参考性；对降水不同级别的预报，三家预报产品对小雨的预报均明显好于其他级别的预报；对中雨和大雨的预报，日本的产品相对较好，而暴雨的预报，我国的 T639 产品有较好的体现。

表 2.10　京津冀范围降水检验分析结果

降水分型	样本数	检验分析
①副热带高压型	61	对小雨，日本预报整体最好、T639 次之； 对中雨，24 h T639 最好，48～120 h 日本最好，T639 次之； 对大雨，三家预报均有体现，日本略好； 对暴雨，T639 和德国有体现，T639 略好，而日本基本没有反应。
②北涡型	54	对小雨，德国预报整体最好、日本次之； 对中雨和大雨，日本 24 h 预报最好，48～120 h 德国最好，T639 各时次均处于次席； 对暴雨，T639 有体现，而日本没有预报能力。
③南涡型	4	样本较少，代表性相对较差，但在检验的这一年资料中，T639 的 24 h 预报各个级别降水的 TS 均比较高，但其他时次预报能力明显不足。 对小雨，德国预报整体最好； 对中雨，24～72 h 日本预报最好，96～120 h 德国较好； 对大雨，24 h T639 最好，其他时次日本较好； 对暴雨，24 h T639 最好，48 h 德国最好，72 h 日本最好。
④冷锋型	33	对小雨，德国预报整体最好，特别是 48 h 和 72 h 预报，日本 24 h 预报最好，T639 整体略逊日本和德国； 对中雨，三家模式相差不多，日本略好； 对大雨，三家预报也均有反映，日本最好，T639 次之； 对暴雨，日本和德国的 24 h 预报有反映，日本略好。
⑤高空槽型	120	三种模式各时次对各级别的预报整体均不错； 对小雨，日本和德国预报格式次均有较好体现，T639 次之； 对中雨，日本预报更好一些，德国次之； 对大雨，T639 预报较好，尤其是 48 h 预报，德国 24 h 预报最好，日本 72～96 h 预报最好； 对暴雨，三家预报均有体现，24～72 h T639 预报较好，96～120 h 日本和德国相对较好。
⑥西南气流型	41	对小雨的预报三家模式尤其是 24～120 h 预报都有一定的参考价值； 对中雨预报，日本的预报更优，德国最差； 而对大雨和暴雨的预报几家预报均几乎没有预报能力。
⑦东北回流型	9	对小雨预报，T639 预报 24～120 h 整体较好，尤其是 24 h 预报，日本和德国预报大体差不多； 对中雨预报，日本模式明显要优于其他模式； 对大雨的预报，只有 T639 模式有一定的体现； 对暴雨，三家预报均无体现。

2.6.2.3　中尺度模式的检验

随着中尺度模式的发展和自动气象站的建设，中尺度模式产品的检验对提高预报的精细化和准确性有很大帮助。

河北省台利用自动站资料对业务运行的中尺度模式产品进行了检验，以T213资料为初始场的mm5(以下简称Tmm5)、以NCEP资料为初始场的mm5(以下简称Nmm5)以及以NCEP资料为初始场的wrf等三个模式的2 m温度、2 m相对湿度、10 m风场以及12小时降水等预报产品；检验时间段：2008年7月1日—2010年8月31日两年逐日08时、20时起报的资料。检验的主要结论如下。

①2 m温度

各家中尺度模式对2 m温度预报准确率随预报时效的延长略有下降，在2℃误差范围内的准确率基本在60%以下，而1℃误差的准确率基本上达不到35%。对于08时的温度，以Nmm5预报准确率在各个时效均高于其他模式，wrf的准确率是三家之中最低的。但对20时的预报wrf准确率最高，其次是Nmm5。平均误差显示出预报以偏高为主，大部分偏高2℃以上。

②2 m湿度

分别对误差在10%和20%范围内的预报进行准确率检验，结果表明：对08时的预报Tmm5预报误差10%范围内的准确率比其他两个预报结果要好，Nmm5略低；20%范围内的准确率在48小时之前仍为Tmm5最优，之后下降较快，低于了Nmm5的准确率。对20时的预报，wrf的预报准确率为三者最高。

③10 m风场

对08时的预报，风向Nmm5前36小时准确率最高，48小时之后wrf预报效果最好；风速2 m误差的准确率wrf最高。对20时的预报，风向预报的准确率均略高于08时，但不同时效的预报，三个模式的预报优良完全不同，12小时、36小时、60小时Tmm5为优，24小时、48小时Nmm5为优，72小时两个mm5结果相差不大；风速，wrf的准确率依然高于其他模式预报结果，误差在2.8 m/s以内。

④12小时降水

空漏报情况，一般性降水空报较多，强降水则表现为漏报率较高。累积降水检验，对于0.1 mm以上的降水，ts评分在40%～50%，Nmm5在多数情况下评分较高；对于10 mm以上的降水，评分在10～20%，Nmm5的评分高于其他；而对于强降水，wrf的评分较高。

根据天气形势对三家模式的08—20时降水预报进行检验(图2.9)，MM5模式在大部分天气型下>0.1 mm的TS评分在40%～50%，较wrf高；Tmm5和Nmm5相比，除南涡型外，Nmm5的TS评分均优于Tmm5评分。wrf在七类主要天气型中除高空槽型外，TS评分在20%～30%相对较低，但对于小系统(其他型)TS评分要高于mm5。

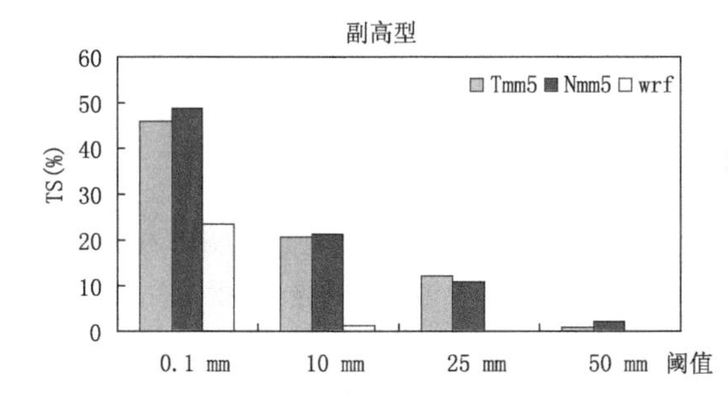

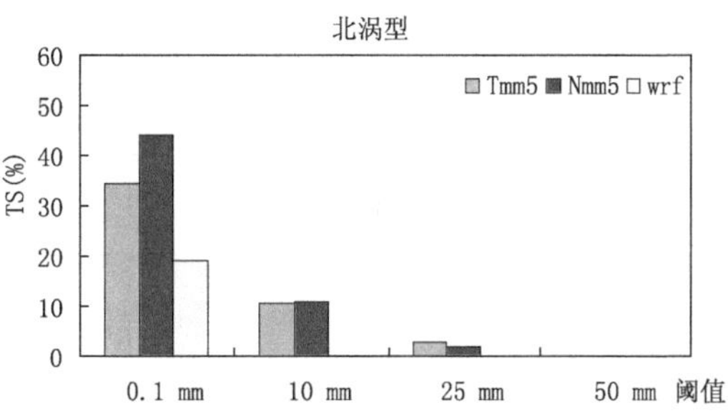

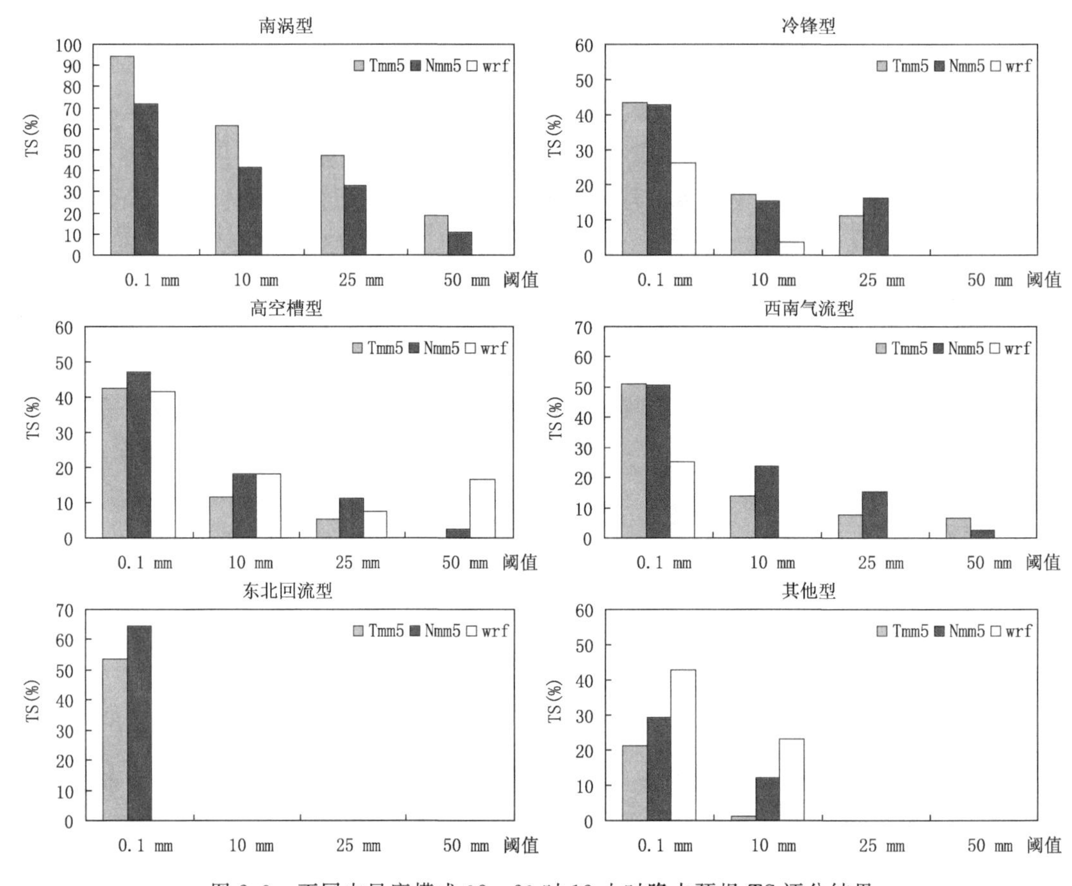

图 2.9　不同中尺度模式 08—20 时 12 小时降水预报 TS 评分结果

以上结果仅是一段时期的检验结果，随着数值预报的不断改进，检验结果也不断变化，预报员在制作预报时，要不断总结，才能更好的使用数值预报产品。

参考文献

北京大学地球物理系气象教研室，1976. 天气分析和预报[M]. 北京：科学出版社：422-429.

段宇辉，王文，田志广，等，2013. 华北北部相似形势下的两次雨转暴雪过程对比[J]. 干旱气象，**31**(4)：784-789.

河北省气象局，1987. 河北省天气预报手册[M]. 北京：气象出版社：22-38.

李江波，李根娥，裴宇杰，等，2009. 一次春季强寒潮的降水相态变化分析[J]. 气象，**35**(7)：87-94.

苏剑勤，程树林，郭迎春，1996. 河北气候[M]. 北京：气象出版社：168-173.

姚学祥，2011. 天气预报技术与方法[M]. 北京：气象出版社：74-76.

臧建升，2008. 中国气象灾害大典·河北卷[M]. 北京：气象出版社：296-297.

张国华，尤凤春，郝雪明，等，2009. 河北省数值预报模式评估应用系统//中国气象学会天气预报委员会. 全国数值预报发展与应用研讨会论文集[M]. 北京：气象出版社：483-494.

张南，裴宇杰，刘亮，等，2014. 一次晚春降水相态变化特征及成因[J]. 干旱气象，32(2)：275-280.

朱乾根，林锦瑞，寿绍文，等，2007. 天气学原理和方法(第四版)[M]. 北京：气象出版社：253-320.

第3章　暴　雨

暴雨是河北省重要的灾害性天气之一。虽然发生频率不如南方多，但具有突发性强、强度大的特点。正是由于发生次数较少，对暴雨洪涝的防御能力也较南方弱，区域性暴雨的发生也更具有意外性，因此暴雨往往带来巨大的经济损失。例如，如1996年8月华北特大暴雨(胡欣等，1999；游景炎等，1999)、2003年10月华北大暴雨等均造成巨大经济损失和严重社会影响(王福侠等，2004；王淑云等，2005；陈艳等，2006)。

3.1　河北暴雨的气候特征

3.1.1　暴雨定义

凡日降水量达到或超过50 mm的降雨称为暴雨，根据雨量的大小又分为暴雨、大暴雨和特大暴雨三级。

暴雨：50～99 mm/d；

大暴雨：100～199 mm/d；

特大暴雨：200 mm/d。

根据河北省情况和预报工作的需要，又把日降雨量大于等于两个地区面积的降雨过程，确定为一次区域性暴雨过程。

3.1.2　河北省暴雨极值

根据河北省气象站记录，挑选的极值如下。

10分钟：45.0 mm 石家庄 1952年7月7日17时35分—17时45分。

1小时：118.6 mm 柏各庄 1975年7月29日10时—11时。

(172 mm 迁安桑园 1942年7月21日)。

24小时：518.5 mm 邯郸 1963年8月4日。

(950 mm 内丘獐獏 1963年8月4日)。

3天：748.1 mm 邯郸 1963年8月3日—5日。

(1458 mm 内丘獐獏 1963年8月3日—5日)。

5天：866.9 mm 邯郸 1963年8月2日—7日。

7天：1015 mm 邯郸 1963年8月3日—9日。

(2051 mm 内丘獐獏 1963年8月3日—9日)。

其中：

“96.8”暴雨过程：

1 小时：80 mm，井陉(4 日 17 时—18 时)

24 小时：413 mm，井陉(4 日 08 时—5 日 08 时)

“7.21”暴雨过程：

1 小时：廊坊马庄 112 mm(22 日 01—02 时)

12 小时：廊坊柳泉 360.4 mm(21 日 20 时—22 日 08 时)

24 小时：北京坨里镇 387.1 mm(21 日 08 时—22 日 08 时)

3.1.3 暴雨的统计特征

3.1.3.1 暴雨的空间分布

(1)暴雨出现日数的地理分布

我们利用京津冀 30 年(1971—2000 年)的资料统计分析，可见近 30 年暴雨出现最多的地区是燕山地区、唐山东部及其沿海、保定北部和沧州沿海。而张家口、承德北部暴雨日数显著减少，而且太行山及其西侧，也是一个相对少暴雨地区(图 3.1a)。与利用 1961—1980 年 20 年资料统计结果是一致的(图 3.1b)(河北省气象局，1987)。

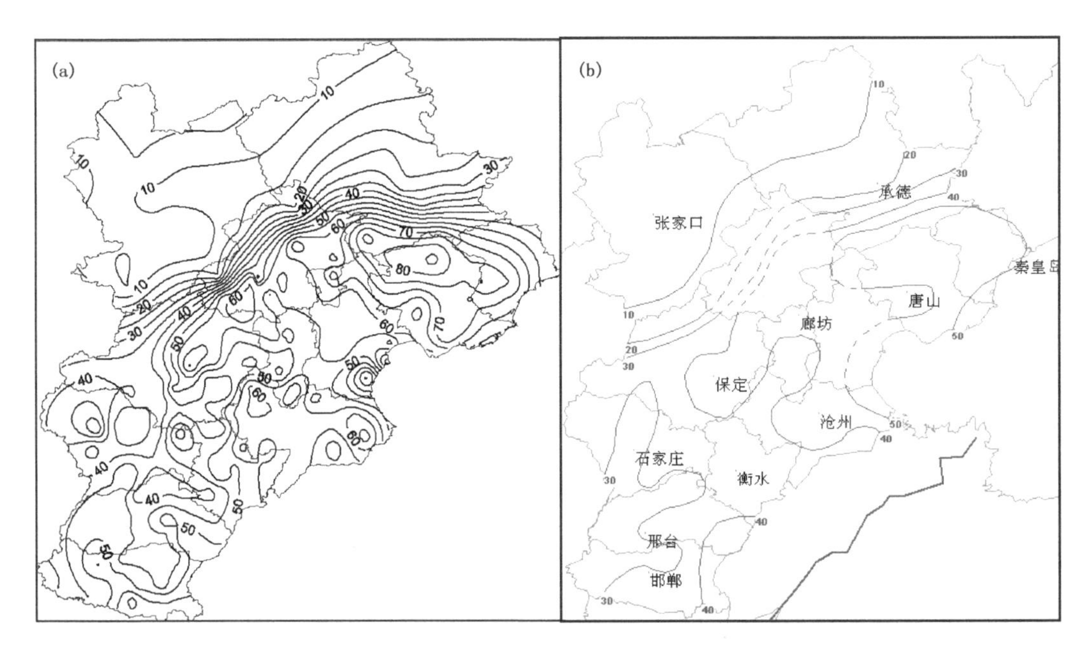

图 3.1　河北省暴雨日数分布图

(a. 1971—2000 年；b. 1961—1980 年。单位：d)

(2)大暴雨出现日数的地理分布

从图 3.2 可以看出，大暴雨出现日数的分布，具有明显的地理特征。近 30 年暴雨(图 3.2a)主要出现在燕山地区和太行山东部。在邢台、邯郸两个地区的东部有一个次多区。张家口和承德中北部地区基本上不出现大于 100 mm 的大暴雨天气。保定东部到邢台东北部地区则是出现大暴雨相对较少区。

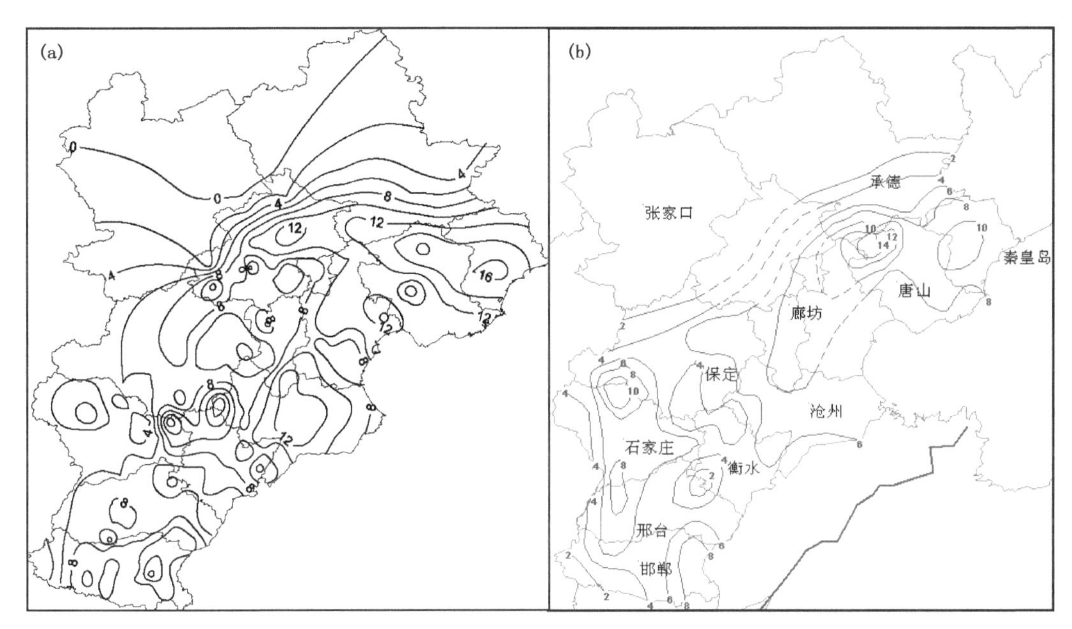

图 3.2　河北省大暴雨日数分布图
(a. 1971—2000 年;b. 1961—1980 年。单位:d)

综上所述,近 30 年暴雨的空间分布特征变化不大,太行山东部地区仍处于暴雨日数相对较少、大暴雨日数相对较多的区域。这与利用 1961—1980 年 20 年资料统计分析结果:太行山东部地区暴雨日数相对较少,而大暴雨日数相对较多,一日最大降雨量的极值就出现在太行山的东部地区的结论基本一致。

对照图 3.2 和图 3.3 可以看出,太行山东部地区具有不同的分布特征。该地区是暴雨出现的相对较少区,而是大暴雨出现的相对较多的地区,这可能是,暴雨一般多受西来系统影响,地形影响不明显。而大暴雨或特大暴雨,多数与低纬系统影响有关。台风与副热带高压(以下简称副高)之间的东风气流,加之东风气流中的扰动,与地形共同作用,有利于大暴雨和特大暴雨的形成。

(3)一日最大降水量的地理分布

我省一日最大降雨量,大于 200 mm 的地区,主要是在燕山地区,京广线附近及以西的太行山东部丘陵山区、唐山和沧州的沿海地区(图 3.3)。一日最大降雨量的极值,出现在太行山东部的邯郸市。

而且从一日最大降雨量分布(图 3.3)上看,日最大降雨极值仍分布在太行山东部地区,虽然数值上较 1961—1980 年的极值数较小,但仍远远大于同期资料的其他地区的极值数。可见近 30 年,虽然太行山东部地区降雨的日数减少,但降雨的强度仍然很强。

3.1.3.2　暴雨的时间分布

我省全年降水量集中在 7—8 月(图略),7—8 月降水量绝大部分地区,占全年降水量的 50%以上。而中部地区的保定、廊坊、唐山、沧州北部和承德南部地区,则占全年降水量的 60%以上。

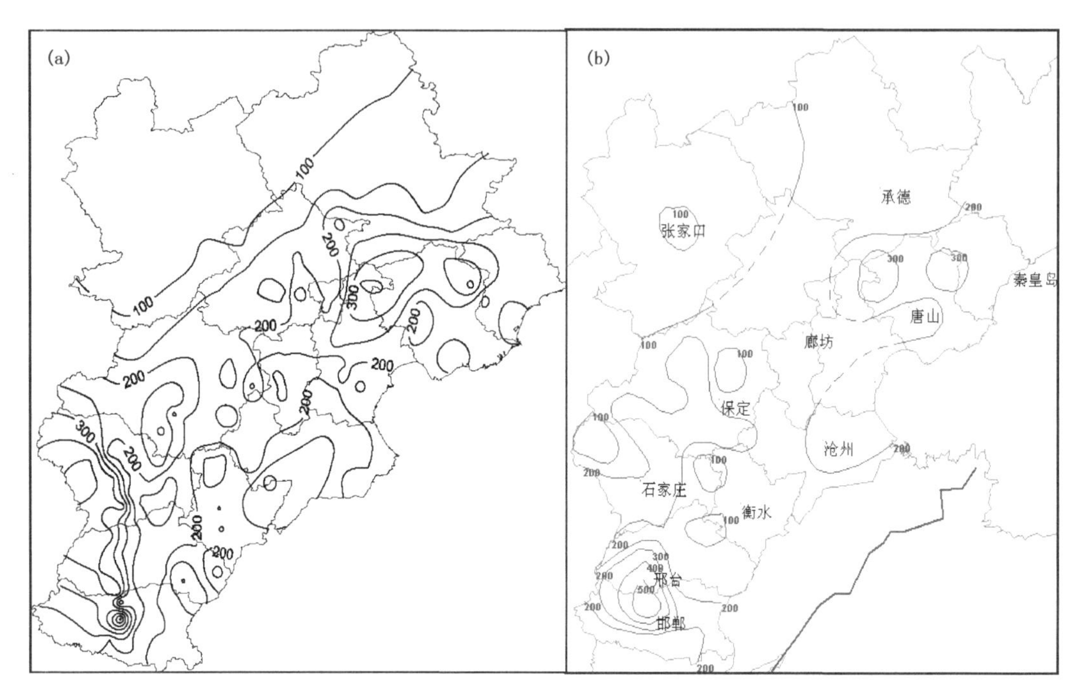

图 3.3　河北省暴雨日最大降水量分布图

(a. 1971—2000 年；b. 1961—1980 年。单位：mm)

全年降水集中在 7—8 月，而 7—8 月又集中在 7 月下旬到 8 月上旬这 20 天时间内。保定、廊坊、唐山、承德和邯郸两个地区的南部，约占全年降水量的 30%，石家庄、邢台、衡水、沧州西部在 25%以下。张家口和承德中北部地区在 20%以下。

根据区域性暴雨的定义，对我省 1961—1980 年，共 20 年，6—9 月出现的区域性暴雨进行了统计。统计情况表明(图略)，区域性暴雨一般开始在 6 月下旬，7 月中旬后急剧增加，而 7 月下旬达到峰值，以后逐渐递减，9 月中旬结束。所以在 7 月下旬区域性暴雨出现次数最多，这是因与副高脊线北跳，台风等低纬系统活动，以及与西来冷空气的相互作用提供有利的环流背景是有密切关系的。

3.1.3.3　降水的日变化

为了进一步了解降水的日变化，我们以石家庄为例。降水日变化(石家庄市≥10 mm/h 各时段出现的总次数，图 3.4)以≥10 mm/h 的降水强度作为一般性暴雨，统计各时段出现的次数(图 3.4)，发现主要集中在午后到前半夜，即在 14～24 h 之间，上午明显是一个较少的时段，为一个低谷区。

从以上分析可以看出，我省降水集中在 7—8 月，而 7、8 月份又集中在 7 月下旬到 8 月上旬，约占全年降水量的 30%。这样短暂的时间内，常常决定 1～2 次暴雨过程。而且在地理分布上，又集中在燕山和太行山东部地区。这就决定了我省盛夏降水集中，暴雨强度大，暴雨持续时间长等特点，从而极易造成洪涝灾害，而给国民经济和人民财产带来严重损失。因此，盛夏暴雨预报理应受到极大的重视。

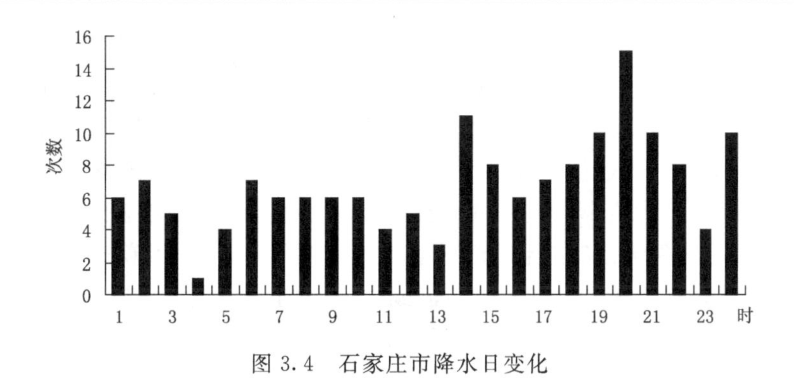

图 3.4 石家庄市降水日变化

3.2 暴雨发生的基本条件

降水的形成和强度主要与六个条件有密切的关系:(1)水汽分布和供应;(2)上升运动;(3)层结稳定度和中尺度不稳定性;(4)垂直切变;(5)云的微物理过程;(6)地形(丁一汇,2009)。以下主要阐述前四项作用。

(1)水汽分布和供应

为了使暴雨得以发生、发展和维持,必须有丰富的水汽供应,计算表明仅仅依靠降水区气柱内所含的水份是不够的,即使气柱中所含的水汽全部降下也只能达到 50~70 mm 的降水量,因而必须有外界水汽向暴雨区集中和不断供应。据估算:产生暴雨的一个孤立强雷暴为供应暴雨水汽所要求的水平区域,大致是风暴本身所扫过的面积的 3 倍,故一个孤立的大雷暴是从很远的地方吸取水汽。因而在水平和垂直方向上呈均匀分布的一个气团只能产生一定数量的对流风暴和暴雨区。如果所产出的暴雨面积大而十分强烈(如突发性强暴雨),它必须从周围很大范围收集水汽,因而在其周围相当距离内不大可能有另外的强暴雨区出现。这表明强雷暴和相关的暴雨区发生发展的个数是受到其周围环境湿度场的分布限制。对于持久性的暴雨,要求水汽有源源不断的输送,以补充暴雨发生不断耗损的水汽量,这种水汽输送,需要特别有效的机制能在较短时间内在更大范围内为暴雨区收集所必需的水汽量。计算表明,持续性暴雨要求的水汽辐合区是相当大的,应达到暴雨区本身面积的 10 倍以上,即供应水汽的地区比水汽集中区(水汽汇)要大一个量级(丁一汇,2009)。在持续性大暴雨发生时,经常存在一支天气尺度的低空急流,它可以将暴雨区外围的水汽迅速向暴雨区集中,供应暴雨所需要的"燃料"(陶诗言等,1980)。

研究表明,水汽的辐合主要由低层水汽通量辐合造成,尤其是 800 hPa 以下的边界层中占有很大的比重,可以达到二分之一以上。低层水汽辐合经常可造成一条明显的湿舌,这在中低层天气图分析中常常看到。湿舌有 5 个重要的特征:1)湿舌实际上是对流层下部的一条狭窄的暖湿空气带,也是一条高静力能量舌。它不但可以对暴雨区供应充足的水汽,而且在建立对流不稳定层结中也起着重要作用。因而湿舌的存在可以看作是强风暴和暴雨发展的一个必要条件。2)湿舌的形成一般是用水汽的平流过程来解释,在暴雨前期,随着低空西南或偏南气流加强,出现明显的向北水汽输送,水汽含量增加,结果使暖湿空气带或湿舌不断向北伸展。如果其上有逆温层,湿空气可在其向下向北扩展,尤其低空急流的建立对湿舌的形成和向北发展起着非常重要的作用 。随着湿舌的建立，湿层的厚度也在增加，由于大尺度上升运动和对流垂直输送的原因，可在更高的层次上形成湿舌。3)在大范围湿舌中湿度的分布是不均匀的，而具有明显的中尺度结构，反映了中尺度对流扰动的作用。4)湿舌的宽度与暴雨区的垂直运动场和降水带有一定关系。由数值试验中得到，湿舌越宽造成的垂直运动场和降水带越宽，降水总量越大，但上升运动最大值小。这是由于湿舌越宽，所能释放的位势不稳定能量将越多，所产生的对流区和降水区越大。5)湿舌(高能舌)与北侧或西侧的干区形成明显的湿度对比，形成干锋或露点锋，国外称干线。它们是强对流或强暴雨的一种触发机制，因为围绕这种干线，存在着一支垂直环流，上升支在湿空气区，下沉支在干区。

(2)上升运动

降水是发生在空气的上升运动区，地面或低层的空气只有通过抬升才能达到饱和，从而产生凝结，降落下来成为降水。根据凝结函数 $F(\mathrm{d}q_s/\mathrm{d}p)$ 和垂直运动($\omega=\mathrm{d}p/\mathrm{d}t$)，可以计算饱和空气柱的降水强度：$I=\dfrac{1}{g}\int F\omega \mathrm{d}p$，由此式可见，$I$ 值的大小取决于凝结函数 F 和上升运动 ω。在各高度上饱和空气的凝结函数是温度的函数，温度越高，单位质量饱和空气上升 1 hPa 所凝结的水汽量越大，在暴雨季节，气温高，F 的值是较大的。大气上升运动对降水强度的重要性决定于它的量值，而后者又取决于是什么尺度系统中的上升运动。对于天气尺度而言(如锋区，温带气旋，高空槽前部，副热带高压边缘等)上升速度只有 10^0 cm/s。由这种上升速度引起的降水量约为 $10^0\sim10^1$ mm/24 小时。因此只靠大尺度系统中的上升运动不能引起暴雨，事实上也很少观测到上千千米的暴雨区，在水平尺度为 100～300 km 的中尺度系统中(如中尺度辐合线，飑线，中尺度低压等)上升速度比大尺度系统中的上升速度大一个量级，达到 10^1 cm/s。由这种上升运动引起的降水量大约为 10^1 mm/h，达到了暴雨的强度。对于积云尺度的小尺度系统，由于其上升速度可达 10^2 cm/s，其所造成的降水强度约 10^2 mm/h，达到了强暴雨的量级。因而在不同尺度的天气系统中，同暴雨直接有关系的是中、小尺度上升运动，因而中小尺度系统是直接造成暴雨的天气系统。但大尺度的上升运动为中小尺度上升运动的形成和增强提供了必要的环流背景和环境条件，因而大尺度上升运动的存在是暴雨发生发展的先决条件。

(3)层结稳定度和中尺度不稳定性

对流性暴雨是一种热对流现象。大气中有两种类型的对流：垂直对流和倾斜对流。它们形成的暴雨系统形态有明显差别，前者多形成暴雨雨团，强风暴单体，中尺度对流复合体(MCC)，中尺度对流系统(MCS)等，后者主要形成与锋区有关的对流雨带。垂直对流和倾斜对流在物理条件上不完全相同，前者主要依靠大气的层结稳定度，后者除层结稳定度条件外，还必需考虑动力不稳定条件。

在实际工作中，条件不稳定程度通常用便于计算的一些指数来度量，例如抬升指数，肖瓦特指数以及总指数，但是较为准确的度量是直接计算一代表性垂直上升气块所具有的对流有效位能(CAPE)，CAPE 的量值可达 4500 $\mathrm{m^2/s^2}$，但在中等对流不稳定时，一般在 1500～2500 $\mathrm{m^2/s^2}$。

(4)垂直切变

许多国内外学者研究了风垂直切变对局地强风暴的影响，并进行了比较全面的总结(丁一汇，2009；陶诗言等，1980)。但风垂直切变对暴雨系统的影响研究并不多，大多数研究都是直接针对强风暴的。对于暴雨的发展,环境风的垂直切变比强风暴要弱得多,它一般是发生在中等或较弱的风切变环境中。这是与对流性强风暴不同的地方。我们对暴雨分析发现,风速垂直切变一般都小于 $3\times10^{-3}s^{-1}$。如 1975 年 8 月出现在河北南部和河南的特大暴雨,1 km 至 12 km 的垂直切变仅为 $1.3\times10^{-3}s^{-1}$,而在大气边界层内有一支低空急流,约位于 1 km 的高度,在这高度以下风速垂直切变可达 $(20\sim30)\times10^{-3}s^{-1}$,这一支低空急流保证了大量水汽和不稳定能量输送和供应。停滞性暴雨的凝结加热,热力作用和动量混合使中高空垂直切变减小。另外,在暴雨中垂直切变不能太大。在积雨云中如果垂直切变很大,对流层上部风速甚强,大量的水滴会随风吹走,对形成暴雨不利。

3.3 持久大暴雨发生的物理条件

持久性暴雨(24 小时以上)的出现要求有使暴雨持续的机制存在。暴雨多数是由几个中尺度暴雨系统造成的,每个中尺度系统中包含有几个小尺度的积雨云单体、单体群和超级单体。是什么条件使得在某地区接二连三地有中尺度扰动生成,或者使某个中尺度系统在该区域内维持很久而不消亡呢?这与大尺度风场、湿度场和层结稳定度情况有关,可概括为下列三个方面(陶诗言等,1980;孙淑清等,1980):

(1)大形势稳定。在大形势稳定的条件下,经常在二个天气尺度的降水系统相遇时,他们的移速减慢或者停滞少动。这样在这相遇的地区维持着提供中尺度上升运动的背景,使得在这地区内有多次中尺度降水系统发生或者有某个中尺度系统持久地存在着。分析表明(丁一汇,2005),在持续大暴雨发生前或发生中,行星尺度长波系统或夏季风环流一般会经历一次明显的调整过程,以后表现出异常的稳定性,持续性大暴雨即出现在长波系统稳定的时期。另一方面,持续性大暴雨的发生实际上是大尺度环流出现异常状态的一种表现,因而当暴雨发生时有关的长波系统的位置和强度必然对平均条件呈现明显的偏离。分析大尺度环流的稳定性与异常性条件是认识持久性大暴雨发生原因的前提。

(2)大范围、持续的水汽输送与辐合持久性的暴雨要求天气尺度系统有源源不断的水汽输送,以补充暴雨发生所造成气柱内的水汽损耗。实际上,持续性的暴雨发生时,经常存在一支天气尺度的低空急流,它将暴雨区外围的水汽从大范围地区迅速向暴雨区集中。对河北暴雨来说,持久性大暴雨的水汽输送除与夏季风的水汽密切有关(其主要来源是中南半岛、南海地区、孟加拉地区)外,来自西太平洋副高南侧的东南风水汽输送十分重要。在太行山地形(南北向)作用下,偏东风水汽输送可在迎风产生很强的持续性水汽辐合,使暴雨能获得源源不断的水汽供应。

(3)对流不稳定能量的释放和重建强对流的发生需要有不稳定层结,一旦强对流发展后,大气中的不稳定能量就迅速释放,层结趋于中性,使对流不能进一步得到发展,要使暴雨持久,就要求在暴雨区有位势不稳定层结不断重建的机制。位势不稳定层结建立的型式是多种多样的。对暴雨过程来说,低空的非常暖湿的空气的流入是很重要的。对流层中上部冷干空气的侵入并不完全必要,一般弱的冷平流较为有利,而强的冷干平流对暴雨并不有利。有时只有低空的暖湿平流即使没有高空的冷干平流也可以重建位势不稳定层结。在天气尺度低空急流的左前方,一方面引起暴雨区水汽的输送和辐合,同时也促进对流不稳定能量的重建。

3.4 地形对暴雨的增幅作用

从第3.1.3节的统计事实可以看出，降水越大，地形影响也就越显著。特别是太行山和燕山的迎风坡地区是这样。可见山地对降水的增幅作用是不可忽视的。所谓地形对降水的增幅作用，即一个降水系统中，雨量分布变得不均匀，在山区的某些地区天气系统中降水量加大，降水的时间也会变得持久。河北境内有东西向的燕山山脉，南北向的太行山山脉，由于地形的影响，夏季暴雨出现次数最多的是在南坡和东坡山坡上，这里是低层偏南风或偏东风的迎风面，气流有明显的抬升作用和地形引起的切变辐合线。

地形对暴雨的作用主要有三个方面：

(1)地形对过山的气流有动力抬升和辐合作用。近地面地形的上升速度由 $\mathbf{V}_s\nabla z$ 可以算出，以后再根据经验关系求出垂直分布，据此可以算出由地形抬升造成的降水（$R=\frac{1}{g}\int F\omega \mathrm{d}p$，$F$ 是凝结函数）。一些特殊的地形如喇叭口状地形对气流有明显的辐合作用，使气流在这里汇合，从而形成强迫抬升，这种作用也可增强暴雨。许多强暴雨点都往往与这种地形有关。如1975年8月5—7日河南省驻马店板桥水库出现的特大暴雨(1631 mm)（丁一汇，1978)和1963年8月上旬河北省獐么出现的特大暴雨。

地形引起的上升运动随高度逐渐减小，到了某一高度上升速度便等于零，再向上在迎风坡方向地形波引起的垂直运动变成下沉运动。设 H 是地形上升速度变成零的高度，则地形对降水的增幅作用大小与 H 的大小有关。H 大时，上升运动层厚，对流发展强，降水就大(陶诗言等，1980)。我国的几次著名特大暴雨的雨量分布都与具有相当高度的大尺度山脉有密切关系。如1975年8月上旬的河南特大暴雨与1963年8月上旬河北特大暴雨分别与太行山和伏牛山有密切关系，其雨量廓线与地形廓线有很好的对应关系，在山地迎风坡雨量达到最大，背风坡雨量迅速减弱，有时背风坡的雨量仅是迎风面的十分之一。另外，山坡抬升气流的大小与风向是否正交于山坡方向有很大的关系，所以在一个山区盛行风向的不同可以出现不同的暴雨落区。

(2)地形对中小尺度系统的影响。地形在一定的气流或条件下会生成中小尺度涡旋或切变线。当这种系统移出或加强时，可以造成暴雨。另外在山区，在一定气流条件下常常产生静止的中尺度辐合区，当有中小尺度系统移到山区时常可导致这些系统有强烈的发展或组织成强烈的风暴，从而造成更严重的天气。

(3)除了上述地形的机械作用外，地形能通过播撒作用影响中小尺度系统内的造雨过程。这种作用也叫地形对降水的增幅作用。至于这种通过云微物理过程产生的地形对降水增幅作用的物理过程目前还没有完全弄清楚。但不论何种天气形势下要造成地形雨必须有两个条件：第一需要有播撒的质点。它们可以是在中层增长以后融化的冰粒也可以是中层小水滴在低层潮湿空气中的水滴冲并后增长的大水滴。第二是在山区要有低云存在。这些低云中包含有许多小水滴，它们都是由于扰动气流的上升部分较弱而没有足够时间增长到降水水滴的大小。

地形雨是产生在高层播散粒子落入山区低云对其进行播散或冲併的时候。由于播散粒子一般容易满足(由其他非地形性降水产生,即天气系统降水),因而对地形雨起主要贡献的是山区的低云。山区的低云主要由正交于山脉的低空潮湿气流形成。在这个过程中,低空急流对地形雨的增强有重要作用。对于一定垂直范围的山脉,低云中的含水量与山脉抬升前空气的相对湿度有关。为了维持低云中始终具有较高的液态水含量,在山区必须有强低空急流,这样使低云中在播散过程由于冲併作用而降低的液态水含量或减少的小水滴能得到迅速的补充或供给。一般在冷锋前常常存在着低空急流,因而在锋前地形的增幅作用也最明显。例如 1996 年 8 月上旬,我省产生特大暴雨过程时,由于低层盛行偏东风,而在太行山迎风坡雨量最大。从图 3.5 上可以看出,过程最大雨量出现在迎风坡的半山腰上(河北省气象台,1997)。

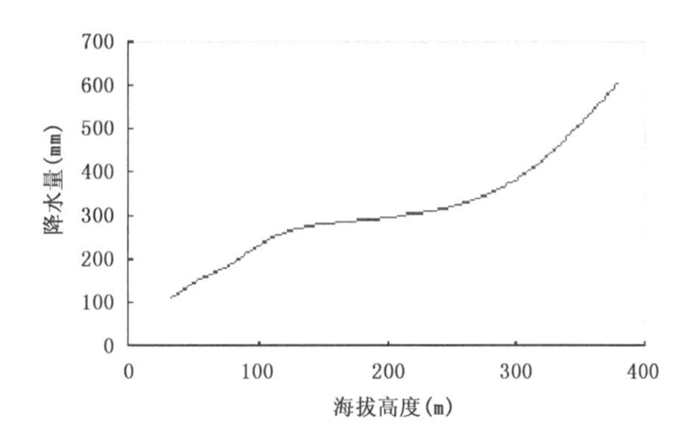

图 3.5　1996 年 8 月 3—5 日暴雨过程总降水量随高度变化

3.5　暴雨与其他强对流天气形成条件的比较

暴雨、冰雹、龙卷和雷暴大风都是强对流灾害性天气。它们有许多共性,如尺度比较小、生命史比较短,在分析预报中都是比较不容易抓住,它们都出现在大尺度场具有气旋性涡度的区域内,低空非常潮湿,风向风速有明显的垂直切变,还要求有强的中尺度触发机制等等。从预报观点上来看,其发生发展的物理条件是有区别的。表 3.1 给出我省大范围暴雨与强对流天气的大尺度环境条件的定性对比。

3.6　各类暴雨环流特征的影响系统及其预报要点

3.6.1　河北省暴雨环流形势和影响系统的一些特征

河北省地处亚洲大陆东部的华北平原,东临渤海和黄海,西倚太行山,北有燕山和蒙古高地,中南部为平原。由于这独特地理条件,决定了我省暴雨具有一些独特的环流背景和影响系统的特征。

(1)暴雨与长波槽脊的位置有密切关系

当长波槽位于 100°～110°E 之间时,对我省产生暴雨最为有利。同时下游的高压脊或副高位置也是重要的条件。当高压脊或副高稳定在120°～140°E时，使系统移速减慢，有利于暴雨的产生。若在巴尔喀什湖地区有长波槽发展，同时副高中心位于日本列岛到日本海一带，或与鄂霍茨克海高压打通，有利于暴雨连续产生，暴雨区稳定少动。

(2)暴雨与低纬度天气系统有密切关系

当盛夏副高脊线北跳，赤道辐合带随之北移，台风、热带涡旋等低纬度系统在浙闽一带登陆西北上，直接影响华北。或者台风与副高之间形成一支偏东风低空急流北上，与西风带中的高空槽，低涡等系统结合，间接影响我省而产生暴雨。这类情况常常在我省产生特大暴雨过程。在暴雨预报工作中，应该对这类情况予以足够的重视。

(3)暴雨常常由二个或二个以上系统影响所产生。

通过众多的个例分析发现，许多暴雨过程中，影响系统不是单一的，而常常有二个或二个以上系统相互作用，或相互叠加所产生的。这类情况有低涡、暖切变线相叠加；低槽与低涡相叠加；低槽的合并加强；低槽与西南涡、与台风低压等结合。

表3.1 大范围暴雨与强对流天气的大尺度环境条件对比

		雹暴	暴雨
环流形势		西高东低，西北经向气流。副热带高压偏南，脊线呈纬向	东高西低，偏南经向气流。副热带高压偏北，脊线呈经向
影响系统	高空	强，极锋急流	弱，副热带急流
	低空	弱或无	强
气团		变性极地大陆气团	副热带海洋气团
不稳定度		强	较弱
中低层阻挡层		有	无
中上层		冷干平流	暖湿平流
低层		弱暖平流	弱冷平流
水汽		不充沛	充沛
通量辐合		无或弱(1单位)	强(3单位)
准饱和层		浅薄	深厚
0℃层至－20℃层高度		较低	较高
中间层		偏西—偏北风	偏南—偏东风
低层		弱偏南风为主	偏南—偏东风
风垂直切变		强	弱

(4)暴雨与低空急流有密切联系

我省的暴雨过程，有相当一部分暴雨过程中，都有低空急流的存在。低空急流有两种，一种是西南低空急流；另一种是偏东低空急流。西南低空急流具有由西南向东北传播发展的趋势。当急流中心到达湖北北部或河南时，我省即产生暴雨。它的产生与低槽东移，副高加强西进，二者之间气压梯度加大有密切关系。另一类偏东低空急流，主要产生在西太平洋沿岸的台风东北部。它的形成也与副高加强西进，台风在华东及沿海活动，副高与台风之间气压梯度加大有关。

3.6.2 各类暴雨的环流特征的影响系统及其预报要点

华北暴雨天气尺度环流有三种基本环流型。一是当长波槽位于100°～110°E之间时，华北地区处于槽前，这时如果下游高压脊(或阻塞高压)位置稳定在120°～140°E，可使上游槽移速减慢或停滞，这种东高西低的形势是华北暴雨最基本的环流形势。二是当下游有阻塞形势维持，同时在贝加尔湖一带有长波脊发展，这时可形成东西两高对峙的环流形势，之间是深厚的低压槽或切变线，这是造成华北持续性大暴雨的环流形势，“63.8”和“56.7”特大暴雨就是出现在这样的环流形势下。此外，第三种华北暴雨环流形势是，华北北面有高压坝存在的条件下，北上台风深入内陆受阻稳定少动而造成特大暴雨，如“75.8”和“96.8”特大暴雨等。主要分为以下几类：

3.6.2.1 低槽冷锋类暴雨

低槽冷锋是造成我省暴雨的主要天气系统之一，约占暴雨过程的三分之一，但很少造成特大暴雨，只有个别停滞的低槽或低槽与低涡结合才能造成较强的暴雨。低槽冷锋类暴雨的环流主要特征是：产生降水的长波槽位于100°～110°E之间，高压脊稳定在120°～140°E时，形成明显的下游阻挡形势(图3.6)。使上游低槽移速减慢或趋于停滞。也有中、高纬度高压脊与在日本列岛附近的高压脊迭加，从而进一步加强下游高压的稳定，形成东高西低的环流形势，而有利于暴雨的产生。影响系统主要是高空槽，有时有冷锋相伴。在东亚上空平直西风环流形势下，锋区在40°～45°N一带，低槽从巴尔喀什湖东移，经北疆、河西走廊、河套地区逐渐发展东移，到达华北。与此同时，西太平洋副高西进后稳定，中心在日本到日本海一带，阻挡低槽东移，使其移速减慢或趋于停滞，使锋区斜压性加强。同时在副高西侧有可能产生西南低空

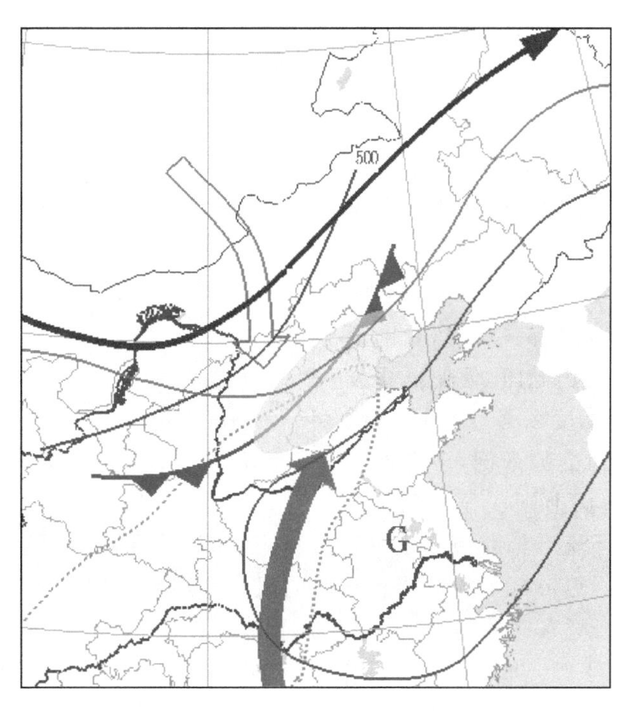

图3.6 低槽冷锋类模型

急流，向华北输送充沛的水汽，有利于暴雨的产生。2005 年 8 月 16 日的暴雨过程是比较典型的低槽冷锋类暴雨过程，由这次过程得到的低槽冷锋类暴雨概略图如图 3.6 所示。在预报这类暴雨过程时，必须抓住低槽和东部阻挡形势，即副高和低槽这两个方面。

(1)当低槽东移到河套地区时，在北疆有高压脊发展加强，使脊前冷空气进入低槽中，低槽不断地发展加深，有时可能发展成深厚的南北向切变线或辐合线。如果新疆地区没有高压脊发展，低槽常常减弱或北滑。低槽发展的另一种情况是，低槽东移到河套地区东部受阻后，其西部或北部又有低槽东移，两个低槽相互叠加，致使低槽发展加深。

(2)东部阻挡形势的产生，主要是副高的西进和与鄂霍茨克海高压叠加所致。但需注意叠加的地理位置。通常副高中心在日本列岛到日本海一带为合适。如果副高过强，伸展偏西，则低槽影响位置也就偏西，降水落在陕西、山西一带，或者低槽向北收缩，而不影响我省。

3.6.2.2　低涡类暴雨

低涡也是影响我省暴雨的主要系统之一。著名的我省“63.8”暴雨，就是稳定的环流形势下，连续三个西南低涡北上影响我省，而产生连续特大暴雨过程。低涡类暴雨主要有三类低涡，一类是西北涡，主要影响东部和东北部；另一类是西南涡，它主要影响我省中南部地区；第三类就是东蒙冷涡，主要影响我省北部。现分别予以介绍。

(1)西北涡类暴雨

西北涡是指 700 hPa 上，在柴达木盆地到青海湖一带(34°～38°N，99°～105°E)发展东移的低涡。这种低涡原是暖性的地形低涡，当有冷空气人侵，斜压性加强，低涡开始东移，当低涡进入甘陕地区后，受西南气流输送来的水汽影响，水汽凝结反馈作用，促使低涡进一步发展加强。并沿其前部暖切变线东移，呈“人”字形切变线，暴雨主要产生在低涡前部和暖切变线上。

西北涡的环流形势主要特征是：贝加尔湖地区为一阻塞高压，巴尔喀什湖地区维持一个深槽(图 3.7)。副高较强，脊线位于 25°～30°N，且控制长江下游地区。亚洲中纬度地区为平直西风气流，多小槽脊活动。未来将转为暖切变的低槽，已经横卧在华北到渭水流域一带。

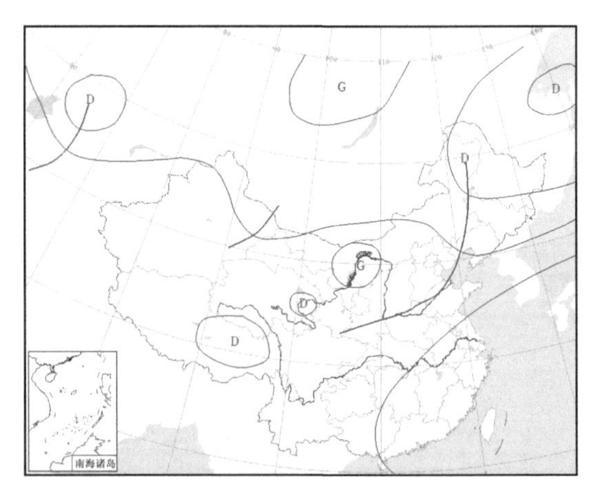

图 3.7　西北涡环流形势

高原北部有热低压(或低压环流)存在，巴尔喀什湖低槽前的新疆有一弱脊，脊前西北气流推动冷空气侵入热低压，促使低压发展东移，在沿其前部暖切变东移过程中，继续发展加强。这时在暖切变的南部，多有西南低空急流发展北上，地面上则在我省开始有气旋波产生。从前述环流形势的演变中可以看出，西北涡是在两次西来槽之间的暴雨过程。形成暖切变的关键是副热带高压的位置和强度的配合。当副高脊线在 30°N 时，最有利于暖切变的形成。华北高压脊东撤的同时，副高西伸，西南低空急流加强北上，使暖切变北抬，我省暴雨发展。1959 年 7 月 21—22 日和 1967 年 7 月 28—29 日两次暴雨过程都属于这种情况。图 3.8 是低涡暖切变的综合概略图，反映出这类暴雨是出现在 500 hPa 槽前位势不稳定区内，

700 hPa湿舌的前部，850 hPa低空急流左前方的暖切变线附近。

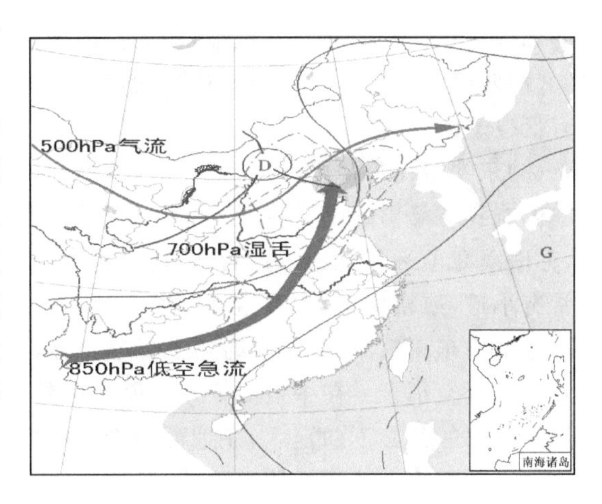

图3.8 西北涡暖切变暴雨综合图

暴雨区主要位于地面切变线(或暖锋)的前方。降水开始时，切变线是随高度向北倾斜的。降水多属连续降水。但当暖切变与从东北南下的弱冷空气相遇时，可强迫暖湿空气剧烈上升，使高空切变线与地面切变线(或暖锋)近于垂直，降水转为对流性降水，雨量加剧。1959年7月21—22日迁安过程总降雨量达422 mm(河北省气象局，1987)。

(2)西南涡类暴雨

西南涡是指700 hPa上，在四川西部27°～33°N，99°～100°E形成、发展向偏东或东北方向移动的低涡。或者就在河南南部形成的低涡，沿南北向切变线，向偏北方向移动的低涡(河北省气象局，1987)。

1)西南低涡的环流特征：副高位置偏东，其西侧脊线在35°N以南，华南到华中地区为西南偏西气流。华北到四川盆地一带为东北—西南向的低槽，在此低槽的西北部的河套附近有小高压(脊)，在低槽的尾部的川西地区有低涡(图3.9)。当低槽尾部弱冷空气入川以后，诱发低涡发展东移，移出四川盆地。与此同时，河套小高压(脊)与副高合并，西南气流增强，从四川移出的低涡，沿西南气流北上影响我省。1971年6月25—26日；1973年6月30日—7月2日都属于西南涡暴雨过程。

2)南来低涡的环流特征：图3.10是南来涡的环流形势，它的特征是副高呈块状，中心在日本列岛到日本海一带，其脊线达35°N，西脊点可达115°～120°E之间。我国东部的等高线近于南北走向。副高南侧的东风带内有台风活动。副高与河套高压(脊)之间构成的低槽，从华北伸到西南地区，可长达15个纬距以上。低涡多在河南南部生成北上，影响我省。“63.8”特大暴雨就是在这种稳定的环流形势下产生的。

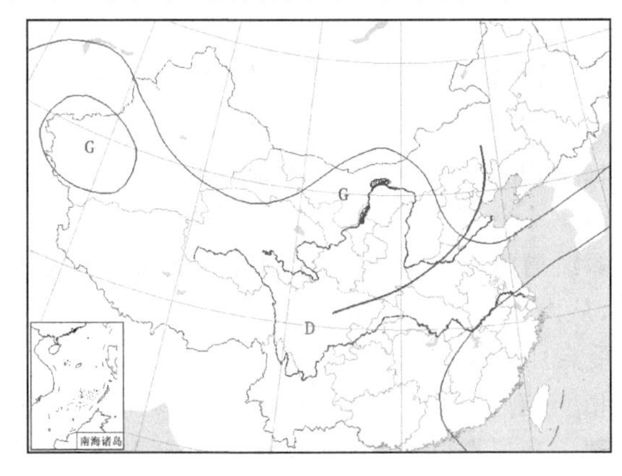

图3.9 西南涡环流形势

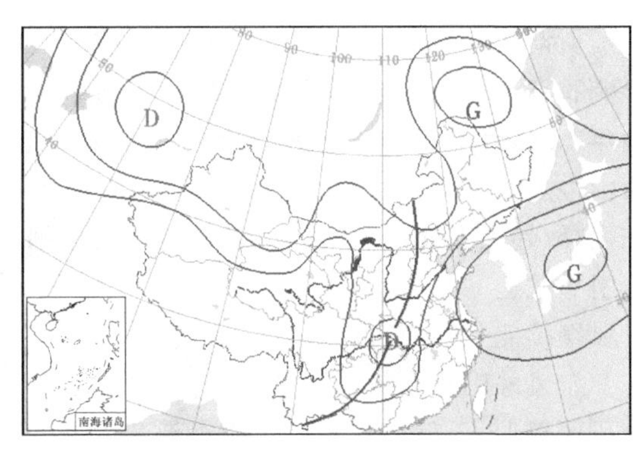

图3.10 南来涡环流形势

除此以外，还有1960年7月28—29日和1964年7月31日—8月1日也是受南来低涡影响的暴雨过程。西南低涡的预报，主要抓原来是暖性低涡，由于弱冷空气入侵，而转为斜压低涡，并沿西风带高压(脊)与副高迭加后，加强的西南气流北上。多数西南涡北上时，在其南侧伴有低空急流。

(3)东蒙冷涡类暴雨

影响我省暴雨的高空冷涡，一般是指蒙古东部和我国内蒙上空的高空冷涡，这种冷涡存在时，苏联滨海地区和贝加尔湖西部，均为稳定高压脊控制，冷涡移动缓慢或停滞少动。500 hPa上常有小槽，或横切变(常有温度槽配合)南摆。地面上则有副冷锋(或飑线)东南移。同时低层是暖湿的东南气流，风速有时可达低空急流的程度。另外还有西南气流存在，这两支气流在我省形成低空辐合。在中空500 hPa是西来的干冷空气，与低层暖湿空气相叠加，而形成高空冷涡东南部的位势不稳定区，在地面副冷锋的触发下，而产生强对流天气，造成局部阵性的暴雨天气。这类高空冷涡的暴雨预报，只要当高空冷涡存在时，抓好当时不稳定度大小的分析，就可以预报是否能产生局地暴雨。其暴雨落区多在高空冷涡的东南部或东部。值得注意的是:低层暖平流的维持是此类暴雨发生的必要条件。

若冷涡偏南，中心在40°N附近或以南，主要暴雨区也南移到河北大部或中南部。如2010年6月17日河北中东部冷涡暴雨(图3.11)。

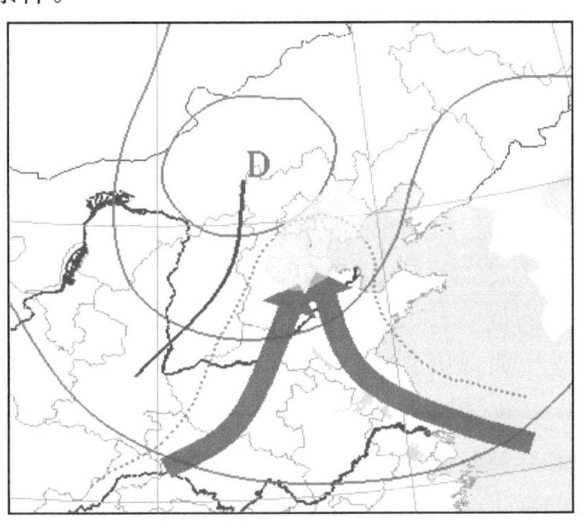

图3.11　高空冷涡暴雨模型

3.6.2.3　台风类暴雨

虽然台风是一个低纬度系统，但在一定的环流条件下，台风可以深入内陆直接影响我省。如1972年3号台风，在塘沽正面登陆影响我省。但这类台风次数少，多数是间接影响。尽管影响是间接的，但对暴雨的贡献却是十分重要的。我省大多数区域性特大暴雨，与台风都有关联。所以近年来盛夏台风活动，都受到北方气象工作者的重视，其原因就在于此。

(1)台风直接影响类

所谓台风直接影响，就是台风登陆之后，由于台风比较强大，没有减弱消失，而西北上直接影响我省，或者经渤海，直接在我省沿海登陆。1994年7月初的06号台风，就属于前一类。同年12号台风在菲律宾东部洋面生成后，一直向西北方向移动，由于该台风比较强大，在浙江象山登陆时，中心气压达923 hPa，最大风速12级。台风登陆后，贝加尔湖高压脊与副高迭加，脊线转为西北—东南向，由于副高加强，河套短波槽西退填塞，台风受副高西南部的东南气流引导北上。尔后，副高又与西风带小高压合并，从内蒙东部到日本形成一高压坝，从而迫使台风继续北上。当台风到达安徽之后，河北省就受台风外围影响。

台风外围有一支低空东风急流，与太行山脉相交，对暴雨产生增幅作用，加上弱冷空气从台风西部卷入，就在我省京广线一带产生特大暴雨。台风登陆之后，能够维持一定强度，而继续西北上，首要条件是登陆台风必须具备一定的强度，一般中心气压至少要低于990 hPa，最大风力10级以上，还要有较大的环流范围。只有这样才能保持一定强度，向西北方向移动，而影响我省。其次是登陆台风后部有低空急流或水汽输送，能够使台风保持一定的能量。第三是台风为高压带所包围，或者没有较强的冷空气侵入，从而保证台风暖性结构不被破坏。第四是高空辐散有利于台风强度的维持。而强纬向风速垂直切变过大，则不利于台风的维持(河北省气象局，1987)。

(2)台风前部的偏东低空急流与西来槽叠加作用类

当台风在远离我省的华东地区活动，而我省就可以产生暴雨，以至特大暴雨天气过程(图3.12)。而雨量远大于正面登陆台风所产生的降雨量。例如，2000 年 7 月 3—6 日暴雨过程。经过分析，造成这次暴雨过程的主要原因是，2000 年 5 号台风在福建登陆的同时，西太平洋副热带高压加强西进，台风与副高之间的气压梯度加大，在长江口附近产生一支东南低空急流逐渐北上。此时台风虽远离我省，但其前部的东南低空急流到达我省。500 hPa 上，3 日 08 时低压槽位于河套西侧到四川附近。脊前不断有冷空气注入槽中，使得高空槽在东移过程中强度有所加强。3 日 20 时高空槽经向度加大，槽后的海流图和磴口由西南风转为东北风。4 日 08 时槽的北部北滑，而南段在山西西部切断成低涡。由于低空急流向我省输送暖湿气流，与中空 500 hPa 从我国西部带来的较干冷的空气叠加在一起，造成我省上空气层的位势不稳定。又加上低槽前的正涡度区，叠加在低空急流前部的动力辐合区上部，更加剧了上升运动。低层冷空气与台风倒槽叠加引起低层辐合加强，是暴雨产生的触发机制。同时低空急流又源源不断为暴雨区输送水汽，为暴雨过程的发生、发展提供了优越的条件。过程总量有 75 个县市降雨量达到 50 mm，其中石家庄、邢台、邯郸有 20 个县市超过 250 mm，最大降雨量出现在成安，为 412 mm。此过程具有降雨时段集中，强度大的特点。主要降雨集中在两个时段，一段是 4 日 19—24 时，成安 18—21 时 3 小时降雨量达 105.8 mm。另一段是 5 日 15 时—6 日 02 时，这一段降雨主要集中在石家庄附近。这类暴雨的综合概略图如图 3.12 所示。副热带高压呈块状；西风带槽位于 110°E 附近，槽前常伴有西南低空急流；热带气旋或其减弱低压位于华东及其沿海地区，其与副高之间伴有低空东南风急流。这支东南气流一方面为华北远距离暴雨区提供了水汽来源，另一方面为远距离暴雨区提供了能量，同时增强了暴雨区的对流不稳定条件。

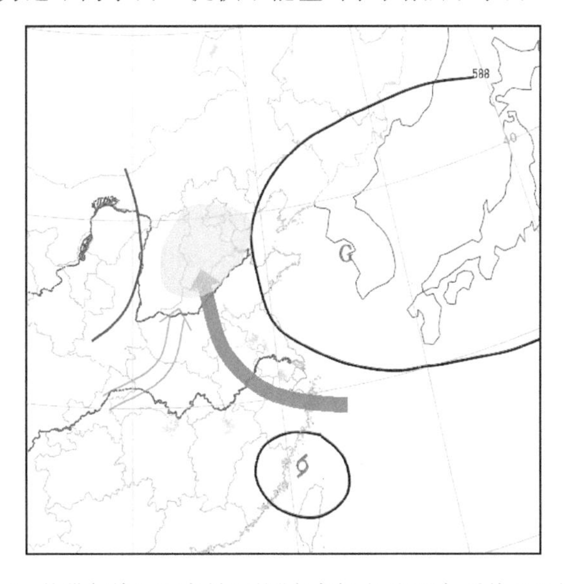

图 3.12 热带气旋远距离暴雨的“东南气流型”天气系统配置概略图

(箭头分别指东南、西南低空急流，阴影区为暴雨区)

通过中尺度滤波后发现(图 3.13),沿热带气旋外围的东南气流存在一串中尺度低涡伸向华北暴雨区(粗断线),低涡间的距离约在 700 km 左右,这可能是热带气旋扰动激发的此类远距离传播的波动。从上述这些研究可以看出:1)热带气旋可以与中纬度天气系统发生相互作用,通过其外围东南气流与西风带系统的结合,能够产生远距离的暴雨,而且暴雨通常要比普通西风带系统所能产生的降水大得多。2)热带气旋可以激发出波动与中纬度西风带系统结合造成远距离暴雨区。

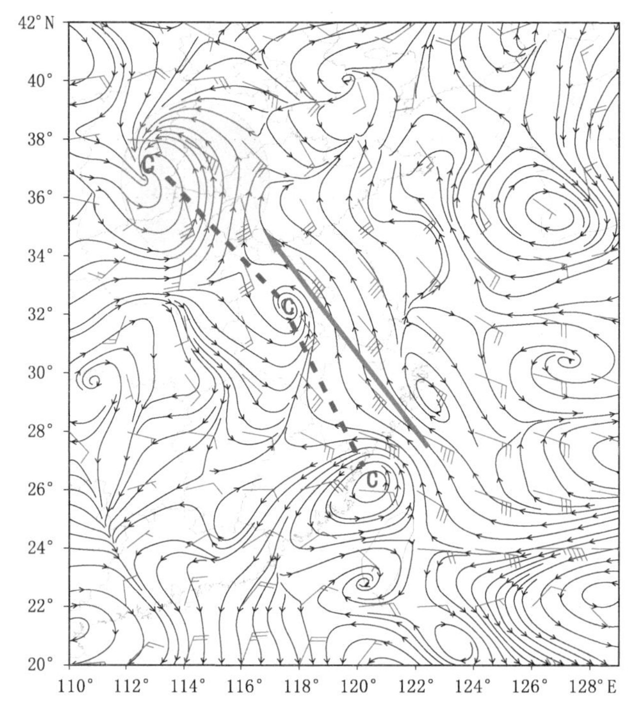

图 3.13　2000 年 7 月 5 日 20 时 850 hPa 25 点中尺度滤波特征
(流线:中尺度扰动场;风场:850 hPa 风,阴影区:暴雨区)

(3)减弱台风低压的直接影响类暴雨

这类暴雨的环流形势,大致与前面的一类极为类似,其特点是副高明显西伸北顶。台风登陆后减弱成为低压,沿副高边缘北上,与弱冷空气作用而影响我省。1996 年 8 月 3—5 日,河北出现了继 1963 年 8 月特大暴雨以来范围最广、强度最大的一次特大暴雨过程(简称“96.8”暴雨)。9608 号热带气旋于 8 月 1 日 10 时前后在福建连江一带登陆,登陆时中心气压 970 hPa,最大风速 48 m/s,此后沿西北、偏北方向移动,4 日在河南与湖北交界处填塞减弱为低气压。这次特大暴雨形成示意图(图 3.14)可看出:1)在有利的强经向环流下,9608 号台风减弱的热带低压,与副高之间形成偏南中低空急流。2)对流层中下部的暖湿气流在暴雨区的西部和南部形成 θ_{se}的高值区,东北南下的弱冷空气伴随 θ_{se}低值区深入河北平原,所以在河北南部构成湿斜压锋生。3)由于大尺度动力因素、中尺度锋生和地形强迫的共同作用,在湿斜压锋区的南部引发了对流云团发展北上。4)第一次冷空气南下和持续强劲的中低空偏南暖湿气流的共同作用下又产生了 MCC,使得河北南部出现连续性暴雨。

综上所述,台风与我省的暴雨关系是十分密切的。不论是台风直接影响还是间接影响,都

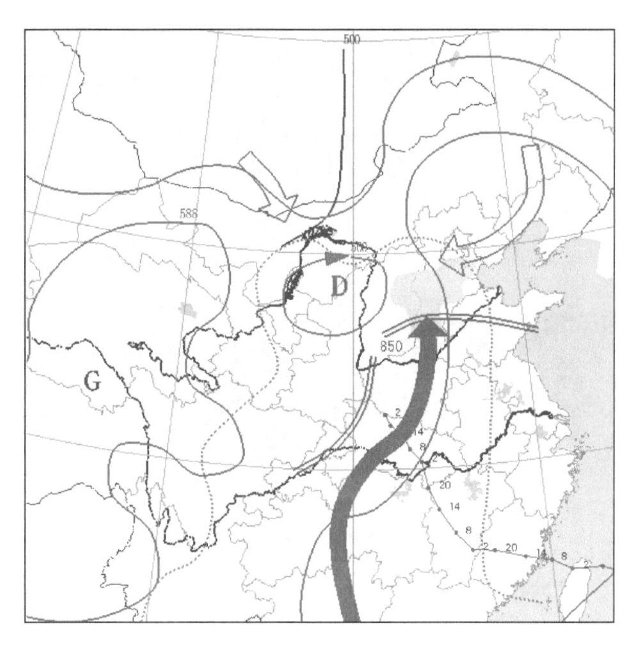

图 3.14 “96.8”暴雨示意图

与以下几个方面有密切关系:①与台风强度有关。强台风登陆后一般在陆上维持时间长,有利于暴雨的产生;②与副高位置有关。副高位置偏北,中心位于日本列岛和日本海地区时,台风多在浙、闽一带登陆西北上;③与低空急流有关。主要是台风前部的偏东低空急流和台风与副高之间形成的东南低空急流;④与西来槽的位置、强度、移速有关。当西来槽位于河套地区,有一定强度,而且稳定少动,常常形成持续性暴雨。

(4)概念模型及其预报指标

应用30多年登陆台风对太行山暴雨影响的气象资料,归纳出台风登陆后有5类移动路径,其中转向出海、北上填塞、西北上内陆消失、北方登陆4类与太行山暴雨有关。依据500 hPa环流形势建立了太行山地区的台风暴雨的天气概念模型,并给出了一些暴雨预报指标。我们以北上填塞类为例,介绍太行山区台风暴雨的天气概念模型及预报指标(河北省气象台,1997)。

此类台风登陆时,500 hPa欧亚为二槽二脊型,在75°E和110°~115°E为长波槽,在90°E和120°~130°E为长波脊,副高在120°~130°E地区与西风带高压脊叠加,形成一阻塞型,致使在110°~115°E间的高空槽东移受阻。台风登陆后开始西北上,但受稳定的高空槽前的偏南气流引导而偏北上,又由于北部高压阻挡而填塞(图3.15)。

此类台风预报的关键:台风登陆后,500 hPa在120°~130°E地区阻塞高压的形成。参考指标:台风登陆后,500 hPa延安、西安吹西北风,济南、徐州吹偏南风,台风北上填塞。

此类一般在台风登陆后24~48 h内我省即可出现降水,对我省南部地区、尤其是西部铁路沿线可造成大一暴雨降水。预报经验指标:

——在500 hPa上,35°~40°N、105°~110°E有短波槽;

——在850 hPa上,济南、徐州、上海偏东风≥6 m/s;

——邢台站前一日水汽压≥27 hPa。

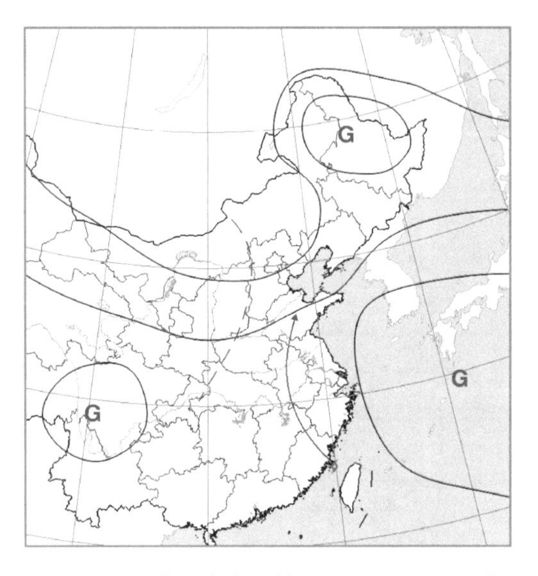

图 3.15　北上填塞类台风暴雨 500 hPa 环流形势图

（实线：等高线，虚线：槽线，矢量线：台风移动路径）

3.6.2.4　气旋类暴雨

这里介绍的气旋暴雨，主要是指在晋、冀、豫一带的黄河下游地区生成、发展的温带气旋，一般我们统称为黄河气旋。气旋暴雨的一般特点是：时间短、强度大。但在稳定的环流形势下，有时气旋可以连续发生，可持续 2～3 天的降雨天气，从而造成持续性特大暴雨过程。经典的气旋发展模式，是在静止锋上产生波动而发生、发展的。但是地处中纬度的华北地区，很少有静止锋的存在，所以难以用经典气旋发展模式来预报黄河气旋的发生、发展。黄河气旋的生成和发展，除了冷暖空气的相互作用之外，多与低空急流有密切关系。其作用是由于低空急流的加强北上，把暖湿空气向北输送，首先在地面上产生一条切变线，在继续北上的过程中，与从东北扩散南下的冷空气相遇，便产生了暖锋锋生。同时在低空急流的左侧，水平风速切变较强，形成正涡度中心，从而加强了河套南部的倒槽，与 500 hPa 槽前正涡度平流区迭加在一起。所以当偏西冷锋东移入河套南部倒槽中后，与暖锋相衔接，形成气旋波。加之低空急流向北输送的暖湿气流，造成的对流不稳定层结，和它的前部风速辐合的动力作用，产生对流性降水。降水释放的潜热，改变了高低层温度场的结构，更有利对流的发展，加速了低层的补偿，从而使气旋得以进一步发展，气旋暴雨主要是在暖锋附近产生。1993 年 8 月 4—5 日河北中南部的暴雨就是由黄河气旋造成的。黄河气旋以影响平原地区以及燕山和太行山区为主，暴雨中心一般出现在平原地区。当黄河气旋向渤海移动时，常造成渤海大风。以向北北东方向移动的黄河气旋对我省影响最大。暴雨中心一般出现在气旋中心前方，暖锋前部。冷锋附近可出现局部暴雨。图 3.16 是黄河气旋类暴雨的综合概略图（河北省气象局，1987）。

3.6.2.5　暖切变线类暴雨

暖切变线是由南侧的西南气流（或偏南气流），与北侧的偏北气流（或偏东气流）所造成的辐合线，由南向北移动。它是我省暴雨主要影响系统之一。暖切变线造成的暴雨强度大，时间短，多为对流性降水，常有雷暴活动。一般来说暖切变多产生于山东、河南一带，随南侧西南气流加强，或低空急流的发展北上，切变线北抬，与切变线相伴随的雨区也随之北上，降水强度逐

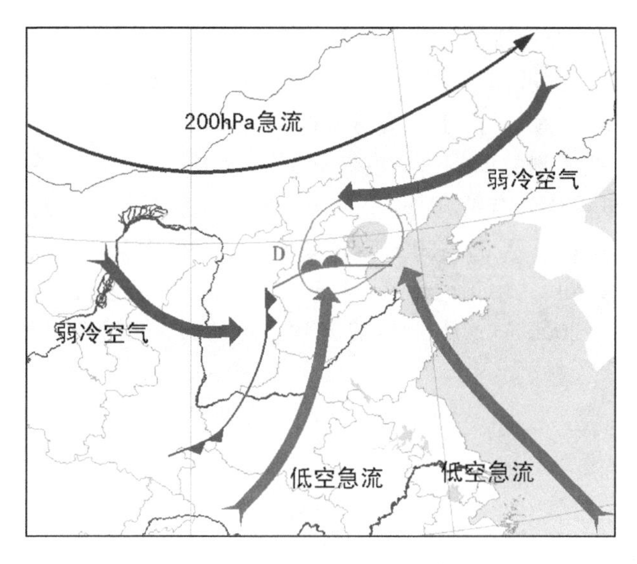

图 3.16　黄河气旋类暴雨的综合概略图

渐加强，出现暴雨，这种暴雨多产生于我省中南部。

(1)暖切变线形成的环流特征。

暖切变线形成在华北高压和副高之间，主要是当西来槽东移到 115°～120°E 时，由于副高阻挡，西来槽南段东移速度减慢，而北段继续东移，槽线由南北向转为东北—西南向。随西来槽东移的北方小高压东移到我省之后，槽线逐渐转为东西向的切变线。此时副高加强西进，在其西侧的低空急流(或西南气流)加强北上，切变线北抬影响我省(图 3.17)。暖切变线形成时，低纬度环流也有显著特征，一般西南季风都比较强盛和活跃。而且热带辐合区成东西带状，维持在 20°N 左右。

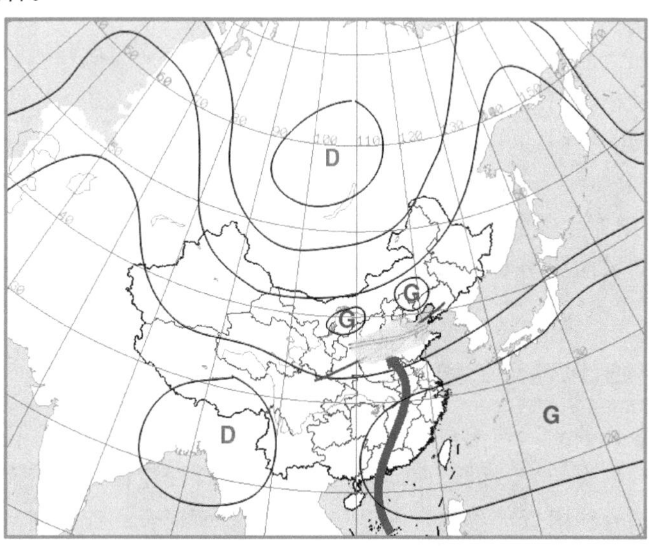

图 3.17　暖切变型(摘自，陶诗言，1980)

(2)暖切变线暴雨的一些特征。

首先产生于地面，以后逐渐向上发展。通常在 850 hPa 上最明显，700 hPa 也有反映。而在 500 hPa 上则反映为气旋性弯曲；开始形成阶段，由下向上各层切变线是向南倾斜的，多为连续性降水。当与从东北扩散南下的弱冷空气相遇后，迫使暖湿空气剧烈上升，各层切变线近于垂直，或者甚至略有向北倾斜，降水转为对流性降水，暴雨产生。

(3)暴雨与暖切变线南侧的低空偏南急流有关。

暖切变线暴雨与低空急流有关，据统计 75%的暖切变线暴雨，都有西南或偏南低空急流。低空急流中心的风速，一般可达 20～30 m/s。暴雨产生在低空急流最大风速中心的前方或左前方。低空急流多产生在长江中下游地区，然后逐渐向北发展，最大风速中心抵达豫、鲁一带时，我省暴雨达到最强。2000 年 9 月 4—6 日我省中南部的暴雨过程就是暖切变造成的。

3.7　暴雨中尺度系统

如前所述，我省暴雨不仅时间集中，而且强度也大，1 小时雨量超过 100 mm 的强降水，几乎每年都有出现。以“63.8”暴雨为例，在 8 月 4 日，邯郸 24 小时降雨量达 518.5 mm，占 9 天总降雨量 1033.9 mm 的 50%。而这一天中 00—06 时，降水达 284.7 mm，其中 02 时 56 分—03 时 56 分，1 小时降水 107.5 mm。10 分钟最大雨量达 22.8 mm。这表明“63.8”暴雨过程中，中尺度系统是十分活跃的。通过对“63.8”、“96.8”等暴雨过程中的中尺度系统分析，和 1979 年、1980 年这两次 7 月中旬到 8 月中旬的京、津、冀中尺度试验表明，河北省暴雨过程中，中尺度特征是十分明显的。可以概括为以下几种中尺度系统。暖区中尺度切变线、冷性切变线、风速辐合线和辐合中心、东风切变线、低空急流和雷暴高压前的伪冷锋（河北省气象局，1987；华北暴雨编写组，1992）。

3.7.1　暖区中尺度切变线

我省暴雨出现在锋前暖区较多。一般出现在年轻气旋暖区或倒槽内。1975 年 7 月 29 日一次黄河气旋暴雨过程，该日我省正处在气旋暖区，在 11 时卫星云图上显示有四条明亮的孤状云带，走向与冷锋几乎垂直，其中三条云带，对应三个雨团。第一个雨团最强，柏各庄 1 小时雨量 118.6 mm，9—12 时 3 小时雨量达 213.3 mm，占过程总雨量的 44.5%。对应 9—12 时有一个东风扰动，在低层产生强的辐合，形成暴雨，沿 700 hPa 气流向东北东方向移动。第二个雨团是东北风与偏南风的横切变引起的，从 08—14 时切变线由南逐渐加强北上，在 14 时冷锋与横切变相结合，天津雨强由 25 mm/h，而增强到 52.1 mm/h。

3.7.2　冷性切变线、风速辐合线和辐合中心

冷性切变线一般为偏北风与偏东风或偏南风之间的切变。偏北风往往和低层浅薄冷空气活动相联系。雨团产生在切变线的西侧。中尺度风速辐合线往往是由于大尺度强风带上游风速增强而形成。在辐合线附近产生辐合上升气流。当地面辐合线处在高空槽等天气系统前部位势不稳定区时，则有利于雨团的产生或加强。在南北向的切变线中，常可出现中尺度的辐合中心，在辐合中心周围 100 km 以内有强烈的降水产生。

3.7.3　东风切变线

由偏东风与偏北风构成的切变线，气旋性曲率明显，并伴有风速辐合。从东北扩散南下的冷空气流入华北平原，形成范围广且强劲的偏东风，遇太行山产生“壁角效应”而转为偏北风。因此在华北平原西部与太行山之间形成切变线。图3.18给出1996年8月4日10时地面风场及降水分布(河北省气象台，1997)。在石家庄—邯郸有一条切变线南北长200 km。4日03时至18时切变线维持达15小时，其间在100 km内东西摆动。华北平原偏东风持续达36小时以上，最大风速10 m/s。偏东气流有脉动现象，当上游风速增强，切变线向西摆动，风速辐合增强，04—08时、13—16时风速脉动明显。东风切变线在边界层1000 m以下明显存在。东风切变线对降水的动力作用在于：①风向切变和风速辐合，有利于触发降水；②迎风坡和喇叭口地形的强迫抬升，有利于降水增幅，增幅可达26%～260%。雨团中心一般出现在切变线西侧，雨团在石家庄西部山区停滞与东风切变线长时间维持有密切关系，“63.8”和“75.8”华北特大暴雨均有类似情况。

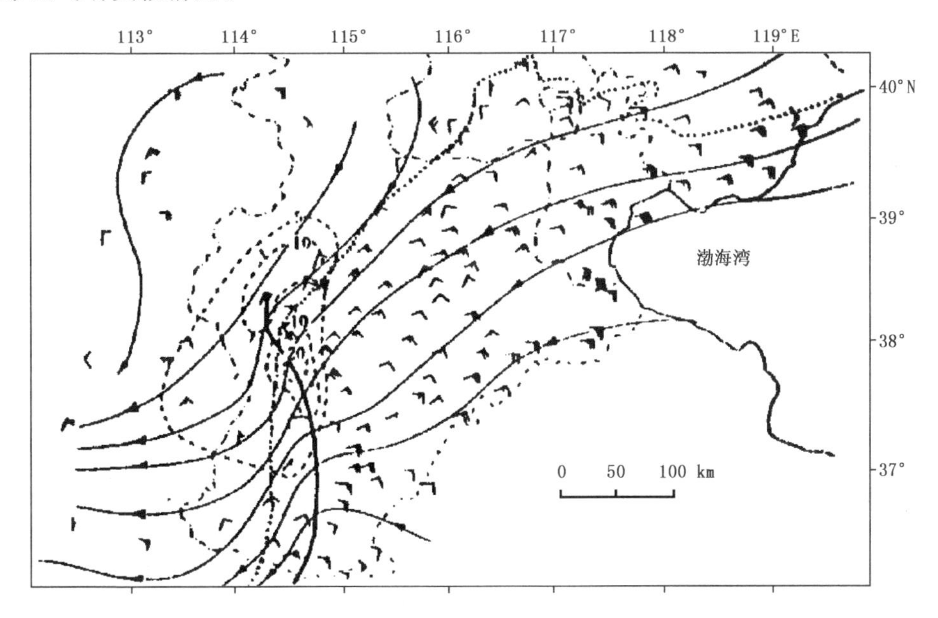

图3.18　1996年8月4日10时地面风场及降水分布
风矢长划为2 mm/s，短划为1 mm/s，粗实线为东风切变线，
虚线为等雨量线(mm/h)，ˆ线为山区与平原分界线

产生雨强跃增的东风扰动，具有三个特征：①东风作气旋式转变；②东风风速足够强(大于4 m/s)；③风速随风向转变而加大。东风扰动产生在华北倒槽与西太平洋台风之间东风急流中。当其上游东风维持及风速加大时，有利于东风扰动生成，甚至一个接一个向西传播。东风扰动移近高空槽前，由于低层辐合上升气流得到充分发展，水汽凝结又放出大量潜热，使上升气流加强，出现雨强跃增。东风扰动移近山区，因摩擦辐合，地形强迫抬升，如果上游没有新的动量输送，东风扰动就在山区减弱消失。

3.7.4 边界层低空急流

大气边界层内水平风的垂直分布常常在几百米到1000 m的高度出现一个显著的极大值，可达12～20 m/s。水平尺度较天气尺度小，约在500 km以下，风向一般偏南(鲍名，2007)，这就是边界层急流(斯公望，1990)。边界层低空急流一般在夜间发展和日出后消失。Blackadar曾用边界层混合过程的日变化强迫引起的惯性振荡来解释这种急流的日变化。白天地面受太阳加热使大气变得不稳定，湍流边界层中的混合作用加强，边界层的气流动量受湍流耗散使风速减小，由原来的地转平衡变成次地转；日落以后，地面开始辐射降温，近地面开始形成逆温层，边界层变得稳定，湍流混合减小，于是白天处于次地转状态的边界层开始向地转风调整而加速，气流加速可以超过平衡状态而变成超地转。故在日出之前，边界层急流发展到其最大强度。在夜间，由于气流加速，并有超地转的成分，空气有偏向于低压的运动分量(急流轴左侧)，因而增加了边界层的质量和水汽辐合，这是暴雨和强雷暴发展和加强的极有利条件。

3.7.5 雷暴高压前的伪冷锋

雷暴高压前部的伪冷锋，也能起着释放位势不稳定能量的作用。1975年7月29日14—20时冷锋加速东移过程中(图略)，锋前雷雨强烈发展，并有一个雷暴高压出现在衡水地区东部，范围达30～50 km，维持3小时。雷暴高压前部的伪冷锋位于沧州、南皮、衡水一线。与锋前偏南风相伴的暖湿气流构成了强烈的辐合，新的雷雨区强烈发展。20—21时南皮雨强达110 mm/h，使冷锋暴雨向前跳动，雷暴高压后部雨量显著减弱。当冷锋过境时，雨量稍有加大，但比前一次弱，因为不稳定能量已在前一次暴雨释放(河北省气象局，1987)。

3.7.6 中尺度对流系统(MCS)

在一定的天气尺度或中尺度系统作用下，对流单体可以不断的合并，组织成更大尺度的中尺度对流系统(MCS)。MCS的尺度常常可以达到200～2000 km，十分有组织，是一种α中尺度的对流系统，所以有时又简称为α中尺度对流系统(αMCS)。它有近于椭圆形外形和平滑的边界，在卫星云图上看表现为高亮度的完整对流云团。MCS也包括中尺度对流复合体，它是产生暴雨的一种主要中尺度对流系统。这种系统得到了国内外广泛的研究。许多的研究揭示MCS在中国十分经常的发生。它们是春夏造成中国暴雨的主要对流系统，尤其是对突发性暴雨。MCS发生的有利地区是西太平洋副热带高压的西北边缘，该处有冷暖气流经常强烈地交汇。“96.8”暴雨是由在台风低压外围停滞的两个中尺度对流云团直接造成(江吉喜等，1999)。中尺度对流云团在三支气流汇合和共同作用下发生发展：①低层偏东风干冷气流，②中低层南风暖湿急流，③副热带高空急流。

2007年7月30—31日华北地区的暴雨是一次MCC过程。通过分析风云二号卫星的红外图像和TBB发现，这次区域性暴雨是由高空槽云系和季风云涌叠加产生的中尺度对流云团造成的。2007年7月30日12:00—14:00 UTC为形成阶段；30日15:00—18:00 UTC为发展阶段；30日19:00—22:00 UTC为成熟阶段；30日23:00 UTC开始MCC减弱。图3.19是云顶亮温TBB的演变(范俊红，2009)。

从以上MCC各个阶段的云图及降水特征，我们可以看出，暴雨云团是由三个β中尺度对流云团发展合并形成的。大的降水强度出现在MCS的西侧、TBB梯度大的地方，最大降水强

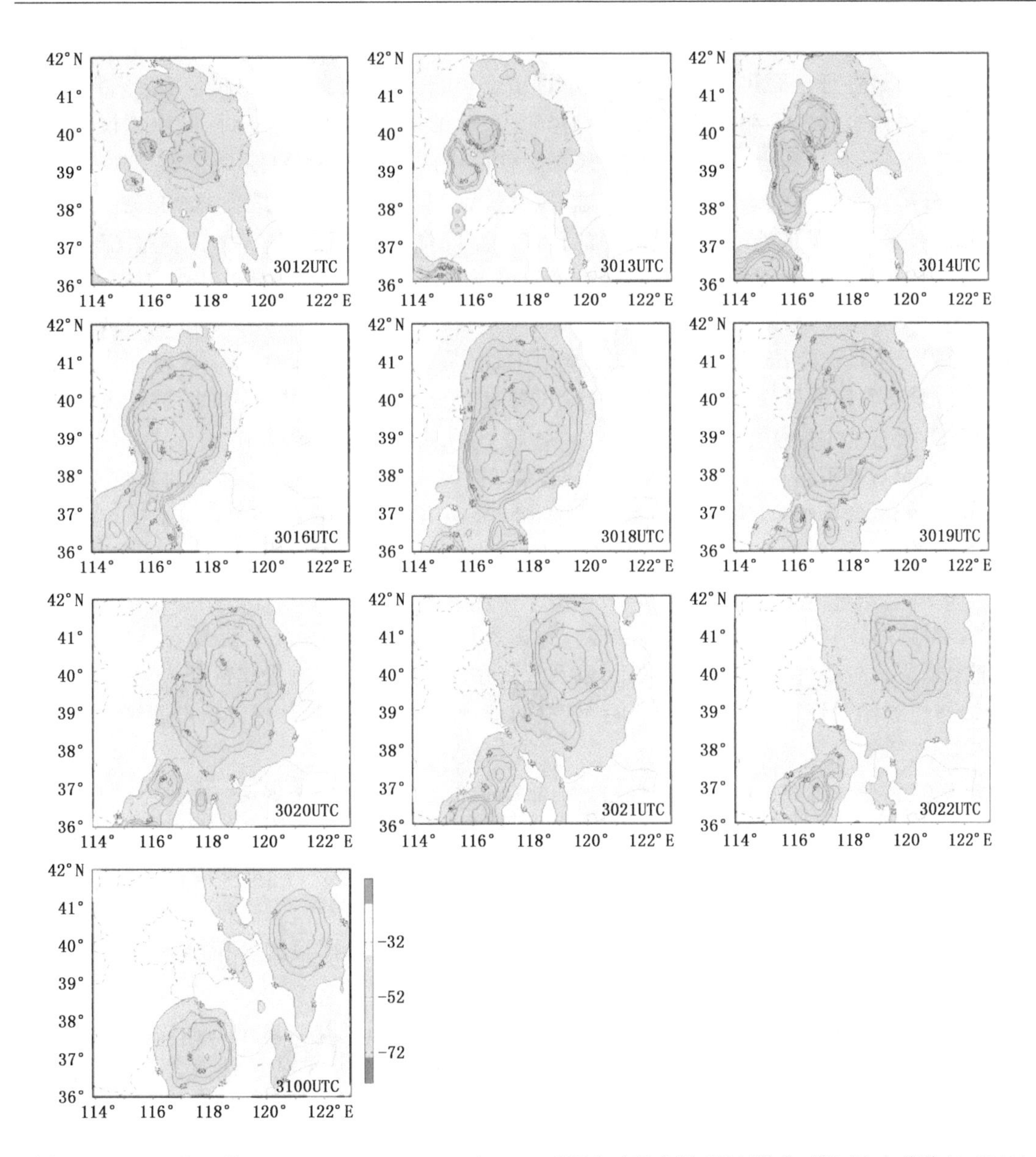

图 3.19 2007 年 7 月 30 日 12:00 UTC—31 日 00:00 UTC 云顶亮温 TBB(单位,℃)(取自范俊红,2009)
等值线间隔为 0℃,−32℃,−52℃;≤−52℃的部分间隔为 4℃。30 日 15、17、23 UTC 三个时次缺测

度达到 40 mm/h。

3.8 暴雨预报

3.8.1 暴雨预报的思路

暴雨预报是最复杂、最困难的预报项目之一。主要的原因有两个:从暴雨发生到维持的原

因看，它是时、空多尺度系统相互作用的结果，不在一定的空间和时间范围内对暴雨有关的各方面条件和资料进行全面和综合的分析很难得出正确的预报；其次是从观测系统上，目前它所提供的有关暴雨观测资料和信息主要是针对天气尺度的，而对直接造成暴雨的中小尺度观测并不充分。卫星，雷达和自动气象站以及风廓线仪的应用在很大程度上弥补了这个缺陷，但不能代替高分辨大气内部气象要素的观测（温、压、湿、风、云、雨等），尤其是暴雨预报需要精细化的观测，没有这些资料是难以得到较准确的预报的。目前天气预报已进入数值预报的时代，但暴雨预报的实践表明，暴雨预报仅依靠数值预报尚有相当困难，尤其是对突发性和持续性暴雨的预报无论在时间上，地点上以及量值上都很难达到社会和公众的需求。数值预报加预报员订正的半理论半经验方法是天气预报也是暴雨中、短期预报在未来相当长一段时期内的主要预报方法，要达到完全客观化，自动化的时代还要走十分长的路程。尽管如此，数值天气预报仍然是暴雨预报的主要依据。

预报员面对暴雨预报应该建立什么预报思路呢？关键是识别和确认暴雨的影响系统（尤其是高影响的天气系统）及其与未来暴雨发生时间，地点和降雨量的关联。为了达到这个目的，一个预报员在制作和发布暴雨预报之前应该进行以下五个方面的分析：

（1）了解气候背景和气候预测以及汛期的主要天气系统概念模型，包括不同种类暴雨出现的概率，条件，时段，演变过程，致灾程度等。要深入理解汛期主要天气系统概念模型，建立天气系统与暴雨发生条件和暴雨区的联系，以及天气系统一般的演变过程和特点。

（2）据检验结果订正数值预报产品后，依据数值预报的环流形势预报分析可能导致暴雨发生的环流型。

（3）确定和追踪主要影响系统和暴雨区。根据数值预报结果要做到这一点并不困难，但关键是分析它的演变过程以及与其相关的暴雨条件的变化，尤其是对高影响天气系统的分析，如锋生，温带气旋的发展，台风登陆与变性，中尺度对流系统的发展（可产生暴雨、雷暴、大风、冰雹等）。预报员应充分利用数值模式的输出结果进行有重点的分析。

（4）根据预报员的经验，辅助统计、动力等释用方法对数值预报的分析结果进行适当的订正。

（5）进行中尺度分析，尽可能确定主要影响天气系统和相关暴雨区中的高影响地点和时间，使暴雨预报向精细化方向发展，这对短时预报尤其重要。就目前的条件而言，要利用好五种资料：卫星资料、降水资料、雷达资料、地面中尺度分析、其他特殊观测资料（风廓线仪，GPS系统，边界层塔，微波辐射仪，高空商用飞机等）的应用。

预报流程见下页框图。

暴雨的中期预报：

使用数值预报产品结合天气概念模型给出暴雨过程日期和落区。

3.8.2　暴雨的短时临近预报

3.8.2.1　雷达回波特征

产生暴雨的雷达回波反射率因子特征大致可分为两种类型：积层混合云降水回波和对流云降水回波。前一类暴雨具有范围大、持续时间长的特点，常产生暴雨、连续性暴雨和大暴雨；后一类暴雨具有很强的局地性，这类暴雨具有突发性强、时间短、降水强度大的特点，很容易形成城市积涝、山体滑坡等灾害。

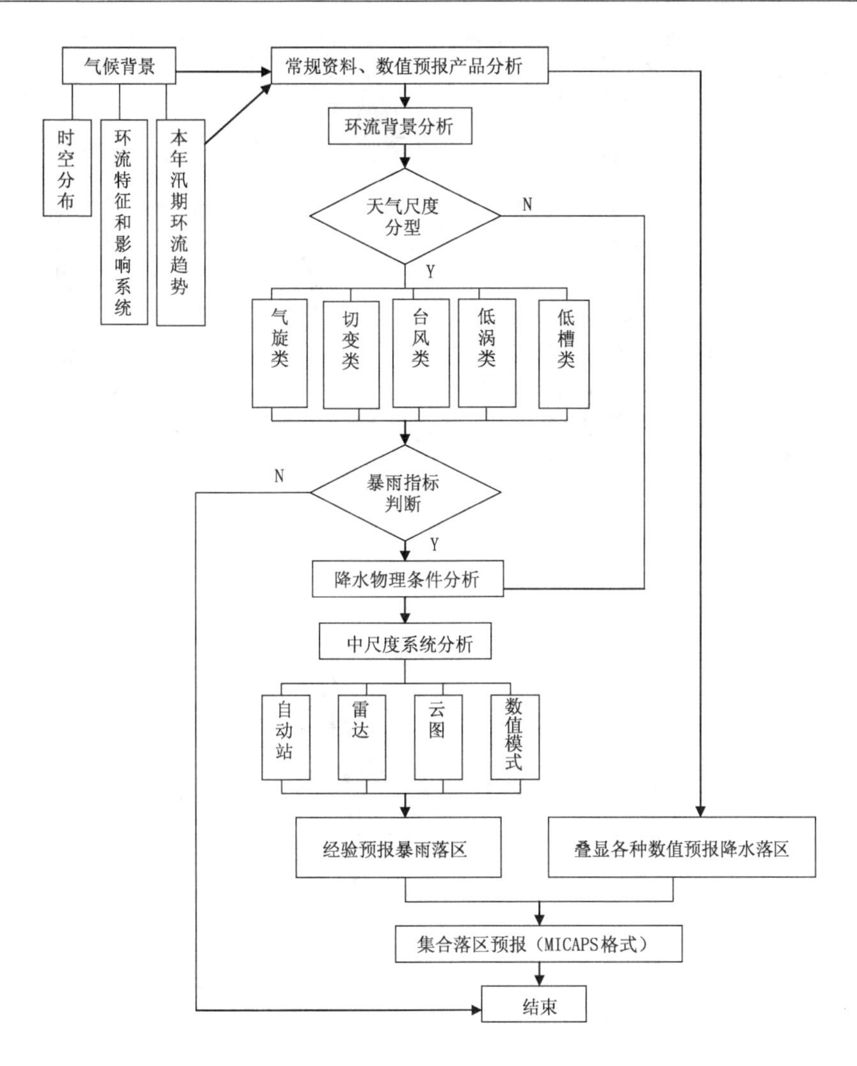

(1)积层混合云降水回波

积层混合性降水，表现为既有层状云降水回波特征，又有对流云降水回波特征，在基本反射率因子 PPI 图上，回波形状多呈片状和絮状结构，尺度大，回波直径可达几百千米，持续时间可长达数十小时。在大片的层状云回波中常常夹杂分布着很多较强的对流单体回波。在基本反射率因子垂直剖面 RHI 图上回波高低起伏，高峰部分可达到雷暴的高度，有时还可观测到分布不均的零度层亮带结构。这类暴雨回波强度一般不大，强回波中心一般在 40～55 dBZ。在基本反射率因子垂直剖面 RHI 图上，强回波中心高度也比较低，一般在 5 km 以下(见图 3.20)。

(2)对流性降水回波

对流性降水回波的主要特点是在基本反射率因子 PPI 图上为带状或块状，由多个回波单体组成，回波单体发展迅速，降水突发性强，降水率高，持续时间短。这类暴雨回波单体强度一般比较强，回波中心强度在 50～65 dBZ。从反射率因子垂直剖面 RHI 图上南北方有明显差异。桂林附近的降水回波属于热带降水型，其 45 dBZ 以上强回波都位于 6 km 以下高度，质心较低；石家庄附近的对流降水属于典型的大陆性强对流，50 dBZ 以上强度的回波向上扩展

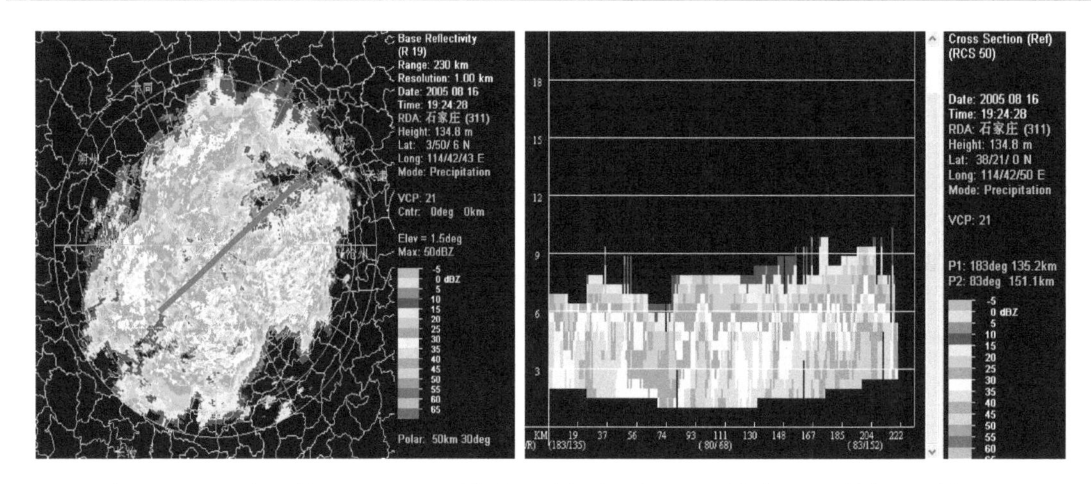

图 3.20　2005 年 8 月 16 日 19:24 石家庄反射率因子产品(1.5°仰角)和反射率因子剖面图

到 12 km，远远超过－20℃等温线高度(8.3 km)，60 dBZ 以上强回波向上扩展到 9 km，呈现出高质心的雹暴结构(见图 3.21)(俞小鼎等，2009)。

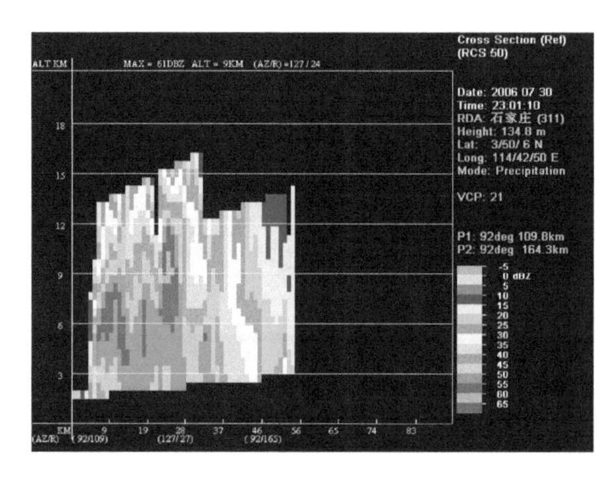

图 3.21　2006 年 7 月 30 日 23 时 01 石家庄暴雨反射率因子垂直剖面图(石家庄 SA 雷达)

(3)雷达风场结构特征

低空急流、逆风区和气旋性辐合或切变是暴雨的主要速度特征。

1)低空急流在速度图上的识别

暴雨的产生一定有充分的水汽供应，而低空急流是为暴雨输送水汽的通道。刘洪恩(2001)给出了一个可供多普勒雷达径向速度分析中参考的中尺度低空急流判断标准：急流中心的水平距离≥80 km，高度在 3 km 以下，时间尺度≥2 h，存在水平风速≥10 m/s 且风向一致的低空强风速区。当低空急流恰好过雷达时，低空急流的多普勒正负速度区关于显示中心呈对称分布(图 3.22 为一次东南风低空急流的速度图像)，正负中心的位置也相对比较稳定(夏文梅等，2003)。在积层混合云降水形成的速度场上常有低空急流存在，短时暴雨、暴雨雨带走向与低空急流轴走向一致。

2)逆风区在速度图上的识别

在没有速度模糊的情况下，正速度区内包含的负速度区或负速度区内包含的正速度区被称为逆风区。这种逆风区的一边为辐合区，另一边为辐散区，形成了产生暴雨的垂直环流结构

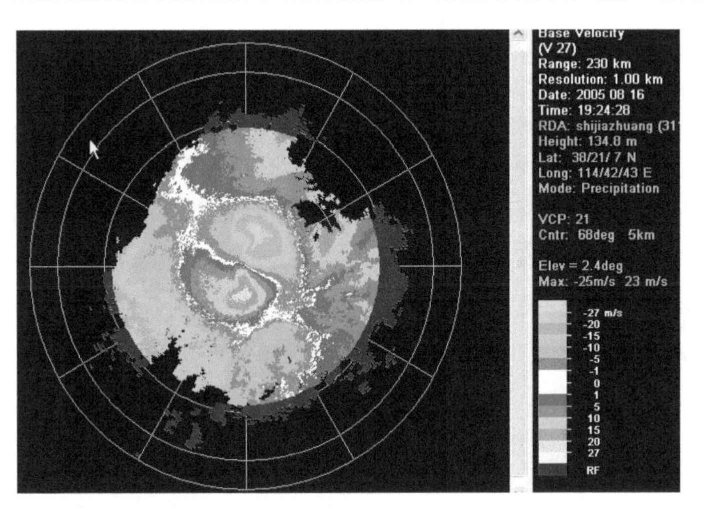

图 3.22 2005 年 8 月 16 日 19 时 24 分石家庄低空急流径向速度图(石家庄 SA 雷达)

(张沛源、陈荣林,1995;夏文梅、张亚萍等,2003)。不论积层混合性暴雨还是对流性暴雨都经常有逆风区存在。逆风区尺度越大,伸展厚度越厚,持续时间越长,越容易造成暴雨。许多文献证实了逆风区与暴雨的产生有很好的对应关系。

图 3.23 给出的是 2008 年 8 月 11 日 05:08(图中时间为世界时)秦皇岛 SA 雷达观测的径向速度(图中箭头所指为牛头崖)和 5—6 时牛头崖逐分钟的降水量直方分布图。这次暴雨过程降水量较为集中,牛头崖过程降水量达 170.0 mm,而距牛头崖不到 10 km 的莲蓬公园降水量仅为 17.4 mm。从降水一开始,径向速度场逆风区就与之相伴,降水开始逆风区几乎在原地停滞不动,并在仰角 0.5°~2.4°高度上均有逆风区存在,降水始终位于逆风区辐合区前沿,6:30,降水随着速度图上逆风区的消失而结束。

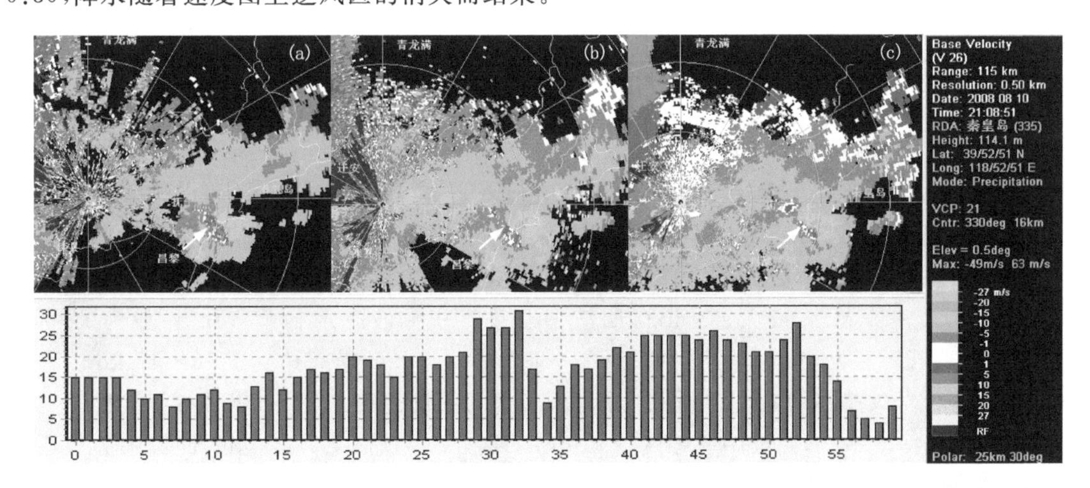

图 3.23 2008 年 8 月 11 日 05:08 秦皇岛 SA 雷达观测的径向速度和 5—6 时牛头崖逐分钟的降水量直方分布图(横坐标为 min,纵坐标为降水量/10 mm)(a. 0.5°;b. 1.5°;c. 2.4°仰角)

(4)降水持续时间的估计

总的降水量取决于降水率的大小和降水的持续时间。降水的持续时间取决于降水系统的大小、移动速度的大小和系统的走向与其移动方向的夹角。一条对流雨带,如果其移动方向基本上与其走向垂直，则任何点上降水持续时间都不会长，而同样的对流雨带如果其移动速度矢量平行于其走向的分量很大，则经过某一点需要更长的时间，导致更大的雨量。如果对流雨带后面带有大片层状云雨区，则雨量进一步加大。对流雨带的移动速度矢量基本平行于其走向，使得对流雨带中的强降水单体依次经过同一地点，即所谓的“列车效应”，产生了最大的累积雨量。“列车效应”并不局限于对流雨带移向平行于其走向的情况，只要有多个降水云团先后经过同一地点，都会有“列车效应”(俞小鼎等，2009)。

3.8.2.2 暴雨临近预报决策树

图 3.24 是暴雨短时临近预报决策树。区域性暴雨的回波特征如下。

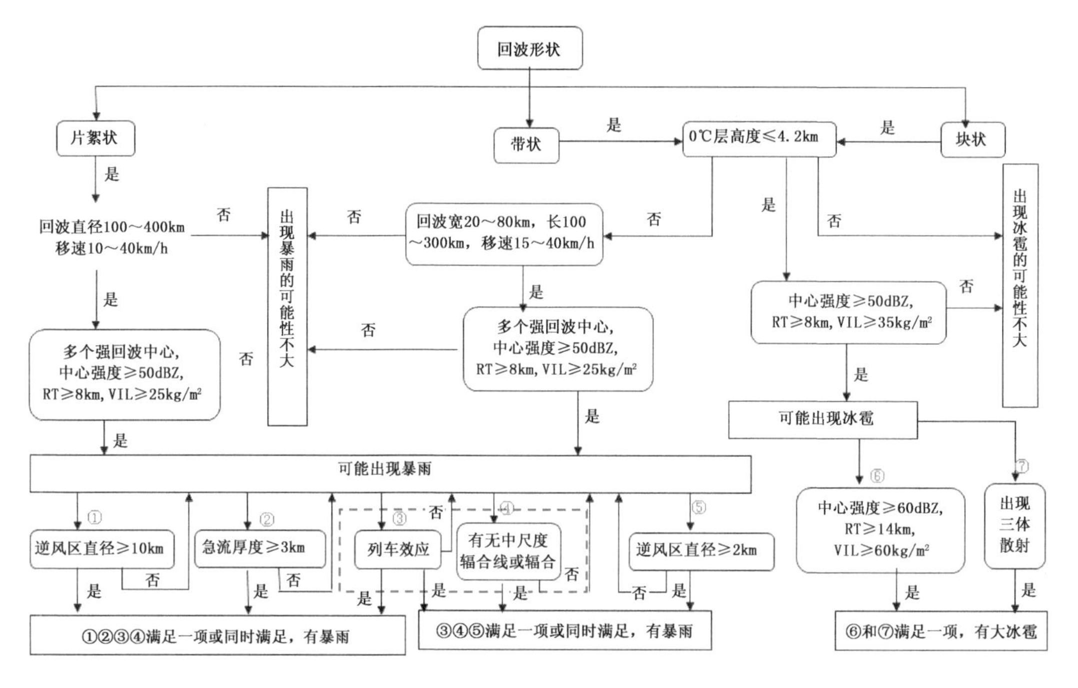

图 3.24 临近预报决策树

回波为片絮状，空间尺度在 250～600 km(由于使用的单部雷达资料，而雷达数据是锥面的，距离雷达越远，波束高度越高，因此远处的降水可能探测不到，单部雷达探测到的回波可能比实际降水范围要小)，移动速度一般为 20～30 km，持续时间一般为 10～40 小时。回波中心强度一般为 50～55 dBZ，最大 60 dBZ，回波中心垂直积分液态水含量 VIL 一般为 28～48 kg/m²，最大为 63～70 kg/m²，回波中心顶高一般为 8～15 km，最高达到了 18～19 km。

(1)混合性致灾暴雨短时临近预警指标为，当空间尺度达到(100～300 km)×(100～400 km)，有多个强回波中心，回波中心强度≥50 dBZ，回波中心顶高 ET≥8 km，回波中心 VIL≥25 时，发生致灾暴雨的可能性很大，同时又有低空急流和逆风区或中尺度辐合，在低空急流附近逆风区或气旋性辐合的影响的位置发生致灾暴雨的可能性更大。

(2)对流性致灾暴雨临近预警指标：回波一般为带状或块状。带状空间尺度达到(100～300 km)×(20～80 km)，块状空间尺度达到(20～50 km)×(30～50 km)，当回波中心强度≥50 dBZ，回波中心顶高 ET≥8 kg，回波中心 VIL≥25 时，致灾暴雨的可能性很大，如果有逆风区或中尺度辐合，在逆风区或中尺度辐合影响的位置发生致灾暴雨的可能性更大。

3.8.3 暴雨客观预报方法简介

暴雨预报由于难度大，预报准确率较低。近年来由于探测手段的加强，如卫星、雷达、自动站、风廓线等，精细化探测资料的使用，尤其数值预报水平的提高，暴雨预报水平从总体上有了相当提高。目前暴雨预报基本基于数值预报基础上的释用。近年来我国自主研发的GRAPES-MESO预报产品、欧洲中心（ECMWF）细网格预报产品、华北区域中心的区域模式产品的应用，基于模式产品的释用方法如MOS、人工神经元网络、基于要素的“配料法”等在暴雨预报业务中发挥了重要作用。

在应用集合预报方法方面，高影响天气和异常事件的预报是重点。集合异常预报法可明显地提高暴雨特别是异常少见的特大暴雨预报的可靠性；再预报相似集合预报法是动力和统计方法巧妙相结合，在目前模式预报水平还不够好的情况下是对中期暴雨预报水平提高有特殊效果的一种方法。对于降水预报要用概率匹配平均来替代简单的集合平均以减少暴雨雨区和雨量的低估，在特殊情形下（如地形影响）在应用概率匹配平均法前要对原始集合降水预报进行一些处理（杜钧等，2014）。

（1）数值预报产品的释用—MOS，PP和配料法的应用。利用统计方法可以建立数值预报产品与局地区域预报量之间的统计关系，这就是数值预报产品的释用。过去MOS（模式产品输出）和PP（完全预报法）是两个主要的方法，它们在局地或区域天气预报中起着重要的作用。MOS方法目前仍是降水和暴雨预报的一个重要方法。近年来，数值预报产品释用中，发展了配料法，它是针对中小尺度天气系统的一种预报方法，可用于暴雨等天气预报。配料法认为造成暴雨和强对流主要由三个要素（或成分），即抬升，不稳定层结，水汽决定。当它们同时存在时，才会造成深对流，形成暴雨，缺少其中任何一个，可以产生一些重要天气现象，但不是深厚的湿对流，因此此方法强调了对降水事件的发展和强度有重要影响的基本物理量和正确搭配。检验表明，这个方法有一定效果，但仍有空报或漏报产生。

（2）基于要素的“配料法”简介

随着数值预报的发展、观测手段的提高，在暴雨的业务预报中，预报员不仅能获得传统的地面和高空观测资料，获取卫星、雷达等遥感资料，还能获取确定性的高时间和空间分辨率的单模式数值预报产品，获得集合预报产品，这些数值预报产品既包括对风、温度、湿度、气压等预报，还包括不同性质降水的定量预报。目前的数值预报模式的模拟结果，已经能用于诊断暴雨和强对流预报所需的各种参数（如探空曲线等）。在有效的数值模式预报的基础上，有必要对我国目前短期天气预报方法做一些改进，即改变预报思路，从天气型的预报方法改变成以模式释用为主的预报（姚学祥等，2011；俞小鼎，2011）。

1996年Doswell等（1996）结合Chappel（1986），Johns等（1992）的工作提出了一种新的用于产生暴洪的暴雨预报方法—“配料法”（ingredients-based mothodology）。该方法从天气学的观点入手，考虑降水为累积量，它与降水持续的时间和降水率有关；而降水率与水汽的垂直输送成正比。因此某场降水量（P）可表示为：

$$P = \int_{1}^{2} Eqw\,\mathrm{d}t$$

这里q是比湿，w是上升速度，E是比例系数，表示从云里落到地面的降水量与进入暴雨区上空的水汽总量之比。

从上式可知，降水量决定于上升速度、水汽的供应量以及降水持续的时间，最强降水量出现在水汽垂直输送最大且降水持续时间最长的地方。也就是说，当某地的水汽很充足、或者具有强烈的抬升条件（如地形、潜热释放、大尺度强迫等）或者产生暴雨的中尺度对流系统持续发生发展，都有可能出现剧烈降水。

“配料”法提出后，很快被应用于美国的冬季降雪和降水的预报（Nietfeld et. al，1998；Wetzel，2000）。美国国家气象中心天气预报部在预报暴雨时，主要参考以下 7 个暴雨预报指标：

(1)气层的水汽含量情况（美国的指标为可降水量达到多年平均的 120%～150%）；

(2)低层水汽流入的水汽通量；

(3)K 指数（$K \geqslant 30$）；

(4)整层水汽的相对湿度达到 70%以上；

(5)高空急流的结构；

(6)低空比湿的分布；

(7)1000～500 hPa 厚度散开区。

张小玲等(2010)阐述了暴雨发生的动力、热力条件耦合及对暴雨过程的判识，并利用数值模式输出产品对暴雨基本“配料”进行诊断，介绍了基于物理量演变的“配料法”暴雨预报技术。配料法预报流程（见图 3.25）：

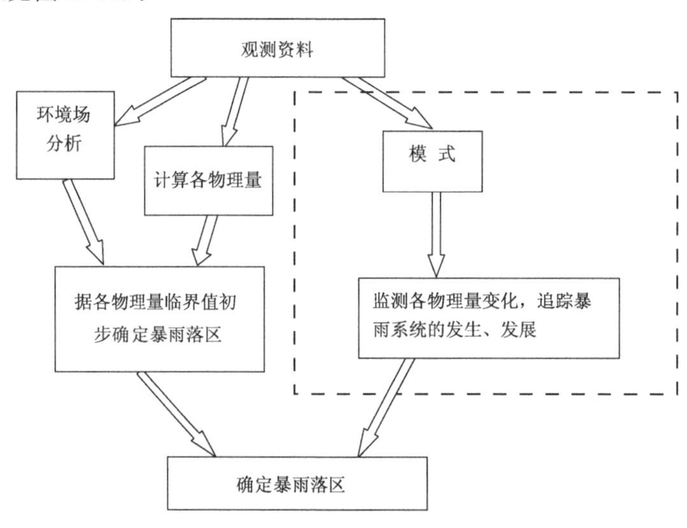

图 3.25　基于“配料法”的模式释用流程

(1)利用观测资料进行环境场分析以确定主要的大尺度环流形势；(2)利用探空和地面观测资料计算物理量，确定当前“配料”的种类和量级；(3)综合(1)、(2)结果初步确定危险天气和危险区域；(4)使用当前所能收集到的资料作为初始场，利用中尺度模式进行 24 h 模拟；(5)利用模式结果计算物理量，监测“配料”变化，追踪暴雨系统的发生、发展；(6)综合(3)和(5)的结果，确定最终的危险天气和危险区域。

唐晓文等(2010)计算并分析了 5 种不同环境条件下华北暴雨的“配料”的演变，结果表明：在任何天气形势下的华北暴雨其“配料”均具有以下特征：(1)暴雨发生前有大量的能量和水汽积累，最大 K 指数和 θ_{se} 超过气候值；(2)绝大部分个例中暴雨发生前空气是对流不稳定的，最大可降水量超过气候值的 120%；(3)暴雨发生后，能量释放，水汽消耗，气层逐渐稳定；(4)约有50%的暴雨个例中有对流有效位能的释放;(5)当对流有效位能的释放发生在白天,虽然有其他条件的配合,也难以产生强降水;(6)只有充足的水汽条件而没有其他条件配合时,也不会出现暴雨;(7)暴雨过程中,对流抑制能量通常低于100 J/kg;(8)连续2天的暴雨第2个暴雨日发生在对流稳定状态下。

上述"配料"演变特征说明,可降水量(*PW*)、*K*指数和θ_{se}、LI指数、对流抑制能量(CIN)对于诊断华北暴雨的发生具有很好的指示意义,对流有效位能(CAPE)也具有一定的指示意义,水汽条件和不稳定则是我们必须考虑的"配料"。

3.9 历史重大暴雨个例剖析

本章主要对河北省历史上著名大暴雨个例作概要的介绍。记住历史上一些重大的典型暴雨个例,对于研究工作者和预报员都是十分必要的,它可以帮助我们从历史的实例中总结出规律性的东西以及多方面的经验教训,这样才能增加对暴雨发生条件和天气—动力过程的深刻认识,尤其是对天气预报员,要善于从历史事件的分析中总结和概括出规律性的结果,以此对未来可能发生的暴雨事件作出有依据的预测。即使在数值预报为主要工具的今天,这也仍然不失其应用的价值,这也是提高预报员水平和素质的一种有效、快捷的途径。

从以下给出的例子看,大暴雨的种类和形成过程是多样的。由于具体条件差别很大,预报员的任务是要根据具体的条件作具体的分析,而不能机械的套用,这才能得出正确的结论。但不论一次暴雨过程多么复杂,持续性和突发性大暴雨发生的基本条件都大致相同。这一节个例有些是引自《中国暴雨》(陶诗言等,1980)一书,以及"96.8"特大暴雨技术报告,它们对历史上的一些特大暴雨个例均有很详细的描述。

3.9.1 1963年8月1—10日海河流域持续性大暴雨("63·8"暴雨)

1963年8月上旬在太行山东麓,河北省海河流域出现了有气象记录以来的特大洪水,这次大洪水是为时一星期的持续性强降水造成(图3.26a),过程总降水量达到1329 mm,在太行山的獐么地点记录到2025 mm总降水量。并且8月4日在邢台专区的司仓站24小时降水量达到704 mm。这次暴雨强度大,面积广,影响极其严重,河北大范围地区成一片泽国,津浦铁路长时期中断,这是历史上少见的。"63·8暴雨"是出现在稳定的大尺度环流形势下。图3.26b是1963年8月1—10日亚欧500 hPa平均环流形势图。亚洲中纬度地区阻塞形势显著,同时,在亚洲副热带范围也盛行经向环流,在日本海和西藏高原各维持一个稳定的高压脊。另外在我国东南沿海也有一个高压区。从华北经华中到云贵维持一条狭长的低压带。这条狭长的低压带处于四周稳定的高压系统包围之中,使得从我国西南部移入暴雨区的高空低涡在进入暴雨区时出现停滞或减速现象,由河套移来的低槽冷锋受东侧下游高压的阻挡也在华北变成准静止,因而有利于造成持久的暴雨。此外850 hPa平均流场也表示供应暴雨区水源的水汽输送通道和对流层低层完全一致。这表示有深厚的潮湿空气从中南半岛孟加拉湾进入暴雨区(图3.26c)。

在"63·8"暴雨期间,有三个西南低涡沿相似路径从西南移向东北,每当西南涡移到河南省北部和河北省地区,它们与河套移来的变成准静止的低槽冷锋相互作用,在暴雨区形成大尺度湿区、位势不稳定和大尺度上升区，在这个区域内最有利于一次次强对流的中尺度扰动生成。在暴雨过程中，由于日本海高压稳定，同时在贝加尔湖地区有阻塞高压建立，并与日本海高压对峙，在这两高压之间形成了近于南北向的深厚切变线。在此辐合区中不断地有中尺度系统发生发展，它们一次又一次带来暴雨，从而形成长时期的暴雨。共有 14 个中尺度系统出现：6 个辐合中心(C)，3 个冷切变线(偏北风与偏东风之间的切变线)，5 个东风切变线(东北风与东或东南风之间的切变线)。"63 · 8"暴雨的分析表明，在特定的长波形势下，天气尺度系统的停滞，充分的水汽供应以及有利的地形是造成这次持续大暴雨的原因。西南涡北上和西风带高空槽的活动，是引起这次暴雨的主要天气尺度系统。稳定维持的特定大环流形势，是暴雨持续的主要原因。在这种形势下，副热带高压脊边缘强劲的西南气流，日本海高压后部的偏东气流和北方一股股的冷空气，持续交汇于华北地区。贝加尔湖和日本海高压的阻塞作用是这种形势维持的重要条件。

在这种大环流形势下，造成西南涡和西风槽移到河南北部变停滞，同时稳定的西南气流是水汽的主要来源，日本海高压后部的偏东气流也带来一部分水汽。充足的水汽，保证能有持久的大降水量。另外，在华北平原西面的太行山脉对偏东气流的抬升作用，在一定程度上加强和稳定了这次暴雨过程。

3.9.2　1975 年 8 月 5—7 日大暴雨("75 · 8"暴雨)

1975 年 8 月上旬在河南省南部、淮河上游的丘陵地区发生一次历史上罕见的特大暴雨(下称"75. 8"暴雨)，暴雨中心最大过程雨量(8 月 4 日—8 日)达 1631 mm，三天(8 月 5—7 日)最大降水量达 1605 mm。图 3.27a 是 5 日—7 日三天雨量分布图。最强的雨带呈西北—东南走向，位于伏牛山麓的迎风面。4—8 日超过 400 mm 的降雨面积达 19410 km^2。驻马店地区、许昌地区南部和南阳地区东北部，雨量普遍大于 500 mm，大于 1000 mm 的降水区在京广铁路以西薄山水库西北经板桥水库、石漫滩水库到方城一带。暴雨的降水强度极强，1 天最大降水量为 1005 mm，6 小时最大降水量为 685 mm，1 小时最大降水量为 189.5 mm。1 小时和 6 小时雨强均为我国历史上最高记录。

"75 · 8"暴雨由三场降水组成。第一场雨出现在 5 日 14 时至 24 时，第二场雨出现在 6 日 12 时至 7 日 04 时，第三场雨出现在 7 日 16 时至 8 日 05 时。在这三场雨中，7 日暴雨最大，5 日次之，6 日最小。从降水的日变化看，雨强上半夜最大，白天比较小。这次特大暴雨，造成河南省西南部地区两个大型水库，不少个中型水库几乎同时跨坝，一时洪水泛滥，人民生命、国家财产遭到重大损失。造成河南这次特大暴雨的主要影响系统，是 7503 号台风深入内陆。这次台风的特点是：(1)台风登陆后并不迅速消失，(2)路径特殊，它在河南境内出现较长时期的停滞，(3)台风伴随的暴雨强度大。

这次台风路径，特别是台风在河南境内停滞少动以及台风在陆上并不迅速消失，是与当时大尺度形势的变化有密切关系。在台风登陆前后，亚欧大陆的长波形势出现几乎反位相的调整。在台风登陆前，110°E 上空是长波槽位置，西藏高原西部上空和日本上空是长波脊所在。假如大形势不调整，台风在登陆后将沿长波槽前部迅速转向东行。但就在台风登陆前后，北半球的环流形势出现一次大调整，而且变化最大的区域就在亚洲和西太平洋范围。形势的变化几乎是反位相的。西藏高原西部和日本海上空变成长波槽位置，而在东经 110 上空建立长波脊(图 3.27b)。伴随着西风带大形势的调整，在我国东部大陆上建立一个副高单体。由于大

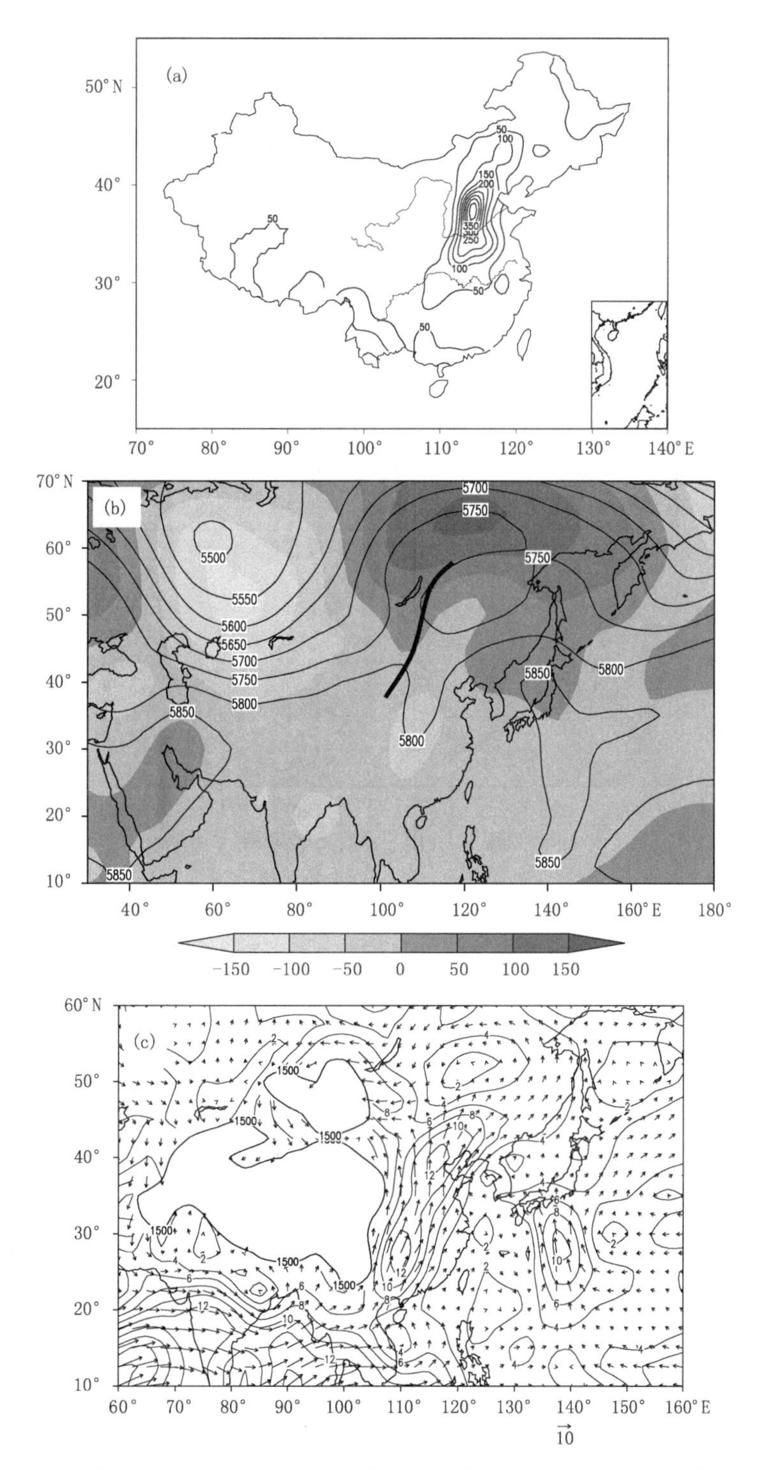

图 3.26 1963 年 8 月 1—10 日海河流域持续性大暴雨的降水总量(a,单位:mm),500 hPa 高度场(等值线)和高度纬偏场(阴影区)(b,单位:gpm,粗实线代表槽线位置),850 hPa 风场(矢量)和风速(等值线)(c,单位:m/s,粗实线为高于 1500 m 地形)

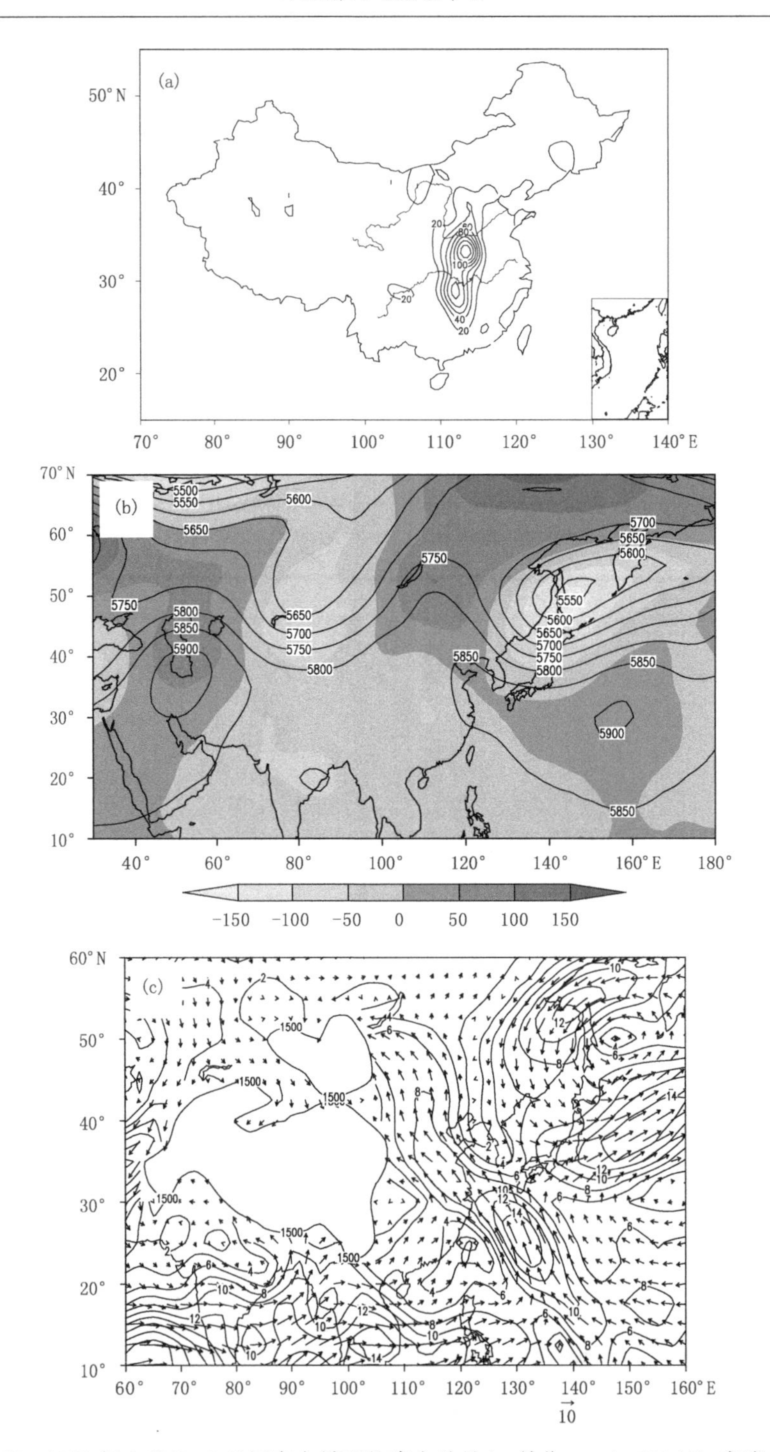

图 3.27　1975 年 8 月 5—7 日河南大暴雨的降水总量(a,单位:mm),500 hPa 高度场(等值线)和高度纬偏场(阴影区)(b,单位:gpm),850 hPa 风场(矢量)和风速(等值线)(c,单位:m/s,粗实线为高于 1500 m 地形)

形势做这样的调整,使得台风不能转向东行,而是在河南省境内停滞少动。大形势调整同台风北上在时间上正好相遇,一般是不常见的。这次“75 · 8”暴雨就出现在不常遭遇的情况下。

在暴雨过程中中尺度系统(雨团)十分活跃和强烈,并与地形有明显的关系,地形引起的上升速度使得对流发展引起降水,也能够作为中小尺度的强对流系统的触发机制,造成不稳定能量释放。因此在山区的迎风坡暴雨次数增加,暴雨量增大。我国的几次著名特大暴雨的雨量分布,都是与地形有密切关系,在山地迎风坡上雨量达到最大,背风坡雨量迅速减弱,有时背风坡的雨量仅是迎风面的十分之一。

总之,"75·8"暴雨下得这样大,是由多方面因素造成的。行星尺度环流条件引起台风能深入内陆,并在河南境内停滞。天气尺度系统的活动,造成有利于中尺度系统生成的环流条件并为暴雨从西太平洋海区输送大量水汽(图 3.27c)。中尺度天气系统沿着同一路径向暴雨区汇集,使得在暴雨区出现持久的强对流天气。地形条件对降水起着明显的增幅作用。由于这些有利条件合在一起,引起很高的降水效率,才能造成几百年来罕见的一次特大洪水。

3.9.3 1996 年 8 月 3—5 日大暴雨("96·8"暴雨)

1996 年 8 月 3—5 日,河北发生了 1963 年 8 月特大暴雨以来范围最广、强度最大的一次特大暴雨(简称"96·8"暴雨)。暴雨落区覆盖了太行山的东西两侧,即冀中南、晋东南和豫北等地区。位于"96·8"暴雨中心的石家庄、邢台两市的太行山迎风坡气象站过程雨量普遍超过 400 mm,邢台县野沟门水库和井陉县吴家窑水文站分别观测到 616 mm 和 670 mm(图略)。

环境形势分析表明:"96·8"特大暴雨发生在西北太平洋副热带高压连续北跳和中纬度强经向型的环流背景下,热带辐合带明显偏北达到 25°—30°N。热带和副热带天气系统加强北抬是"96.8"特大暴雨形成的显著特点。

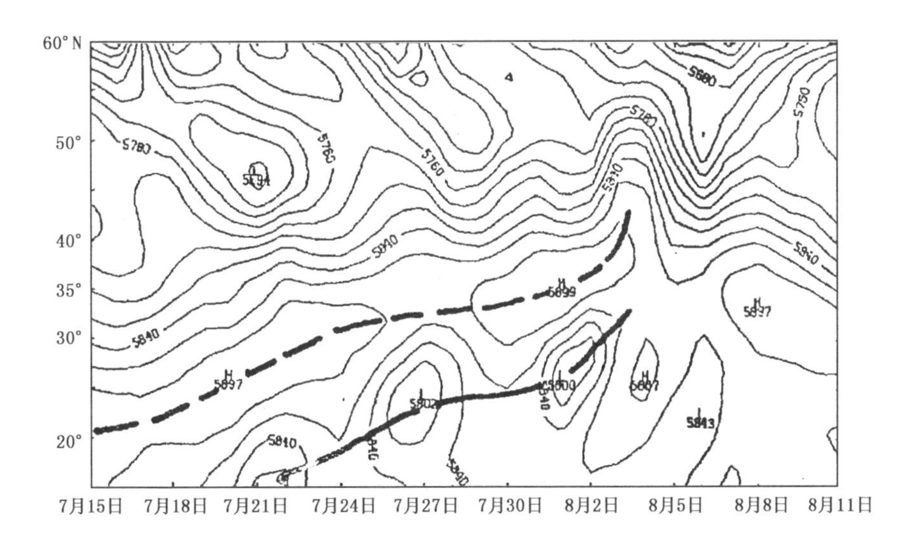

图 3.28 1996 年 7 月下旬至 8 月上旬 500 hPa 高度场 115°E 的时间剖面图

500 hPa 高度场 115°E 的时间剖面(图 3.28)可见:副高从 7 月 18 日开始加强北抬,副高中心经过两次跳由 25°N 分别达到了 30°N 和 35°N;5880 gpm 线于 7 月 30 日越过了 35°N,4—5 日 5880 gpm 线迅速南撤。但是,沿 120°E 的时间剖面上(图略),5880 gpm 线仍维持在 40°N 以北。这表明暴雨区的中空维持着偏南急流。这一点由"96·8"特大暴雨期间的 500 hPa 平均高度(图 3.29a)清晰可见。由图 3.29a 不难发现,"96·8"特大暴雨期间,副热带地区(20°—

40°N)为强经向型环流型,我国黄海南部的高压中心与青藏高压对峙。由此构成了从华南至华北狭长的低压通道,为南海及东部洋面上的暖湿气流输送,并在海河南系汇合提供了有利条件。

由图 3.29b 特大暴雨期间的 1000 hPa 平均高度场(图 3.29b)可见,平均等高线可以视为近地面层空气运动的轨迹,从南海和西北太平洋至华北,等高线由反气旋曲率变成气旋性曲率,汇合到华北地区南部,并且轨迹的气旋性曲率在海河南系最大。这表明空气质点在运动中绝对涡度明显增加,在海河南系地面流层存在着较强的辐合上升,这也是特大暴雨形成的大尺度动力因素。另外,在海河南系近地面流场的方向与太行山脉的走向近似垂直,增强了地形的抬升作用。

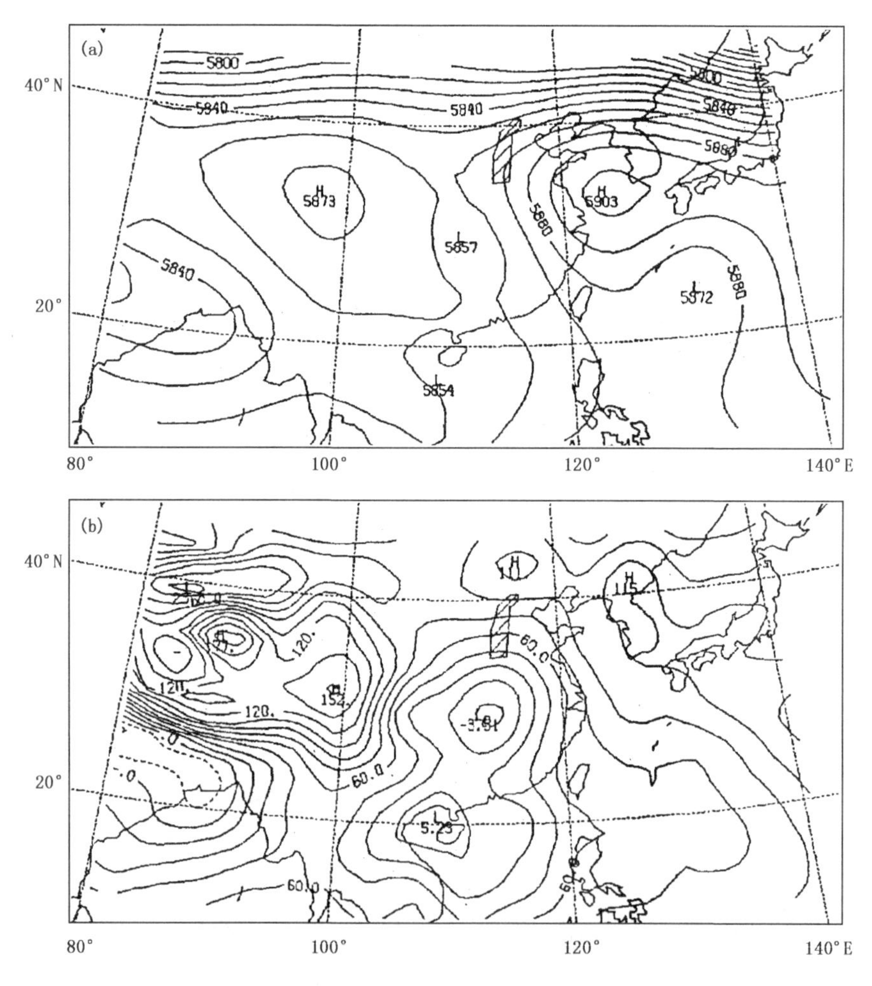

图 3.29　96.8"特大暴雨期间的平均高度场图

(a)500 hPa; (b)1000 hPa

参考文献

《华北暴雨》编写组,1992. 华北暴雨[M]. 北京:气象出版社.

鲍名,2007. 近 50 年我国持续型暴雨的统计分析及其大尺度环流背景[M]. 大气科学,**31**:779-792.

陈艳，宿海良，寿绍文，2006. 华北秋季大暴雨的天气分析与数值模拟[J]. 气象，**32**(5)：87-93.

丁一汇，蔡则怡，李吉顺，1978. 1975 年 8 月上旬河南特大暴雨的研究[J]. 大气科学，**2**(3)：276-289.

丁一汇，李吉顺，孙淑清，等，1980. 影响华北夏季暴雨的几类天气尺度系统分析//中国科学院大气物理研究所集刊(第 9 号)[M]. 北京：科学出版社.

丁一汇，张建云，2009. 暴雨洪涝[M]. 北京：气象出版社.

丁一汇，1994. 几种尺度天气和动力学研究[M]. 北京：气象出版社：171-179.

杜钧，李俊，2014. 集合预报方法在暴雨研究和预报中的应用[J]. 气象科技进展，**4**(5)：6-18.

范俊红，王欣璞，孟凯，等，2009. 一次 MCC 的云图特征及成因分析. 高原气象[J]，**28**(6)：1388-1398.

河北省气象局，1987. 河北省天气预报手册[M]. 北京：气象出版社.

河北省气象台，1997. "9608"河北省特大暴雨的天气剖析[J]. 河北气象，**23**(3).

胡欣，马瑞隽，1999. 海河南系"96.8"特大暴雨的天气剖析[J]. 气象，**24**(5)：8-13.

江吉喜，项续康，"96.8"河北特大暴雨成因的中尺度分析[M]. 应用气象学报，1998，(3)：304-313.

刘洪恩，2001. 单多普勒天气雷达在暴雨临近预报中的应用[J]. 气象，**27**(12)：17-22.

斯公望，1990. 暴雨和强对流系统[M]. 北京：气象出版社.

孙淑清，赵思雄，1980. 盛夏大尺度低空急流及其与华北暴雨的关系//暴雨及强对流天气的研究. 中国科学院大气物理研究所集刊(第 9 号)[M]. 北京：科学出版社.

唐晓文，汤剑平，张小玲，2010. 基于业务中尺度模式的配料法强降水定量预报[J]. 南京大学学报(自然科学版)，**46**(3)：277-283.

陶诗言，等，1980. 中国之暴雨[M]. 北京，科学出版社.

王福侠，张迎新，胡欣，等，2004. 华北平原一次秋季大暴雨过程的物理成因分析[J]. 气象科技，(S1)：15-20.

王淑云，寿绍文，刘艳钗，2005. 2003 年 10 月河北省沧州秋季暴雨成因分析[J]. 气象，**31**(4)：69-72.

夏文梅，王凌震，张亚萍，等，2003. 低空急流的单多普勒速度特征[J]. 南京气象学院学报，**26**(4)：489-495.

夏文梅，张亚萍、汤达章，等，2002. 暴雨多普勒天气雷达资料的分析[J]. 南京气象学院学报，**25**(6)：787-794.

姚学祥，等，2012. 天气预报技术与方法[M]. 北京：气象出版社.

游景炎，胡欣，杜青文，1999. 9608 台风低压外围暴雨中尺度分析[J]. 气象，**24**(10)：14-19.

俞小鼎，周小刚，Lemon L，等，2009. 强对流天气临近预报[M]. 中国气象局培训中心.

俞小鼎，2011. 基于构成要素的预报方法—配料法[J]. 气象，**37**(8)：913-918.

张沛源，陈荣林，1995. 多普勒速度图上的暴雨判据研究[J]. 应用气象学报，**6**(3)：373-377.

张小玲，陶诗言，孙建华，2010. 基于"配料"的暴雨预报[J]. 大气科学，**34**(4)：754-766.

Chappell C F, 1986. Quas－istationary convective events[C]. MRayPS. Mesoscale Meteorology and Forecasting. *Amer. Meteor.* Soc., 289-310.

Doswell C A III, Brooks H E, Maddox R A, 1996. Flashflood forecasting: An ingredients－based methodology[J]. *Wea. Forecasting*, **11**: 560-581.

Johns R H, Doswell C A II I, 1992. Severe local storm forecasting[J]. *Wea. Forecasting*, **17**: 588-612.

Tao S Y, Ding Y H, 1981. Observational evidence of the influence of the Qinghai-Xizang(Tibet) plateau on the occurrence of heavy rain and severe convective storms in China[J]. *Bul1. Amer. Meteor. Soc.*, **62**: 23-30.

第4章　强对流天气

强对流天气一般是指短时大风、冰雹、雷暴(雷电)、龙卷风、短时强降水等几种类型的对流性天气(陈思蓉，2008)。其特点是突发性强、危害时间短、强度大、局地性强、破坏力大等特点。强对流天气造成的灾害主要有三方面:一是风灾(包括雷雨大风和龙卷);二是雹灾;三是暴雨洪涝。由于强对流天气尺度小、发展快的特点,因此很难做出较为准确和精细地针对强对流天气发生、发展和影响区域与影响范围的定时、定点、定量预报。

4.1　强对流天气的时空分布特征

4.1.1　强对流天气的种类等级划分及定义

冰雹:坚硬的球状、锥形或不规则的固体降水物。按照冰雹的直径长短,冰雹等级可分为小冰雹($D<5$ mm)、中冰雹(5 mm$\leqslant D<$20 mm)、大冰雹(20 mm$\leqslant D<$50 mm)和特大冰雹($D\geqslant$50 mm)。本章中按降雹站点数降冰雹天气划分为以下三个等级:

(1)个别地点降雹:全省范围内,同一日内有1~2个站点降雹;

(2)局部地区降雹:全省范围内,同一日内有3~7个站点降雹(或相邻地区的2个站点);

(3)大范围降雹:全省范围内同一天内有三个地区8个站点以上降雹。

雷暴:积雨云云中、云间或云地之间产生的放电现象。本章中全省范围内,同一日内≥10站点为一个雷暴日。

雷雨大风:指在出现雷雨天气现象时,平均风力≥6级或瞬时风速≥17.0 m/s。本章中全省范围内,同一日内≥10站点为一个雷雨大风日。

龙卷风:一种小范围的强烈旋风,外观上表现为从积雨云底盘旋下垂的漏斗状云体。只要有可靠资料记载就可算一次龙卷风。

短时强降水:短时间内出现较强降水天气一小时降雨量≥20 mm的降水。本章中全省范围内,一日内出现短时强降水站数≥2即为一个短时强降水日。

4.1.2　强对流天气时空分布

4.1.2.1　强对流天气地理分布特征

河北强对流天气地理分布特点为:山区多于平原。从河北省1971—2000年冰雹、雷暴、雷雨强对流天气年平均日数分布看,北部燕山山区的冰雹和雷暴次数为河北省之首,尚义出现冰雹次数最多达195 d,从中可得到地势高低与强对流天气多寡密切相关,也就是说地形、地貌和地势(海拔)是形成强对流天气地理分布特点的主要因素(图4.1)。因气流遇山后受山脉阻挡，常常会引起边界层风场的变化，比如风垂直切变、下坡气流和中尺度辐合线，有利于对流发展和水汽凝结，从而对强对流天气的触发、组织和移动发挥作用。另外山区地形复杂，地表性能差异大，常造成地表受热不均，导致局地对流的发生发展，因此山区强对流天气比平原多。而少雹区分布在河北省的东南角。

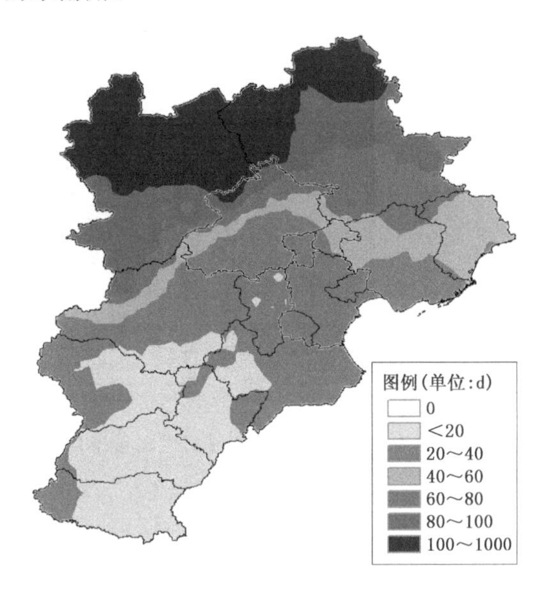

图 4.1　河北省 1971—2000 年冰雹总日数分布图

4.1.2.2　强对流天气时间分布特征

(1)强对流天气出现频率及初终日期

对河北省 1971—2000 年逐年冰雹、雷暴、雷雨强对流天气分别统计结果(河北省气候中心)得到：1971—2000 年 30 年间，河北共出现冰雹日 1687 d，平均每年出现 56.2 d，最少 30 d(2000 年)，最多达 79 d(1968 年)，其中个别地点降雹 1001 d，占降雹总数 59.3%，局部地区降雹 542 d，占降雹总数 32.1%，大范围降雹 144 d，占降雹总数 8.5%；出现雷暴日 884 d，雷暴平均每年出现 29.5 d，最少 16 d(2000 年)，最多达 47 d(1990 年)；出现雷雨日 2997 d，雷雨平均每年出现 99.9 d，最少 82 d(1981 年)，最多达 129 d(1990 年)。

河北冰雹天气最早出现在 3 月中旬(1982 年 3 月 14 日，青龙)，最晚出现在 11 月下旬(1984 年 11 月 22 日，晋州)；雷暴天气最早出现在 3 月上旬(1995 年 3 月 9 日，保定)，最晚出现在 11 月下旬(1999 年 11 月 24 日，迁西、玉田、青龙)；雷雨天气最早出现在 2 月中旬(2009 年 2 月 12 日，秦皇岛、昌黎)，最晚出现在 11 月下旬(1990 年 11 月 30 日，武邑)。

(2)强对流天气月分布特征

图 4.2 给出的是河北省 1971—2000 年冰雹、雷暴、雷雨月平均次数直方图，从图中可看到强对流天气从 3 月份开始出现，11 月份基本结束。冰雹、雷暴、雷雨强对流天气出现的次数均呈单峰增长的态势，雷暴和雷雨为 7 月份达最高峰，随后开始下降，到 9 月份雷暴出现概率明显减小；冰雹出现概率峰值要比雷暴和雷雨提前一个月，6 月份达最高峰，当雷暴 9 月份出现概率明显减小时，冰雹和雷雨的出现概率并没有减小，直到 10 月份冰雹和雷雨出现的概率才明显减小。

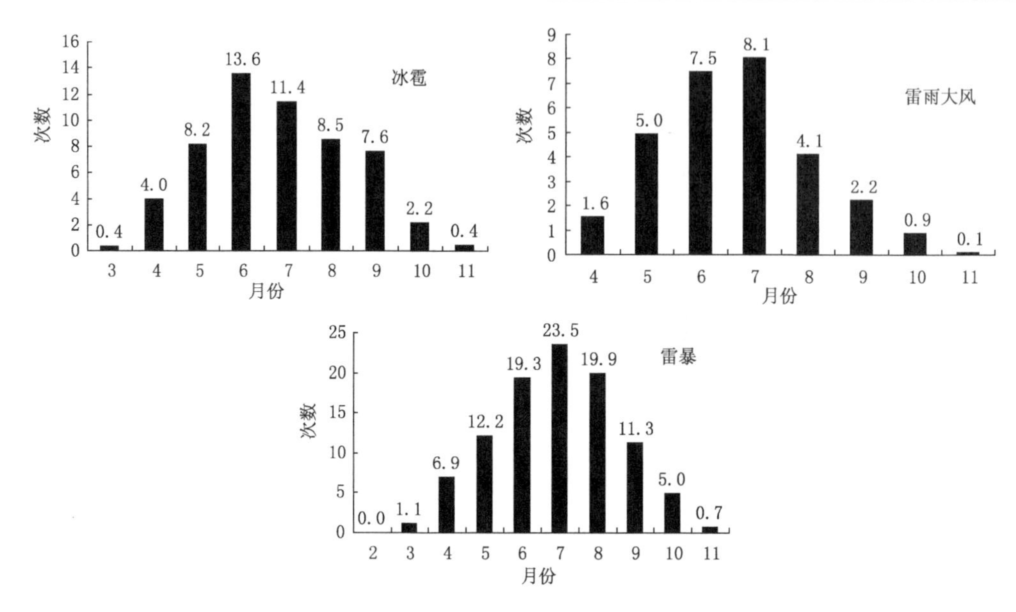

图 4.2　河北省 1971—2000 年冰雹、雷暴、雷雨月平均次数直方图

(3)强对流天气日分布特征

从图 4.3 可以看到，河北省冰雹在一天中 08:00—23:00(北京时，以下同)均可出现，但大部分则出现在午后至傍晚。有 75%的冰雹出现在 13:00—19:00，尤其集中在 15:00—17:00(占 41%)，即冰雹多发生在日最高气温出现时间后。前半夜出现的冰雹大多数是上游在傍晚形成的强对流云团移过来的，真正在夜间形成和发展的强对流云也有，但为数不多。可见，日辐射通过下垫面对边界层的增热作用，对冰雹天气的发生是个极其重要的热力因素。

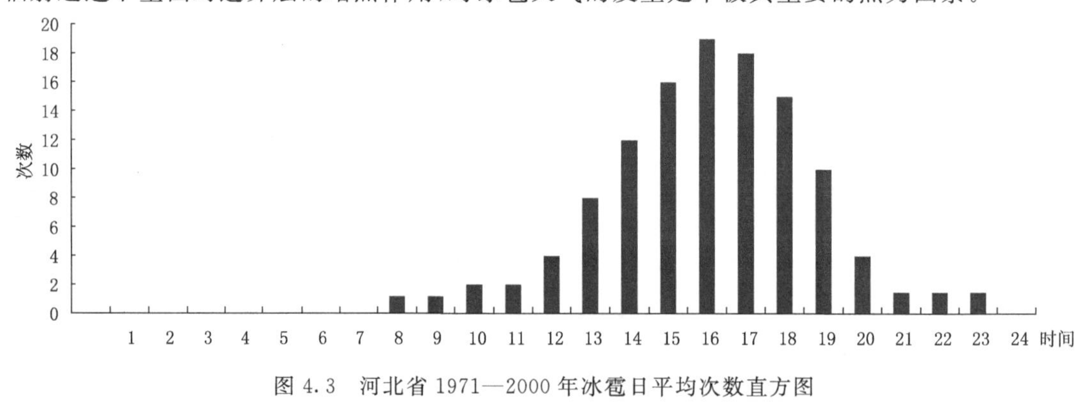

图 4.3　河北省 1971—2000 年冰雹日平均次数直方图

4.2　强对流天气特征分型

影响河北强对流天气类型分为：冷涡型(包括东蒙冷涡、东北冷涡及华北冷涡)、西北气流型(槽后型)、横槽型、纬向小槽型(槽前型，其中包括阶梯槽)。

4.2.1　冷涡型(包括东蒙冷涡、东北冷涡及华北冷涡)

造成河北降雹的冷涡多来自贝加尔湖南下后经蒙古向东南方向移动的冷涡，也有来自河套北部向偏东方向移动的冷涡。冷涡的对流天气具有突发性，在500 hPa图上，当冷涡中心进入109°～128°E，52°～37°N范围内时，并出现闭合等高线，且有明显的冷中心或冷温槽配合。冷涡天气的出现多是与低涡相连的冷槽，与之对应700 hPa和850 hPa也无明显的冷锋锋区，只有弱的纬向锋区或低槽，有时是三层槽线近于垂直或前倾，槽线两侧平均风速越大，风向交角近于90°时辐合就越强，反之就越弱。总之槽线附近温度梯度大，或出现锋区，锋区上方有利于垂直运动发展。特别是在槽前，地面等压线气旋性弯曲大，锋的辐合也最明显，在低槽和地面低压相重合区域内最有利于对流的产生。有时低涡强天气发生在低涡外围西南象限，且伴有≥20 m/s的大风速带或大风速核，常造成河北大范围的冰雹天气。冷涡形成的500 hPa环流形势是，贝加尔湖西部和东北平原分别为一发展高压脊和一弱高压脊，其间为低槽区，当贝加尔湖西部高压脊发展(等温线落后于等高线)东移加强时，冷空气侵入槽区，并受东北平原高压阻挡停滞，冷空气主力向南侵入，在贝加尔湖南部及蒙古上空常发展为一冷性低涡。有时贝加尔湖西部高压脊向东北方向伸展，冷涡形成很偏南，同样造成河北省大范围的强对流天气。一旦低涡形成，只要暖湿气流和层结条件满足，就可产生强对流天气。有时当中高纬阻塞形势稳定维持时，还会使得冷涡移动缓慢或停滞少动，冷涡后部不断有冷空气向南部锋区下滑，使影响河北的锋区波动维持，前后摆动或缓慢东移，或以涡后西北气流下的横槽或700 hPa、850 hPa切变线东南下的副冷锋(或飑线)影响河北，造成连续数日的强对流天气。

在冷涡分型中，有人提出以冷涡中心分布的不同地理位置将冷涡分为东蒙冷涡(蒙古东部)、东北冷涡(东北平原)和华北冷涡(华北地区)。

产生这类强对流天气条件为：

大气层结不稳定条件：①低涡东南象限的低槽前；②槽线500 hPa、700 hPa、850 hPa三层槽线垂直或前倾；③从图4.4中可看到，500 hPa温度分布均为温度槽，对应850 hPa为温度脊，上冷下暖的温度垂直配置，有利不稳定层结建立，造成强烈上升运动；④$T_{850}-T_{500}\geq 25℃$；⑤强垂直风切变，垂直风切变的大小与形成风暴的强弱密切相关。当垂直切变较强时会导致风暴内部上升气流与下沉气流的正反馈作用而使风暴维持。

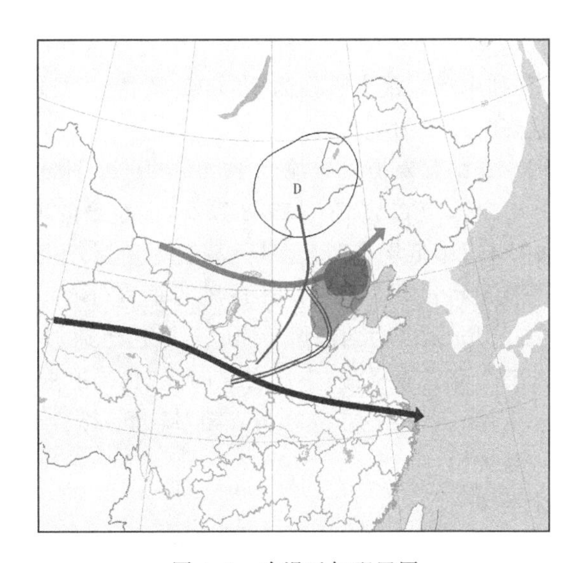

图4.4　冷涡天气配置图

水汽条件：①冰雹落区位于K指数为24的区域中，并且与850 hPa假相当位温的高能脊相叠加；②强对流天气落区位于850 hPa<10℃的温度露点差区域中；③强对流天气发生在850 hPa偏南气流的暖区中，并且在850 hPa高度上风速一般不超过10 m/s，也没有≥12 m/s的低空急流，因为强对流天气很少伴有天气尺度的水汽输送带；④湿度结构为上

干下湿，即高层为干层，中低层有一定的湿度；⑤中低层水汽通量散度（负值）以及 θ_{se} 高值区，也有利强对流天气产生；⑥湿层位于边界层；⑦如果中低层涡度和水汽通量为辐合区时，则考虑对流以暴雨为主。

抬升条件：①低层辐合，高层辐散，造成强的抬升作用常常触发强对流天气发生；②500 hPa>20 m/s 的大风速带与 200 hPa 急流轴之间；③850 hPa 常有切变线与地面辐合线对应。

冷涡型 T-ln$p$ 图特征

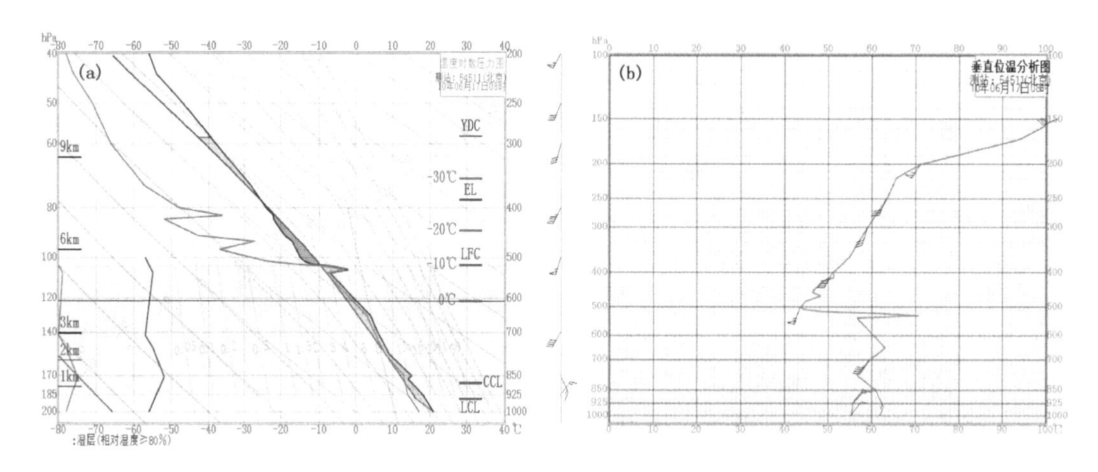

图 4.5　2010 年 6 月 17 日 08 时北京探空图(a)和假相当位温变化图(b)

个例 1

2010 年 6 月 17 日，河北出现全省范围的雷雨天气，雷雨、冰雹、大风和短时暴雨，主要灾情出现在河北东部地区（环渤海地区），灾情统计有 10 站大风，最大风速达 24 m/s（沧州 孟村）；19 站短时暴雨（8 站≥50 mm），暴雨落区在廊坊和唐山，廊坊本站降水量达 100.1 mm；11 站冰雹，其中冰雹最大直径为 14 mm（承德 宽城）。强对流天气时间集中在 12:00～17:00，过程以强降水天气为主。

图 4.5 是强对流发生前 2010 年 6 月 17 日 08 时北京探空图。从探空分析可得到：SI 指数＝－6.5℃，但 $CAPE$＝155.8 J/kg，强雹暴的可能性不大；温湿层结曲线在 510 hPa 高度上呈一喇叭口，中低层有明显湿层，高层为干层，下湿上干，有利于冰雹的产生；1000～590 hPa，对流不稳定特征明显（图 4.5b）；风的垂直分布：边界层为东北风 6 m/s，850 hPa 为东南风 6 m/s，700 hPa 顺转为西南风 16 m/s，风速迅速加大，500 hPa 增大为 22 m/s，低层风随高度顺时针旋转为整层暖平流，中低层强的风向、风速垂直切变有利于强对流降水的发生。另外，0℃层在 4.1 km，－20℃层（6.6 km）相对较低，符合冰雹生成的条件，湿层厚，出现短时强降水的可能性较大。

个例 2

2005 年 5 月 31 日，为一次全省范围的雷雨天气，雷雨、冰雹、大风和短时暴雨过程，主要灾情出现在河北中东部地区，灾情有 28 站大风、10 站短时暴雨（3 站≥50 mm）、21 站冰雹，其中冰雹最大直径为 21 mm（承德 平泉），最大风速达 23 m/s（保定 高阳），最大降水量为 86.3 mm（唐山 唐海）。强对流天气时间集中在 13:34—19:50，这次过程主要以冰雹、大风天气为主。

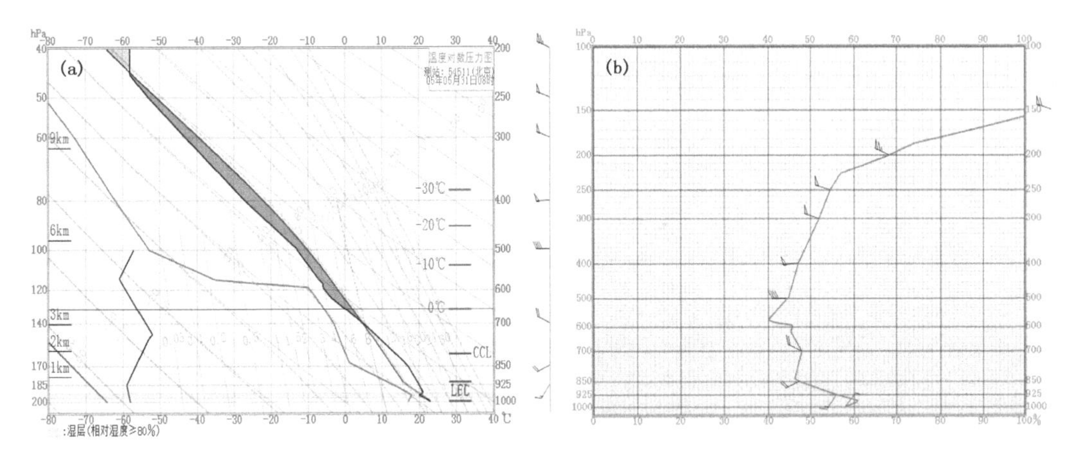

图 4.6　2005 年 5 月 31 日 08 时北京探空图(a)和假相当位温变化图(b)

图 4.6 是强对流发生前 2005 年 5 月 31 日 08 时北京探空图。从探空分析可得到:湿层较薄,仅附在近地面层,出现强降水的可能性较小;温湿层结曲线分别在 970 hPa 和 600 hPa 高度上出现两个喇叭口,明显的上干下湿结构,有利于冰雹的产生;近地面到 590 hPa,对流不稳定特征明显(图 4.6b);热力不稳定明显,$CAPE$=1076.5 J/kg;风的垂直分布,中低层有较明显的垂直风切变,500 hPa 以下,风速很小,6～8 m/s,500 hPa 以上风速随高度迅速加大,在 300～250 hPa 风速达最大,20～26 m/s,850 hPa 以下为西南风,700 hPa 转为西北风,500 hPa 又逆转向为偏西风,表明在低层有暖平流,中层有冷空气的卷入,非常有利强雹暴的发生;0℃层(3.7 km)和－20℃层(6.5 km)较低,冰雹生成条件满足。

4.2.2　西北气流型

西北气流型是强对流天气出现在 500 hPa 低槽或低涡后部西北气流形势下,天气晴朗,预报难度较大。其明显的特征是 500 hPa 高度上河北为一致大范围的西北气流,并有明显的冷平流,即温度槽明显地落后于高度槽,由于低层气团迅速增暖,当低层有低压系统发展时,在地面或 850 hPa 图上一般都有低压或倒槽区,并有明显的暖湿气流向北输送,就能促使低层不稳定能量聚集。当这种冷平流叠置在低层暖平流或暖舌上空时,上冷下暖导致不稳定而产生强对流天气。有时低涡其西南象限有 N-NW 风≥20 m/s 强风核或强风带,且三层均有明显的冷锋结构。当锋区与地面锋面靠近或重合时,空气上升运动强烈,有利于对流的形成。此型出现大范围强对流天气的机率甚小,多以局部地区为主。

产生这类强对流天气条件为:

大气层结不稳定条件:① 500 hPa 温度分布均为冷温槽,850 hPa 的暖中心是由河西走廊伸向河套地区,河北处于温度槽前控制(图 4.7);②西北气流下的弱锋区。

水汽条件:①强对流天气落区与 K 指数的大值中心及 850 hPa 假相当位温高能脊有很好的配置(图 4.7);②强对流天气落区位于 850 hPa $T-T_d$<10℃区域带中;③当垂直风切变大时,低层湿度很小,对流天气则以大风为主。

抬升条件:①500 hPa 急流出口区是强对流天气产生最剧烈区域;②大风速中心的下沉;③当日最高气温可达到或接近对流温度时;④地面弱锋面和辐合线是最好的抬升条件;⑤地面加热,使逆温层逐渐减弱和消失。

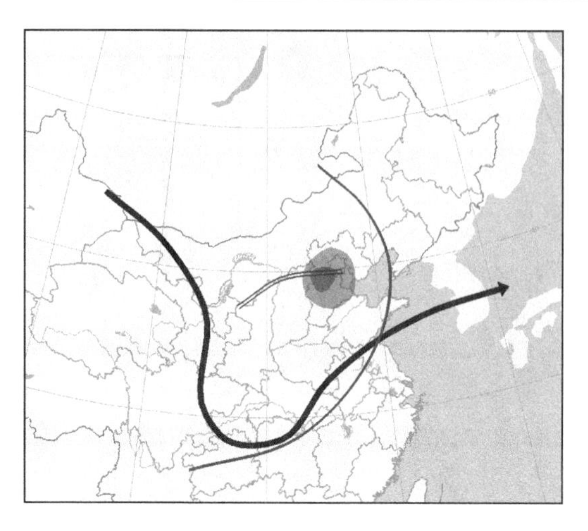

图 4.7 西北气流天气配置图

西北气流型 T-ln$p$ 图特征：

2015 年 7 月 1 日，是一次局地雷雨、大风过程，主要灾情出现在河北张家口、保定和廊坊地区，灾情有 25 站雷雨、16 站大风，最大风速达 36 m/s(保定 涿州，廊坊 固安)。强对流天气时间集中在 15:33～2:43，这次过程主要雷雨大风为主。

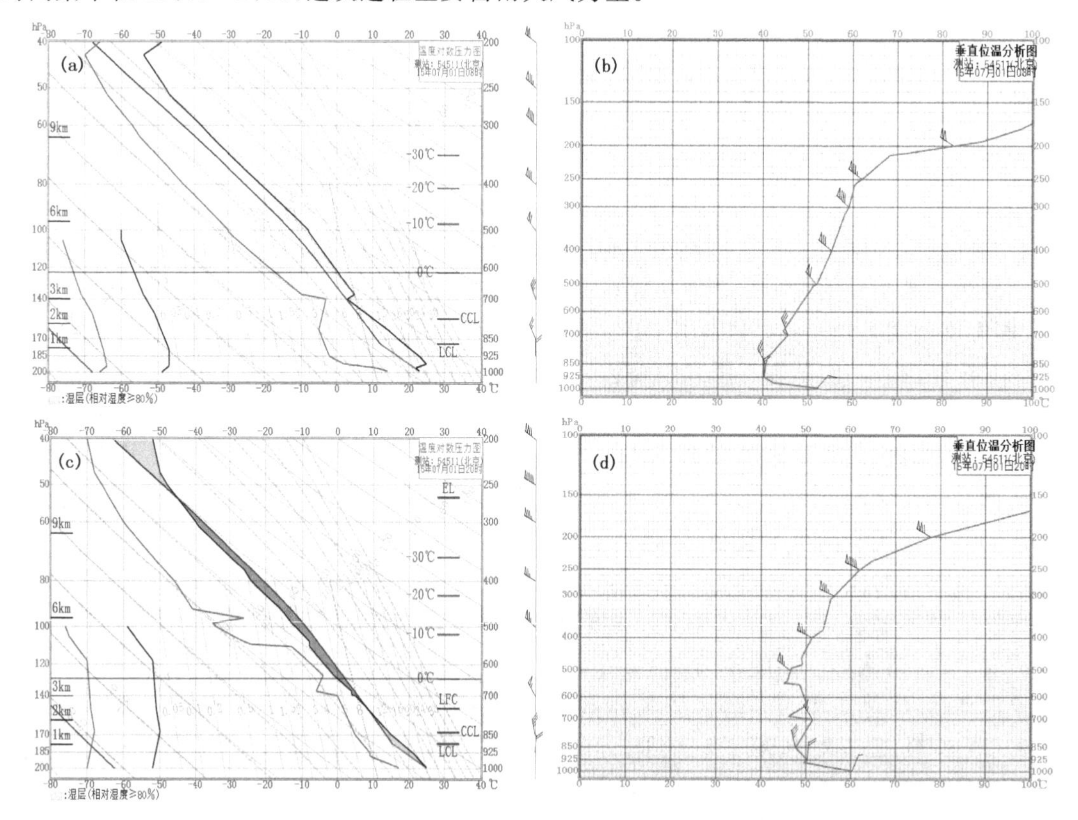

图 4.8 2015 年 7 月 1 日 08、20 时北京探空图(a、c)和假相当位温变化图(b、d)

图 4.8 是对流发生前 2015 年 7 月 1 日 08 时和对流发生后 20 时北京探空图。从探空分

析可得到:没有湿层,不会出现强降水;温湿层结曲线分别在 950 hPa 和 700 hPa 高度上出现两个向上开口的喇叭形状,近地层有弱水汽,上干下湿结构明显,有利于雷雨的产生(图 4.8a);1000～925 hPa(图 4.8b),存在对流不稳定特征;$CAPE$=687.7 J/kg,K=27℃,SI=3.4℃,SSI=273,对流指数值相对较小,强暴雹的发生可能性较小;温度层结曲线在 940 hPa 附近有逆温(逆温的存在有利于低层不稳定能量的积聚),08 时温度已达 22℃,估计当天最高温度有可能超过对流温度(31.5℃),午后到傍晚有利于雷雨大风的形成;风的垂直分析得到,整层风场均为 N-NW 气流,没有风向切变,但有明显的风速垂直切变;>20 m/s 大风速中心由 500 hPa 高度(图 4.8a)下降至 700 hPa(图 4.8c),且边界层的假相当位温也有所增大(图 4.8b、d),大风速中心的下沉一是激发了对流天气,二是给对流上空带来了一定的冷空气,促使不稳定热力层结形成。

4.2.3　横槽型

当低槽移到贝加尔湖地区时,若其后高压脊猛烈向北或向东北发展,脊前偏北或东北气流会迅速加强,脊前的冷平流常直接输送到京、津、冀上空,冷涡常呈东西走向,往往会在蒙古东部或东北地区上空形成 N-NE 与 W-NW 风之间的横槽。这类横槽多为缓慢南压影响河北省,有时在南压东移的过程中,若有新冷空气补充,常常会在槽尾部新生和发展出新飑线天气,地面常常对应副冷锋天气出现。这类横槽形成后一般先是缓慢南压,使冷空气在蒙古一带堆积加强,横槽后期逐渐南摆转竖,当横槽转竖时,往往会快速超越低层低槽而形成前倾结构,多造成河北省中北部地区的冰雹天气,影响范围不大。

产生这类强对流天气条件为:

大气层结不稳定条件:①500 hPa ΔT_{24} 最大中心为 −8℃,正好与强对流天气落区重叠,850 hPa 、700 hPa ΔT_{24} 均为一致正变温,700 hPa 最大变温中心位于河套北部,850 hPa 最大变温中心正好与东北急流的出口区对应(图 4.9),这种上冷下暖的温度配置加强了层结不稳定而造成强烈上升运动,为强对流发生提供了有利动力条件;② $T_{850}-T_{500}\geqslant 25$℃;③500 hPa、700 hPa、850 hPa 横槽几乎重叠,也为强对流产生提供很好的动力机制。

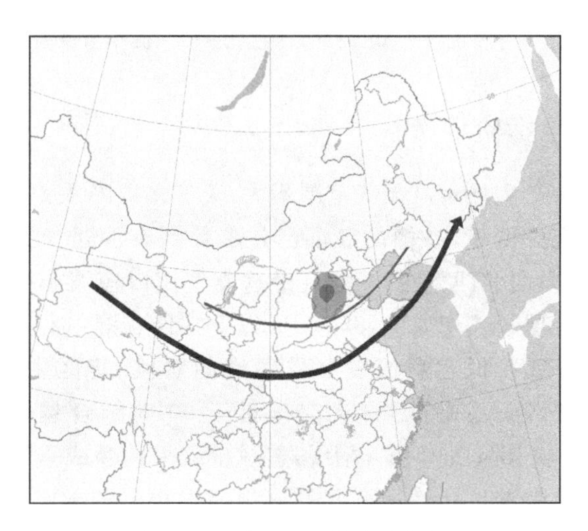

图 4.9　横槽天气形势配置图

水汽条件：强对流天气与 850 hPa $T-T_d$<10℃区域及 K 指数大值中心区域有很好的对应关系，横槽天气与 850 hPa 假相当位温的高能区域配合不是太好。

抬升条件：强对流天气落区主要位于 500 hPa≥20 m/s 的东北急流出口区，即横槽北侧（图 4.9）

横槽型 T-ln$p$ 图特征：

2004 年 6 月 7 日，是河北中南部地区一次雷雨、冰雹、大风过程，灾情有 7 站冰雹，最大冰雹直径为 17 mm、38 站大风，最大风速达 24 m/s(衡水 枣强)。强对流天气时间集中在 14:07～18:33，这次过程为雹暴天气。

图 4.10 是对流发生前 2004 年 6 月 7 日 08 时邢台探空图。从探空分析可得到：从温湿层结曲线的分布来看，虽然没有明显的喇叭口特征，同时也不存在上干下湿现象（图 4.10a），但存在条件不稳定特征，1000～700 hPa 满足对流不稳定（图 4.10b）；对流有效位能较强，$CAPE$=574.6 J/kg；中低层为一致的 N-NE 风，高层为 W-NW 风，风向呈逆转，高空有明显的冷平流；K=25℃，SI=0.2℃，对流指数值相对较小；0℃层（3.2 km）和－20℃层（6.1 km）也符合冰雹产生条件；1000～940 hPa，温度层结曲线没有变化，预计当天最高温度有可能超过对流温度（T_g=27℃），有利强雹暴的发生。

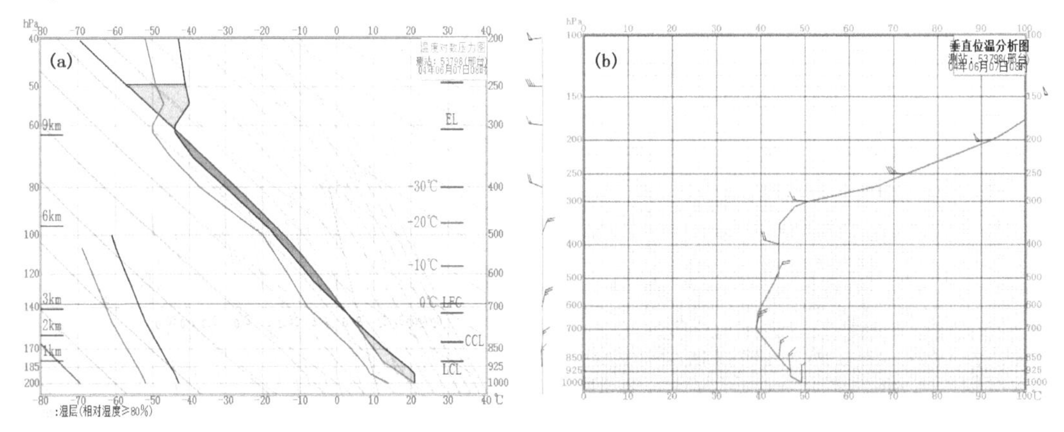

图 4.10　2004 年 6 月 7 日 08 时北京探空图(a)和假相当位温变化图(b)

4.2.4　纬向小槽型（包括阶梯槽）

纬向小槽主要特征是产生强对流天气范围不大，天气多以降水为主，容易出现漏报。其形势多为西伯利亚为一稳定的低槽，在槽的底部巴尔喀什湖有偏西气流分支，其南侧从我国新疆、蒙古西部到朝鲜为纬向西北西气流，冷空气沿这支气流以短波小槽形式东移，强对流天气产生于槽前西南气流或低层暖式切变中，850 hPa 以上常伴有湿中心及湿舌，有时伴有西南急流或切变，强对流天气出现在低空急流发展最强盛的阶段，落区主要位于湿舌的东侧（图 4.11）。另外，槽线两侧平均风速越大，风向交角近于 90°时辐合越强，反之则弱。有时 500 hPa 槽线的移速会快于 700 hPa、850 hPa 槽线，造成槽线呈前倾或垂直状态，形成明显的对流不稳定层结。强对流天气常发生在槽后西北气流中温度很强的 500 hPa 锋区或≥20 m/s 大风核位置处。

产生这类强对流天气条件为：

大气层结不稳定条件：①位于 500 hPa≥20 m/s 急流的右侧，小槽前部(图 4.11)即为强对流天气出现区域；②500 hPa 温度槽与 850 hPa 温度脊有很好的叠置，冷暖空气的垂直配置，有利于对流产生；③$T_{850}-T_{500}\geqslant25$℃；④500 hPa、700 hPa、850 hPa ΔT_{24}最大中心紧随小槽东移，三层均为负变温，层结稳定，反之则不稳定；⑤小槽和地面低压相重合的区域产生强对流天气的可能性最大。

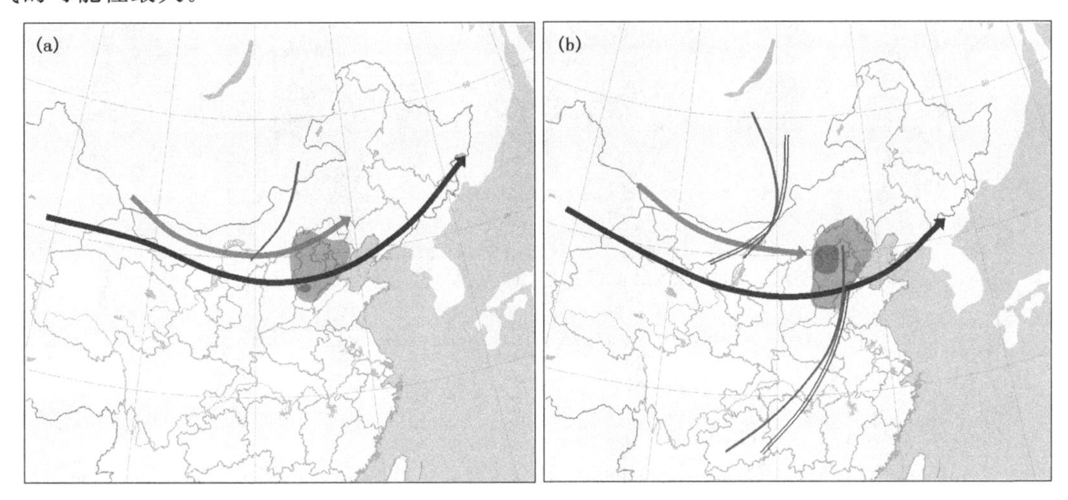

图 4.11　纬向小槽及阶梯槽配置图

水汽条件：K 指数大值中心和 850 hPa 假相当位温高能区域与小槽同时东移。

抬升条件：①地面有辐合线的形成；②温度梯度最大处；③雷暴小高压的前部。

纬向小槽型 T-ln$p$ 图特征：

2009 年 8 月 27 日，是一次全省(除邯郸没有雷雨以外)的雷雨、冰雹、大风和短时暴雨过程，灾情有 67 站雷雨，20 站大风、6 站短时暴雨、8 站冰雹，其中冰雹最大直径为 30 mm(邢台宁晋)，最大风速达 36 m/s(石家庄 高邑，晋州；邢台 宁晋，清河)。强对流天气时间集中在 08：23—20：08，这次过程主要以冰雹、大风天气为主。

图 4.12 是强对流发生前 2009 年 8 月 27 日 08 时邢台探空图(中南部地区雹暴出现时间为 13：04)。从探空分析可得到：湿层较薄，湿层位于 1000～870 hPa 附近，出现强降水的可能性较小；探空曲线分别在 870 hPa 和 550 hPa 高度上存在两个喇叭口，明显的上干下湿结构增强了对流不稳定能量，上下干湿差越大，越有利强对流天气的产生；在 870 hPa 高度上还存在一逆温，逆温的作用可以使低空不稳定能得以存储，因而逆温存在为雷暴的出现提供了有利的热力条件；925～600 hPa，条件不稳定特征明显(图 4.12b)；$CAPE$=492.8 J/kg，K=26℃，SSI=261，SI=0.78℃，对流指数值相对较小；0℃层(4.2 km)和－20℃层(7.2 km)符合冰雹产生条件；风的垂直分布，中低层有较明显的垂直风切变，850 hPa 以下，风速很小，2～6 m/s，700 hPa 转为偏西风，700 hPa 有冷空气注入，且风速迅速加大形成低空急流，因此低层有明显的风向和风速切变，有强雹暴发生的可能。

阶梯槽是指在亚洲东部中纬度地区上空长波槽里接连出现两或多个短波槽，而且是后一个槽在前一个槽的西北部，且移速很快，通常第一个槽过后，很快将第二个槽引导迅速南下，阶梯槽引起的冰雹天气，主要发生在第二个槽前部。当第一个槽过后，槽后的冷平流常常造成对流层中上层降温干冷，而低层则由于晴空而地面急骤加热而增温增湿，为上下层结不稳定的建

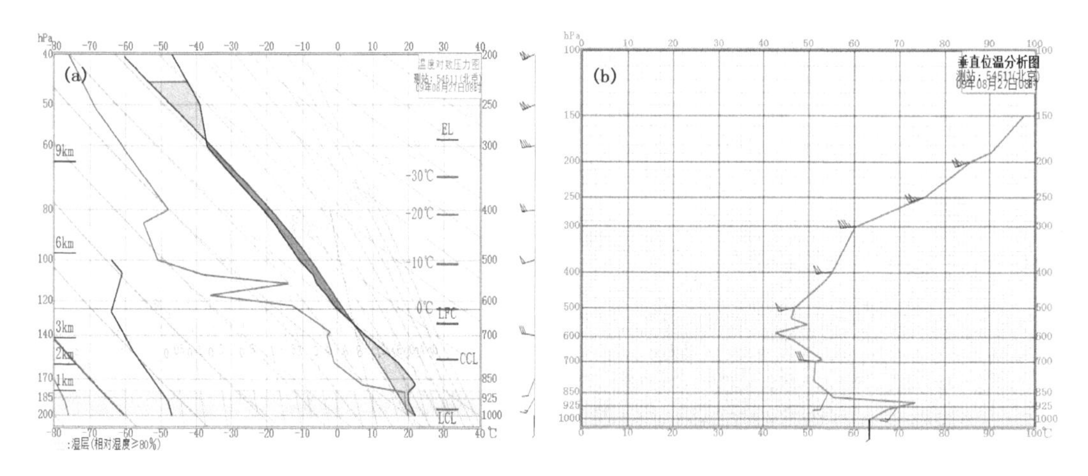

图 4.12　2009 年 8 月 27 日 08 时北京探空图(a)和假相当位温变化图(b)

立创造了条件。后一个槽的作用是触发不稳定能量得以释放，常常在 850 hPa 强 SW 风与 500 hPa 强 NW 风迭加区域中产生大范围的强对流天气(图 4.11b)。

产生这类强对流天气条件为：

大气层结不稳定条件：①500 hPa 和 700 hPa ΔT_{24}为负变温，而 850 hPa ΔT_{24}为正变温，上冷下暖的温度配置形成和加强了层结的不稳定，为强对流的发生提供了有利动力条件；②500 hPa 槽线受前小槽的引导作用，常常移速会快于 700 hPa、850 hPa 槽线，造成槽线呈前倾状态，形成明显的对流不稳定层结；③前期有降水，整层潮湿，天气晴朗而使地面加热快。

水汽条件：强对流天气落区与 850 hPa $T-T_d<10$℃区域、K 指数大值中心和 850 hPa 假相当位温高能区域中。

抬升条件：500 hPa≥20 m/s 急流前部，200 hPa 急流轴左侧(图 4.11b)，第二个小槽前部。

阶梯槽型 T-ln$p$ 图特征：2004 年 6 月 20 日，是一次全省的雷雨、冰雹、大风过程，灾情有 61 站雷暴；2 站大风，最大风速达 26 m/s(邢台 磁县)；1 站短时暴雨；6 站冰雹，冰雹最大直径为 40 mm(邯郸 峰峰)。强对流天气时间集中在 15:38—19:28(以冰雹起止时间为参考)，这次过程主要以雷雨、冰雹天气为主。

图 4.13 是强对流发生前 2004 年 6 月 20 日 08 时邢台探空图。从探空分析可得到：湿层较薄，湿层位于 1000～850 hPa 附近，出现强降水的可能性较小；探空曲线分别在 850 hPa 和 700 hPa 高度上存在两个喇叭口，明显的上干下湿结构增强了对流不稳定能量；在 870 hPa 高度上还存在一逆温，逆温的作用为雷暴的出现提供了有利的热力条件；1000～600 hPa 对流不稳定特征明显(图 4.13b)；$CAPE=1369.5$ J/kg，$K=34$℃，$SSI=268.9$，$SI=-3.3$℃，$LI=-4.25$，对流指数表明有对流风暴出现的可能；0℃层(4.2 km)和－20℃层(6.9 km)符合冰雹产生条件；风的垂直分布，中低层有较强的垂直风切变，700 hPa 转为 NW 风，中高层为冷空气，850 hPa 以下为 SW 风，低层为暖空气，也可以理解为，中高层第一个槽刚过，而低层第二个槽紧跟，上冷下暖有利于强对流天气的发生。

综上所述：强对流的产生常常是(1)在高层冷中心或冷温度槽与低层暖中心或暖温度脊叠置区域；(2)河北西部是五台山，当有冷锋过山时，若河北境内低层为暖空气控制；(3)当高空槽

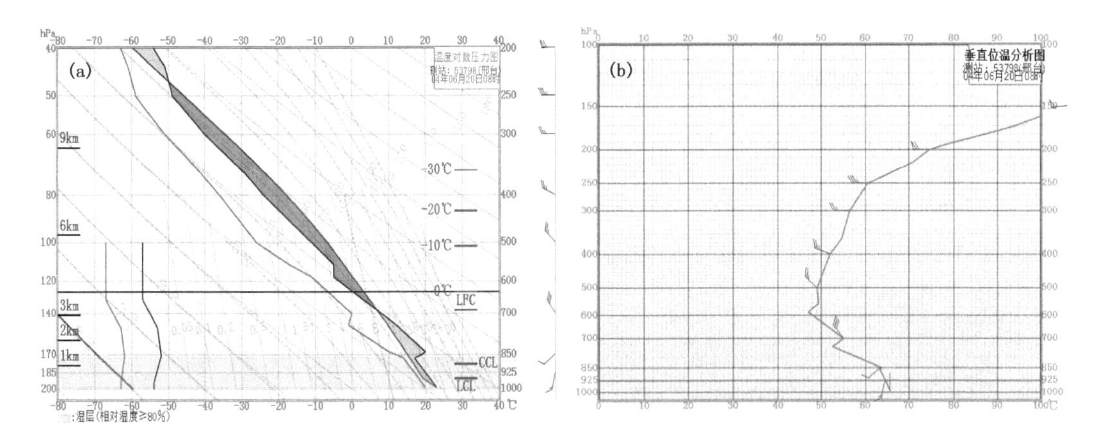

图4.13　2004年6月20日08时邢台探空图(a)和假相当位温变化图(b)

过境后,若中层以下仍有浅薄的热低压或有明显西南气流和暖平流时;(4)当低层湿舌对应中上层有一干层,或高层干平流与低层湿平流相叠加时;(5)当中层大风速带或大风核建立时,有利于增强高层辐散,使上升运动得以维持,特别是在急流下方出现强垂直切变时,可为对流发展提供很好的动能条件;(6)当低空急流建立时,大量的暖湿气流能促使加剧大气的不稳定性,且在急流前方常常可触发不稳定能量释放;(7)中小尺度低压和辐合区可以促使对流强烈发展;(8)强对流天气出现时常有湿舌相配置。

4.2.5　连续强对流天气特征分析

河北强对流天气大多数维持时间不会太长,一般为1～2 d,往往是局部性的,但有时也会出现一周或更长时间的强对流天气。李江波等(2010)将1975—2008年间影响河北冷涡类型的冰雹天气进行了统计(连续3天出现冰雹为一次连续性冰雹过程),统计表明,1975—2008年共有19次连续性冰雹强对流天气过程(表4.1)。由表4.1可看到,冷涡连续冰雹强对流天气基本都出现在6月下旬到7月上中旬,最长为连续11 d出现冰雹强对流天气(2001年6月12—22日,共有61站次降冰雹)。以上连续冰雹过程中,日冰雹站数最多达27站,出现在1986年8月9日。冷涡连续冰雹时间绝大多数在午后到傍晚,15—19时最多。河北中北部地区冰雹概率较大,但一般不易出现30 mm以上大冰雹,大冰雹天气主要出现在河北中南部,冰雹最大直径为70 mm(1985年7月2日,保定)。

表4.1　1975—2008年京津冀连续冰雹过程统计

日期	连续降雹日数(d)	降雹总站数	日降雹最多站数	冰雹最大直径(mm)
1975-7-10—16	7	36	11	20
1982-6-15—18	4	38	17	45
1983-6-27—7.1	5	34	14	25
1985-6-30—7.2	3	20	11	70
1986-6-20—24	5	36	11	50
1986-7-7—10	4	40	18	49
1986-8-7—9	5	37	27	40

续表

日期	连续降雹日数(d)	降雹总站数	日降雹最多站数	冰雹最大直径(mm)
1990-7-15—17	3	30	15	30
1991-6-4—8	5	25	10	40
1991-4-23—25	3	42	22	60
1991-7-7—14	8	61	17	53
1992-6-21—23	3	26	15	20
1993-7-7—11	5	31	20	30
1995-6-22—24	3	22	10	35
2001-6-12—22	11	61	13	15
2004-6-18—24	7	43	10	40
2005-5-31—6.2	3	36	21	50
2006-6-23—27	5	18	8	20
2008-6-23—28	6	28	12	35

4.2.5.1　冷涡连续出现冰雹强对流天气的环流特征

一种天气系统存在较长时间，其天气背景系统一定有其独特的特点。以强对流天气维持时间最长的 2001 年 6 月 12—22 日为例，对连续出现冰雹强对流天气环流特征进行分析。

图 4.14 是 2001 年 6 月 12—22 日 500 hPa 08 时天气形势图，从图 4.14a 可看到，12 日的强对流天气是东北冷涡东移至库页岛的同时，冷涡由南北向旋转为西北—东南向，其槽线残留尾部形成的切变与贝加尔湖北部高压脊向东北方向伸展沿脊前偏北气流南下冷空气的共同作用而造成，因冷空气势力偏弱，500 hPa ΔT_{24}最大降温为－4℃，850 hPa、700 hPa ΔT_{24}在河北北部有＋1℃的正变温，而南部 ΔT_{24}则为负值，且没有≥20 m/s 的强风速带，因此强对流天气范围不大，强度也不强，河北省境内有 21 个站次的雷雨和 1 个站点冰雹；14 日(图 4.14b)，贝加尔湖高压脊转为南北向高压，其范围向东西方向扩展，巴尔喀什湖低槽底部有新冷空气南下，并切断一冷涡，新疆北部高压脊建立，蒙古国、渤海、东北平原为三个独立的低涡控制，14 日受蒙古南下冷涡前的西南气流影响，形成河北全省性大范围的强对流天气，槽线东西两侧都有大范围的降温，槽后 500 hPa ΔT_{24}最大降温为－7℃，850 hPa、700 hPa ΔT_{24}也为负值，850 hPa ΔT_{24}最大降温为－8℃，而且 850 hPa 和 700 hPa 的槽线重叠，500 hPa 槽线仅落后一个纬度，这样的配置有利能量释放而触发强对流天气发生。另外河北全省区域内 850 hPa $T-T_d$ ≤5℃。15、16 日，由于蒙古国和东北平原南掉低涡合并加强，使河北连日维持强对流天气，尤其当 16 日副热带高压外围西南气流的加强(长江下游出现中心为 30 m/s 西南急流)时，日本国北部弱高压脊与贝加尔湖北部高压打通(图 4.14c)，形成一东阻形势，华北冷涡只能在原地滞留打转；17 日，当东阻高压与贝加尔湖北部高压断裂，华北冷涡也趋于减弱阶段，强对流天气也减弱，全天只出现 1 个站点冰雹和 9 个站点的雷雨(这是该过程强对流天气最弱的一天)，18 日(图 4.14d)，新疆北部高压重建，有新的冷空气沿脊前西北气流南下，西风槽伴随冷温槽东移，温度槽落后于高度槽，有明显冷平流，500 hPa、850 hPa、700 hPa 三层槽线几乎重叠，槽线两侧 500 hPa ΔT_{24}均为负值，最大降温为－4℃ ，850 hPa、700 hPa ΔT_{24}为正值，最大增温为

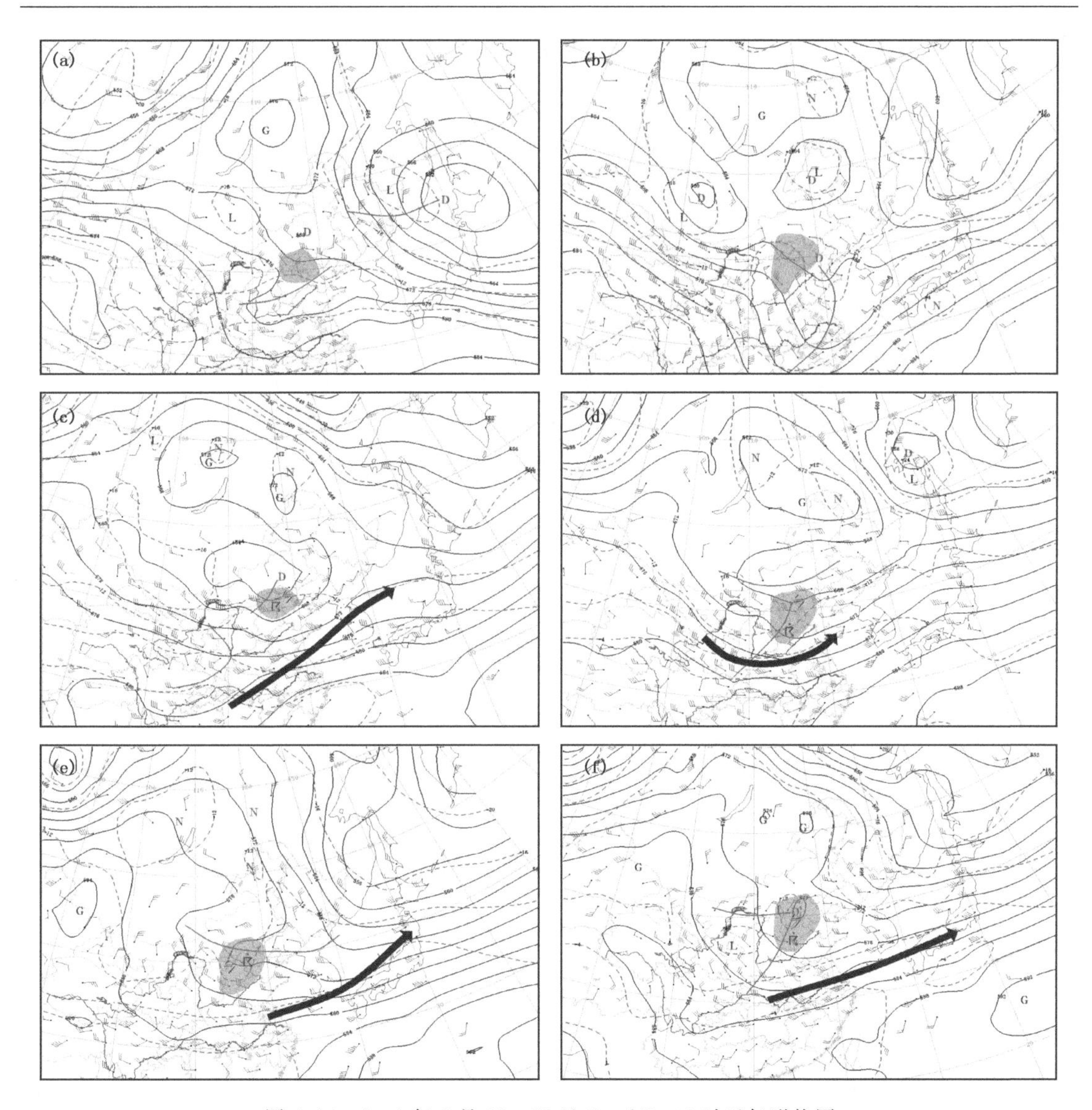

图 4.14　2001 年 6 月 12—22 日 500 hPa 08 时天气形势图
（实线：500 hPa 等高线，虚线：850 hPa 等温线；粗矢线：500 hPa 急流；细矢线：
冷涡移动路径；阴影：强对流天气落区）

4℃，动力、热力结构为强对流天气的发生提供了有利的条件，大风、冰雹、短时暴雨、雷雨再一次覆盖全省范围，并出现 13 站冰雹；20 日（图 4.14e），当新疆高压发展并与贝加尔湖高压叠加向东北方向伸展时，华北冷涡 18 日再次建立，同时再次又经历了加强—减弱—加强的演变，20 日华北冷涡演变发展为一横槽，横槽伸展高度达 200 hPa，500 hPa、850 hPa、700 hPa 三层槽线几乎重叠，对流不稳定重建加强，850 hPa 在河北省南部有一切变，是切变和横槽的共同作用和横槽的缓慢南压造成了连续二天全省性大范围强对流天气（4.14f），20 日冰雹站点数 13 个，21 日冰雹站点数 7 个；22 日减弱为 1 个，且范围仅出现在河北南部。随着新疆高压脊的发展和范围扩大，将极地冷空气被阻断，长达 11 d 的强对流天气也随之结束。总之，河北冷涡连续降雹：中高层（500 hPa 以上）冷温槽叠加低层（850 hPa 以下）暖脊之上，高层干冷平流叠加在低层暖湿平流之上，使得大气垂直风切变加强，造成大范围位势不稳定。

4.2.5.2　连续强对流天气出现的成因

一是稳定的大尺度环流背景是连续出现强对流天气的重要因素。易笑园等(2010)认为：东亚阻塞高压两侧高涡度区的正涡度平流交替补充冷涡对正涡度的耗损，是冷涡长久滞留维持的原因。李江波等(2010)在分析河北省连续降雹特征也指出：每次造成降雹的扰动过境时，虽然可以使不稳定能量得以释放，但是由于环流形势稳定，高空上下层不同的平流始终维持，使得位势不稳定不断产生，因而从最后的效果看虽有一次次扰动过程，但并不能将不稳定层完全破坏，因此产生冷涡连续降雹的关键是东亚阻塞形势环境背景场的建立。图4.15是2008年6月23—28日连续6 d降雹的500 hPa平均高度场和温度场，从图中可看到东北平原为一西北东南向的稳定阻塞高压，位于华北冷涡西北部为一冷涡或冷槽控制，其槽底不断有新的冷空气补充南下，才使得华北冷涡在原地维持、加强、旋转或新旧冷涡交替形成，造成河北连续出现强对流天气。

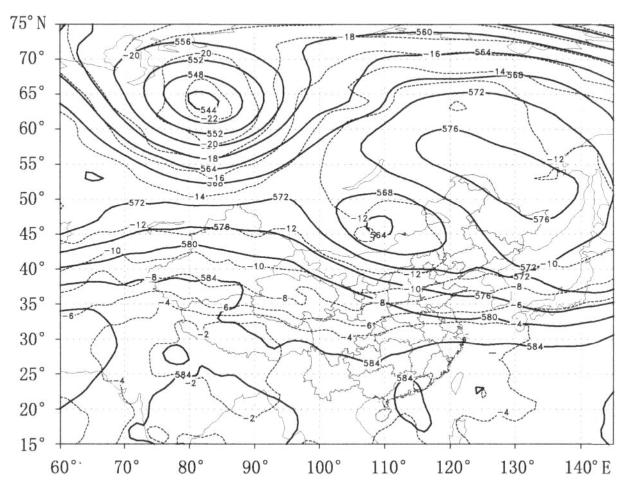

图4.15　2008年6月22—28日500 hPa高度场(实线)和温度场(虚线)

二是有大范围位势不稳定，500 hPa上，河北上空为一明显的冷温槽，对应850 hPa是一暖脊(暖中心)，暖脊有时是自河套地区自西向东扩展至河北；有时自河南自西南向东北伸展到河北。湿度场的配置在500 hPa为自西北一东南向的干区，850 hPa自西南向东北伸展的湿区，这样中层干冷空气叠加在低层暖湿空气上，河北上空温度、湿度垂直梯度增大，造成大范围对流不稳定，有利于冰雹强对流天气产生。图4.16a为2006年6月23—27日连续5 d降雹的500 hPa和850 hPa温度场平均，可以看出，500 hPa上，−12～−10℃的冷温槽位于河北，而850 hPa则为18℃的暖脊，上下两层温差为30℃。河北省气象台统计得出，河北冰雹日08:00，850 hPa和500 hPa温差一般在30℃，最高值北部在31～33℃，而南部在33～35℃之间，最高差值可达38℃。850 hPa和500 hPa温差在33℃以上时，就会产生冰雹直径>30 mm的大冰雹。例如2008年6月25日，邢台站(53798)08:00，850 hPa和500 hPa温度差值达38℃，当天下午，河北南部出现了35 mm的大冰雹，同时伴有局地龙卷发生。图4.16b是2004年6月18—24日14:00连续7 d降雹期间850 hPa假相当位温平均场，河北省自西南向东北为一高能舌，数值在332～334℃，而500 hPa(图略)则为一低值区，数值在322～324℃，两层之差在

10℃上下,对流不稳定性非常强盛。

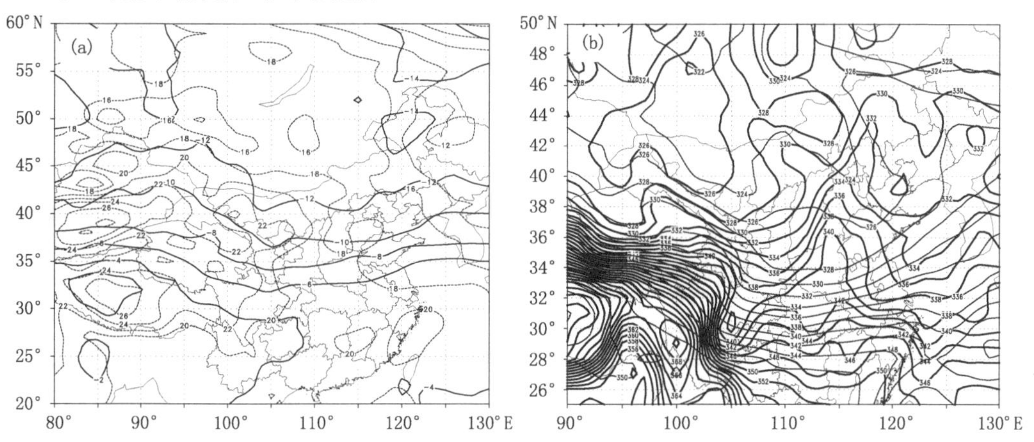

图 4.16　a. 2006 年 6 月 23—27 日 500 hPa 和 850 hPa 温度场平均
(单位:℃;粗线,500 hPa 温度;虚线,850 hPa 温度);
b. 2004 年 6 月 18—24 日 850 hPa 14:00 假相当位温平均
(单位:K,摘自李江波,2010)

三是具有一定的能量条件,通常冰雹落区位于 CAPE 高值中心左侧的等值线密集区和高值中心。并且 CAPE 值越高,降雹强度越强、范围越大。图 4.17 是 2004 年 6 月 18—24 日连续 7 d 降雹 14:00 平均对流有效位能分布图,*CAPE* 大值区与冰雹落区具有较好的指示意义,*CAPE* 高值中心达 2200 J/kg。当 *CAPE* 值>1800 J/kg 时,河北出现大范围冰雹,并伴有强风、沙尘、短时暴雨。统计得到:一般 14:00 的 *CAPE* 值明显比 08:00 偏高 300～1000 J/kg。

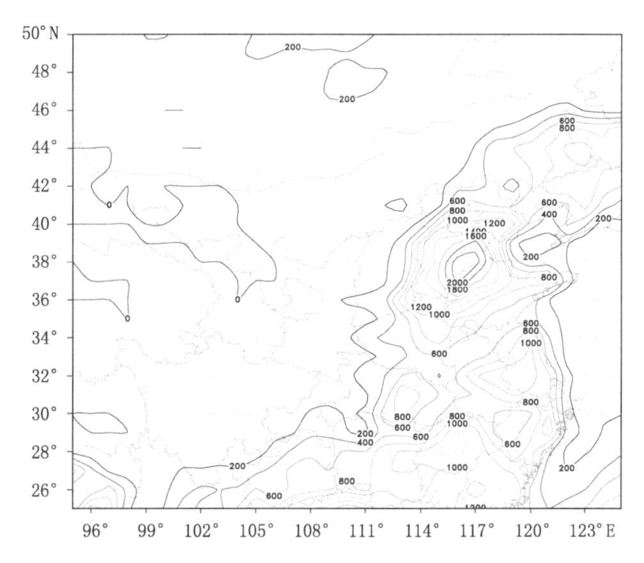

图 4.17　2004 年 6 月 18—24 日期间 14 时平均对流有效位能(CAPE)(单位:J/kg)

4.2.5.3　连续强对流天气概念模型

将上述连续强对流天气归纳为非阻高型和阻高型两类,图 4.18ab 分别给出了非阻高型和阻高型河北冷涡连续性降雹概念模型图。非阻高型(4.18a)连续性降雹一般不超过 3d,以中北部降雹为主；阻高型导致的连续性降雹可持续 4～11 d，全省范围内都有可能降雹。

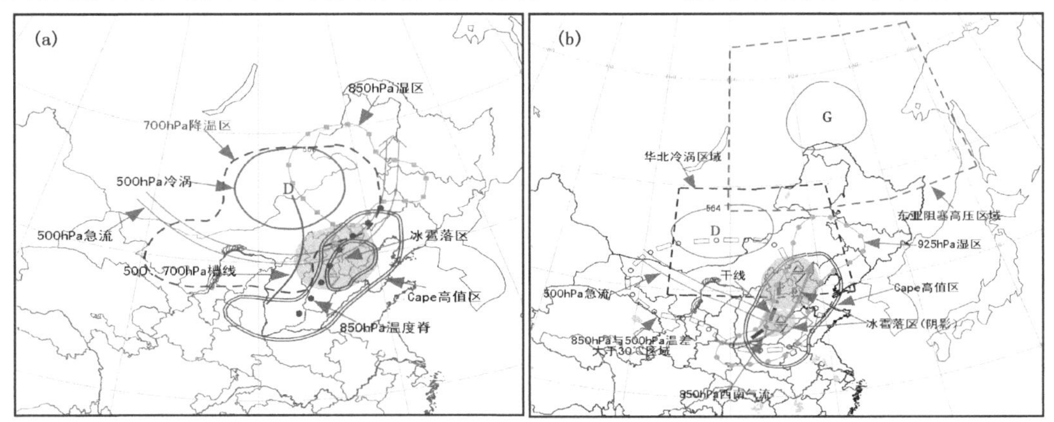

图 4.18　河北冷涡连续降雹概念模型图

（a. 非阻高型；b. 阻高型，图摘自李江波，2010）

4.2.5.4　华北冷涡连续降雹的预报着眼点

李江波等(2010)在总结华北冷涡连续降雹中指出：

(1)从大尺度环流背景场分析入手，一旦东亚阻塞高压形势建立，华北冷涡将长时间维持，京津冀处于大范围位势不稳定之下，强对流发生的 3 个基本条件：不稳定、水汽、抬升机制中第一个条件已经具备，京津冀区域内都会有冰雹等强天气发生的可能。

(2)分析水汽条件和抬升机制，确定冰雹落区。冰雹发生在“上干冷下暖湿”的层结条件下，因此水汽条件分析的重点应放在低层大气，冷涡形势下的湿层主要在 850 hPa 及以下，绝大部分在边界层以下。水汽的分析更强调绝对湿度，如露点温度、比湿、混合比等。抬升机制的分析也要侧重边界层以下尤其是近地层，如冷锋、辐合线、干线、中低压等。

(3)注重垂直风切变分析。强雹暴的发生往往和 0～6 km 强的垂直风切变相联系，也就是和 500 hPa 急流相联系的。500 hPa 急流通道有两条：一条位于 40°N 附近，常造成中北部降雹；另一条位于 38°N 以南，给河北南部带来降雹，由于河北南部距离冷涡较远，热力条件较好，因此更容易出现强雹暴。

(4)注意冷涡的强度和位置变化。在稳定的环流背景下，冷涡通常在蒙古国到华北北部的低压带中徘徊、打转，强度也在不断变化，降雹通常会发生在冷涡的南部或东南部的上升区中。一般而言，冷涡南掉、东移、加强过程中会伴有冷平流和高空急流的加强，导致不稳定度增大，造成各地降雹强度和范围比较大，而北上、西移、减弱过程中，强度和范围较小。

(5)探空曲线分析(T-log$p$)。冷涡冰雹天气，常常伴有大风和短时暴雨，通常在冰雹天气形势下，因为湿层较为浅薄，有时尽管会出现短时强降水，但一般在一次降雹过程中超过 50 mm 降水的站点不多。因此预报应更加关注大冰雹和区域性大风的出现。图 4.19a 给出了易出现大冰雹的典型探空曲线，可以看出，其结构为下湿上干的“喇叭型”，湿层位于 900 hPa 以下，接近饱和，900～850 hPa 为“干暖盖”，在“干暖盖”以上，温度曲线平行于干绝热线，因此温度直减率近似干绝热直减率，层结非常不稳定，易降大雹。图 4.19b 是易出现区域性大风的典型探空曲线，其特点是从高层到地面为“干湿干”结构，湿层位于中间，且非常浅薄；湿层之上，有弱的逆温。总之，逆温层的存在，可以抑制对流发展，不但使低层水汽能量不向上输送，也可以积聚能量使低层更暖、更湿，上层冷，大气更不稳定。一旦有触发机制出现，就会产生强对流天气。

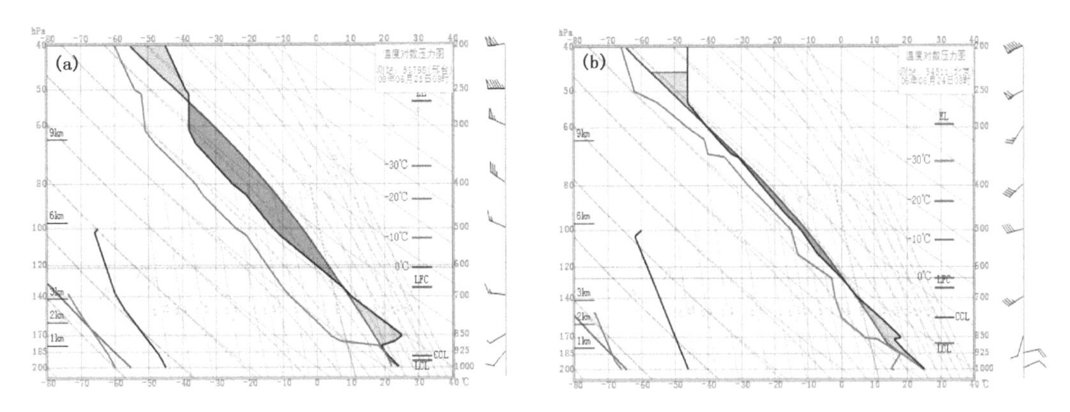

图 4.19　(a)易出现大雹的典型探空曲线(2008 年 6 月 25 日 08:00，邢台)；
(b)易出现区域性大风的典型探空曲线(2006 年 6 月 24 日 08:00，北京)(图摘自于李江波，2010)

(6)表 4.2 给出了 2000 年以后华北冷涡连续降雹过程中 26 个冰雹日 08 时一些常用强对流参数统计。河北范围内张家口(54401)、北京(54511)、邢台(53798)三个探空站，可近似代表河北北部、中部、南部的大气状况，分别统计了三站的 850 hPa 和 500 hPa 温差 $T_{850}-T_{500}$、0～6 km 垂直风切变(风矢差)、K 指数、沙氏指数 SI、$CAPE$ 等强对流参数。上述 5 个参数的平均值分别为 28℃、13 m/s、28℃，－0.3℃、476 J/kg。对 $T_{850}-T_{500}$、0～6 km 垂直风切变、$CAPE$ 三个参数而言，南部的值高于北部和中部，$T_{850}-T_{500}$的变化范围为 21～38℃，0～6 km 垂直风切变在 4～22 m/s 之间，$CAPE$ 最大值达 1933 J/kg；SI 也表现为南部更不稳定，变化范围为－6.2～6.9℃。从表 4.2 还可以看出，这些对流参数都只是在一定程度上对冰雹有指示意义，实际预报中应综合考虑。

表 4.2　华北冷涡连续降雹的一些强对流参数统计(08 时)

雹日	$T_{850}-T_{500}$(℃)			0～6 km 风矢差			K 指数(℃)			SI 指数(℃)			cape(J/kg)			范围及降雹站数
	张	京	邢	张	京	邢	张	京	邢	张	京	邢	张	京	邢	
2001-06-13	30	30	32	22	14	04	31	36	23	－3.0	－1.9	1.8	1358	1924	0	中北部(8)
2001-06-14	23	23	25	08	07	10	29	30	29	3.1	2.2	－1.2	112	421	79	全省(6)
2001-06-15	28	28	31	16	19	17	32	32	28	－2.8	－3.6	－6.2	1001	270	539	中南部(9)
2001-06-16	21	25	32	16	16	18	25	29	18	6.4	1.5	0.4	161	1	518	中北部(6)
2001-06-17	27	28	24	14	11	21	29	23	24	1.1	3.0	－1.1	5	726	52	中部(4)
2001-06-18	32	33	29	11	12	11	29	34	33	－1.9	－1.8	－3.0	31	1170	636	中北部(13)
2001-06-20	30	28	30	06	09	11	33	31	33	－1.8	－1.6	－1.4	0	387	1044	全省(13)
2001-06-21	25	27	28	03	07	10	32	33	28	1.8	－0.6	0.9	5	1113	481	全省(7)
2004-06-18	24	26	31	07	13	18	27	32	29	2.5	－1.2	0.5	18	581	133	中部(4)
2004-06-19	27	25	26	05	—	14	30	33	33	0.7	－0.2	－1.3	39	550	697	西北部(3)
2004-06-20	25	24	30	11	15	09	26	30	34	1.5	1.2	－3.3	0	725	1370	全省(6)
2004-06-21	29	29	32	08	10	14	31	37	26	－4.3	－4.7	0.2	297	1477	929	中北部(8)
2004-06-22	30	30	34	09	10	13	29	32	31	－1.8	－1.4	－3.5	47	507	917	北、南部(5)
2004-06-23	28	28	30	19	15	17	24	24	28	2.4	2.0	－3.1	0	0	48	中北部(9)

续表

雹日	$T_{850}-T_{500}$(℃)			0～6 km 风矢差			K 指数(℃)			SI 指数(℃)			cape(J/kg)			范围及降雹站数
	张	京	邢	张	京	邢	张	京	邢	张	京	邢	张	京	邢	
2004-06-24	26	26	28	09	18	14	29	31	30	2.5	1.3	−5.4	0	27	299	南部(10)
2005-05-31	28	30	31	21	17	17	23	25	24	0.5	2.4	0.5	8	1077	1416	中北部(21)
2005-06-01	30	32	32	20	16	20	25	23	—	1.7	2.5	6.9	77	409	2	中北部(13)
2006-06-24	28	30	32	12	16	04	30	30	19	1.3	0.1	2.7	273	313	1296	中北部(8)
2006-06-25	27	29	31	13	11	18	31	32	25	−0.6	−1.2	0.8	0	17	301	北、南部(3)
2006-06-26	28	28	28	11	09	12	28	29	27	−0.6	−0.2	−0.2	0	940	872	北部(4)
2006-06-27	31	33	33	12	13	07	32	27	31	−3.0	0.5	−3.0	0	1444	406	北部(2)
2008-06-23	28	28	26	15	19	13	28	29	21	0.1	1.7	3.8	402	223	273	中北部(12)
2008-06-24	25	27	23	20	15	20	25	28	24	1.1	0.3	1.3	543	275	5	中北部(8)
2008-06-25	30	29	38	11	12	04	31	28	24	−5.7	−5.6	−2.8	15	1627	1933	南部(9)
2008-06-26	28	27	35	09	07	18	30	31	31	−3.7	−3.7	−2.7	514	326	265	中北部(12)
2008-06-28	22	24	30	07	08	05	25	29	31	3.6	1.6	−1.3	963	179	477	北、南部(2)
平均	27	28	30	12	13	13	28	30	27	0.0	−0.3	−0.6	209	589	629	
总平均		28			13			28			−0.3			476		

4.3 强对流天气发生、发展的潜势预报

对流系统的发生、发展主要受大尺度系统环流的控制。因此强对流天气潜势预报，首先是分析判断实况形势场 24 h 内是否有低涡、气旋性环流、槽线、横槽、切变线及强锋区存在，弄清各高度层上影响系统的垂直结构分布情况；弄清强对流天气所需的稳定度、水汽、冷暖空气条件。在对强对流天气过程发生环境场认识的基础上，分析造成强对流天气形成的基本要素，将分析的要素进行正确合理搭配，每一次强对流天气过程，无论其天气形势如何不同，都具有共同基本配料，建立强对流天气预报模型。这就是预报“配料法”，使用“ 配料法”的关键在于合适因子的选取和对这些因子正确搭配的预测。

4.3.1 “配料法”因子的选取

强对流天气的发展，必须具备不稳定、一定的水汽供应和一定的抬升机制，其中，不稳定的存在是对流活动最重要的基本条件，而对流能量的大小又决定了对流发展的程度。

4.3.1.1 不稳定机制

图 4.20 给出了两个东北冷涡形势下天气过程，2006 年 7 月 5 日 08 时 12 站降雹，最大直径为 30 mm(保定、安新)；24 站大风；9 站短时暴雨；雨量分布不均，最大降水量为 68.1 mm(青龙))和 2006 年 6 月 16 日 08 时(在河北境内没有出现对流天气，20 时在渤海湾形成了飑线)850 hPa θ_{se}的分布图。从图 4.13a 中可见，山西省南部有一 344 K 的高能舌伸向东北方向，在河北省中南部地区形成一等 θ_{se}的密集带，即能量锋区，能量锋区正好位于地面 N 与 SSE 风向辐合线的南侧(图略)，偏北干冷气流与偏南暖湿气流在锋区附近交汇，引起强烈的上升运

动，强对流天气就出现在等 θ_{se} 线密集处的高温高湿区中。图 4.20b，2006 年 6 月 16 日 08 时 850 hPa θ_{se} 的分布与 2006 年 7 月 5 日过程正好相反，伸向河北省境内的为低能槽，槽线位于河北省的西部，最小值达 312 K，从图上可看到，虽然梯度比 2006 年 7 月 5 日大得多，但由于是低能槽的分布而导致了当天天气预报失误。在位于渤海湾 332 K 的高能舌处，20 时东北冷涡云带中段入夜发展成一强盛的飑线云带。

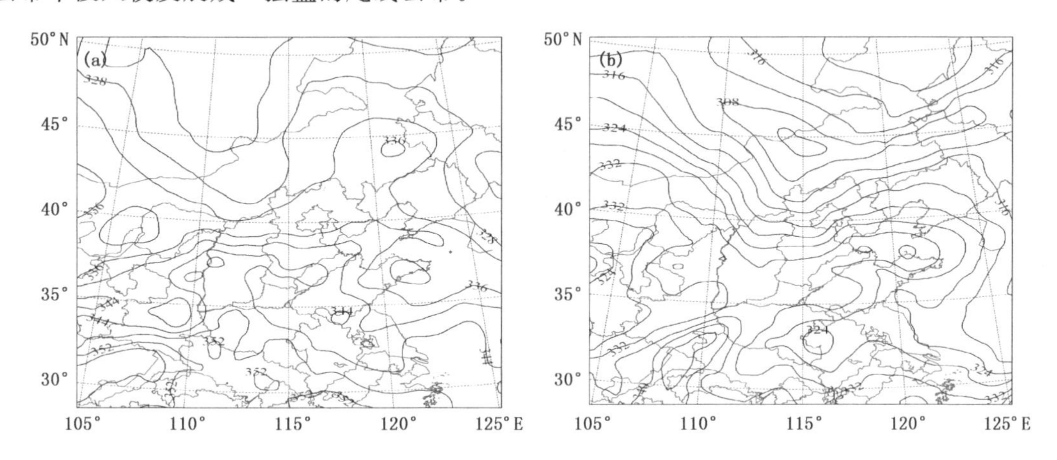

图 4.20　850 hPa 08 时 θ_{se} 分布（单位：K）（a. 2006 年 7 月 5 日；b. 2006 年 6 月 16 日）

以上得到：对流层低层 θ_{se} 的明显上凸表明锋区顶部低空 θ_{se} 较高，是暖湿空气位势不稳定区，有丰富的水汽及能量的聚集。反之，θ_{se} 槽区为干冷空气，不利强对流天气产生。另外，等 θ_{se} 密集带附近也是强上升运动区，因此，能量锋区是强对流系统发生发展的重要强迫因子，强迫主要是发生在 850 hPa 以下。

李江波等（2010）在分析 2005 年 5 月 10 日影响河北平原南部的一次飑线天气也证实了这一点，850 hPaθ_{se} 密集区的高能舌与强对流天气有很好的对应关系（图 4.21 所示），飑线天气产生在低层 θ_{se} 高能舌内的对流强烈不稳定能量锋区域内。

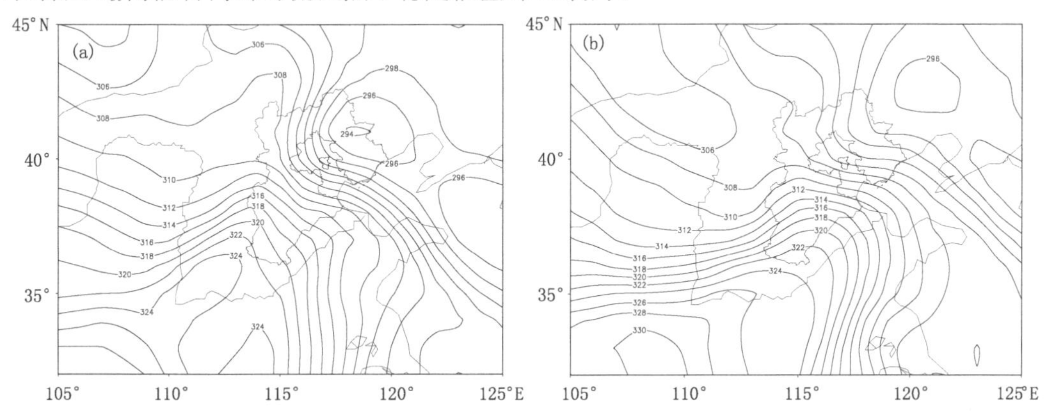

图 4.21　2005 年 5 月 10 日 850 hPa θ_{se} 分布（单位：K）(a)14 时 和(b)20 时（图摘自于李江波，2010）

4.3.1.2　垂直风切变对强对流天气的作用

垂直风切变是指水平风速（包括大小和方向）随高度的变化，环境水平风向风速垂直切变大小往往与形成风暴强弱密切相关。游景炎（1983）指出雹暴预报不仅应注意水平温度梯度的加强，更应该注意垂直温度梯度的加强（$\Delta T_{850-500}$）；不仅应注意风水平切变的加强，更应该注意风垂直切变的加强。强的风垂直切变与强风暴相互作用可以促进强风暴的发展与维持（Newton，1967），可以使上升气流倾斜，增强下沉气流，从而维持和激发上升气流增强，另外还可以增强中层干空气的吸入，增强下沉气流和上升气流。强对流天气发生前一般维持 SW 和 NW 风向垂直切变，切变可以增加高低空的温度差动平流，加剧层结不稳定，当强对流天气临近时，风垂直切变的增强必然会导致强热成风的形成，增加大气斜压性，产生斜压不稳定。另外风垂直切变方向如果发生逆转，则反映了强对流天气爆发前冷空气或锋区的变化，随着中低层切变线、辐合线移近，强对流天气爆发。

图 4.22 给出了 2004 年 6 月 18—24 日冷涡连续降雹过程中低涡东南部风场高度时间剖面图，可以看出，18—24 日，850 hPa 以下除 18 日 20:00—19 日 14:00、22 日 14:00 为东北风以外，均为 4～8 m/s 的偏南风，700 hPa 以上为西北风，连续几日都存在着明显的风向、风速垂直切变。从图中可看到，19 日 20:00 开始，当低槽东移出河北境内后，槽后 700 hPa 及以上层次的西北风速明显加大，风速、风向垂直切变也随之增大，强对流天气不仅得以维持，同时强度也在加强（6 月 20 日邯郸峰峰冰雹达 40 mm），冰雹站点数也由涡前西南气流（700～500 hPa）的 18 日为 2 个，19 日为 3 个，随着西北气流的加强，冰雹站点数也在迅速增加，20 日为 6 个，21 日 14:00，350 hPa 高度层以上的风速达到了 20 m/s，冰雹站点数也增加到 8 个；22 日 14 时，当华北冷涡重新建立时，850 hPa 高度层以下再次转为 NE 风，22 日 20:00，当第二个低槽移出河北境内时，850 hPa 高度层以上又再一次转为西北气流控制，650 hPa 高度层以上的风速超过了 20 m/s，强对流天气再次加强，冰雹站点数也再次增加，23 日为 9 个，24 日为 10 个（表 4.3）。

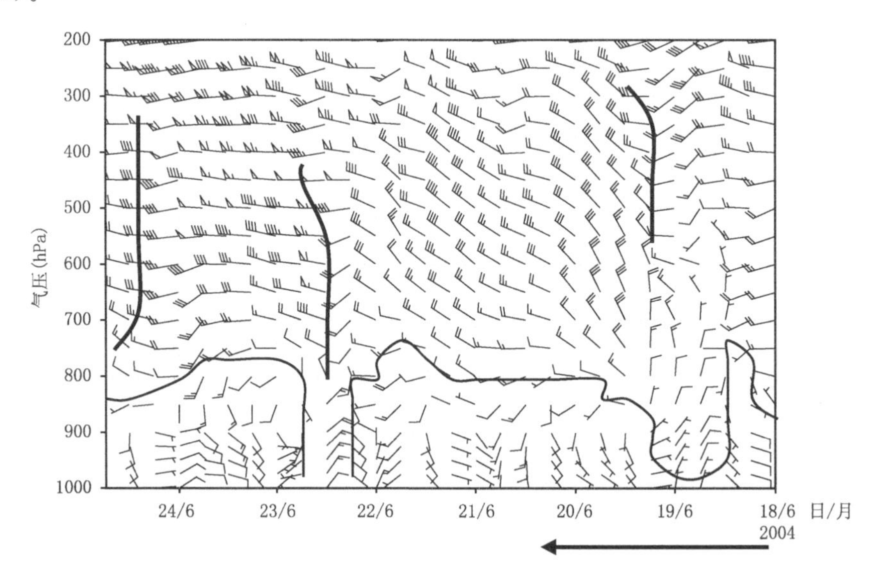

图 4.22　2004 年 6 月 18—24 日(39°N,115°E)风场高度时间剖面图
（单位：m/s；粗实线为槽线；细实线为偏南风与偏北风的分界线）

以上得到：高空风速的大小与冰雹站数成正比关系。也就是说，在一定的热力不稳定条件下，垂直风切变的增强将导致强对流天气进一步加强和发展。垂直风切变越强越有利对流系统的维持，然而切变强度多大才能对系统长时间维持？这与对流云发展程度和大气稳定度有

关，对流系统越强烈(对流云直径大)，垂直切变就越有利于对流系统生命史的维持。低涡前部西南气流下的强对流天气影响范围虽然比低涡后部大，但强度明显弱于低涡后部的西北气流下的强对流天气。另外，李江波等(2010)统计还发现，冷涡南部 500 hPa 常伴有 20 m/s 的大风速带，大风速带与冰雹落区有很好对应关系，而且在 500 hPa 西北气流与 850 hPa 西南气流(东南气流)叠加区域，最容易形成冰雹天气。

表 4.3　2004 年 6 月 18—24 日的灾情(包括北京、天津)

日期	冰雹(站数)	冰雹落区	雷雨(站数)	大风(站数)	短时暴雨(站数)	特大降水(站数)
18	2	佛爷顶、唐县	93	6	12	1
19	3	阳原、阜平、康保	48	1	4	
20	6	武安、峰峰、承德、涞源、望都、通县	61	2	2	
21	8	赤城、青龙、兴隆、昌黎、承德、芦龙、蓟县、万全	75	6	6	2
22	5	赵县、赤城、涿鹿、隆化、大兴	114	24	9	
23	9	丰宁、围场、怀安、延庆、承德、容城、雄县、密云、大城	62	12	3	
24	10	盐山、徐水、延庆、隆尧、任县、广宗、平乡、威县、密云、临西	105	4	7	

4.3.1.3　边界层辐合线对强对流天气的作用

边界层辐合线特点：边界层辐合线即为地面附近的风场和风速辐合线，它可以为雷暴的生成提供抬升条件。边界层辐合线包括冷锋、露点锋、海陆风辐合带、雷暴的出流边界(阵风锋在距离多普勒雷达比较近时，可以被雷达探测到)和热力不均匀引起的辐合带等(丁青兰等，2009)。许多研究表明(Mueller et al.，1993；Wilson et al.，1986)，大多数风暴都起源于边界层辐合线附近，在两条边界层辐合线的相交处，如果大气垂直层结有利于对流发展，则风暴在那里生成的可能性很大；如果边界层辐合线相交处本来就有风暴，则该风暴会迅速发展加强。

统计得到(李江波等，2010)，在河北中南部地区热力和水汽条件较北部好，热力抬升加上太行山地形作用，可引起边界层风场的变化，包括地面中低压、露点锋、下坡气流和中尺度辐合线等，从而对强对流天气的触发、组织和移动都具有一定作用，往往强对流天气比北部地区产生的强对流天气更为剧烈。

2009 年 8 月 27 日过程是一次西风低槽而产生的一次强对流天气过程，这次过程是由地面弱冷锋、雷暴高压、中尺度低压、地面辐合线综合激发而导致河北省中南部地区大面积冰雹、大风、暴雨的强对流天气过程。由图 4.23a 可看到，27 日 08 时，500 hPa、700 hPa、850 hPa 三层槽线几乎垂直，而且地面冷锋尾部还明显落后于 500 hPa、700 hPa、850 hPa 三层槽线，槽后 500 hPa 和 700 hPa 分别有一－9℃和－6℃ ΔT_{24}冷中心紧跟，而 850 hPa 槽后则为一＋9℃的 ΔT_{24}暖中心，这种上下配置为强对流天气的产生提供了有利的动力条件。图 4.23b、d 分别是 16:00 和 17:00 露点锋：露点锋也是一种常见的强对流天气触发机制(朱乾根等，2000)，露点锋常生成于河北和山西交界，山西一侧为干区，河北为湿区。图 4.24a 给出了 2004 年 6 月 18—24 日 925 hPa 14:00 相对湿度平均值，山西一侧相对湿度仅 20%，而河北一侧相对湿度为 50%～70%。从地面露点温度平均场可以看出(图 4.24b)，山西到河北有一条明显的露点锋，锋区密集带露点温度差值达 10℃，冰雹落区常位于露点锋区中。对流易发生在边界层主

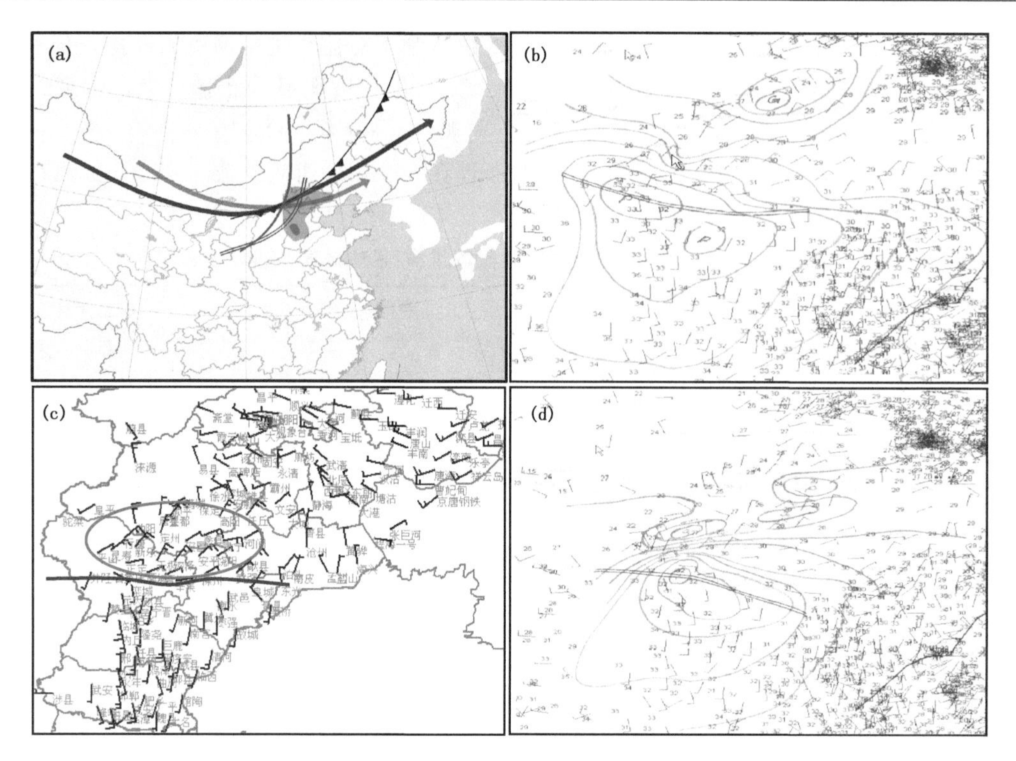

图 4.23　2009 年 8 月 27 日形势综合图及地面自动站风场分析

(a. 08:00;b、c 为 16:00;d 为 17:00)

要水汽辐合带附近。

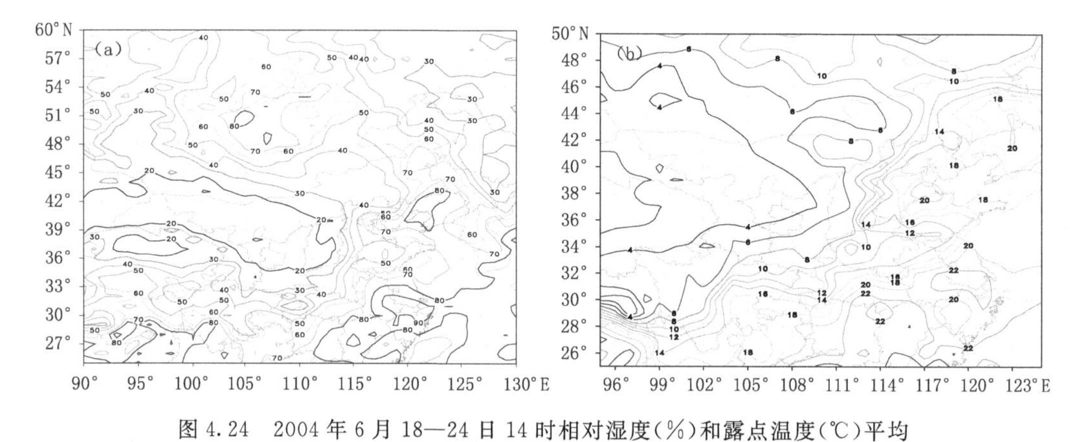

图 4.24　2004 年 6 月 18—24 日 14 时相对湿度(%)和露点温度(℃)平均

(a. 925 hPa 相对湿度;b. 地面露点温度)

4.3.2　对流参数在强对流潜势预测中的作用

随着卫星和雷达等非常规探测技术的不断进步和数值预报的发展,特别是数值预报模式时空分辨率的提高,对强对流天气成因及发展过程有了更进一步的认识以及对一些对流层参数认识加深,使得对流参数在强对流天气研究和监测中越来越多地得以应用,强对流天气的预报水平也在逐渐提高。目前,预报员根据探空、对流参数及数值预报资料分析已经能够较成功地确定预报未来预报区域中能否出现强对流天气，而预报的主要困难在于确定对流发生的时间、落区、强度及种类。

因此，选取合理、适当的对流参数对强对流天气的强度、落区及种类的判断有一定指示意义。鉴于对流参数可以较好地反映强对流天气过程中大气低层温湿状况和不稳定度，而其大值区与强对流天气易发生区关系又较为密切，局地对流参数的分布及演变可以作为强对流发生发展潜势预测分析的依据之一（齐琳琳等，2005）。同时可以为临近预报提前较长时间的背景预报。河北省气象台利用灾情实况记录挑选出 2005—2007 年 5—7 月雷雨过程 53 次（1 天内≥30 站点记录一次），冰雹过程 20 次（1 天内≥2 站点），雷雨大风过程 11 次（1 天内≥10 站点），短时暴雨过程 43 次（1 天内≥5 站点），根据每日 08、20 定时输出的各种气象要素，区域预报模式 MM5 的数值产品为基础，并用 NCEP 资料计算出表征大气稳定度、抬升机制等 18 种参数，分类统计不同类型的天气参数阈值，将统计出阈值，采用多参数综合叠套方法制作出强对流天气潜势预报系统。系统（图 4.25）每天自动启动数值模式，运行强对流天气的参数计算程序，自动输出强对流天气预警预报结果。达到未来 0～24、48 h 可能发生的雷暴区域及识别与雷暴相伴随的强对流天气类型，其中 0～24 h 为 3 h 的预报时段，0～48 h 为 6 h 的预报时段。系统还设有反查历史个例输出结果的功能，能够使预报员快速、及时、方便的了解 24 h 及 48 h 将可能发生的天气类型，有利于在业务预报中预报员制作天气预报及短时临近预报起到一个很好的警示作用。目前系统已投入日常业务运行中，在对未来 24 h 强对流天气发生有很好的潜势预测能力，对强对流天气的强度和种类也有较好的指示意义。

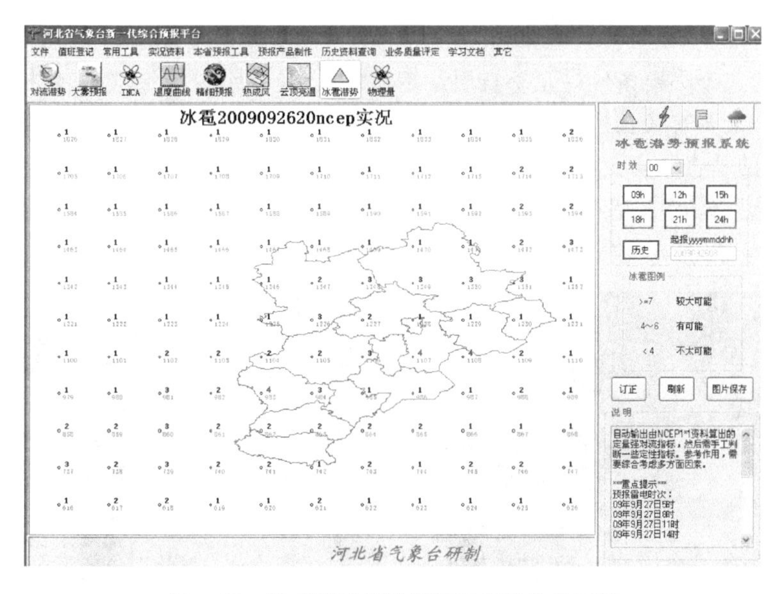

图 4.25　强对流天气潜势预报系统的界面图

4.4　强对流天气临近短时预报

临近短时预报是指 0～2 h 内天气及相关灾害的预报和警报，包括各种天气的强度、影响区域和时间，或者是对已经出现的雷暴演变趋势临近预报和可能出现的暴雨、强冰雹、雷暴大风而产生的局地暴洪和冰雹灾害的临近警报。因此临近短时预报要求比较频繁的预报更新，根据不同天气类型，需要每隔 2 h、1 h 甚至 1 min 更新一次预报或预警。在我国，目前对强对流天气的临近预报主要是根据实况（包括雷达和卫星）对已经出现的对流天气外推预报或根据预报员关于强天气的概念模式来进行。在国外（如美国），利用加密的中尺度观测及卫星、雷达资料，采用变分同化技术，非静力中尺度模式对某些强对流天气的临近预报已显示出一定的能力（Wu，2000）。

4.4.1　冰雹天气的临近预警

在业务预报实践总结得到，冰雹云的雷达回波特征：在 PPI 图中可以识别风暴顶辐散、三体散射长钉、钩状回波、指状回波、弓形回波、有界（无界）弱回波区 BWER（WER）、TVS 龙卷涡旋、前侧 V 型缺口、后侧 V 型缺口及中气旋特征等；在 RHI 上有穹隆状、回波墙、悬垂体，尖顶状假回波，旁瓣回波等形态识别法可以简便、快速的识别冰雹云。但准确率与观测人员有很大的关系，而应用新一代天气雷达组合反射率因子产品图上叠加风暴路径信息产品、中气旋、冰雹指数产品的分析，对已存在的风暴单体的跟踪预警是一非常好用临近预报产品。风暴属性表能反映出每一个风暴单体回波的强度属性，其强度是根据垂直液态水含量的大小来进行排列。另外，还可以使用雷达四屏调出四个同一时间而不同高度仰角反射率因子图，用光标联动点到一个位置上，可以快速判断回波的垂直剖面和判断回波悬垂，这样使用要比作垂直剖面快速而简捷直观。

4.4.1.1　冰雹天气产生的环境条件

冰雹产生的三个必要条件一是垂直层结不稳定；二是有一定的水汽；三是抬升机制。三个条件最重要是一定要有较长持续时间的强上升运动（必要条件）。另外，比较大的对流有效位能、较强深层次的垂直风切变和适宜的 0℃层和－20℃层高度，－20℃层高度在 7.5 km 附近或以下有利冰雹生长，0℃层高度在 4 km 上下。据河北 6—8 月资料统计（河北省气象台）：当 0℃层高度超过 5 km 时，河北未曾出现过冰雹。

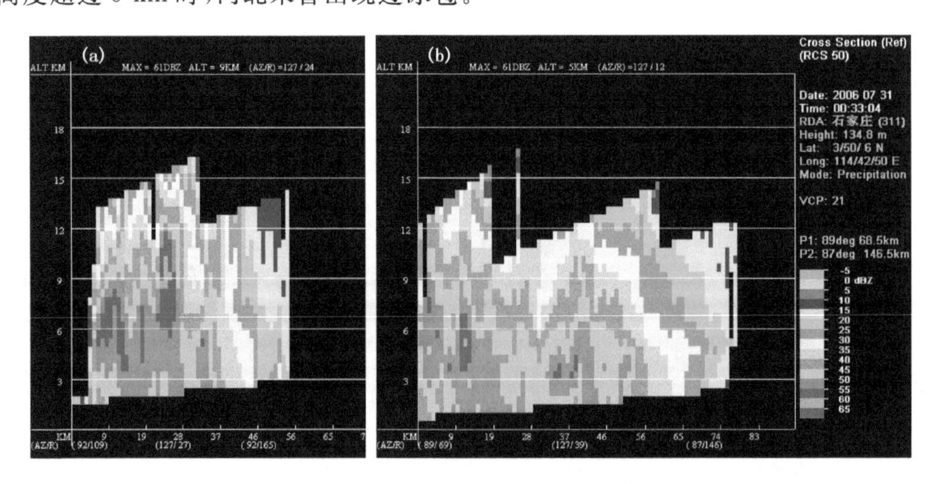

图 4.26　2006 年 7 月 31 日 7:01 石家庄 SA 反射率垂直剖面图

（a. 河间 31 日 07:01；b. 肃宁 31 日 08:33）

图 4.26 是 2006 年 7 月 31 日一次河北切变线暴雨时反射率垂直剖面图，这次暴雨过程河

北省有127个乡镇降暴雨，其中40个乡镇降雨量在100 mm以上，献县西城乡降雨量达249.6 mm。图中回波强中心为60 dBZ，55 dBZ的回波高度达12 km，无论是回波强度，还是回波高度显示，直观判断无疑是一次强雹暴天气。从图4.26可看到，强降水时段对流强回波中心50 dBZ高度很长时间都维持在9 km以上，最高达12 km（图4.26a，图4.26b），均已达到了强雹暴标准，但过程是一次暴雨过程。从探空得到：0℃层高度为5.1 km，－20℃层高度维持在8.3～8.6 km，0℃层和－20℃层均不满足冰雹生长环境条件，因此即便是高悬的强回波也得考虑冰雹生长环境条件的满足，再考虑冰雹天气预警的发布。强对流天气预报由于其尺度小（β中尺度甚至γ中尺度）、突发性强，目前的短时临近预报只能依赖天气雷达探测才能做出临近预报，很难做出有意义的更长时效的天气预报。

4.4.1.2　利用多普勒天气雷达监测冰雹天气

在有利的天气背景条件下，业务值班预报员如何利用多普勒天气雷达监测冰雹天气的发生，河北省气象台总结得到：

（1）基本反射率（R 19、R 20）。

按照0.5°→1.5°→2.4°→3.4°顺序观察回波强度，当天气形势有利于发生强对流天气时，注意有无新生回波，并使用高仰角（3.4°）观测新生回波。

（2）基本速度（V 26、V 27）。

主要使用1.5°、2.4°仰角。

（3）回波顶（ET 41）。

（4）剖面（RSC 50）。

在基本反射率图上依次选择“编辑”，“\”确定强中心的路径，“保存”，依次选择“请求”、“一次性产品请求”、“自动显示”、“确定”，则立即显示该产品，观测回波的垂直分布。

（5）垂直积分液态含水量（VIL 57）。

（6）冰雹指数（HI 59）。

（7）中尺度气旋（M 60）。

（8）组合反射率（CR 37）。

注意图上方列表含义：STM ID编号，AZ方位，RAN距离，TVS龙卷涡旋特征，MEOS中气旋HAIL冰雹指数（POS次▲代表，PRO次△代表），DBZM最大反射率值，STM TOP对应编号的回波顶高。

（9）风廓线（VWP 48）。

当近测站处有较强回波出现时，注意观测风廓线产品（如：强风核、垂直切变）。

4.4.1.3　冰雹的多普勒天气雷达特征

河北省2004—2006年通过地面灾情资料得到57个冰雹个例样本（裴宇杰等，2007），对这57个冰雹个例样本进行多普勒天气雷达统计得到以下冰雹雷达特征。

（1）回波形状：带状或块状，边界光滑，梯度大。

（2）回波强度、回波顶高、VIL：

10 mm以下冰雹：中心强度≥50 dBZ，ET≥10 km，VIL≥35 kg/m^2；

10 mm以上大冰雹：中心强度≥60 dBZ，ET≥12 km，VIL≥55 kg/m^2。

（3）冰雹形态特征。

当反射率因子回波图上出现三体散射和假瓣回波肯定有大冰雹出现。

(4)可能降雹指标和规律如下。

1)回波强度≥50 dBZ;最大为 70 dBZ。

2)回波顶高≥10 km。

3)回波形状多为块状,或带状镶嵌的块状回波。

4)平均尺度 25 km×35 km。

5)垂直累积液态水含量 VIL≥35kg/m²;最大=70 kg/m²。

6)垂直累积液态水含量 VIL 跃增≥15 kg/m²;如果 VIL 一直很大,则跃增不明显。

7)速度图上有辐合或速度大值区、速度模糊。

8)冰雹指数为▲,大多有降雹。

9)回波变圆、回波梯度变大时,注意观测中气旋,密切监视强烈天气。

10)当回波强度≥65 dBZ 时,注意观测三体散射现象。

11)多数情况下,在主体回波移向右侧新生的回波易发展增强,左侧的回波常减弱甚至消失。

12)回波顶高随季节变化均不明显。

13)现有资料没有观测到弓形回波。

注意:

1)当近测站处有较强回波出现时,注意观测风廓线产品(强风核、垂直切变)。

2)当天气形势有利于发生强对流天气时,使用高仰角观测新生回波。

4.4.1.4 冰雹的分析预报(以超级单体分析为例)

2008 年 5 月 17 日下午一次超级单体风暴天气(王丛梅,2010),使得石家庄、邢台的部分地区出现短时暴雨和短时大风,灵寿、正定、宁晋、新河、南宫降冰雹,测站最大冰雹直径为 30 mm。

天气背景:当天 08:00,500 hPa 图上,河北省处于东蒙冷涡后部的西北气流中,新疆到贝加尔湖以西为高压脊,冷空气从蒙古国和我国内蒙古的东部沿涡后脊前的西北气流南下。河北中南部与冷空气对应的 850 hPa 为一暖切变。200 hPa 高空急流轴位于 43°N 附近,河北省中南部地区位于高空急流出口区的左侧。

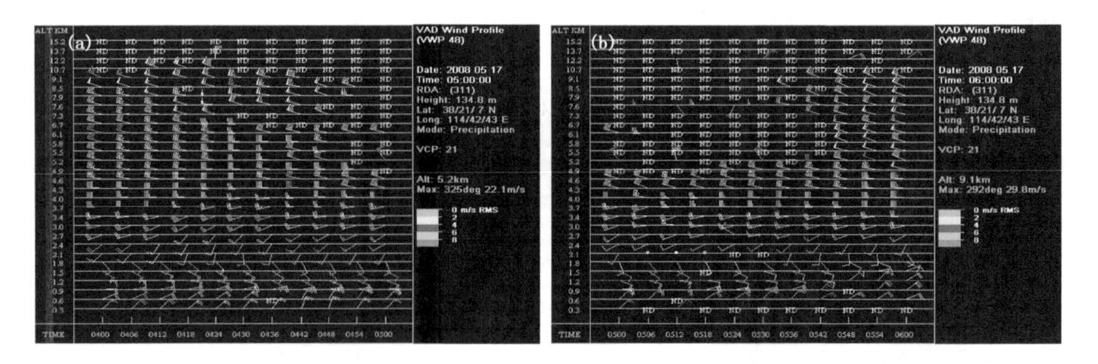

图 4.27 2008 年 5 月 17 日 08 时石家庄 SA 多普勒雷达的风廓线图

(a. 12:00—13:00; b. 13:00—14:00)

08:00 邢台探空图上，$K=29$，$SI=-1.3$℃，为弱的不稳定结构，存在上干下湿的形势，但不显著。高空风随高度顺转，有明显的暖平流。从新乐 SA 多普勒雷达 12:00—14:00 的风廓线图上(图 4.27ab)，10.7 km 高度以上，NW 风风速≥32 m/s，对流层高层存在高空急流；而在 3 km 高度，SW 风风速≥12 m/s，即对流层低层有低空急流；0.9 km 以下边界层，NE 风风速≥12 m/s ，边界层有超低空急流。3 km 高度急流与边界层急流对吹，有强的垂直风切变，为超级单体风暴的发生提供了有利的环境条件。

超级单体的形成：5 月 17 日 11 时，0.5°仰角石家庄西北部山区有块状强回波生成，中心强度 53 dBZ，>45 dBZ 的回波范围约 10 km。12:00 回波由多块回波块组成南北弓状回波(图 4.28a)，弓形回波>45 dBZ 区域长约 30 km，在仰角为 1.5°和 4.5°速度图上 0 线呈"s"形，牛眼结构明显，在距离雷达 14 km 处、30°和 210°方位、高度为 300 m 上，对称出现速度核，正负速度中心值均为 17 m/s，表明有超低空的东北风急流存在(图 4.29a，b)。12:30(图 4.28b)，弓状回波北段有减弱的趋势，而南段明显加强，出现强块状单体，位于正定南部，中心强度为 65 dBZ，12:31 正定出现冰雹和短时暴雨天气；12:42(图 4.28c，d)，弓状回波由于北段的迅速减弱脱离母体，同时中段与南段在藁城附近也逐渐分离成两部分；13:24(图 4.28e)两块回波在宁晋合并为回波单体，从 0.5°仰角到 6.0°仰角(约 9 km)强回波中心强度都在 60 dBZ 以上，−20℃等温线约在 6 km 高度，可见强回波伸展到很高的位置。0.5°到 4.3°仰角速度图上出现明显的中气旋特征，并持续了 3 个体扫。速度图上强度中心西侧出现翼状旁瓣回波(图 4.28e 同一时间放大图箭头所指处)，强度中心南侧即背向雷达一侧出现强度在 5 dBZ 的三体散射。4.3°仰角速度图更有明显不同，回波核心高度在 6 km 以上，西南和东南都为辐散区域，西北却为强辐合。结合低仰角的经向速度特征，可以判断超级单体气流的垂直分布，即在钩状回波

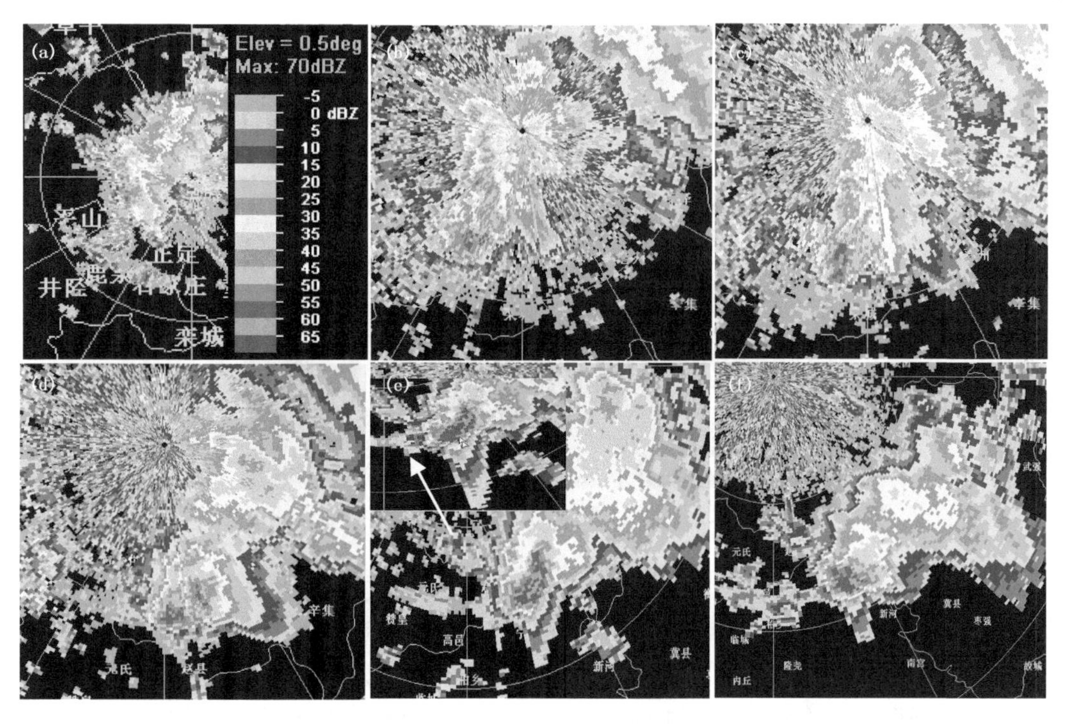

图 4.28　2008 年 5 月 17 日 12:00—13:42 石家庄 SA 多普勒雷达的反射率因子图

(a. 12:00；b. 12:30；c. 12:42；d. 13:00；e. 13:24；f. 13:42，仰角：0.5°)

的东南侧缺口处，以及强回波区的西南侧，低层为强的入流，气流向风暴单体流入，上升至 5 km 的中空，逐渐转为出流，在 6 km 以上可以判断超级单体气流的垂直分布，即在钩状回波的东南侧缺口处，以及强回波区的西南侧，低层为强的入流，气流向风暴单体流入，上升至 5 km 的中空，逐渐转为出流，在 6 km 以上向外侧流出；而在风暴单体的西北侧，在中高层气流夹卷而入，到低层直至地面向外流出。垂直结构上，高层的强回波中心位于低层的强回波中心的南侧弱回波区之上，此时超级单体形成，三体散射持续了 6 个体扫，36 min，先后在宁晋、新河、南宫造成雹暴灾害。13:42(图 4.28f)旁瓣回波带变宽，三体散射也逐渐减弱。

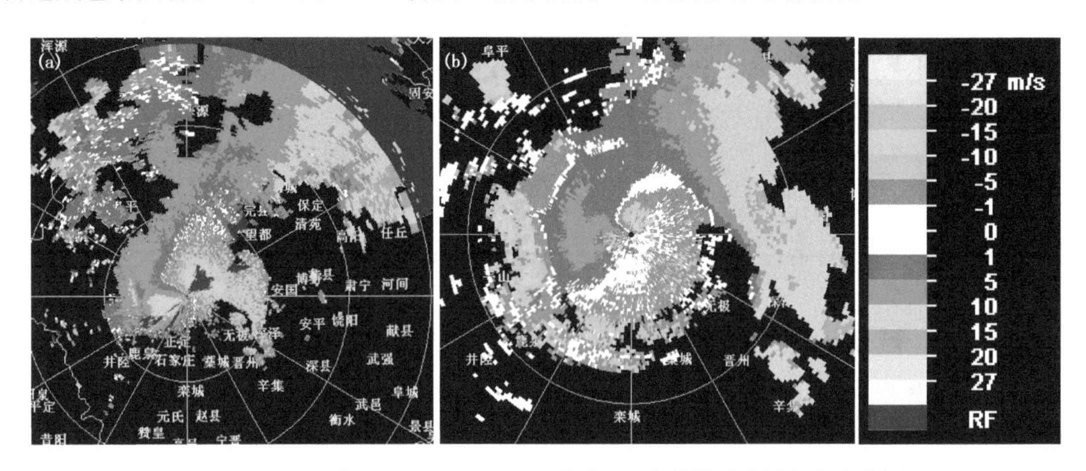

图 4.29　2008 年 5 月 17 日 12:00 石家庄 SA 多普勒雷达的径向速度图

(a. 仰角：1.5°；b. 仰角：4.3°)

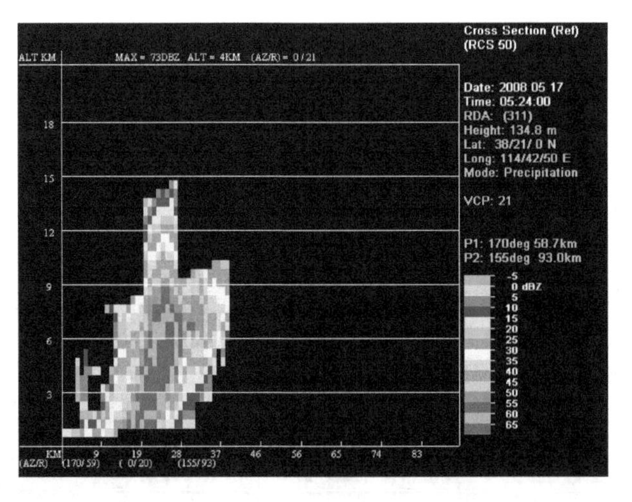

图 4.30　2008 年 5 月 17 日 13:24 反射率因子的垂直剖面

雷达回波的垂直结构特征：图 4.30 是 5 月 17 日 13:24 沿低层入流方向通过弱回波区的反射率因子的垂直剖面。从图中可看到高层的强反射率因子中心处位于低层强反射率因子中心东南侧的弱回波区之上，回波悬垂、低层弱回波区特征显著。超级单体沿剖面方向的水平尺度约 30 km，弱回波区的水平尺度约 10 km，回波顶达 15 km，>60 dBZ 的强回波中心高度达 8 km，最强回波中心值为 73 dBZ。

4.4.2 雷暴大风的临近预报

雷暴大风是指雷暴与大风相伴的天气现象，雷暴大风具有突发性、局地性等强对流天气的特点。俞小鼎等(2009)指出，雷暴大风的产生主要有三种方式：1)对流风暴中的下沉气流达到地面时产生辐散，直接造成地面大风。造成地面大风的原因除了较强的下沉气流外，移动着的雷暴的高空水平动量下传也是重要原因。2)对流风暴下沉气流由于降水蒸发冷却在到达地面时形成一个冷空气堆(cold pool)向四面扩散，冷空气堆与周围暖湿气流的界面称为阵风锋(类似于冷锋，可以看做是浅薄的中尺度冷锋)，阵风锋的推进和过境也可以导致大风。有时是孤立的雷暴自身产生阵风锋，有时由大量雷暴过程的雷暴群的下沉气流到地面后的冷堆连为一体，形成一个共同的冷堆向前推进，其前沿的阵风锋可达数百公里长。3)低空暖湿入流在快要进入上升气流区时受到上升气流区的抽吸作用而加速，导致地面大风。因此，雷暴大风的产生主要是以雷暴的出流和入流所导致。

4.4.2.1 雷暴大风产生的环境条件

对于雷暴大风，与强冰雹刚好相反，其产生需要较强的下沉气流。有利于雷暴内强烈下沉气流的背景条件是：1)对流层中层存在一个相对干的气层；2)对流层中下层的环境温度直减率较大，越接近于干绝热越有利。条件一是有利于干空气夹卷进入刚刚由降水发动的下沉气流，使得雨滴蒸发，下沉气流内温度降低到明显低于环境温度而产生向下的加速度；条件二是有利于保持下沉气流在下沉增压增温过程中和环境之间的负温差，使得下沉气流在下降过程中温度始终低于环境温度，一直保持向下的加速度(俞小鼎等，2009)。

4.4.2.2 利用多普勒天气雷达监测雷暴大风

梁爱民等(2006)利用首都机场的雷达资料对出现在 2006 年 5—6 月大风过程的回波特征进行了统计分类，将造成短时大风的回波分为窄带回波型、飑线型和大风核型等三类。Eilts 等(1996) 的研究得到：1)一个迅速下降的反射率因子核；2)强并且深厚的中层辐合(2～6 km)；3)产生下击暴流的反射率因子核往往开始出现在比其他雷暴单体核更高的高度。4)中层旋转；5)强烈的风暴顶辐散。邵玲玲等(2005)运用中气旋产品预报大风，并给出了预报着眼点：①当雷达识别出中气旋、三维切变时即可考虑预报局地大风，还要注意风场资料中有明显风速增大的现象和区域。②在利用中气旋预报中尺度强风的工作中，综合使用 R、SRM、STI、CM、VWP 等产品对提高预报的准确性和时效有很大的帮助，最好将这些产品作为中尺度气旋的警报配套产品。特别要注意反射率因子 R 产品中是否有强回波中心或强回波带(区)的形成，密切关注那些强度强、高度梯度大、移速快的回波系统。

河北省气象台通过 2005—2007 年地面灾情资料得到 24 个雷暴大风个例样本(裴宇杰等，2006)，对这 24 个雷暴大风个例样本进行多普勒天气雷达统计得到：

(1)在径向速度图上监测有无大风核存在，如果有 24 m/s 以上的大风核，其对应的地面一定有大风产生，如果大风核速度＜24 m/s(17 m/s)，再观测反射率因子回波中心强度及回波顶高，判断有无地面大风产生的可能；

(2)在反射率因子图上监测有无阵风锋，其阵风锋的前沿有地面大风产生(大多数情况下)，阵风锋是发生在边界层的一种中尺度天气系统，因此只有当它离雷达观测站较近时通过低仰角才有可能被观测到；

(3)在反射率因子图上有无弓形回波，其弓状回波的前沿一定有地面大风产生，而且在弓状回波顶部和向前突起部分产生的大风更为强烈；

(4)在反射率因子图上有无超级单体风暴形成，超级单体风暴的前沿一定有地面大风产生；

(5)在径向速度图上有无中层中尺度辐合，同时注意监测回波中心强度、回波顶高的发展；

(6)在反射率因子图上回波中心强度＞50 dBZ，顶高＞10 km 时，可预报地面一定有大风产生；

(7)当中气旋 M 和冰雹指数 HI 产品连续出现多次，也可不连续出现多次，则可判断地面一定产生大风；

(8)在反射率因子 RHI 剖面图上，当重心向下移动时，可预报地面一定有大风产生。

预报难点

(1)局地的大风一般是很小的对流单体造成的，时间短，突发性强，一般看不到大风核，很难作出大风预报，如在径向速度图上有中尺度辐合，再结合回波强度和顶高预报大风；

(2)很窄的带状多单体风暴作大风预报也比较困难，一般看不到大风核，如在径向速度图上有中尺度辐合，再结合回波强度和顶高预报大风比较好判断。

李国翠等(2006)通过对 2005 年 5—8 月石家庄出现的 16 次(其中 7 次有阵风锋，9 次无阵风锋)雷暴大风过程与雷达回波出现阵风锋进行了统计分析，得到在多普勒雷达回波特征上，阵风锋表现出以下几个特征：

(1)一次对流天气过程中阵风锋出现个数可以不止一个，可以并存两个阵风锋；

(2)阵风锋出现时段与雷暴大风基本一致；

(3)在反射率因子 PPI 图像上，阵风锋表现为在强回波主体前方的一条细线状或弧状弱窄带状回波，回波强度通常小于 20 dBZ，个别可达 25～30 dBZ；

(4)块状回波、回波带和飑线等强对流回波也可引发阵风锋；

(5)阵风锋常出现在低仰角(如：0.5°仰角)雷达反射率因子产品上，即近地面层。但当阵风锋较强且距离雷达中心较近时，1.5°仰角和 2.4°仰角也可探测到。值得注意的是，如果近距离内低仰角地物杂波回波强度与阵风锋强度相当，阵风锋回波不易辨认；

(6)在速度图上阵风锋对应正负速度交界、正负速度线(周围无速度回波时)或速度梯度大值前沿，即阵风锋位于辐合区内速度梯度最大区域；

(7)阵风锋是地面强风的前沿，阵风锋仅与地面短时大风或风速的大值段对应，降水通常由位于其后的对流回波产生，与阵风锋无直接关系；

(8)阵风锋相对于主体回波的移动速度决定了强对流天气的强弱，或者说阵风锋距离雷达主体回波远近表明了主体回波影响的剧烈程度。当阵风锋移速明显比主体回波快，二者距离逐渐增大时，主体回波强度递减，造成的对流降水弱，强风持续时间短，而当二者移速相近且距离较近时，主体回波强度不减，会造成强降水和风灾。

在无阵风锋出现时的雷达回波特征：无阵风锋出现时，短时大风通常与对流性天气相伴。在反射率因子 PPI 图像上，造成短时大风的雷达回波表现为块状、带状对流回波、弓形回波或大面积层积混合回波，与阵风锋造成的短时大风移动性相比：这些回波可以是原地生成发展的，也可以是移动性的。在径向速度图像上，表现为中气旋、辐合性气旋、逆风区、风辐合带或急流。

4.4.2.3　雷暴大风的分析预报(以飑线分析为例)

飑线的形成可以作为雷暴大风临近预报的主要依据。飑线是一种带(线)状的中尺度对流系统,是非锋面的或狭窄的活跃雷暴带。它是一种深厚的对流系统,其水平尺度通常为几百千米,典型生命期约 6～12 h,远大于雷暴单体的生命期。它包括雷暴,以及非对流(层状)的降水区。镶嵌在飑线中的强雷暴常常引起局地地面风向突变,风速骤增,气压跃升,温度剧降,并伴有雷暴天气,有时还出现冰雹、龙卷等灾害天气(张培昌等,2001)。飑线主要雷达特征有:弓形回波和阵风锋。与灾害性大风相关连的中尺度雷达天气特征是阵风锋、低空强后侧入流。

2008 年 6 月 23 日是一次东蒙冷涡形势下的飑线天气过程,一条长约 400 km,历时约 8 h 的雷暴带自西向东横扫河北中部和京津地区。过程出现 24 站大风,14 站冰雹,短时暴雨 9 站,1 站暴雨。

此次飑线特点是:1)冰雹落区呈带状,冰雹最大直径为 13 mm(保定涿州),位于飑线的中部,最大风速中心仍然位于飑线的中部地区,最大为 34 m/s;2)400～100 hPa,河北中南部上空风向辐散,高空的强辐散叠置于低层的辐合之上,为强烈的上升运动的提供了动力条件;3)08 时的实况分布,从 1000～850 hPa,山西和河北交界都处于暖湿舌内,而 500 hPa 以上则是干冷的,这种低层暖湿高层干冷的不稳定层结配置有利于热对流的发展;4)成带状结构的强回波:成带的回波形成飑线后,飑线中对流单体非常活跃,整个飑线有 5 个超级单体风暴和多个非超级单体风暴组成(图 4.31)。飑线发展阶段超级单体风暴造成了河北中部的冰雹、大风和短时暴雨天气,而弓形回波阶段(成熟阶段)在河北东部以大风为主,测站没有冰雹。17 站西北大风都出现在回波弓形突出的前侧,都是由阵风锋造成的。5)强烈的下沉气流在地面形成雷暴高压,在飑线前再次形成中尺度低压,飑线前阵风锋(阵风锋能强迫暖湿气流上升)和中尺度低压不断激发新对流单体,从而使飑线得以长时间的维持。

15:00 当飑线初步形成后,预报员考虑的问题是,飑线能维持多久?移动方向如何估计?冰雹、大风、暴雨落区在哪?除了前边提出在多普勒雷达图上叠加风暴信息以外,预报员还应注意飑线前沿的阵风锋及飑线突出点,在径向速度图中应用风速估算地面将会在什么区域出现大风,并可应用自动站资料分析判断飑线的维持时间。图 4.32 给出的是 16:00—19:00 自动站资料分析,16:00(图 4.32a),与飑线对应的地面有一辐合线,正好处于飑线的成熟阶段,辐合线的存在对强对流不但有触发的作用,而且还起到了对强对流的组织及增强作用。由于飑线前侧为东南风或偏东风,其后侧强烈的下沉气流在地面向四周扩散,18:00—19:00 强烈的下沉气流在地面形成雷暴高压(图 4.32b,c),雷暴高压的形成使得飑线前侧的中尺度低压一直维持,中小尺度辐合的存在,才使得新的对流单体不断被激发出来,从而使飑线维持了近 8 h。由图 4.32 可看到,强对流回波主要集中在系统前沿,即飑线中部。

4.4.3　短时强降水的临近预报

河北夏季系统性、大范围降水一般可以预报出来,而局地性强降水具有突发性强、范围小、持续时间短的特点,而且有时局地暴雨发生前的征兆也不明显,因此常常漏报。如何准确预报预警城市突发性短时强降水的落区和时效是预报中的难点。短时强降水指降水率超过 20 mm/h 和降水持续时间不超过 6 h 的强降水,降水集中时段一般在 3 h 以内。

4.4.3.1　短时强降水形成的主要因子

短时强降水的发生需要考虑的一个关键因素是高降水率的形成。高降水率的形成的关键

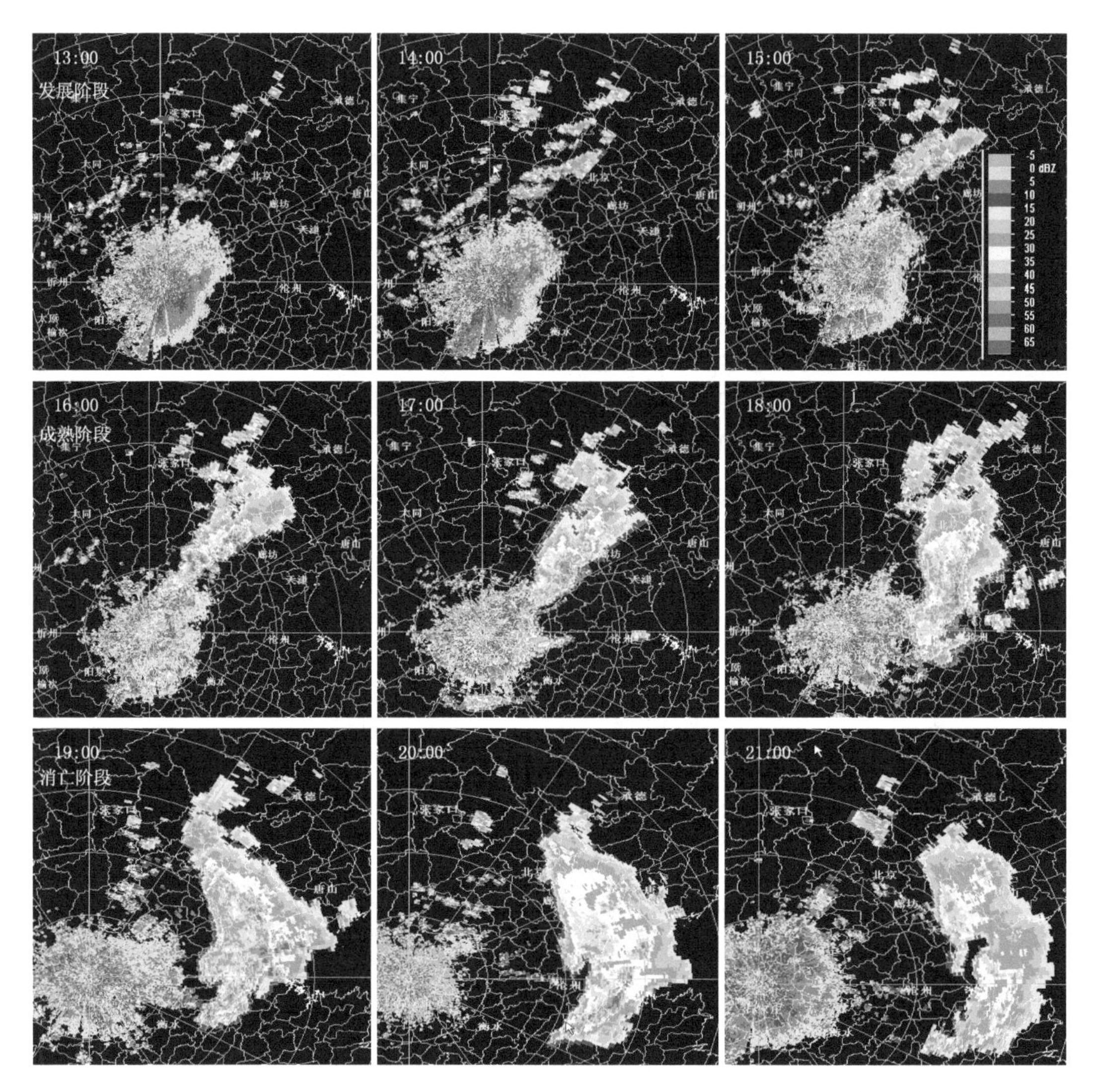

图 4.31　2008 年 6 月 23 日 13:00—21:00 石家庄 SA 多普勒雷达的反射率因子图(仰角:0.5°)

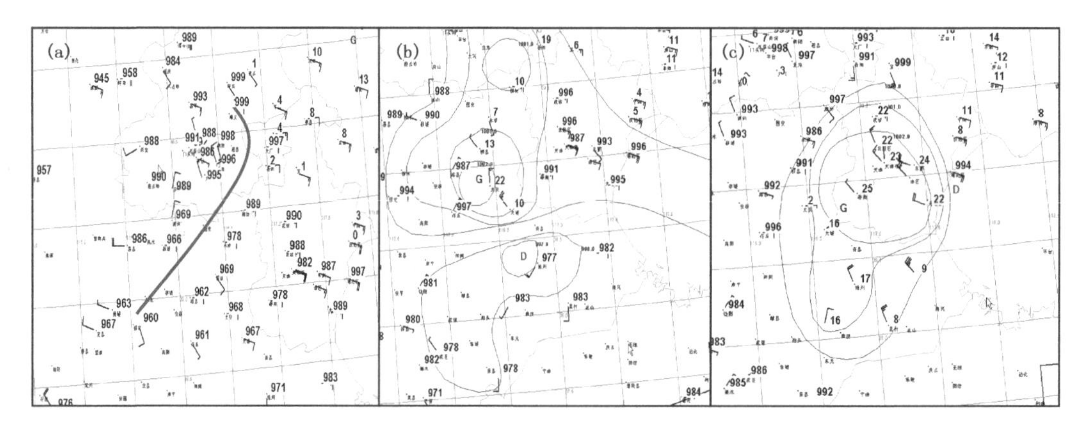

图 4.32　2008 年 6 月 23 日 16:00—19:00 自动站资料分析

因子是风暴上升气流速度的强弱和具有高水汽的含量。也就是说上升气流越强，含水量越大，风暴的降水强度也就会越大，而且较宽的上升气流能够减小干空气的侵入，可使云中水汽含量维持。

4.4.3.2 利用多普勒天气雷达监测短时强降水

在业务值班中，预报员常用直观的反射率因子大小来估测降水大小。一般是反射率因子越大，雨强就越大，但这个关系往往受零度层亮带和雹暴的影响，这就需要与天气形势结合，并从雷达回波PPI的形状、移动速度和回波发展速度来估测降水大小，另外还要特别关注回波单体合并现象以及两条带状回波在移动过程的汇合。暴雨的产生一定要有充沛的水汽供应，低空急流是为暴雨输送水汽的通道，在降水已经开始时，还可以通过多普勒雷达径向速度图的风速来监视低空急流变化，判断降水的持续时间。当降水回波块先后经过一地时(列车效应)，也会造成局地特大暴雨。例如2009年5月9日18:00—23:00邢台市大部分地区出现大到暴雨，其中邢台市区、任县、巨鹿、南宫等地出现大暴雨天气。降水发生时伴有雷电和大风，其中南宫出现了17 m/s的大风。最大的降水出现在邢台市区，过程降水量达到175.5 mm。邢台市区这次降水过程不仅创下近55年以来历史同期24小时降水量的最高值(1958年5月10日，52 mm)，同时也超过了历时同期月总降水量的最高值(1964年5月，133 mm)，对城市交通带来不利影响，地道桥被淹，部分道路交通瘫痪。

河北省气象台通过2004—2006年地面灾情资料得到10个短时暴雨个例样本(裴宇杰等，2007)，对这10个短时强降水个例样本进行多普勒天气雷达统计，得到以下短时强降水雷达特征。

(1)回波形状、尺度：片絮状，(100～300)km×(100～400)km。

(2)移动速度：15～40(km/h)。

(3)多个回波中心：强度≥ 50 dBZ ；ET≥8 km ；VIL≥25 kg/m^2。

(4)急流厚度≥3 km。

(5)逆风区直径≥10 km。

(6)自动站降水≥20 mm (3 h)。

(7)列车效应。

4.4.3.3 短时强降水的分析预报(以8月14日强降水分析为例)

2008年8月14日中午河北中南部的石家庄城区就出现了一次罕见的局地特大暴雨，降雨集中在11:40—13:05(图4.33b)。根据区域加密自动站可信数据显示，9:00—15:00降水量大于50 mm的降雨区位于机场路泵站、火车站、仓安路泵站和工人街泵站等(图4.33a)，最大雨量为火车站和机场路泵站分别达148.6 mm、136.1 mm。由于这次暴雨强度大、雨势猛和降雨时间集中，造成严重的城市积涝，全市多处道路积水，部分地区交通瘫痪达数小时。

天气分析：2008年14日08:00 500 hPa图上，山西与陕西的交界处有一低涡，从低涡中心向东到北京有一西南风与偏东风的切变。700 hPa的形势与500 hPa的形势基本相同，只是东南风与西南风暖切变线更为明显。850 hPa河北中南部地区与山东交界处为一低涡环流，石家庄位于低涡的西北象限，暴雨落区的低层和边界层(925 hPa)为一致东北风，925 hPa东北风速有明显的风速辐合，东北风受太行山地形的抬升作用，为暴雨的产生提供了有利的动力条件。暴雨落区位于700 hPa切变与地面冷锋之间，位于200 hPa宽广的西南急流带的左侧。

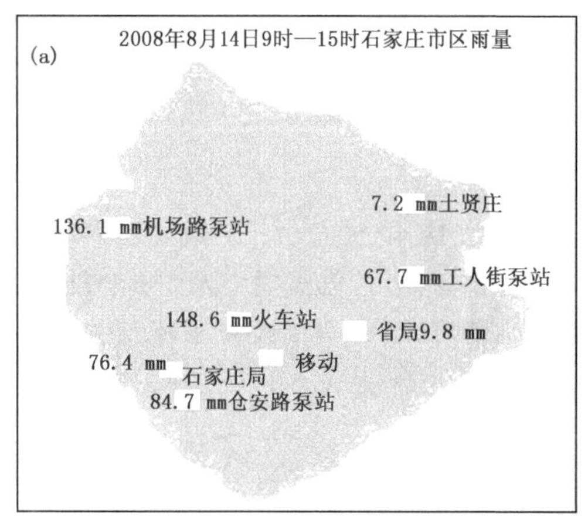

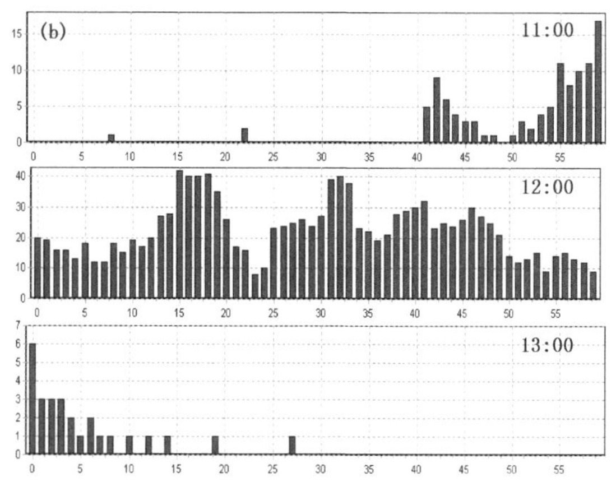

图 4.33 石家庄市区加密自动站雨量分布图及火车站逐分钟的雨量直方图

高空辐散与低层辐合区的重叠也为暴雨的产生提供了极好的动力条件。

邢台 8 月 14 日 08:00 单站 $T\text{-}\ln p$ 图(图略)显示:对流层中、低层 θ_{se} 随高度减小,由表 4.4 可得到,$\theta_{se850-500}$ 及 $CAPE$ 值不大,对流性不稳定度并不算高,但 K、SI、SSI、$\Delta T_{850-500}$ 都表明了大气层结极不稳定,并且在 700 hPa 与 850 hPa 之间存在垂直风切变,700 hPa 以上为西南风,850 hPa 以下为 6～8 m/s 偏北风,$T-T_d$<5℃的湿层厚度为 700～100 hPa(08:00),表明大气水汽很充沛(裴宇杰等,2006)。

表 4.4 邢台 8 月 14 日 08:00—14:00 探空资料显示的参数表

时间	0℃层高度	−20℃层高度	K	SI	SSI	$CAPE$	$W\text{-}CAPE$	$\Delta T_{850-500}$	$\theta_{se850-500}$
08 时	4.361 km	8.12 km	35	−1.56	71	366.7	27.1	25℃	6.8
14 时	4.435 km	7.85 km	34	−0.56	258.6	950.4	43.6	24℃	

图 4.34 给出的是石家庄市周边 9:00—14:00 加密自动站 1h 风场图,9:00 石家庄市区周边地区为弱的偏北风,风速仅为 2 m/s;10:00 平山与石家庄有一偏西风与偏北风的弱切变;11:00,当降水开始后,石家庄本市和上游测站为静风,静风使得风暴在原地停滞发展;12:00 当降水加大后,在石家庄市上游的平山为偏西风 4 m/s,正定为 2 m/s,两站之间有弱的风速辐合,而降水区域的石家庄市内仍为静风;13:00 石家庄市周边的风速逐渐加大,降水趋于结束;14:00 当降水结束后,石家庄市区风速与周边测站为一致的西北风,且风速达 4 m/s。

雷达资料分析:7:00 开始在石家庄北部的正定县开始出现零散的强回波,2 h 后逐渐发展为较大的块状回波,并向东南方向(石家庄市区)移动。9:36 回波前沿进入市区北边界,移入时的强中心为 35 dBZ。此后回波继续向东南方向缓慢移动,10:00 市区被回波覆盖,10:48 市区回波强度中心基本在 35～45 dBZ 之间,强中心的范围也不大。10:54 当西部山区东移回波前沿靠近石家庄市区边界时,市区北端的回波有了明显增强,回波中心达 50 dBZ。由表 4.5 显示 10:00—11:00 机场路泵站 19.4 mm。11:00—12:30,45～50 dBZ 的回波面积覆盖市区中西部,且稳定不动,12:00 后西部山区东移过来的回波与石家庄市区的回波合并,11:48、12:06—12:18 区间的回波强中心高达 60 dBZ。从表 4.5 看出,11:00—12:00 最大雨量在石家庄西北部的机场路泵站,1 h 雨量为 75.9 mm。12:30—13:12,45 dBZ 以上的回波面积有所

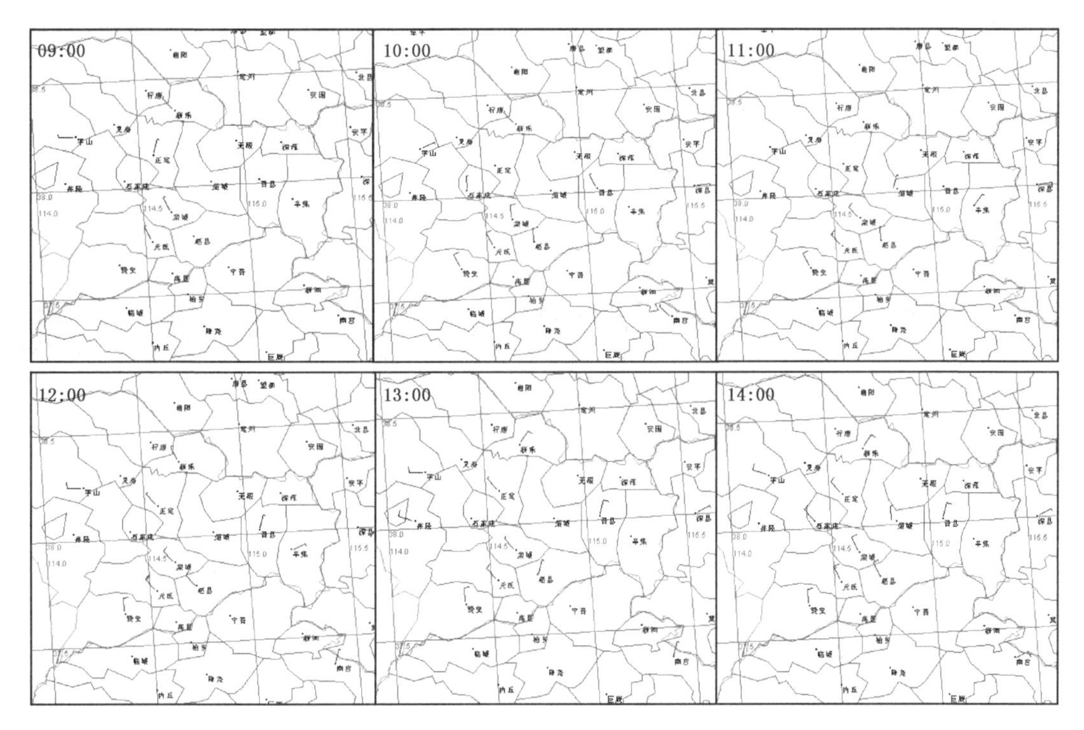

图 4.34　石家庄市周边 9:00—14:00 加密自动站风场图

减少，并随着回波向东偏南方向移动，使得强回波中心位置移到市区东部。12:00—13:00 最大雨量在石家庄市区中部，其中仓安路泵站和火车站 1 h 雨量分别为 77.3 mm 和 134.2 mm。13:20 随着回波的东移，回波强度也在不断减弱，降水逐步在石家庄市区的东部出现，但雨量不大。12:00—13:00 省气象局的雨量记录只为 5.4 mm。14:00 回波移出石家庄市区，降水结束。

表 4.5　11:00—13:00 石家庄市区加密站点雨量(单位:mm)

站名＼时间	9—10 时	10—11 时	11—12 时	12—13 时	13—14 时	合计
仓安路	—	—	2.1	77.3	3.8	84.7
火车站	—	—	10.7	134.2	2.7	148.5
工人街	—	—	14.7	46.5	4.9	67.7
机场路	2.5	19.4	75.9	37.1	—	135.5
市气象局	0.1	8.0	38.0	30.0	0.3	76.4
土贤庄	—	—	—	4.1	2.0	6.1
省气象局	—	—	—	5.4	3.1	8.5

图 4.35 是 2008 年 8 月 14 日 10:42—14:06，1.5°、2.4°、3.4°仰角的径向速度图。由图可得到，10:42 在暴雨开始前，雷达上空 80 km 范围内，1.5°、2.4°、3.4°仰角正负速度区各半，0 等速度线近乎为一西北一东南向的直线，没有明显的风向辐合，但存在明显的风速辐合(−12，+7)，0 等速度线不平直，有扰动存在；11:42 暴雨开始时刻，在 1.5°仰角上，0 速度线呈弓形，

且弓向正速度区，在这一时刻，风向风速均为明显的辐合，低层(1.5 km)东北风也增大为 17 m/s，正速度中心强度仍为 7 m/s，而 2.4°仰角的正负速度中心都有变化，正负中心增大为－17 m/s 和＋12 m/s，3.4°仰角正负速度中心变化与 2.4°仰角相同，只是在 3.4°仰角 5～6 km 处有一明显的西南急流(图 4.35 箭头处)，西南急流一直维持到 12:42；12:54 暴雨期间，0 等速度线变为较为光滑的 S 形，1.5°仰角上的正速度值加大到 12 m/s；13:24，当暴雨趋于减弱阶段，1.5°、2.4°、3.4°仰角正速度中心值变化不大；14:06，当暴雨结束后，0 等速度线再次成为直线，风向风速辐合消失。

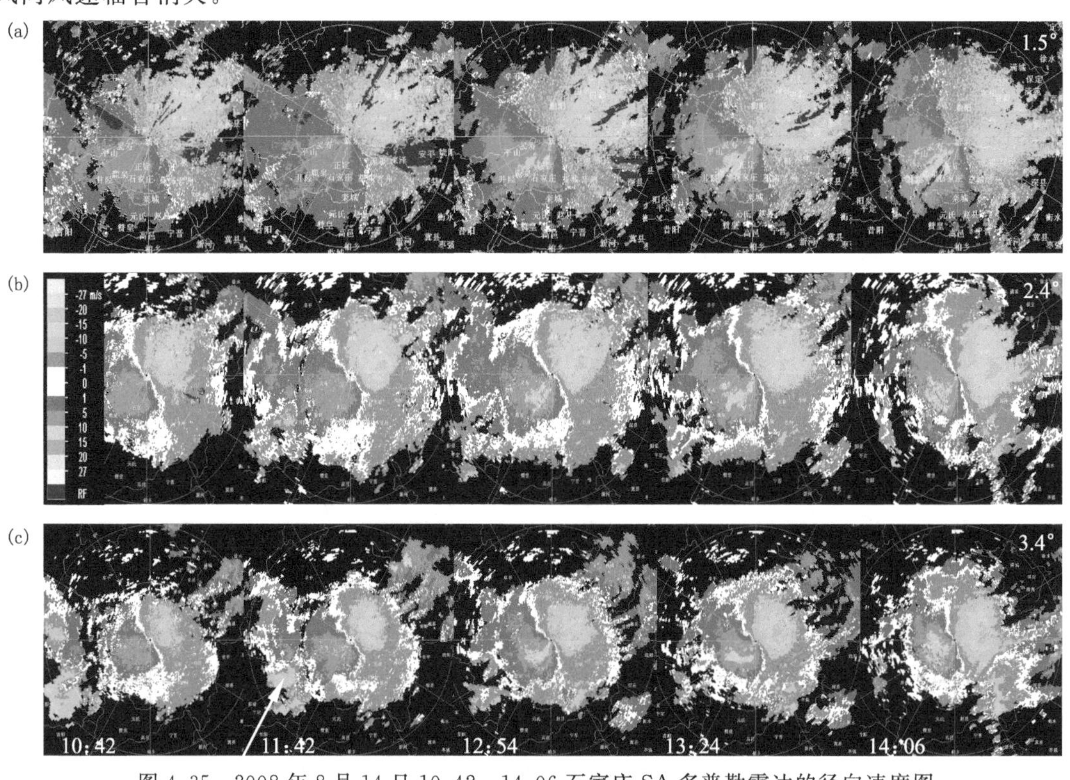

图 4.35　2008 年 8 月 14 日 10:42—14:06 石家庄 SA 多普勒雷达的径向速度图
(a. 1.5°；b. 2.4°；c. 3.4°仰角)

11:12 开始径向速度场 2.4°仰角及以上的径向速度产品都能清晰地看到在石家庄市区上空有逆风区、气旋式辐合及风暴顶辐散的出现，图 4.36 是降水时刻 12:18 的速度场，正好与强降水时段对应，从图上可看到，2.4°、3.4°、4.3°箭头所指的逆风区，而 6.0°仰角为风暴顶的辐散，直到 12:42 石家庄市区上空的逆风区、气旋式辐合及风暴顶辐散消失(图略)，强降水趋于结束。

在主要降水时段同一个回波同一处剖面的径向速度剖面产品与反射率剖面图上(图 4.37)，还可看到，6 km 附近有气旋式辐合，回波质心位于 0 度层(4.435 km，14:00 探空)附近，强回波高度位于 6 km，而－20℃层为 7.85 km(14:00 探空)，从而证实了这是一次典型的液态强降水对流系统。

在整个强降水时段(11:00—13:00)，400 hPa 高度及以上有冷空气侵入，对流层中、高层有暖湿南风分量，而低层是冷湿东风分量。证明测站附近有垂直风切变及冷暖气流的交汇，然而暴雨的产生条件之一是要有充分的水汽供应，而低空急流是为暴雨输送水汽的通道(俞小鼎

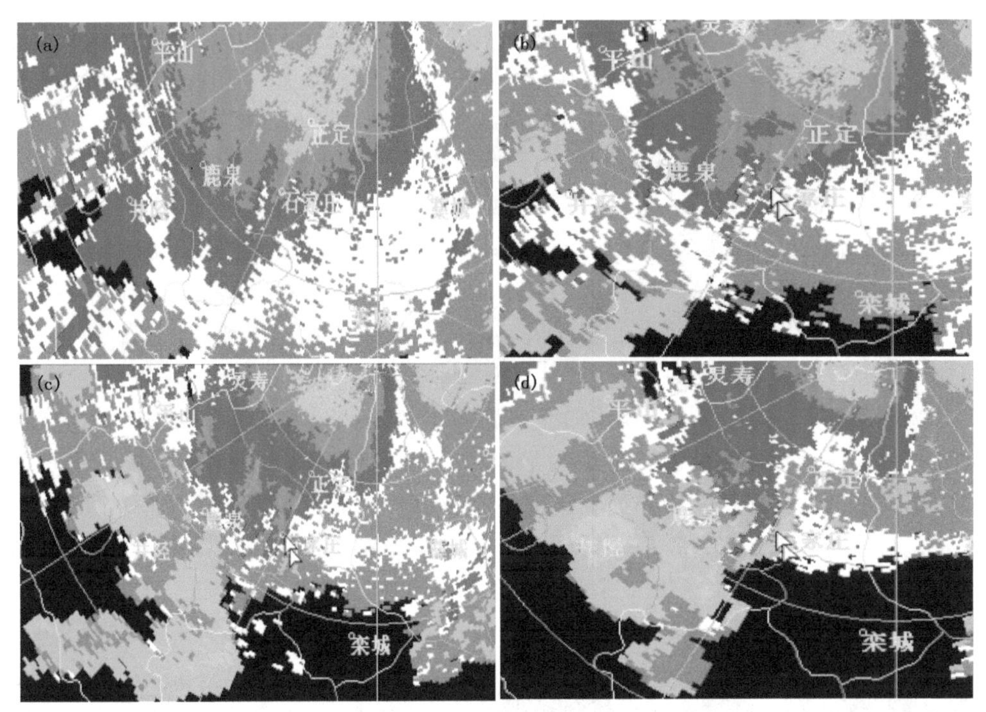

图 4.36　2008 年 8 月 14 日 12:18 石家庄 SA 多普勒雷达径向速度图
（a. 2.4°；b. 3.4°；c. 4.3°；d. 6.0°仰角）

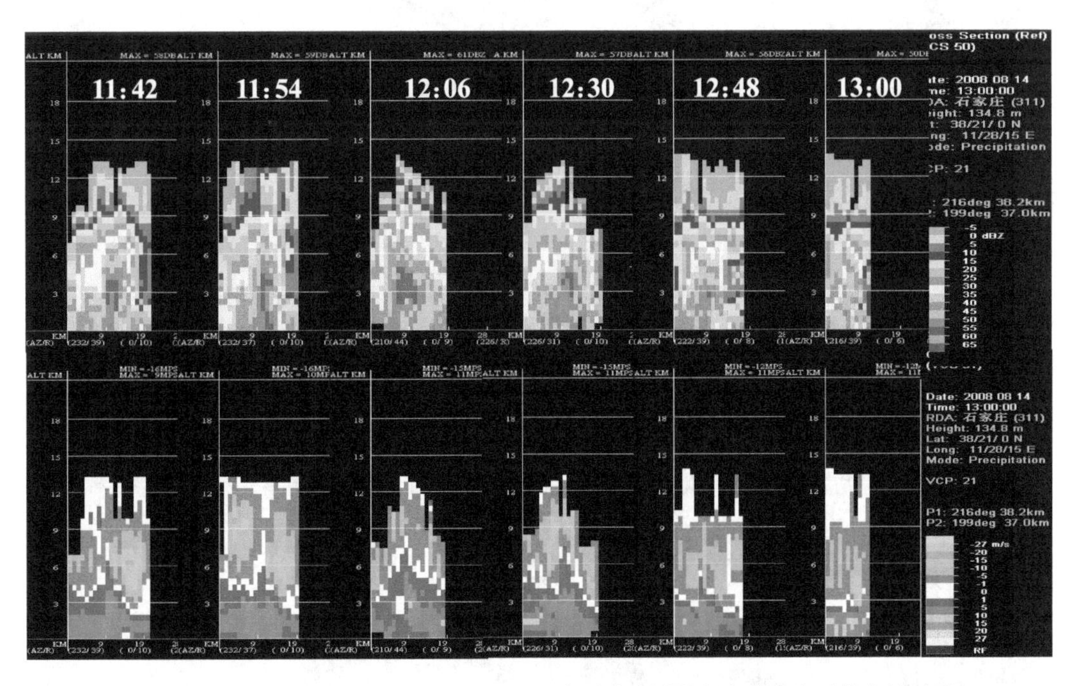

图 4.37　2008 年 8 月 14 日 11:42—13:00 主要降水时段径向速度和反射率剖面图

等，2009）。暴雨期间低空急流的出现和高低空垂直风向切变的加强，为石家庄市区降水提供了有利的水汽和动力条件。

9:30—10:30 期间（图 4.38a）对流层中高层风随高度顺转有暖平流，中层出现 1.5 km 厚度的东风层，但风速很小。7 km 及以上高度风场散乱，5.8～7.0 km 为 8 m/s 西南风，4.3～5.5 km 为 4 m/s 的南风，2.4～4.0 km 为 2 m/s 东风，有趣的是在 3.4 km 处的风向风速为 0，2.1 km 以下为 6～8 m/s 东北风。这 1 h 是市区内降水开始并逐渐增强的时段。

10:30—11:30 期间各层风速略有加大，高空出现冷平流，对流层中高层仍为暖平流，东风厚度减小到 1 km(图 4.38b)。8.5 km 以上高度风速为 ND，7.0～8.5 km 之间出现风随高度逆转，明显的风向逆转出现在 11:00，也就是在此时，400 hPa 以上的高度有较强冷平流侵入。3.7～6.7 km 为 SE—S—SW，风速加大为 2～8 m/s，东风层仅在 2.7～3.7 km，风速加大为 4 m/s。2.4 km 以下为 8～10 m/s 的东北风。此阶段的降水强度逐渐加大，因此 400 hPa 冷空气的加入为强降水提供了动力条件。11:30—13:00 期间(图 4.38c、d)，高空的冷平流持续了 1 h，东风层逐渐消失，低层的东北风加大，对流层中高层为 4～8 m/s 的偏南风。这也是降水强度最大的时段，火车站和仓安路站的最大雨量就出现在这个时段。9 km 以上高度为 ND。11:30—12:30 之间 7～9 km 这个高度仍有明显的风向逆转即冷平流，而 12:30 之后风向逐渐转为一致的西南风。2.7～6.7 km 这个高度仍为东南风—南风—西南风，风速加大为 4～8 m/s。2.7 km 以下为 6～12 m/s 东北风，1.5 km 附近有 12 m/s 低空东北风急流，与速度场上的东北风大值中心相对应。

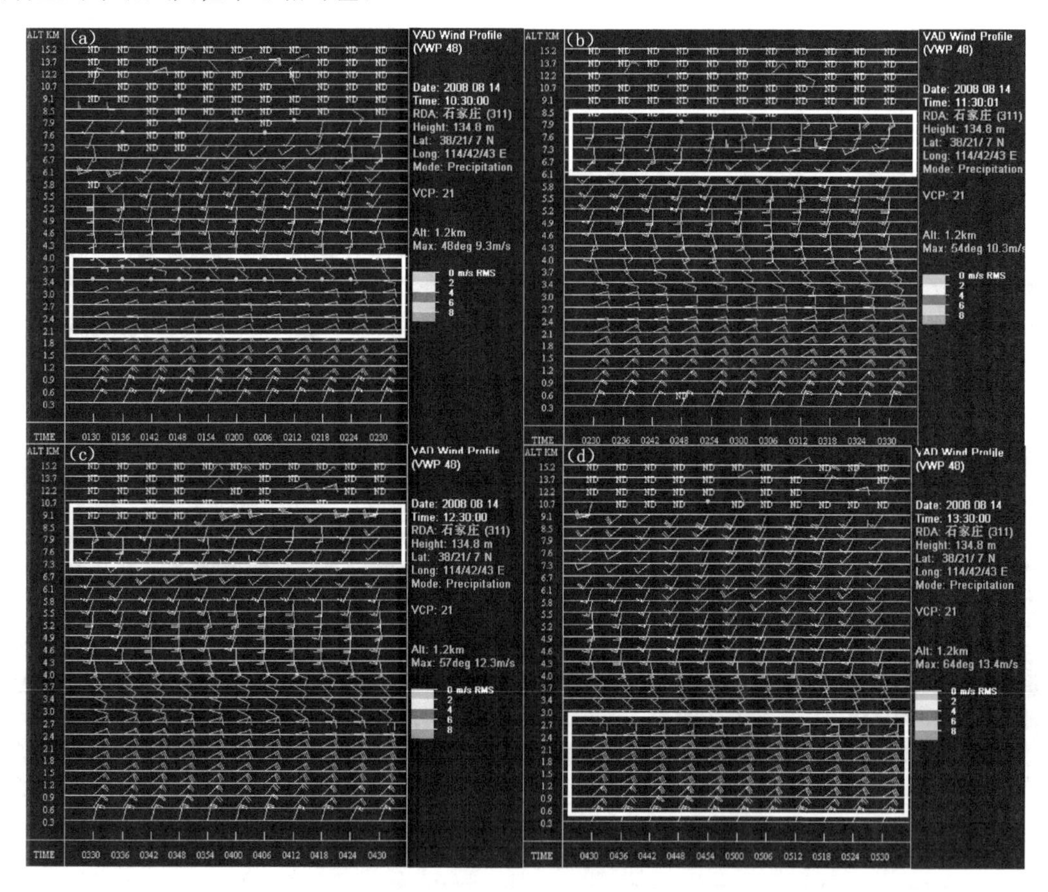

图 4.38　2008 年 8 月 14 日垂直风廓线

(a. 9:30—10:30；b. 10:30—11:30；c. 11:30—12:30；d. 12:30—13:30)

市区火车站附近在11:00—13:00这个最强降水时段前1 h,即9:00—10:00时段,东风的厚度最大,并维持近1 h。市区最强降水时段11:00—12:30期间,7～9 km附近出现明显的冷平流,即有较强冷空气的侵入,可见高空冷空气的入侵增加了大气的不稳定性,是导致这次强降水的一个重要因素。随着7～9 km高空的风向转为一致的西南风,即冷平流消失、低层东风厚度的减小至消失,近地层的东北风逐渐增大,市区的降水趋于减弱。根据2 m/s的东风厚度持续时间,高空冷空气入侵的时间及其他实况资料,可提前1 h作出测站周围强降水预警预报。

完整风廓线资料分析表明,强降水开始前对流层中、低层风速都不大,风速垂直变化小,以风向变化为主,垂直风切变弱,因此不利于强对流风暴如超级单体风暴的发展,风暴单体的发展主要靠地面辐合和老单体的下沉气流向外扩散促使环境空气抬升的作用(斯公望,1987),而高空400 hPa(7 km以上)及以上高度的冷空气侵入,对风暴单体的发展在一定程度上起到了促进作用。

4.5 气象卫星在强对流天气中的应用

虽然卫星云图是宏观资料,但有时利用卫星云图对强对流天气监测预警也可以协助预报员对大气稳定度的判断。比如在云图上观测到有充分发展的积云群或积云线的区域时,则意示着该区域的大气层结是不稳定的,将有可能出现对流性天气。

4.5.1 多个对流云团合并加强形成的MCC

图4.39是1998年6月21日12:30—23:30的红外云图。从图上可看到,12:30河北东部有一自西向东移动的积云带,而其他地区均为晴好天气,低涡云系位于49°N以北地区,在其尾部有积云块甩出,13:30在40°N附近(箭头所指处)有一圆形云团出现,该云团迅速发展,并与西南部的云团合并加强,17:30形成更加强大的MCC,MCC自东北向西南方向移动,云顶亮温TBB≤−60℃的区域维持时间9h,造成河北省中南部地区31个县市冰雹(最大冰雹直径50 mm,降雹站数达31个)、大风(最大风速为20 m/s,局部风速大于30 m/s)、短时暴雨(最大暴雨为衡水55 mm、磁县98.3 mm)的强对流天气。

4.5.2 云线发展加强形成的飑线

图4.40给出的是1998年6月9日12:30—17:30的红外云图,从图上可看到,12:30(图4.40)河北境内为晴空,山西境内有积云发展(若没有天气系统,山西积云一般是在原地发展消失,但如果有天气系统,积云常伴系统移出,影响河北),50°N附近是一冷涡横槽云系,在云系底部甩出一积云线,该积云线迅速发展,并与山西省境内的发展积云相接合并,15:30演变为一飑线,飑线长约1000 km,宽为200 km,飑线线系大部分区域为云顶亮温TBB≤−60℃,并维持时间近8 h,造成河北中北部地区的冰雹(最大冰雹直径30 mm,降雹站数为8个站点)、大风(最大风速为18 m/s)等强对流天气。

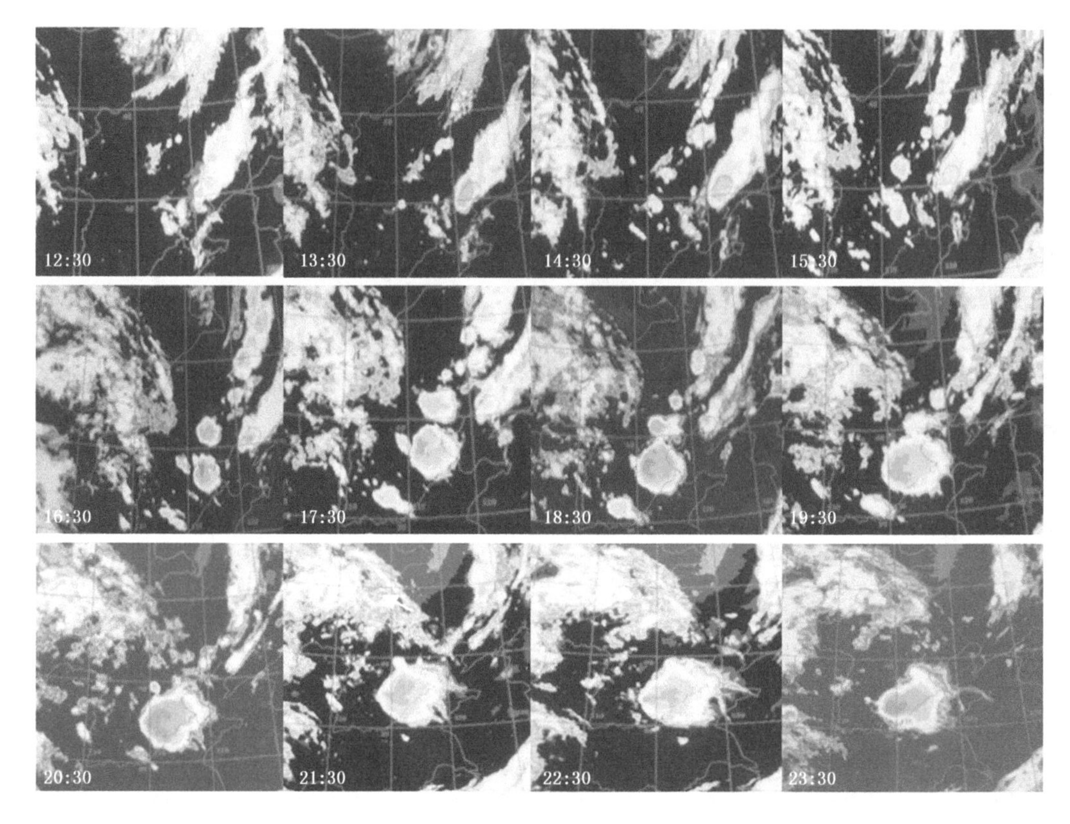

图 4.39　1998 年 6 月 21 日 12:30—23:30 的红外云图

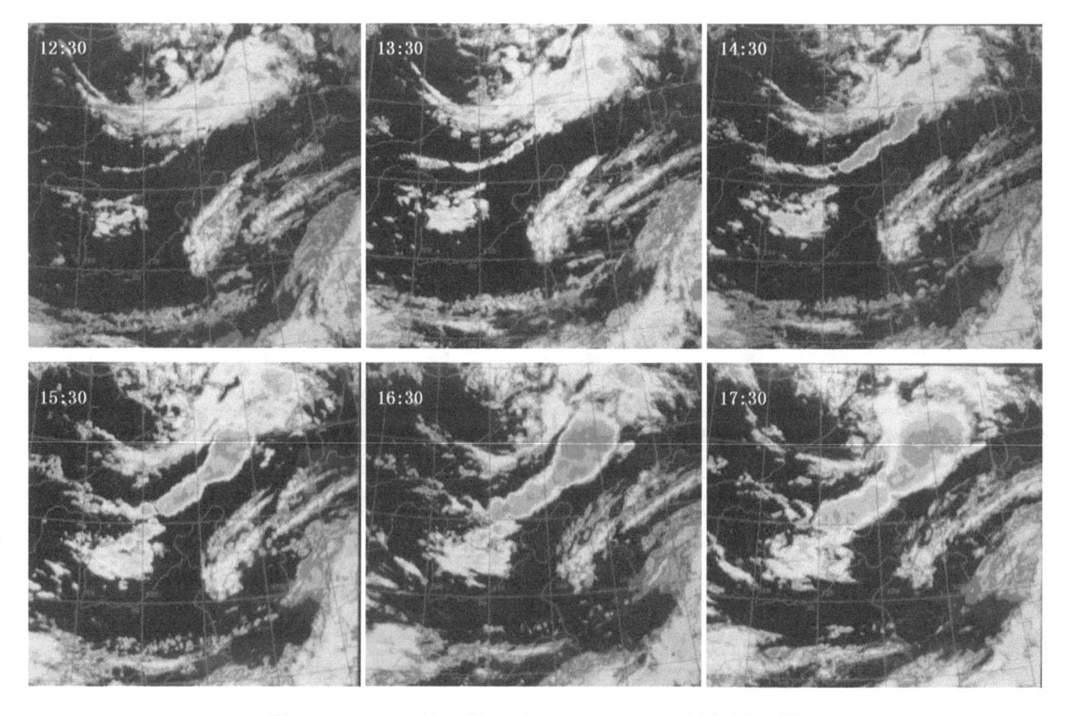

图 4.40　1998 年 6 月 9 日 12:30—17:30 的红外云图

4.5.3 西风小槽下的强云团

图4.41是2009年8月27日14:00—20:00的云顶亮温TBB图，从图中可得到，TBB梯度大的地方容易演变形成强暴雹的对流云，这是一次由西风低槽东移而产生的一次强对流天气过程，于16时30分至19时30分造成河北中南部地区的冰雹（最大冰雹直径40 mm，降雹站数为6个站点）、大风（最大风速为32 m/s）、短时暴雨（最大雨量为39.3 mm，短时暴雨6个站点）等强对流天气。

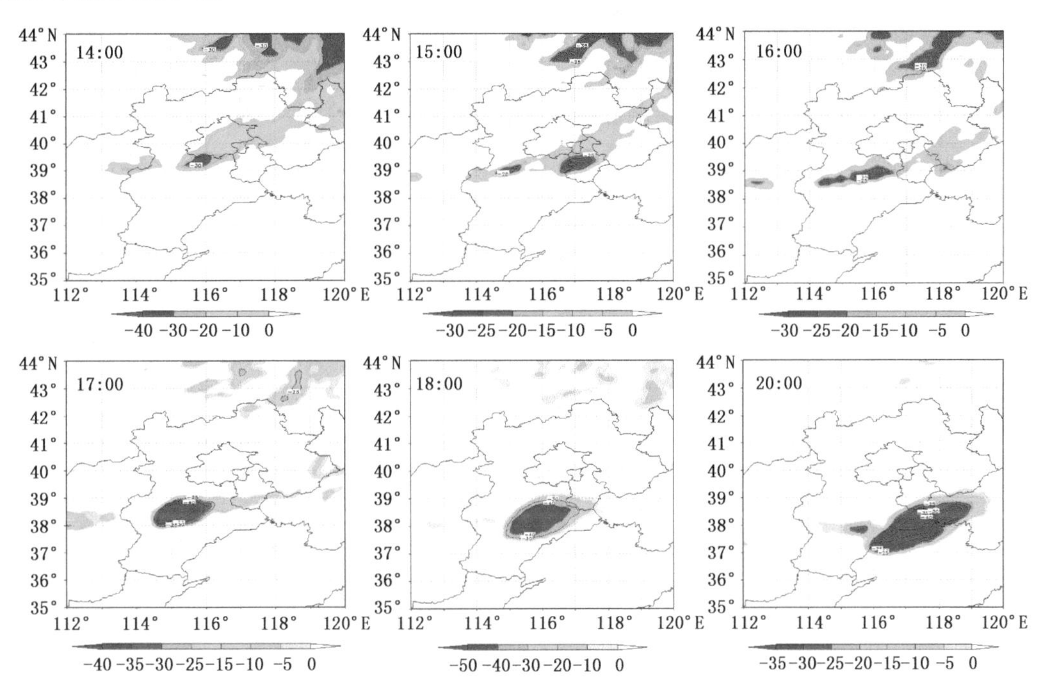

图4.41 2009年8月27日14:00—20:00云顶亮温TBB图

4.5.4 华北冷涡云系特征

华北冷涡因强度不同，在卫星云图上表现也不相同，主要有两类云系：第一类是在冷涡强盛或较深厚时，表现为比较典型的冷涡云系（图4.42a），冷涡中心明显，周围的螺旋云带清楚，有时上午在冷涡南部存在一西北—东南向的带状晴空区伸至河北中南部，多为500 hPa急流

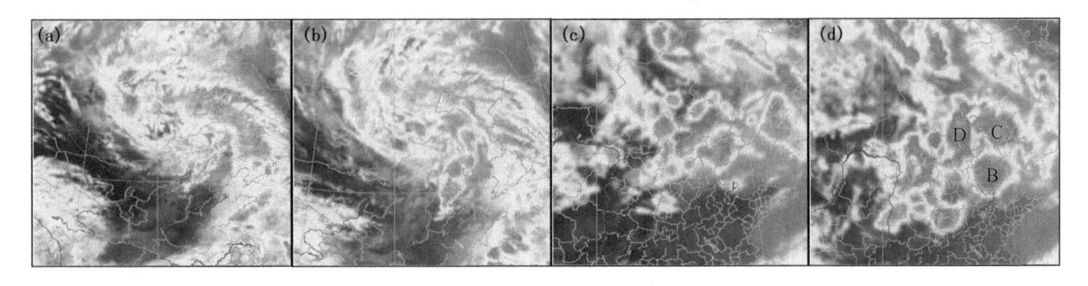

图4.42 两类冷涡降雹的云图特征

（a,b分别为强冷涡云系的发展期和成熟期；c,d分别为弱冷涡云系的发展期和成熟期）

轴位置，中午在低涡东南部的螺旋云带上有多条不连续带状云系发展，午后迅速发展合并为东北西南向带状云系，有时会形成一条飑线（图 4.42b），自西北向东南移动，带来冰雹、大风、短时暴雨等强天气，一般到半夜前后减弱消亡，整个云带的生命史约 8～14 h。第二类是在冷涡较弱或较浅薄时，冷涡中心和螺旋云带都不清楚，上午云区的覆盖范围也比较小，但到中午，冷涡覆盖的华北到蒙古国中部则发展起大面积、不连续、晴空与云块相间的“斑点状”云区，随后在山西到河北，发展成多个块状云系，这些块状云系在东移过程中，可单独或几个合并发展成中尺度对流系统（MCS），个别的在河北东部沿海还可发展成中尺度对流辐合体（MCC），成熟的 MCS 边缘清晰，呈圆型，云顶亮温 TBB 最低达－71～－77℃。这些 MCS 的生命史较短，一般 3～6 h，但可以造成冰雹、大风、短时暴雨甚至龙卷等强天气。图 4.42c，d 给出了 2008 年 6 月 25 日浅薄型冷涡造成的冰雹和龙卷天气的卫星云图。图 4.42c 为 13:00 刚刚发展起来的块状云系，图 4.42d 为 17:00 发展成熟的多个 MCS，其中对流云团 A 造成了河北南部的大冰雹和龙卷，B、C、D 也分别产生了冰雹和大风（李江波等，2010）。

参考文献

陈思蓉，2008. 我国强天气时空分布特征及极端事件动力诊断研究[D]. 南京信息工程大学硕士学位论文.

丁青兰，王令，卞素芬，2009. 北京局地降水中地形和边界层辐合线的作用[J]. 气象科技，**37**(2)：152-155.

李国翠，郭卫红，王丽荣，等，2006. 阵风锋在短时大风预报中的应用[J]. 气象，**32**(8)：36-41.

李江波，闫巨盛，马凤莲，2010. 河北平原一次春季强对流天气分析[J]. 气象，**33**(9)：74-82.

Newton C W，1967. 强烈对流风暴. 国外人工影响天气(第二集). 中国科学技术情报研究所，1-31.

齐琳琳，刘玉玲，赵思雄，2005. 一次强雷雨过程中对流参数对潜势预测影响的分析王福侠，裴宇杰，李云川. 2006. 河北中南部两次超级单体的雷达特征对比分析[J]. 气象科技，**34**(增刊)：99-105.

邵玲玲，孙婷，邬锐，黄炎，2005. 多普勒天气雷达中气旋产品在强风预报中的应用[J]. 气象，2005，**31**(9)：34-38.

斯公望，1987. 暴雨和强对流环流系统[M]. 北京：气象出版社：146-148.

王福侠，裴宇杰，李云川，2006. 河北中南部两次超级单体的雷达特征对比分析[J]. 气象科技，**34**(增刊)：99-105.

易笑园，李泽春，李云，等，2010. 长生命史冷涡影响下持续对流性天气的环境条件[J]. 气象，**36**(1)：17-25.

俞小鼎，周小刚，Lemon L，等，2009. 强对流天气临近预报. 北京：中国气象局培训中心.

游景炎，1983. 华北冰雹发生条件及预报问题. 强对流天气文集[M]. 北京：气象出版社：1-7.

张培昌，杜秉玉，戴铁丕，2001. 雷达气象学[M]. 北京：气象出版社：234-238.

朱乾根，林锦瑞，寿绍文，等，2000. 天气学原理和方法[M]. 北京：气象出版社：432.

Mueller C K，Wilson J W. Crook N A，1993. The Utility of Sounding and Mesonet data to Nowcast thunderstorm initiation[J]. *Weather and Forecasting*，(8)：132-146.

Wilson J W，Schreiber W E，1986. Initiation of convective storms byradar observed boundary layer convergence lines[J]. *Mon. Wea. Rev.*，**114**：2516-2536.

Wu Bing，2000. Dynamical and Micro-physical Retrievals From Doppler Radar Observations of a Deep Convective Cloud[J]. *Journal of the Atmospheric Science*，**57**：262-283.

第 5 章　寒　潮

5.1　寒潮定义

寒潮天气过程是一种大范围的强冷空气活动过程(朱乾根等,2007)。寒潮天气的主要特点是剧烈降温和大风,有时还伴有雨、雪、雨凇或霜冻。寒潮是我省最主要的灾害性天气之一,寒潮带来的剧烈降温可使人、畜、农作物等受到冻害;暴雪、冻雨、冰冻可导致道路结冰、河流封冻,影响交通和航空;雨凇可使电线结冰造成电力和通讯中断。因此,做好寒潮天气预报,对于国防、经济社会建设以及人民群众的生产生活都具有相当重要的意义。河北省寒潮天气等级的划分,主要以降温幅度为依据,参考中国气象局下发的有关寒潮预报及检验的文件和规定,如《灾害性天气及其次生灾害落区预报业务暂行规定(试行)》(气预函〔2004〕48 号)、关于对《灾害性天气及其次生灾害落区预报业务暂行规定》补充说明的函(气预函〔2004〕53 号)、《天气预报等级用语业务规定(试行)》(气预函〔2005〕53 号)、《中短期天气预报质量检验办法(试行)》(气发〔2005〕109 号)、《气象灾害预警信号发布与传播办法》(2007 年中国气象局令第 16 号)、《气象标准汇编》(2008 年中国气象局政策法规司,气象出版社出版)等,同时结合河北省天气气候特点及以往划分标准(河北省气象局,1987),将寒潮天气划分为寒潮和强寒潮两个等级。另外,对于明显的降温天气过程,但降温幅度和最低气温达不到寒潮标准的,可以发布强冷空气预报。

5.1.1　单站寒潮标准

(1)寒潮:某站①日最低气温≤4℃。②该日日平均气温,24 小时下降≥6℃;48 小时下降≥8℃;日最低气温,24 小时下降≥8℃;48 小时下降≥10℃。满足①且满足②四种情况中的任一种情况,定该站该日为寒潮。

(2)强寒潮:某站①日最低气温≤4℃。②该日日平均气温,24 小时下降≥8℃;48 小时下降≥10℃;日最低气温,24 小时下降≥12℃;48 小时下降≥16℃。满足①且满足②四种情况中的任一种情况,定该站该日为强寒潮。

(3)强冷空气过程:对于明显降温天气过程,但降温幅度和最低气温达不到寒潮标准,定义为强冷空气过程,可以发布强冷空气预报。

5.1.2　全省性寒潮标准

(1)全省性寒潮:全省有 1/3 站同时或顺序出现寒潮天气,定为全省性寒潮。

(2)寒潮过程日期:以全省气象站中最早出现寒潮日定为寒潮爆发当日,最后出现寒潮日定为结束日。

满足上述寒潮标准的天气过程,多出现在冬半年。

5.2 寒潮统计特征

掌握本区域天气气候背景,是做好天气预报的主要关键之一。作为寒潮天气预报,则要了解寒潮天气气候规律,诸如寒潮年、月际变化,各月各季寒潮频率,温度极值及冷空气活动路径等等。本节分气候特征及天气特征两大部分,所用资料选自全省142个气象站从建站到2008年的气候资料。

5.2.1 气候统计特征

5.2.1.1 寒潮的时间分布特征

1962—2008年冬半年,河北省共出现全省性寒潮(寒潮与强寒潮总和,下同)424次(平均每年9次,即冬半年平均每月1次)。

(1)变化趋势:图5.1为1962—2008年全省性寒潮年总次数变化曲线图。可以看出,自20世纪60年代中期开始,寒潮出现次数总的趋势是下降的。20世纪60年代(1962年到1970年)平均每年为9.2次,70年代最多达到11次,80年代和90年代都为8.9次,2001年到2008年平均每年最少只有6.6次,这也与气候变暖,特别是暖冬明显是一致的。

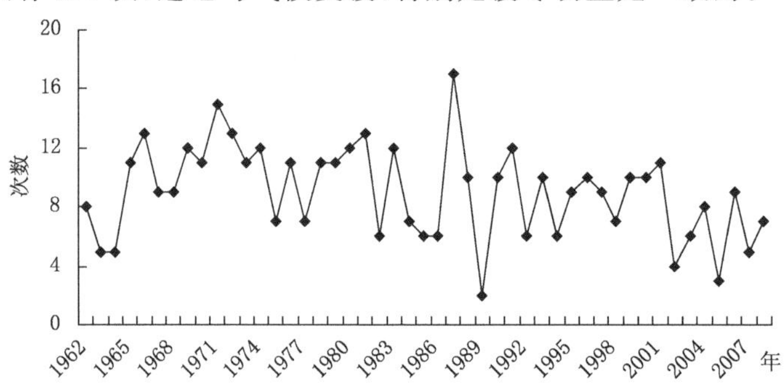

图5.1　1962—2008年全省性寒潮年总次数变化曲线图

(2)年际变化大:由图5.1还可以看出,寒潮的年际变化比较大,最多的年份为1987年和1971年,分别为17次和15次,最少年份为1989年和2005年,分别有2次和3次。

(3)月际变化大:图5.2和图5.3分别为历年各月、各旬寒潮出现百分率。可以看出,寒潮活动有明显的季节性变化,主要出现在1—4月和10—12月,11月最多达18.3%,9月最少只有0.7%。其中从季节看,深秋季节寒潮出现最多,11月和10月百分率分别为18.3%和12.5%,初春季节次之,3月和4月百分率分别为12.3%和8.9%。冬季(12月～2月)最少,在7.3%～8.1%之间。这是因为春秋两季大气环流处于调整期间,冷暖空气势均力敌,相互更替频繁,气温变化幅度大容易形成寒潮。而冬季天气形势稳定,冷空气处于绝对优势,气温起伏变化小,虽然是一年中最冷的季节,但达到寒潮的几率却较小。

从逐旬分布情况来看,10月下旬到11月上中旬(深秋季节)出现寒潮的可能性最大,其次是3月中下旬到4月上中旬。

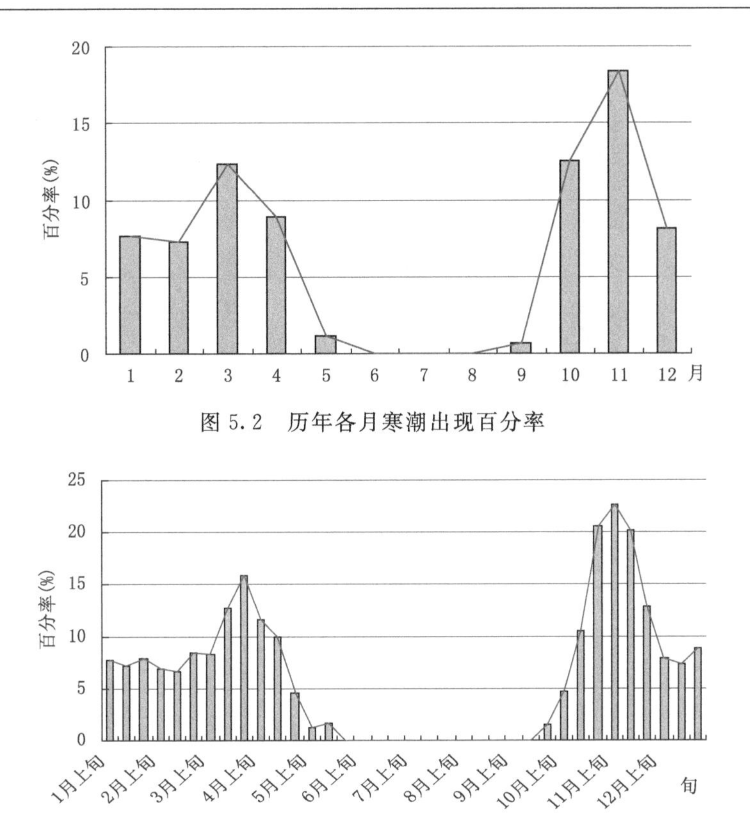

图 5.2 历年各月寒潮出现百分率

图 5.3 历年各旬寒潮出现百分率

5.2.1.2 寒潮的地理分布特征

图 5.4—图 5.12 分别为历年各站各月寒潮平均次数，图 5.13 为历年各站年平均次数，图 5.14 为历年各站寒潮最多次数(年中仅包括 1—5 月、9—12 月)。可以看出，寒潮出现次数由

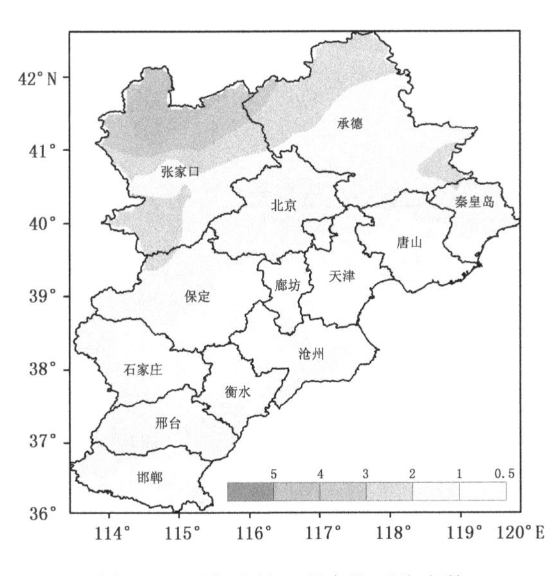

图 5.4 历年各站 1 月寒潮平均次数

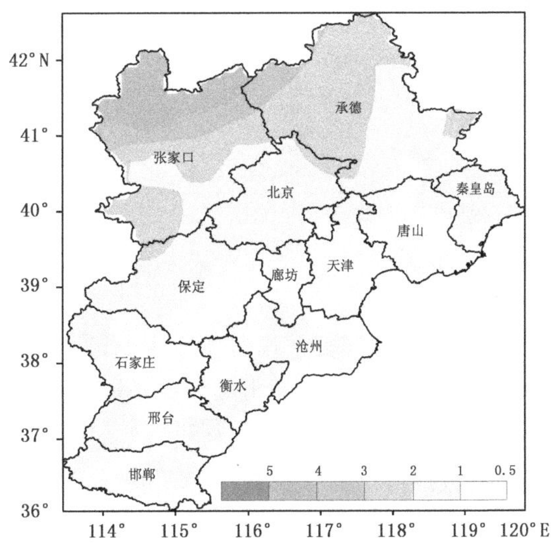

图 5.5 历年各站 2 月寒潮平均次数

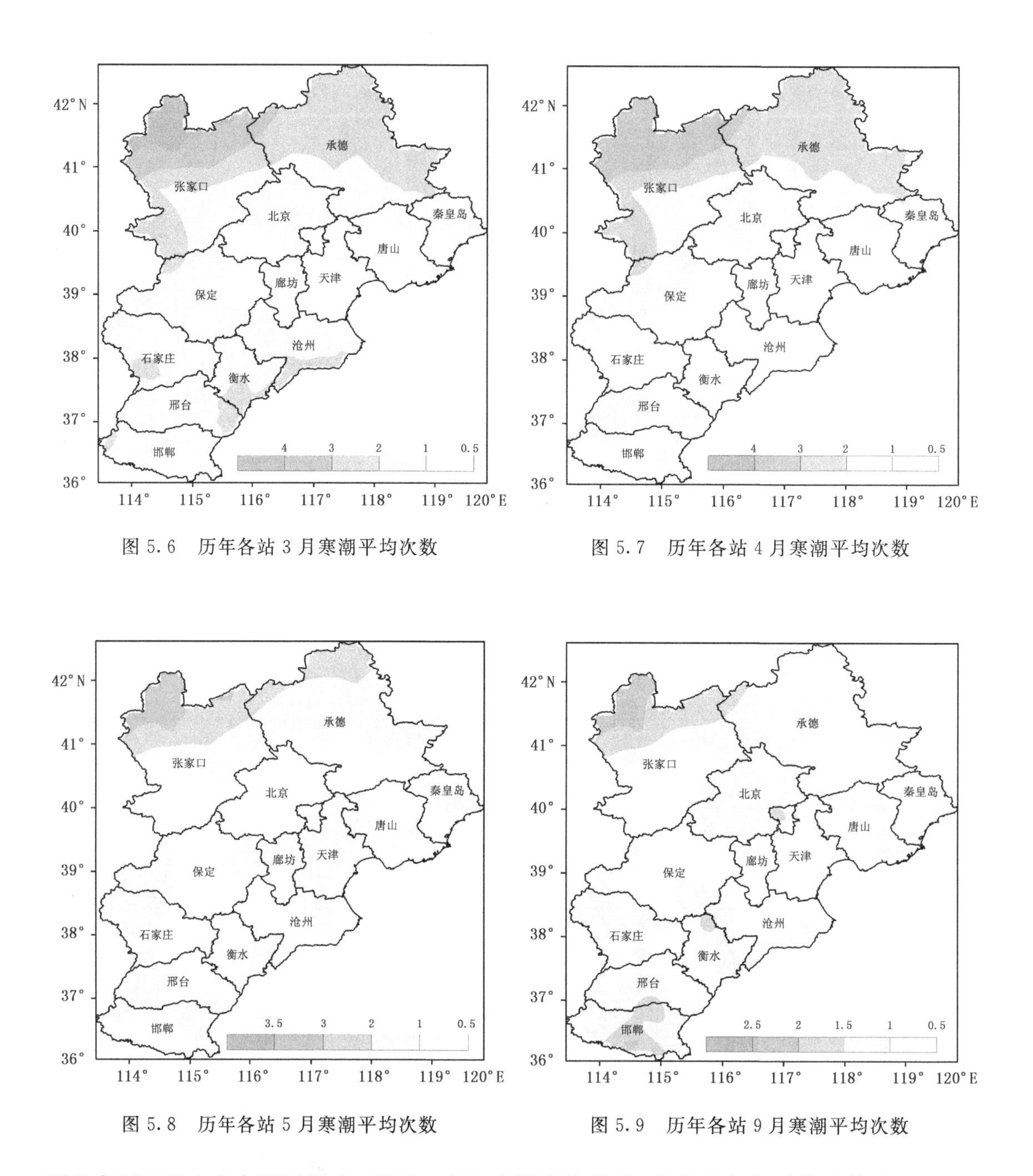

图 5.6　历年各站 3 月寒潮平均次数

图 5.7　历年各站 4 月寒潮平均次数

图 5.8　历年各站 5 月寒潮平均次数

图 5.9　历年各站 9 月寒潮平均次数

西北高原山地向东南平原递减。张家口坝上高原寒潮最多，张北历年年平均次数达到 39 次，康保居第 2 位为 37 次。山地与丘陵地区略少于坝上，与丘陵地区略少于坝上，唐山、廊坊和保定以南平原地区明显偏少，且各站相差不多(沧州中部、衡水东部、邢台东部和邯郸东部比周围略偏多，与当地的沙质地貌、地势偏低有关)。

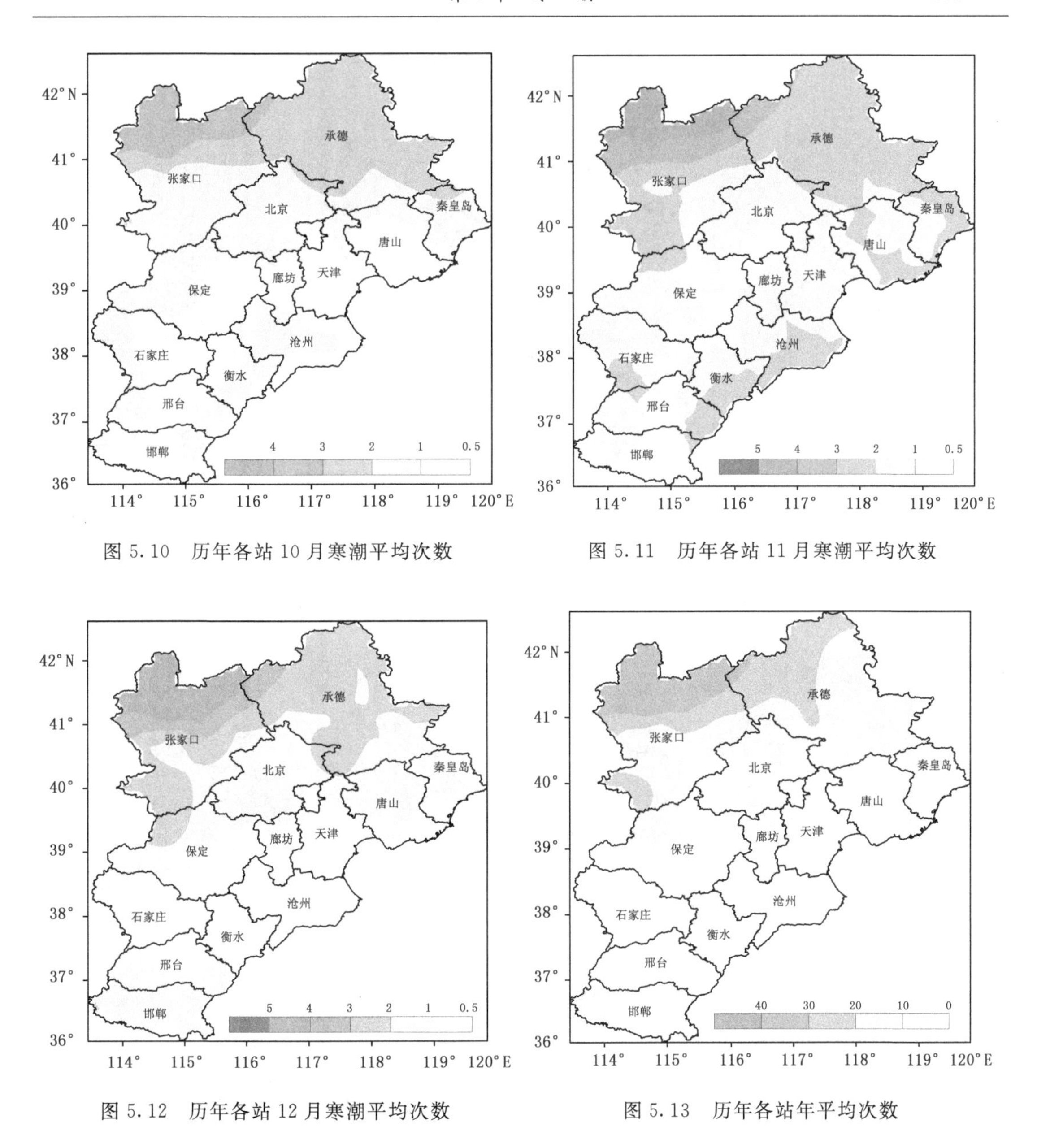

图 5.10　历年各站 10 月寒潮平均次数

图 5.11　历年各站 11 月寒潮平均次数

图 5.12　历年各站 12 月寒潮平均次数

图 5.13　历年各站年平均次数

5.2.1.3　寒潮强度极值

图 5.15 和图 5.16 分别是各站最低气温 24、48 小时降温最大值。北部地区降温幅度比南部地区大，这与北部地区为高原、山地和丘陵，地势高有关，同时，也与冷空气来自北方有关。而南部的低洼地区及沙地等地区降温幅度也比较大，与当地的环境有关。全省 24 小时最大降温幅度达到了 20℃，于 1990 年 12 月 10 日出现在张家口的张北县，48 小时最大降温幅度达到了 27℃，于 1966 年 2 月 22 日出现在张家口的蔚县。

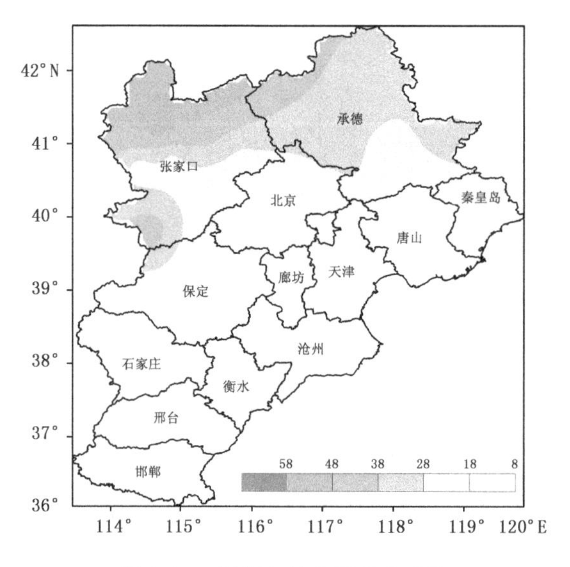

图 5.14　历年各站寒潮最多次数

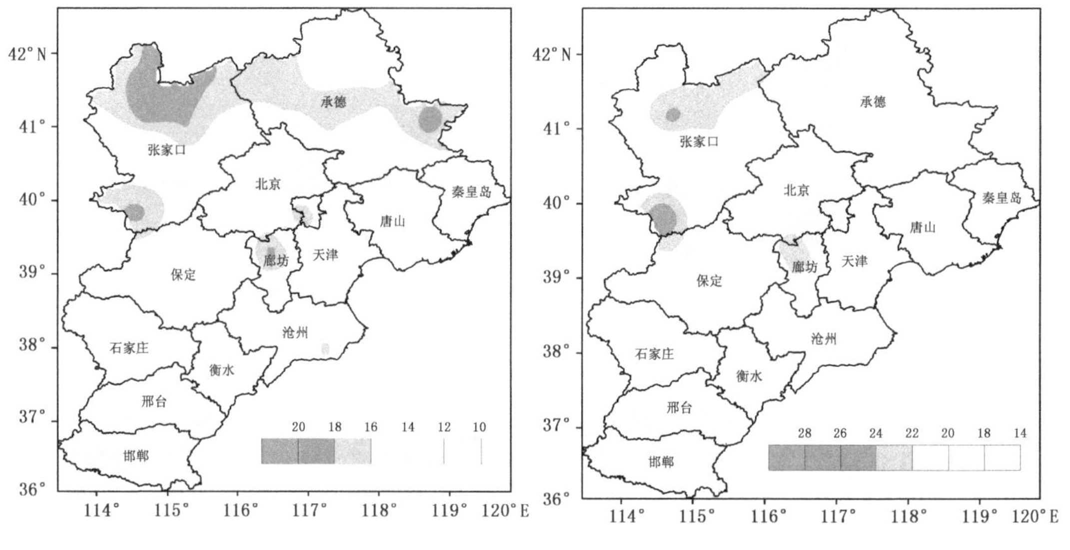

图 5.15　各站最低气温 24 小时降温最大值　　图 5.16　各站最低气温 48 小时降温最大值

5.2.1.4　温度概况

(1)极端最低气温:图 5.17～图 5.26 分别为河北省冬半年(1 月～5 月、9 月～12 月)各月极端最低气温和历年极端最低气温分布图(单位:℃)。

图 5.17—图 5.26 表明,无论是历年极端最低气温,还是历年各月极端最低气温,全省分布情况基本一致,内陆低、沿海高;高纬低、低纬高;南北差别大。我省历年极端最低气温极值达到－39.9℃,于 2000 年 2 月 1 日出现在我省坝上地区的沽源。我省南端邯郸地区的峰峰,历年极端最低气温为－15.7℃(1958 年 1 月 16 日),比沽源高 24.2℃。历年 1—5 月,9—12 月,我省南部地区与北部地区月极端最低气温差值,在初春(3 月)最大,晚秋及冬季(11 月—次年 2 月)次之。

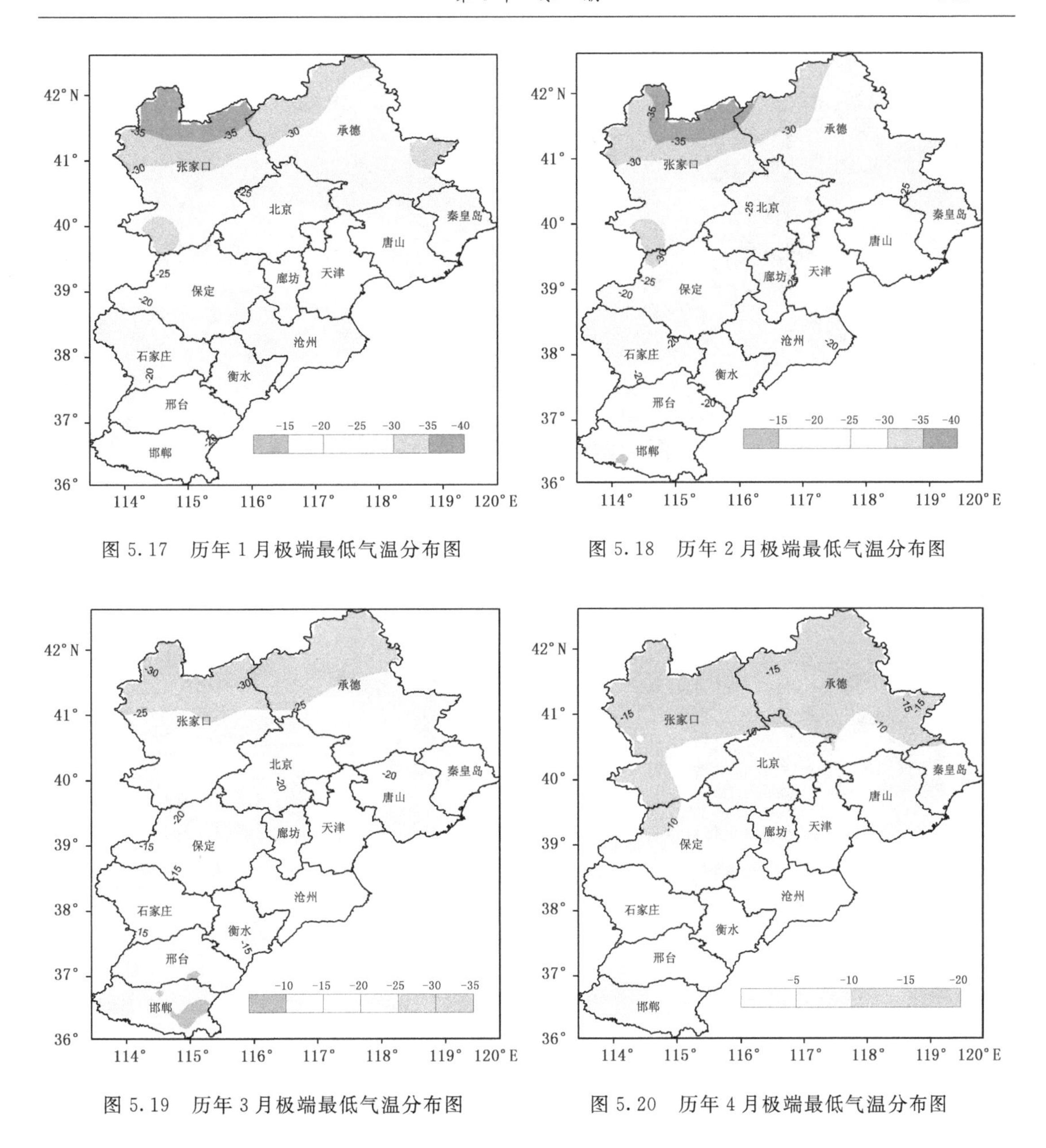

图 5.17　历年1月极端最低气温分布图

图 5.18　历年2月极端最低气温分布图

图 5.19　历年3月极端最低气温分布图

图 5.20　历年4月极端最低气温分布图

年极端最低气温有90%的时间出现在隆冬季节(1月、2月)。1月份有90%的站,月极端最低气温出现在中、下旬。2月份有65%的站,月极端最低气温出现在上、中旬。

(2)日最低气温≤4℃的初终日:为了便于掌握各站寒潮和霜冻可能出现的最早和最晚时间,统计了全省各站日最低气温≤4℃的初日及终日。

1)日最低气温≤4℃初日(以下简称初日):图5.27、图5.29和图5.30分别为初日的历年平均日期图、历年最早日期图与历年最晚日期图。全省分布状况,三图基本一致,北部早、南部晚;内陆早、沿海晚。就多年平均而言,康保出现最早(8月21日),峰峰最晚(10月30日),相差70天。平原地区多出现在10月中下旬。

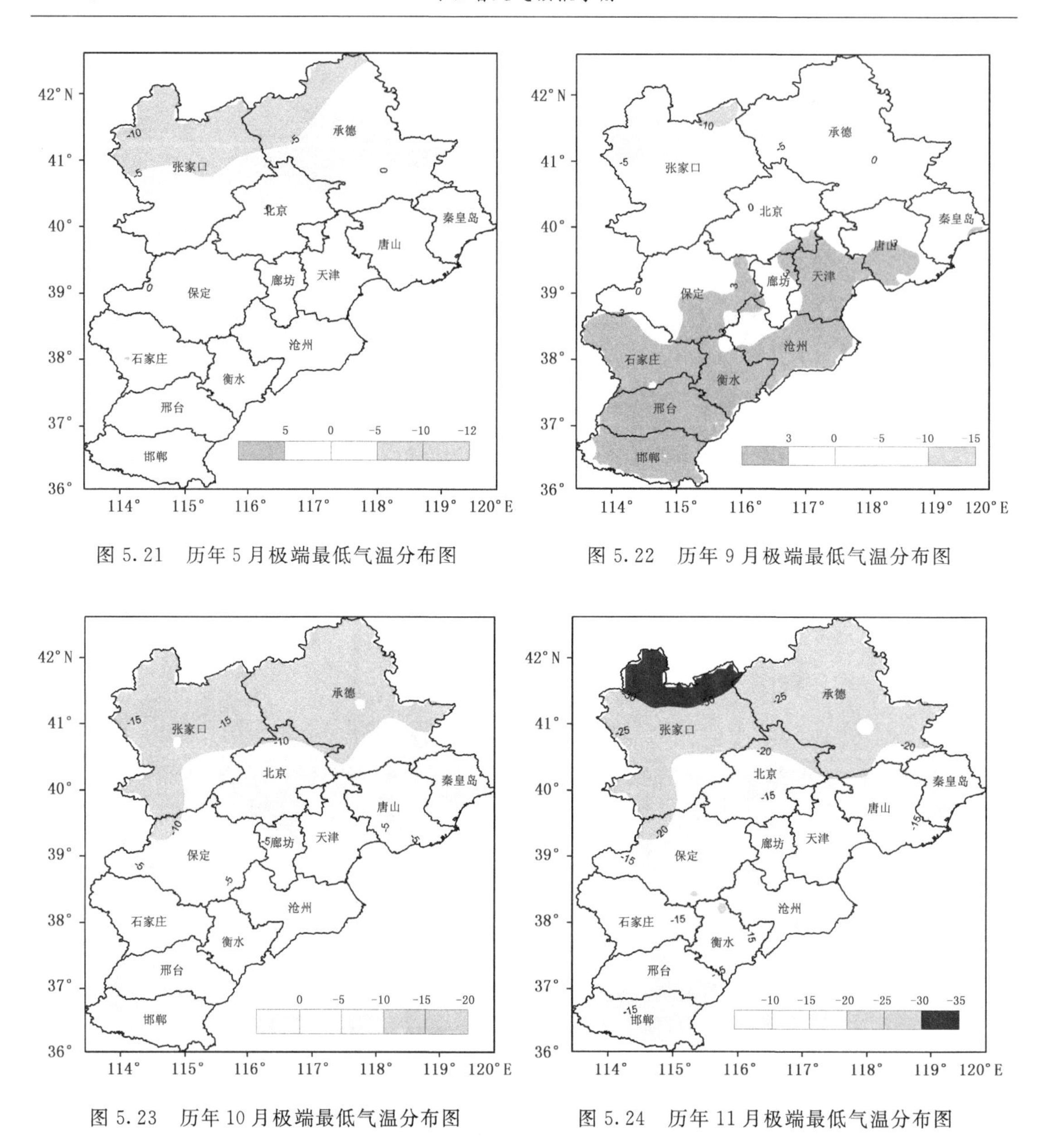

图 5.21　历年 5 月极端最低气温分布图

图 5.22　历年 9 月极端最低气温分布图

图 5.23　历年 10 月极端最低气温分布图

图 5.24　历年 11 月极端最低气温分布图

2)日最低气温≤4℃终日(以下简称终日):图 5.28、图 5.31 和图 5.32 分别为终日的历年平均日期分布图、历年最早日期分布图、历年最晚日期分布图。分布状况与初日相反,北部晚,南部早,内陆晚,沿海早。平均终日最晚为康保(6 月 13 日),最早为峰峰(4 月 3 日),相差 71 天。平原地区多出现在 4 月上中旬。

另外,各站平均终日与康保的时间差均大于初日,说明我省秋季自北向南的变冷快于春季自南向北的回暖。

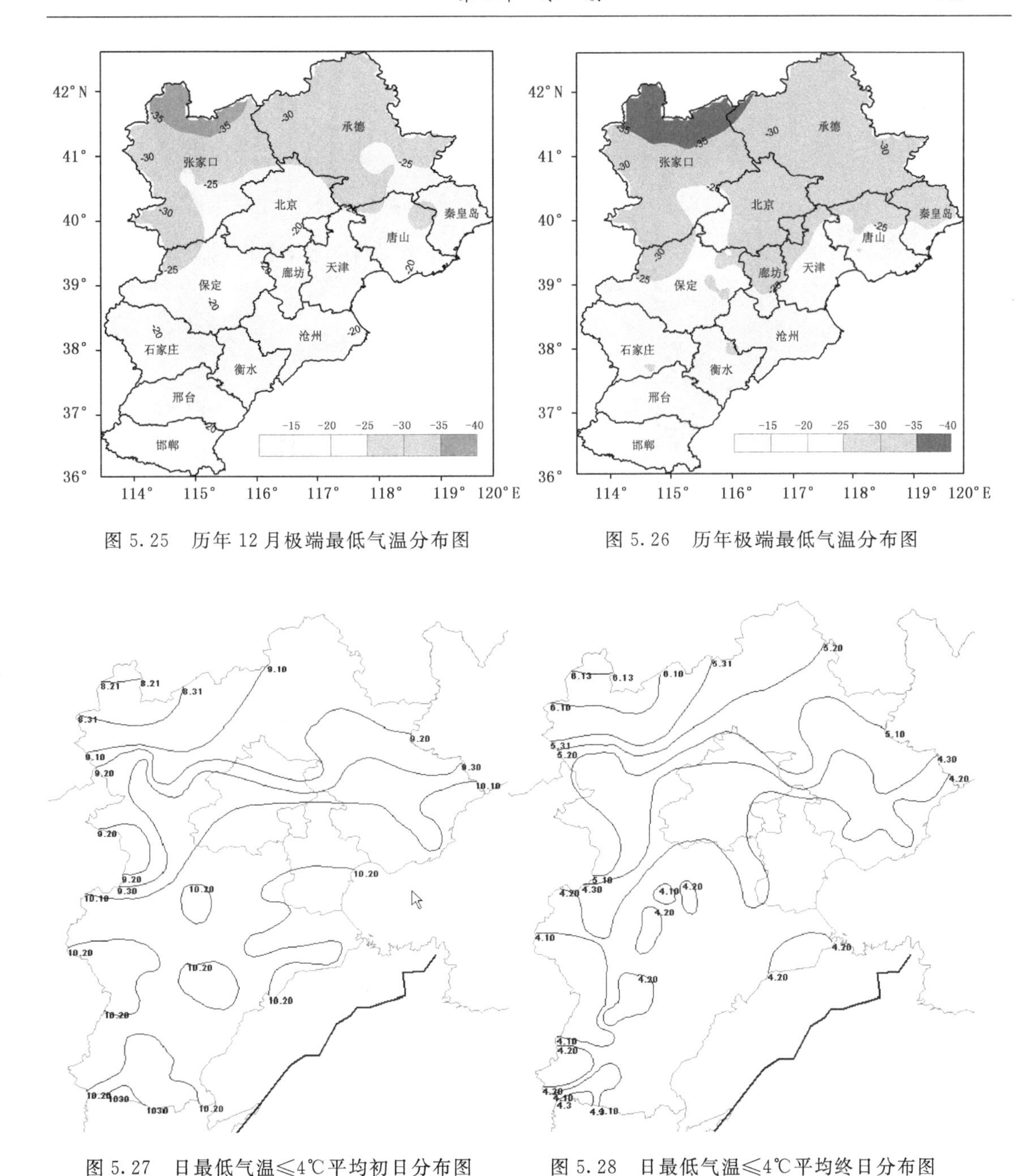

图 5.25 历年12月极端最低气温分布图

图 5.26 历年极端最低气温分布图

图 5.27 日最低气温≤4℃平均初日分布图

图 5.28 日最低气温≤4℃平均终日分布图

5.2.2 天气特征

5.2.2.1 冷空气源地

据朱乾根等(2007),影响我国的冷空气主要源地有三个(图 5.33)。①新地岛以西的洋面上,约为60°E以西、70°N以北的区域。冷空气经过巴伦支海、前苏联欧洲地区进入我国。来自该源地的冷空气影响我国的次数最多,约占50%,达到寒潮强度的也最多。②新地岛以东的洋面上,约为60°~100°E、70°N以北的区域。冷空气大多数经喀拉海、泰米尔半岛、中西伯

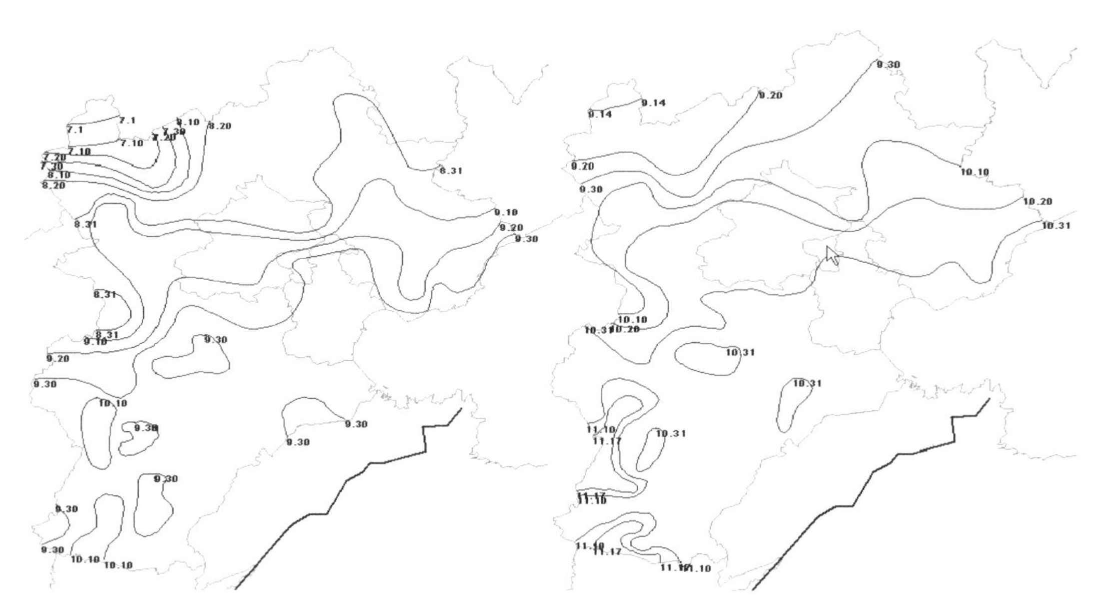

图 5.29　日最低气温≤4℃最早初日分布图　　　图 5.30　日最低气温≤4℃最晚初日分布图

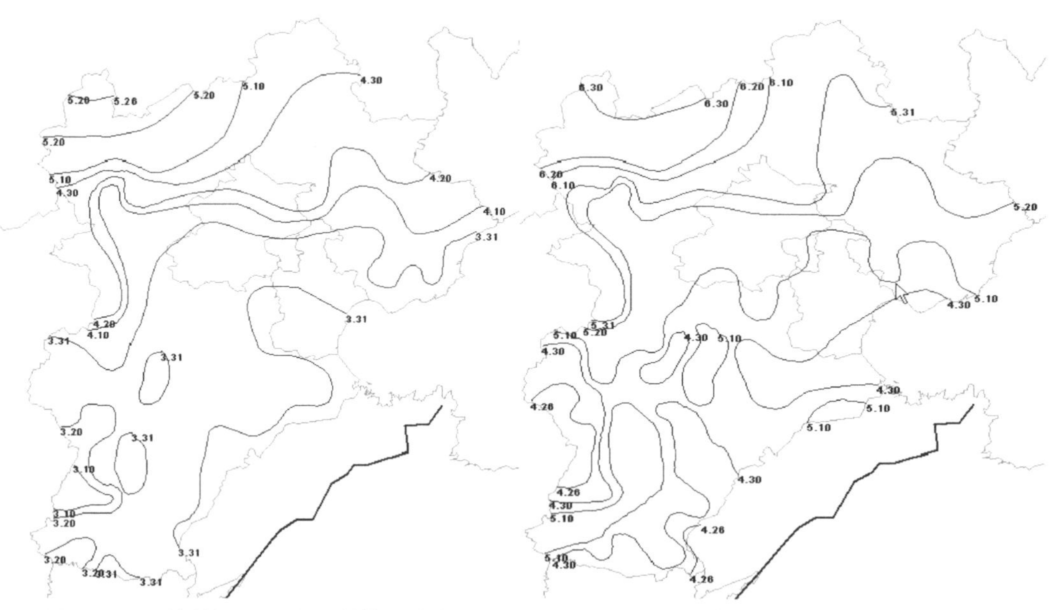

图 5.31　日最低气温≤4℃最早终日分布图　　　图 5.32　日最低气温≤4℃最晚终日分布图

利亚地区进入我国。它出现的次数少，约占 20%，但气温低，可达到寒潮强度。③冰岛以南的洋面上，冷空气经前苏联欧洲南部或地中海、黑海、里海进入我国。它出现的次数约占 30%，但是温度不很低，一般达不到寒潮强度，但在东移过程中与其他源地的冷空气汇合后也可达到寒潮强度。

5.2.2.2　冷空气路径

(1)寒潮关键区：影响我国的冷空气 95%都要经过西伯利亚中部地区(43°～65°N、70°～90°E)，并在那里积聚加强，该区域称为寒潮关键区，即图 5.33 中阴影区。

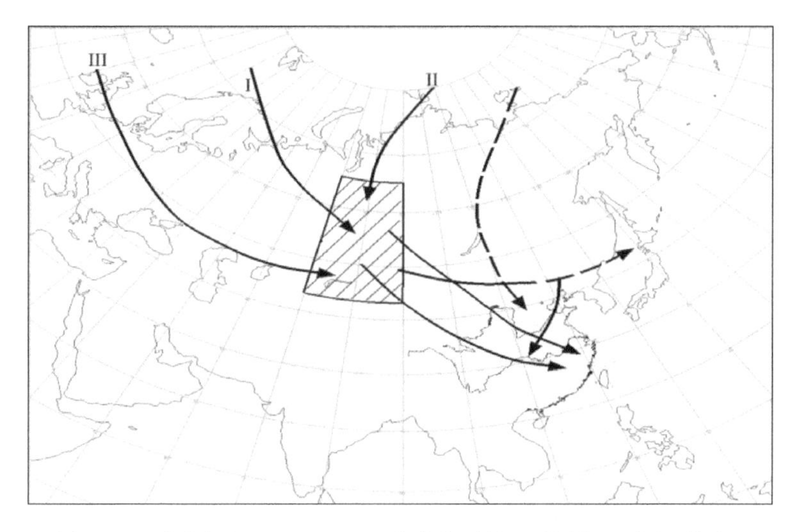

图 5.33 冷空气源地(Ⅰ、Ⅱ、Ⅲ)与寒潮关键区(阴影)和路径(箭头)

(2)影响我省的冷空气路径:大体可以分为偏西路径、西北路径、偏北(东北)路径。偏西路径又包括纯偏西路径、偏西与偏北路径、偏西与西北路径、偏西与偏北、西北路径。统计结果表明,纯偏西路径只占寒潮天气过程总数的14%,而偏西路径加进其他路径占寒潮天气过程总数的41%;西北路径的占寒潮天气过程总数的37%;偏北路径的占寒潮天气过程总数的22%。

1)偏西路径:自关键区东移或东移略有南下,影响我省。进入关键区的冷空气,有如下几种形式。

① 冷空气自黑海、里海、咸海东移进入关键区。

② 冷空气自北欧南下至①中所述地区,东移进入关键区,或自北欧东南下进入关键区。

③ 冷空气自新地岛附近东南下进入关键区。

④ 冷空气自泰米尔半岛及其以东地区,西南下进入关键区。

2)西北路径:冷空气自关键区东南下,影响我省。进入关键区的冷空气,除极少来自黑海、里海、咸海外,其他与偏西路径相同。

3)偏北(东北)路径:冷空气极少通过关键区,大多来自泰米尔半岛与前苏联东北部,南下或西南下后再南下影响我省。

4)偏西与偏北、偏西与西北、偏西与偏北西北路径:两类路径或三类路径的冷空气,先后影响我省,或在我省西部、北部汇合后影响我省。

5.2.2.3 寒潮天气形势的特征量

(1)500 hPa脊线位置(指亚洲地区,下同):寒潮天气过程的当天,500 hPa脊线位于60°E及其以东地区的占92%。其中,位于80°~90°E的占50%。

(2)500 hPa冷中心强度:将寒潮当天或前后一天,影响我省的500 hPa冷空气中心强度的最大值,称为500 hPa冷中心强度。

500 hPa冷中心强度在-36℃~-52℃之间。其中,等于或低于-40℃的占将近90%。大部份冷中心强度在-40°~-48℃之间(占80%以上),冷中心强度为-44~-48℃的最多占62%。各级温度所占百分比如下,-36℃的占12%,-40℃的占20%,-44℃的占31%,

−48℃的占 31%，−52℃的占 5%。

统计结果还表明，冷中心强度因季节而异，10 月份冷中心强度一般不低于−44℃，11 月、12 月冷中心强度在−40～−48℃之间，而 1—3 月上旬冷中心强度最强的可达−52℃。随着春季的来临 3 月中旬—4 月份，冷中心强度范围明显减弱到−36～−48℃。

(3)地面冷高压中心强度：造成寒潮天气过程，当天或前后一天的地面冷高压中心强度的最大值，称为地面冷高压中心强度。

寒潮的地面冷高压中心强度范围为 1030～1070 hPa。85%以上的寒潮天气过程，地面冷高压中心强度≥1040 hPa，其中地面冷高压中心强度在 1040～1055 hPa 的占 55%。

地面冷高压中心强度随季节的变化比 500 hPa 冷中心强度更为明显。10 月为 1040～1055 hPa，11 月为 1040～1065 hPa，12 月地面冷高压中心强度最强，为 1045～1070 hPa，以后逐渐减弱，1 月为 1045～1060 hPa，到了 4 月地面冷高压中心强度仅为 1030～1045 hPa。

(4)100 hPa 极涡状况：分析寒潮当天，100 hPa 形势场，有如下结果。

1)绕级型(1 波)：属绕极型的占寒潮总数的 71%，其中其极涡中心偏于东半球的占 62%，偏于西半球的占 9%。

2)偶极型(2 波)：占寒潮总数的 30%。

3)3 波型：3 波型强冷空气较少达到寒潮标准。

5.3 寒潮天气形势

寒潮是大范围的强冷空气向南爆发的天气现象，是一种大型天气过程。因此寒潮的形成首先要有大范围的强冷空气在高纬地区的积聚、加强，然后在有利的环流形势下引导强冷空气爆发南下。寒潮的形成与一些天气系统的活动密切相关，根据《天气学原理和方法》，影响寒潮的天气系统有极涡、极地高压、地面高压与冷锋等，通过跟踪这些天气系统的发生发展和动态，可以了解和掌握寒潮天气的形成原因和发展规律。通过对大量的寒潮天气个例研究，河北省气象台常把形成寒潮的短期天气形势归纳为四种主要的类型：一脊一槽型、横槽型、纬向型和平底槽型。事实上在一次寒潮天气的形成过程中，天气形势的演变往往是错综复杂的，从整个过程来看其天气形势的演变不具唯一性，不一定完全符合某一特定的类型特征，有时很难归纳到某一类，而是一种类型中会伴随着另一种类型的特征，即寒潮形成的天气形势不是单一的、典型的某一类型，几种类型可以互相转化，特别是两股冷空气汇合所形成的寒潮。以下简要介绍上述四种类型寒潮发展主要的形势演变特点，仅供参考。

5.3.1 一脊一槽型

(1)环流形势：500 hPa 高压脊强烈发展，脊线在 75°E 附近，高空槽处于 100°～120°E，槽脊振幅较大，自西伯利亚西北部到渤海有一束西北～东南向的等高线密集区。经常有冷涡与高空槽配合，冷中心强度一般在−40°～−48℃之间。各型当中以本型经向度(以同纬度亚洲西部高度最大值与东部高度最小值之差，表示该纬度的经向度，下同)最大，40°～70°N 各纬度的经向度均大于或等于 20 gpm；55°～60°N 经向度最大，大于等于 40 gpm，冷空气易于沿脊前强西北气流冲入我省。700 hPa 与 850 hPa 锋区相当密集，我省上空一般有 4～6 根等温线，平流交角近于垂直，有强冷平流。地面图上，冷高压一般以西北路径或偏北路径影响我省，等压线密集，气压梯度与3小时变压非常大。本型高空西北气流强盛，地面为西北或偏北冷锋，一般以偏北大风与强降温为主，降水不明显，有时在冷锋过境时由于动力抬升与强降温可产生弱降水。

(2)个例分析：2008年12月4—5日寒潮天气过程。

2008年12月4日，张家口、承德北部有11站达到寒潮，24小时最低气温降温幅度达到11～15℃，张北最大为16℃；5日全省有132站达到寒潮，24小时最低气温降温幅度达到8～12℃，巨鹿最大14.6℃(图5.34、图5.35)；4日全省有27站出现8级以上大风(图5.36)，张家口局部出现微量降雪。

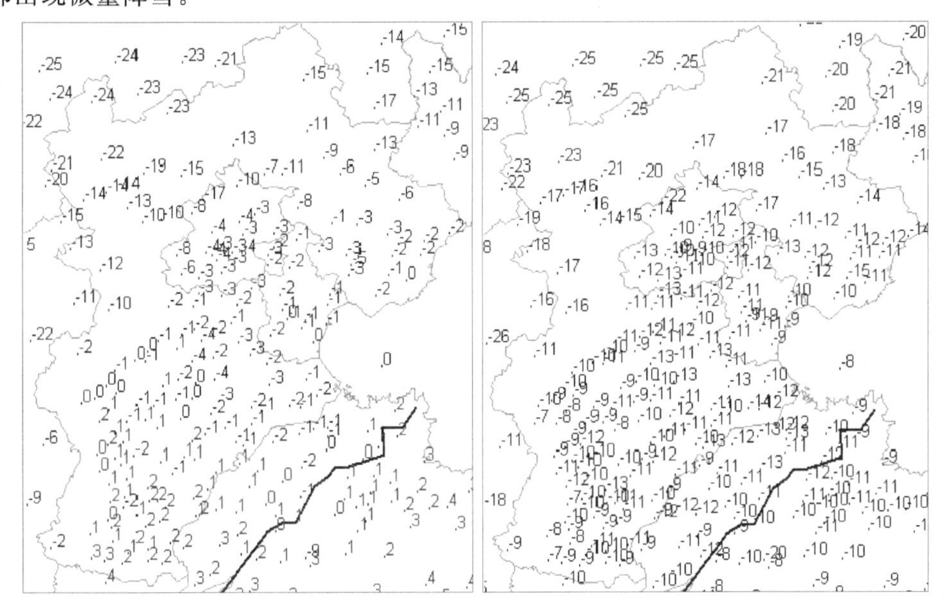

图5.34　12月4日全省最低气温　　　　图5.35　12月5日全省最低气温

图5.36　2008年12月4日全省大风灾情实况

2008年12月4日08时，亚欧中高纬500 hPa为一脊一槽(图5.37)。脊线位于70°E附近，高压脊有暖脊配合发展强盛。贝加尔湖东侧为一深槽区，40°～70°N地区经向度非常大，等高线密集带从西伯利亚北部经华北地区直至日本海，西北风急流中心风速达到 40 m/s。蒙古国东部有一低涡，中心强度为 5060 gpm，并有 -50℃冷中心与之配合，冷中心落后于低涡中心，低涡继续发展加强，从低涡中心到河套地区为高空槽，槽内有较强冷平流输送，因此高空槽也继续发展加强。700 hPa 与 500 hPa 形势近似，冷中心强度达到 -36℃，高空锋区强度达到 28℃/10 纬距(7 根等温线/10 纬距)，温度场明显落后于高度场，西北风风速达到 20 m/s，槽后平流交角达到 70°～90°，冷平流很强。从 700 hPa 垂直速度场看(图 5.39)，河北处于下沉速度区，在张家口和河南南部分别有两个 10 Pa/s 和 15 Pa/s 的下沉中心，说明高空动量下传非常明显，有利于大风的形成。850 hPa(图 5.41)西北风风速达到了 20 m/s，我省上空有 4 根等温线通过，锋区密集，平流交角近于垂直，有强冷平流。张家口、北京和邢台 24 小时降温(图 5.43)分别达到 17℃、15℃和 18℃，河北省处于冷平流区(图 5.44)，大部分地区冷平流强度达到 -25×10^{-6}℃/s。地面图上(图 5.46)冷高压中心在新西伯利亚，强度为 1060 hPa，我国中东部地区等压线密集，达到 7 根/10 经距。我省处于 3 小时变压为 2 hPa 的强度范围内，部分站点达到 3 hPa，强的气压梯度和变压容易产生强梯度风和变压风。从形势场配置和物理量场来看，非常有利于寒潮大风的形成。

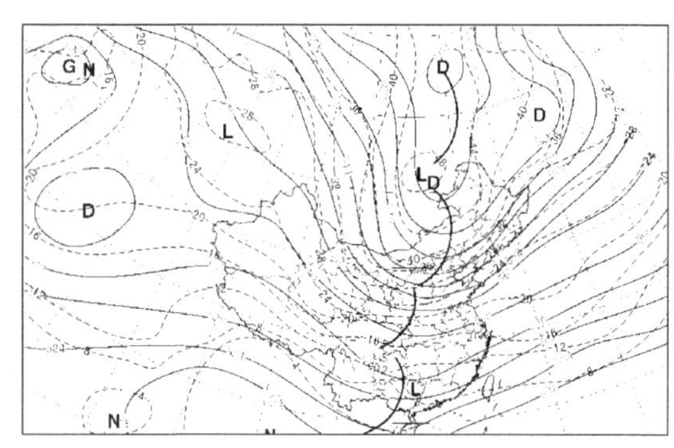

图 5.37　2008 年 12 月 4 日 08 时 500 hPa 图

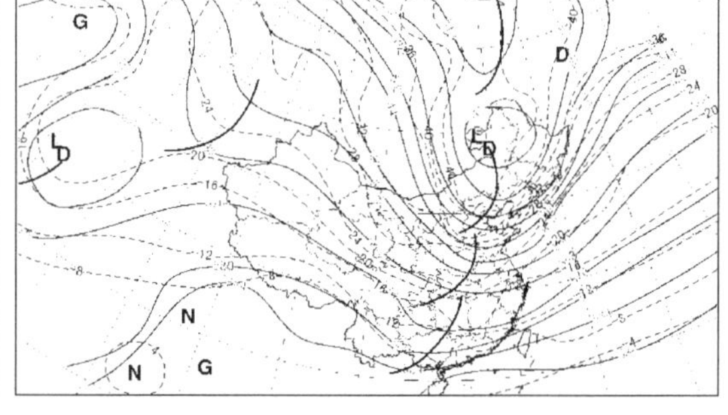

图 5.38　2008 年 12 月 4 日 20 时 500 hPa 图

4 日 20 时，500 hPa(图 5.38)槽脊略有东移，脊线到达 80°E 附近，低涡继续东南移，中心强度有所减弱为 5090 gpm，槽线完全转为南北走向，位于 120°E。高空经向度继续加大，从贝加尔湖到华北地区有偏北风急流，强度维持在 40 m/s；冷中心与低涡中心重合，强度有所减弱，槽后温度线与高度线接近平行，冷平流有所减弱。从 700 hPa(图 5.40)可见河北处于强下沉区。850 hPa(图 5.42)我省上空仍维持强锋区和强冷平流区。850 hPa 张家口、北京和邢台 24 小时降温(图 5.43)分别达到 13℃、18℃和 16℃，冷平流区(图 5.45)东移，秦皇岛位于冷平流中心，达到 -30×10^{-6}℃/s，全省大部分地区冷平流强度达到为 -5×10^{-6}℃/s～-30×10^{-6}℃/s。整层动量下传十分明显，700 hPa(图 5.40)河北仍处于 5～25 Pa/s 的下沉速度区，大值区位于河套到河南西部，中心达到 40 Pa/s，如此强的下沉气流致使全省出现大风天气。地面图上(图 5.47)，从高压中心主体中分裂南移的高压中心位于在河套顶部，强度为 1050 hPa，我国中东部地区维持非常大的气压梯度，仍然达到 7 根/10 经距。3 小时变压继续加强，我省大部分地区处于 3 小时变压为 2～4 hPa 的强度范围内，南部个别站点达到 5 hPa 以上，大值中心位于冀鲁豫交界处，中心值达到 5.7 hPa。正是由于高空的强冷平流和动量下传、地面强冷空气造成的强的气压梯度和变压，在如此有利配置下，造成了本次全省性寒潮天气过程。

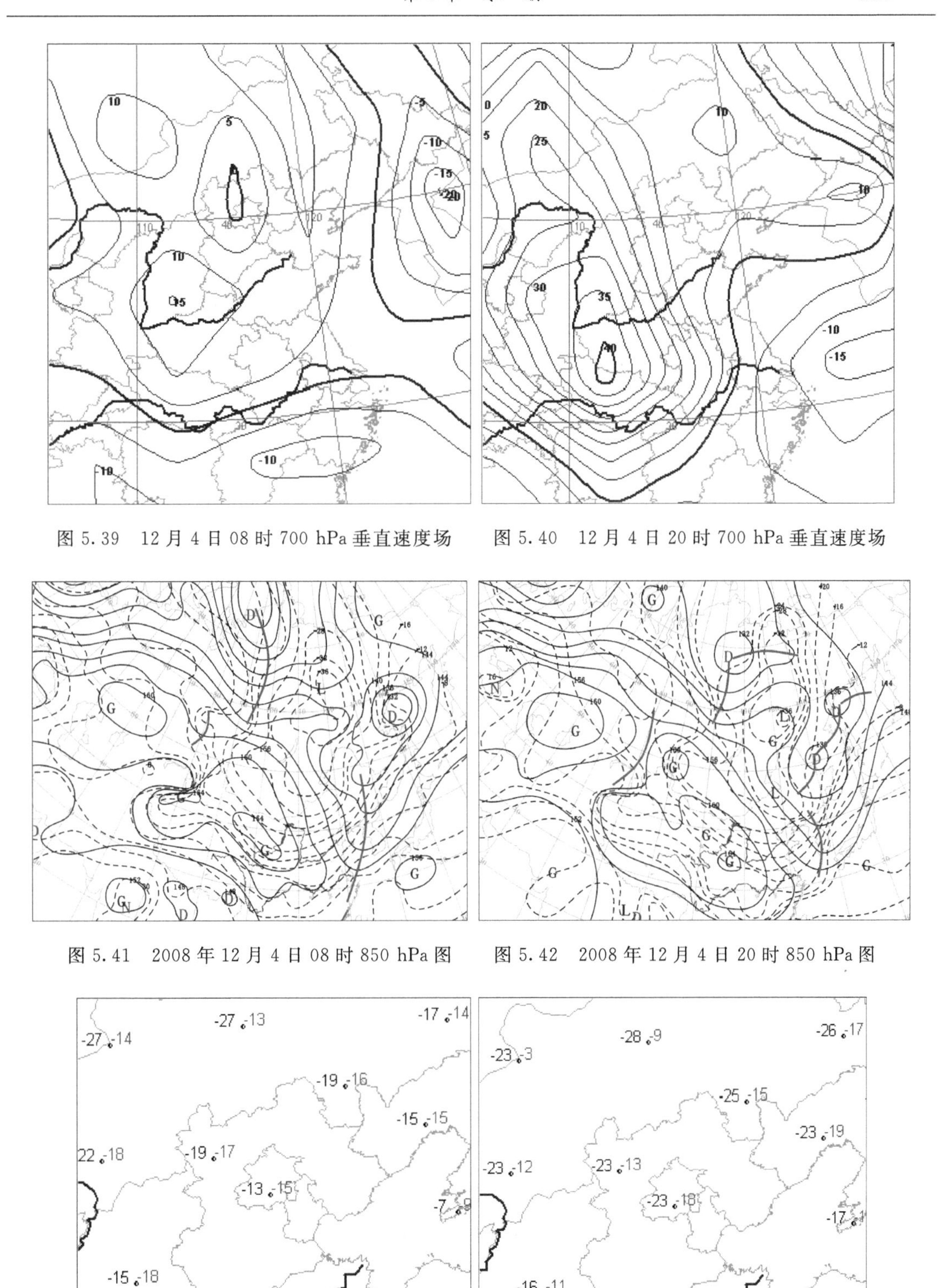

图 5.39　12 月 4 日 08 时 700 hPa 垂直速度场　　图 5.40　12 月 4 日 20 时 700 hPa 垂直速度场

图 5.41　2008 年 12 月 4 日 08 时 850 hPa 图　　图 5.42　2008 年 12 月 4 日 20 时 850 hPa 图

图 5.43　2008 年 12 月 4 日 850 hPa 气温(黑色)和 24 小时变温(红色)(左:08 时,右:20 时)

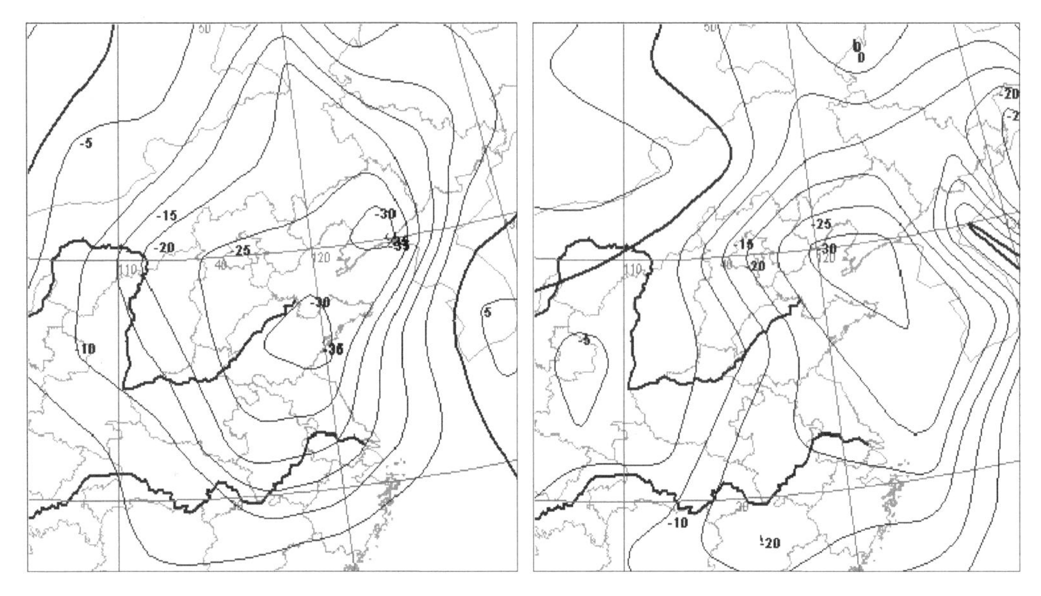

图 5.44　12 月 4 日 08 时 850 hPa 温度平流　　图 5.45　12 月 4 日 20 时 850 hPa 温度平流

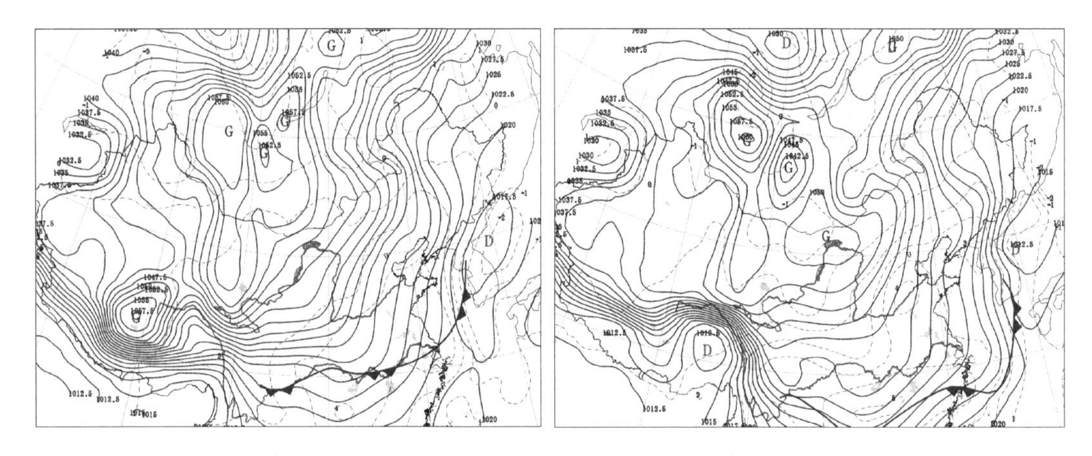

图 5.46　2008 年 12 月 4 日 08 时地面图　　图 5.47　2008 年 12 月 4 日 20 时地面图

5.3.2　横槽型

(1)环流形势:500 hPa 脊线在 75°E 附近,高纬度高压脊东伸,亚洲东部为东北～西南向横槽,等高线密集在槽前,接近东西走向,我省上空为等高线密集区控制,横槽型经向度大于纬向型小于一脊一槽型。本型冷空气入侵我省形式大体有两种,一种是冷空气以波动形式不断东传影响我省,直至横槽破坏,地面上不断有弱冷锋影响我省,此型冷空气活动时间较长,但强度较弱。另一种是中纬度弱冷槽东传先行影响我省,引导高纬冷空气沿偏北或西北气流迅速南下,地面冷高压一般以西北路径或偏北路径影响我省,等压线密集,气压梯度与 3 小时变压非常大,此型冷空气爆发迅速,常常带来寒潮天气(也称超级地型)。横槽型寒潮由于前期高空为纬向气流,地面冷高压轴向若为东西方向,冷空气常常取东北路径南下影响我省形成回流天气,容易造成降水天气。

(2)个例分析:2009 年 1 月 22—23 日寒潮天气过程。

2009年1月22日张家口地区有10站达到寒潮(图5.48),坝上地区24小时最低气温降温幅度达到15～17℃,张北最大为17.4℃;23日全省有67站达到寒潮(图5.47),24小时最低气温降温幅度一般在8～11℃,涉县最大为13.3℃;22日50站出现8级以上大风(图5.48),23日16站出现8级以上大风(图5.51);21日傍晚到夜间河北北部地区出现小雪天气。

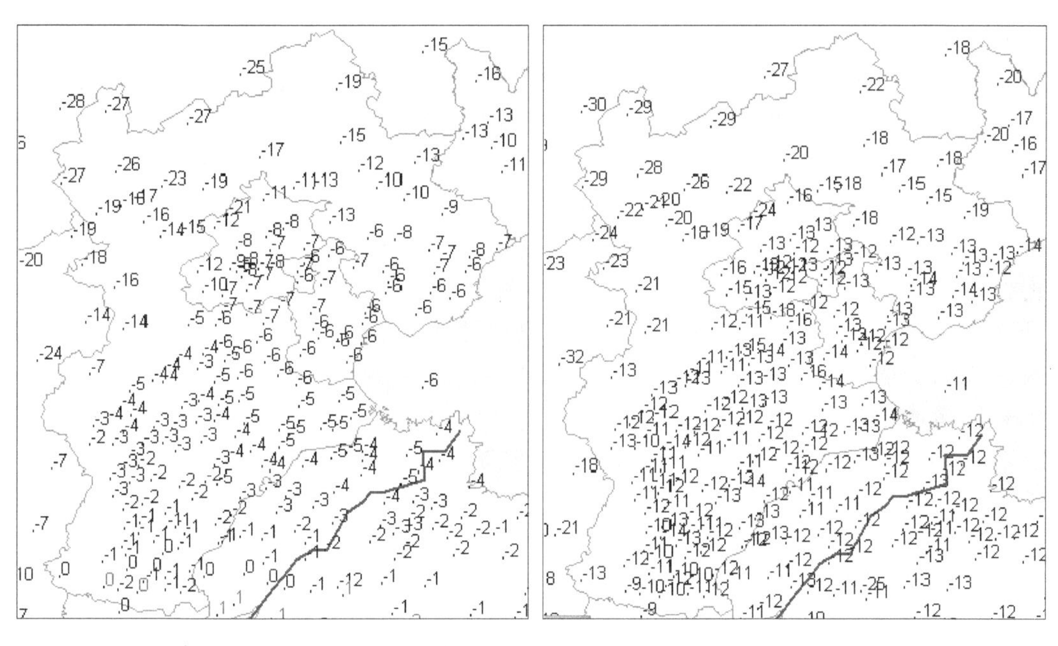

图5.48　2009年1月22日全省最低气温　　　　图5.49　2009年1月23日全省最低气温

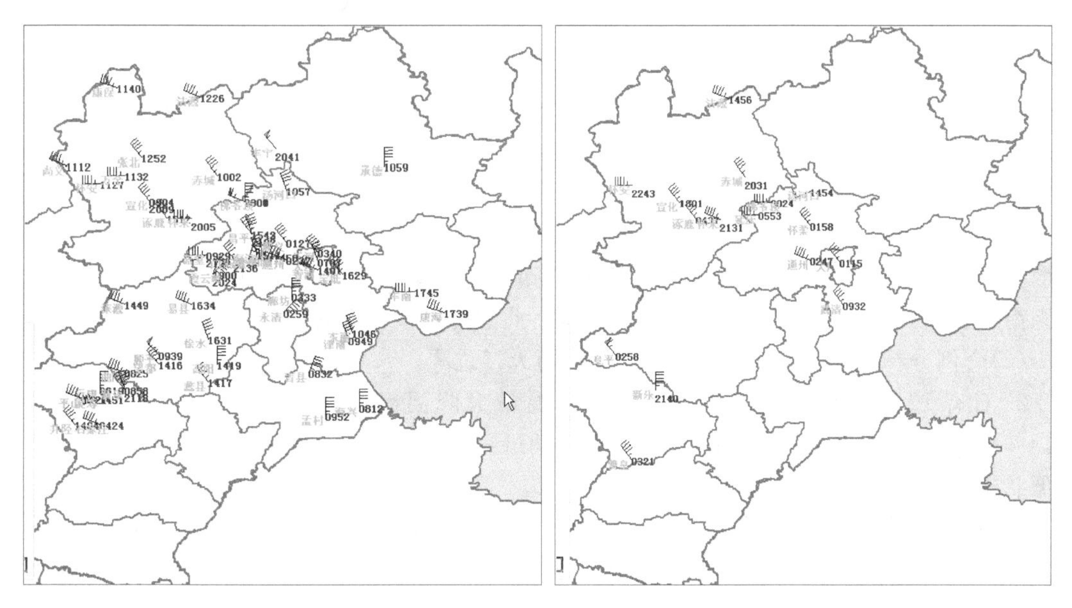

图5.50　2009年1月22日全省大风灾情实况　　　　图5.51　2009年1月23日全省大风灾情实况

2009年1月22日08时，500 hPa高空图上(图5.52)，阻塞高压发展强盛，脊线位于80°E附近，向北伸展到75°N附近。我国东北地区有一低涡，中心强度为5040 gpm，从低涡中心到新疆北部有一准东西向横槽，横槽前34°～45°N等高线密集，呈东西走向。低涡西北部有－48℃冷中心，温度槽落后高度槽，横槽仍在发展加强。同时，在江苏到福建、内蒙东部到陕西中部有阶梯槽，阶梯槽有利于引导横槽转竖爆发南下。700 hPa形势与500 hPa基本相似，冷中心强度达到了－36℃，河北上空等温线密集(6根)，冷平流强盛。河北东部地区处于槽前上升区(图5.54)，其他地区处于槽后的下沉区，强冷空气造成的强下沉气流速度达到20 Pa/s。850 hPa图上(图5.56)，冷中心强度达到了－32℃，高空锋区强度达到32℃/10纬距(8根等温线/10纬距)，邢台和张家口温差达20℃(图5.58)，张家口、北京和邢台24小时降温分别达到20℃、16℃和3℃，西北风风速分别为18 m/s、18 m/s和13 m/s。锋区后等温线和等高线接近垂直，有强冷平流向河北输送，强冷平流中心位于北京附近(图5.59)，中心值达到了-65×10^{-6}℃/s。地面图上(图5.61)，冷高压以西北路径南下影响我省。高压中心位于新疆西北部，中心气压达到1060 hPa，地面冷锋位于东北—华北—甘肃南部，冷锋后等压线密集，10个经距/纬距内有多达9～11根等压线，气压梯度相当强，河北全省处于3～7 hPa的3小时变压区，南宫3小时变压高达7.7 hPa。如此强的气压梯度和3小时变压产生了强烈的梯度风和变压风，造成全省剧烈降温和西北大风。

22日20时，500 hPa图上(图5.53)高压脊略东北伸，脊线位于85°E附近呈东北西南走向，先导槽已通过我省，横槽快速南摆到达内蒙古中部地区。冷涡东移至黑龙江东部，－48℃冷中心南落至蒙古东部，强锋区位于40°N以南地区。700、850 hPa横槽已经转竖，700 hPa －36℃冷中心位于内蒙古中部，等温线仍非常密集，在垂直速度场上(图5.55)，全省大部分地区仍处于10～20 Pa/s的下沉速度区。850 hPa河北仍然受强冷平流控制(图5.60)，冷平流强度达到$-15\sim-30\times10^{-6}$℃/s。地面图上(图5.62)1060 hPa冷高压中心继续从高纬向东南移动，冷锋已移至朝鲜半岛到长江中下游地区，锋后等压线仍非常密集，40°N上在110°～120°E之间有10根等压线，呈南北走向，河北省大部分地区仍处于3～5 hPa的3小时变压区，隆尧和内丘3小时变压最大为5.8 hPa。在此有利的高空地面配置下，造成了全省性寒潮天气。

5.3.3　纬向型

(1)环流形势：亚洲环流平直，仅在85°E附近有浅脊，105°E附近有浅槽。各纬度经向指数明显小于其他型，经向指数最大值不超过20gpm。本型冷空气多是以波动形式东传，锋区逐渐南压影响我省。地面上有弱冷锋影响我省，此型冷空气活动时间较长，但强度较弱。

(2)个例分析：2004年12月23—24日寒潮天气过程。

23日有18站达到寒潮，24小时最低气温最大降温幅度柏乡达到10.2℃(最低气温－14.9℃)，前期在12月20日出现了37站寒潮过程，21—22日华北出现大到暴雪，气温维持偏低状态，23—24日气温持续下降。

2004年12月22日08时，500 hPa(图5.63)上欧亚大陆50°N地区为两槽两脊，巴尔喀什湖以西50°E有高脊向东北方向伸展，形成了阻塞高压，中心强度为5480 gpm，巴湖北侧和日本岛北部为两个低涡，中心强度分别达到5320 gpm和5040 gpm，二者之间为弱脊控制，东部低涡后部有横槽；中纬度地区处于纬向环流控制，多波动，河套地区附近有弱脊，其东部有浅槽；有两个冷中心与低涡中心对应，其中巴湖北部的－40℃冷中心与低涡中心重合，东部

图5.52 2009年1月22日08时500 hPa图

图5.53 2009年1月22日20时500 hPa图

图5.54 1月22日08时700 hPa垂直速度场

图5.55 1月22日20时700 hPa垂直速度场

图5.56 2009年1月22日08时850 hPa图

图5.57 2009年1月22日20时850 hPa图

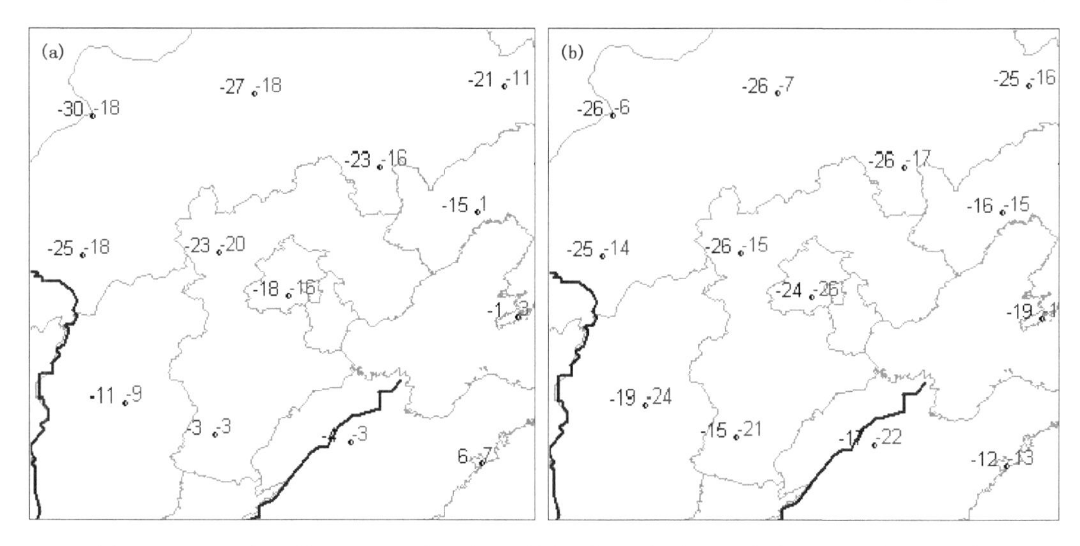

图 5.58　2009 年 1 月 22 日 850 hPa 气温(黑色)和 24 小时变温(红色)(a. 08 时;b. 20 时)

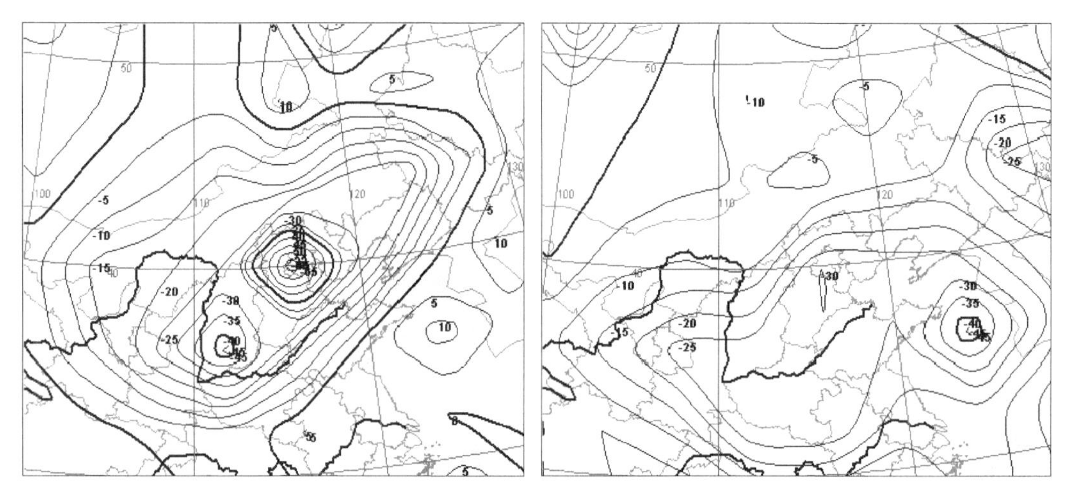

图 5.59　1 月 22 日 08 时 850 hPa 温度平流　　图 5.60　1 月 22 日 20 时 850 hPa 温度平流

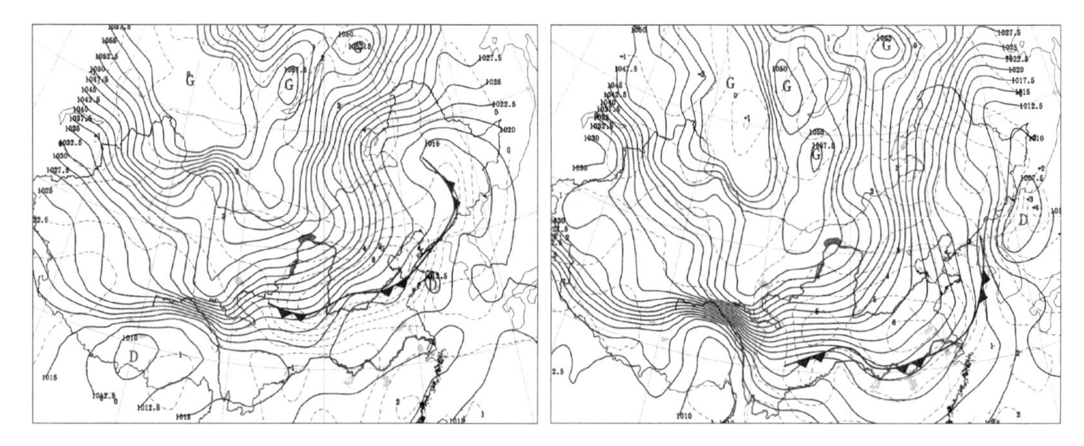

图 5.61　2009 年 1 月 22 日 08 时地面图　　图 5.62　2009 年 1 月 22 日 20 时地面图

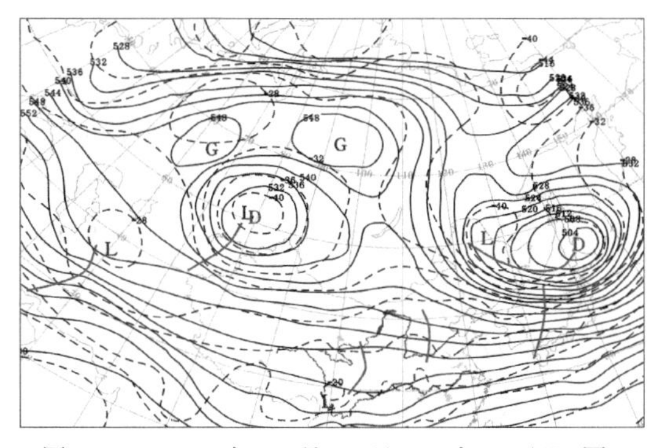

图 5.63 2004 年 12 月 22 日 08 时 500 hPa 图

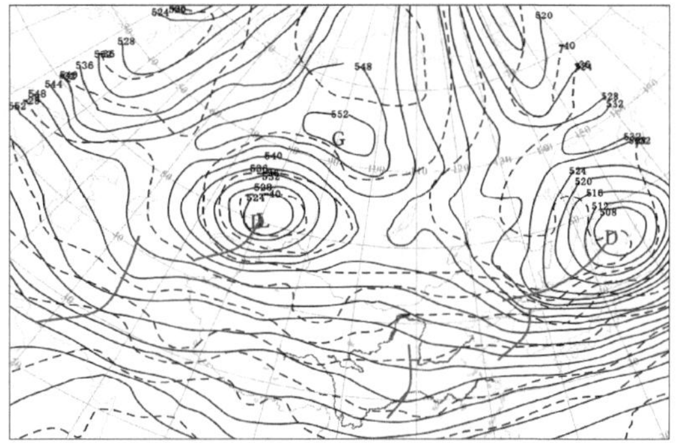

图 5.64 2004 年 12 月 22 日 20 时 500 hPa 图

－40℃冷中心在横槽北部，中纬度地区等温线也呈纬向分布，华北地区上空为弱的温度脊，其西侧为浅的冷温槽。700 hPa 两个较强冷中心位置和 500 hPa 基本对应，中纬度地区从河套到长江中上游地区有小的低值系统；东北地区有冷中心，强度为－28℃，中纬度地区等温线多波动。850 hPa(图 5.65)上，从西伯利亚到我国内蒙中部为高压控制，两侧为低值区，有两个冷中心分别位于巴湖北侧和我国东北地区，中纬度地区为短波槽脊。地面(图 5.67)上气压场为北高南低形势，高压中心位于贝湖东侧，中心强度在 1055 hPa，40°～50°N 间有 8 根等压线，河套地区有倒槽，中纬度地区以偏东风为主。变压不明显，＋2 变压中心在南方。

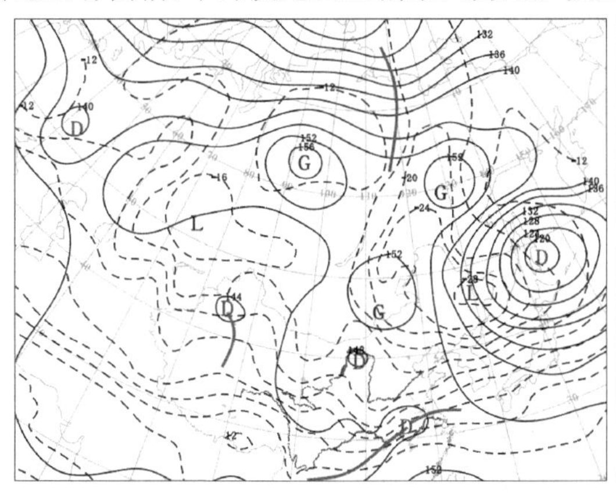

图 5.65 2004 年 12 月 22 日 08 时 850 hPa 图

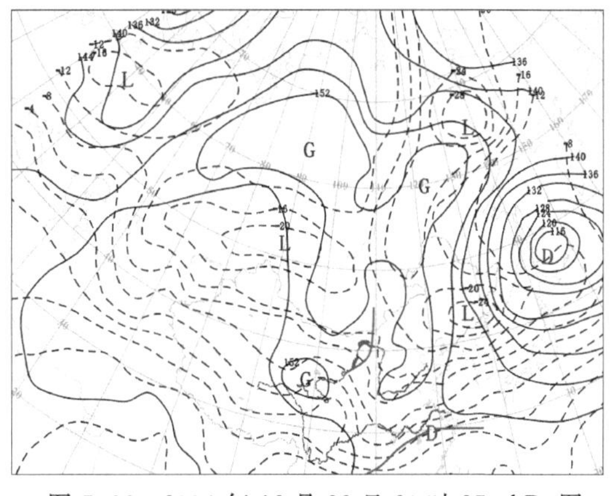

图 5.66 2004 年 12 月 22 日 20 时 850 hPa 图

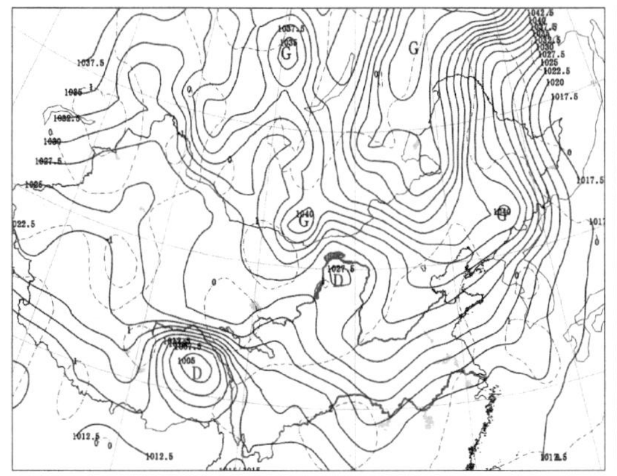

图 5.67 2004 年 12 月 22 日 08 时地面图

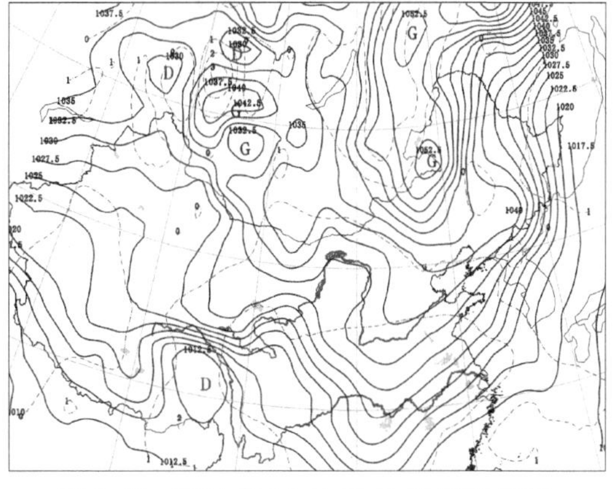

图 5.68 2004 年 12 月 22 日 20 时地面图

22 日 20 时，500 hPa(图 5.64)高纬地区阻塞高压的中心强度加强到 5520 gpm，巴湖北侧的低涡也加强到 5240 gpm，而日本东部的低涡有所减弱，其后部的低槽略有南压；中纬度地区仍是纬向环流，100°～110°E 为弱的脊区，其后部有温度槽，冷空气随脊前西北气流南下。700 hPa，阻高中心强度为 3040 gpm，东部为经向环流控制，河套以东有西北气流上有短波槽，其后部有冷温槽，东移过程中冷空气南下。850 hPa(图 5.66)，高压主体位于高纬地区，并沿 115°E 南伸至山西，在蒙古西部和东北地区有冷中心。地面(图 5.68)上北高南低，高压中心有所减弱，但在内蒙东部切出一个小中心(1052.5 hPa)，气压梯度有所减弱，变压不明显。

5.3.4 平底槽型

(1)环流形势：亚洲高纬地区上空为一东西轴向的低压控制，低压中心偏北，我省受平底槽底部平直西风气流控制，各纬经向度大于纬向型，小于一脊一槽型。本型冷空气主力偏北，入侵形式多以锋区逐渐南压，冷空气逐次南推，造成气温持续下降，持续低温天气。

(2)个例分析：2006 年 4 月 12 日寒潮天气过程，有 105 站达到寒潮，4 月 12 日 24 小时最低气温最大降温幅度邢台达到 11.5℃，中南部地区 15 站出现霜冻；11 日有 51 站出现 8 级以上大风，其中青县最大达到 23 m/s；11 日 08 时—12 日 08 时除东北部外，其他地区出现小到中雨。

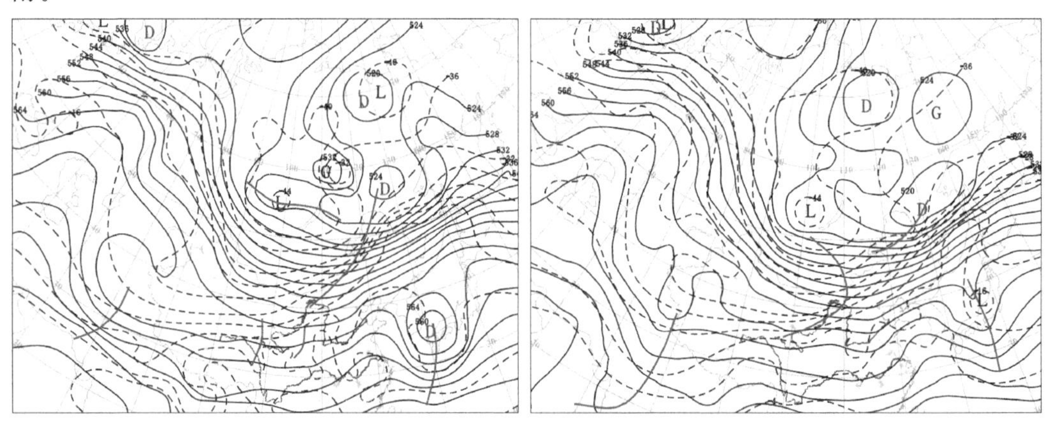

图 5.69 2006 年 4 月 11 日 20 时 500 hPa 图　　图 5.70 2006 年 4 月 12 日 08 时 500 hPa 图

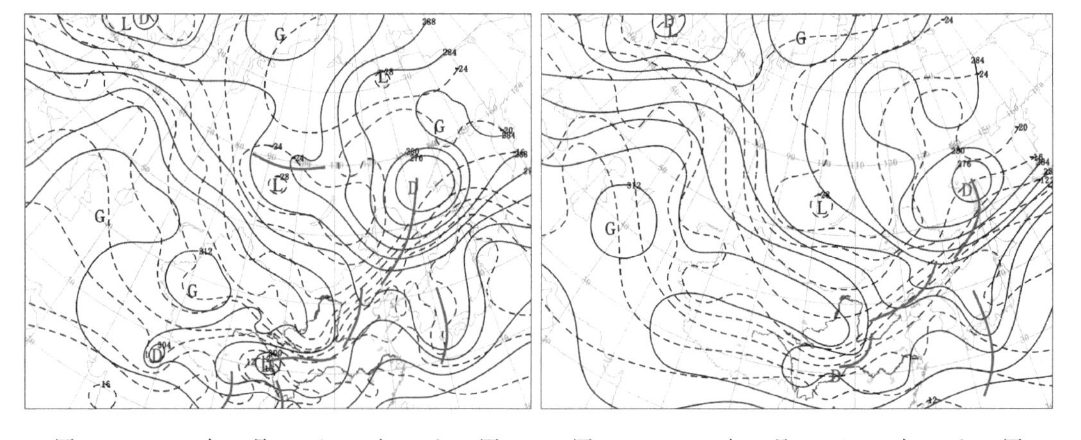

图 5.71 2006 年 4 月 11 日 20 时 700 hPa 图　　图 5.72 2006 年 4 月 12 日 08 时 700 hPa 图

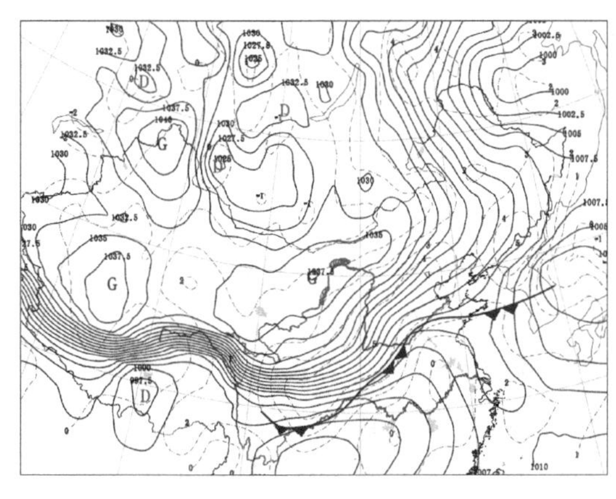

图 5.73　2006 年 4 月 11 日 20 时地面图

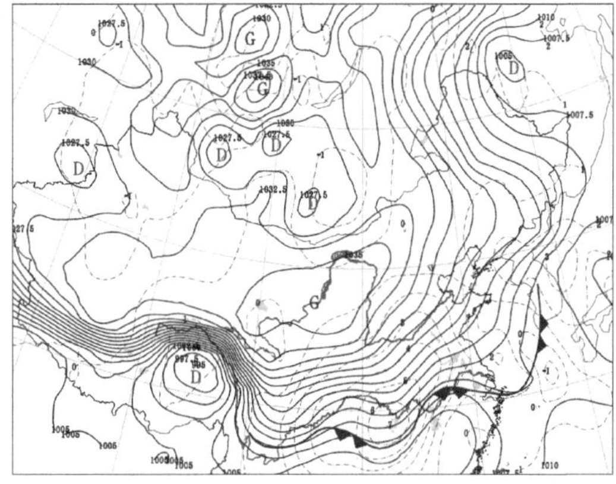

图 5.74　2006 年 4 月 12 日 08 时地面图

2006 年 4 月 11 日 20 时，500 hPa(图 5.69)上，亚洲高纬地区上空为一东西轴向的低压控制，低压中心位于贝加尔湖西北部地区，并配合有一−47℃冷中心。低压南侧为纬向气流，呈现为平底槽，我省受平底槽底部较平直的偏西气流控制，40°～50°N 等高线密集，配合以大风速轴(急流)在贝加尔湖西侧，温度槽落后高度槽。700 hPa(图 5.71)上，在辽宁西部—河北北部—山西中部—陕西南部—四川中部有一切变线，切变线附近配合有强锋区，我省上空有 7 根等温线通过，切变线后西北风与等温线垂直，冷平流非常强。850 hPa 与 700 hPa 形势一致。地面(图 5.73)上冷高压中心位于磴口附近，中心气压 1038 hPa，冷锋移到黄河下游，我省处于锋后等压线密集区(110°～120°E 有 10 条线)，河北中南部伴有＋4 hPa 的 3 小时变压中心。

12 日 08 时，500 hPa(图 5.70)上，锋区进一步南压，低压中心、冷中心位置与强度基本维持不变。700 hPa(图 5.72)冷中心位置略有南压，我省处于强锋区和切变线控制中，切变线后西北风仍与等温线垂直，河北仍有强冷平流。地面(图 5.74)冷高压进一步东南移，高压中心位于河套地区，中心强度不变。冷锋移到长江中下游地区，锋后等压线仍非常密集，呈东北西南走向，河北地区仍维持较大气压梯度，3 小时变压减弱。在此有利的高空地面配置下，造成了全省性寒潮天气。

5.4　寒潮天气

伴随寒潮出现的天气，由于冷空气的强弱、路径以及季节不同而有差异。寒潮最明显的特征是伴随剧烈降温和大风天气，并时常带来沙尘天气；一定形势下还可引起降水天气，春、秋季由于降温引起霜冻等天气。

偏北路径的寒潮天气，一般以大风与强降温为主，有时伴有降水。西北路径的寒潮天气，多以大风降温为主。偏西路径的寒潮，多伴随降水天气，一般降温不剧烈，若有偏北路径的冷空气配合，造成强降雪。由此产生的平流降温及因融雪从大气中吸收大量的融解热而引起的降温，也是可观的。

5.4.1　大风

除偏西路径的寒潮外，其他路径的冷空气，只要强度够，均可造成全省性大风天气。我省北部的坝上地区，则不论何种路径的寒潮，均可造成大风天气。有关大风的统计情况，天气形势及预报方法等，见第 4 章。

5.4.2 霜冻

当近地面温度下降到 0℃以下时，空气中的水汽在地面物体上凝结成的白色冰晶叫霜，亦称为白霜。霜冻则指地面或叶面的温度突然下降到农作物生长所需最低温度以下，农作物遭受冻害的现象。大多数农作物在地面或叶面的温度下降到 0℃以下就会遭受冻害，因此把地面温度降到 0℃以下作为出现霜冻的标准。出现霜冻时地面可以有白色的结晶物——即白霜，也可能没有白霜，无白霜出现的霜冻亦称为黑霜。霜冻主要是由于冷空气入侵引起的，在冷空气影响下造成的平流降温，加上夜间地面辐射冷却作用，使局地降温幅度加剧。因此，霜冻多出现在夜间或早晨最低温度出现的时间。

(1)霜冻的种类：按其形成的原因可分为三种：

1)平流霜冻：平流霜冻是由北方强冷空气南下直接引起的霜冻。这种霜冻常见于早春和晚秋，在一天的任何时间内都可能出现，影响范围很广，而且可以造成区域性的灾害。

2)辐射霜冻：辐射霜冻是由于夜间辐射冷却而引起的霜冻。这种霜冻只出现在睛空或少云和风弱的夜间或早晨，通常是零散地出现在一个区域内的，且常见于低洼的地方。

3)平流—辐射霜冻：这类霜冻是由于平流降温和辐射冷却共同作用而引起的霜冻。我省霜冻多属此种类型。

(2)我省初、终霜冻的一般情况：每年秋季出现的第一次霜冻称为初霜冻，每年春季最后一次出现的霜冻称为终霜冻。大范围的冷空气活动的早晚与强弱都直接影响大面积初、终霜冻的开始及结束的日期。根据气候资料分析，我省初、终霜冻出现日期南北差异较大，而且无论是初霜或终霜出现最早日与最晚日的时差也大。

1)初霜冻：图 5.75、图 5.77 和图 5.78 分别为初霜冻平均日期分布图、最早日期分布图和最晚日期分布图。坝上地区初霜冻一般出现在 8 月下旬至 9 月上旬，北部高地与太行山北段出现在 9 月下旬，平原的中南部出现在 10 月中下旬，我省自北向南出现初霜冻约历经 60 天之久。康保最早出现初霜冻在 9 月 4 日，初霜冻出现最晚的是沧州的海兴县 11 月 4 日。

2)终霜冻：图 5.76、图 5.79 和图 5.80 分别为终霜冻平均日期分布图、最早日期分布图和最晚日期分布图。坝上地区平均于 5 月下旬到 6 月上旬结束霜冻，北部高原地区为 4 月下旬至 5 月上旬，平原大部地区终霜出现在 3 月下旬至 4 月上旬，我省自南向北终霜冻日期相差 63 天之久。康保平均终霜冻日期在 5 月 21 日，而海兴终霜冻日期最早在 3 月 19 日。

(3)霜冻的预报：根据前面的分析可知霜冻预报归结为最低温度的预报，关键在于冷空气活动。最低温度是百叶箱温度，霜冻考虑的是地面温度，两者是有差别的。但一般情况下在可能出现霜冻的季节里，冷空气强度够强，又无降水天气伴随，如预报冷空气过后，夜间无云或少云，静风或微风，相对湿度较小，百叶箱最低气温能下降到 4℃以下时，就可能出现霜冻。我省大范围的霜冻天气，多是西北路径或偏北路径的冷空气活动，风后天空无云或少云，平流降温与辐射冷却降温共同造成的。

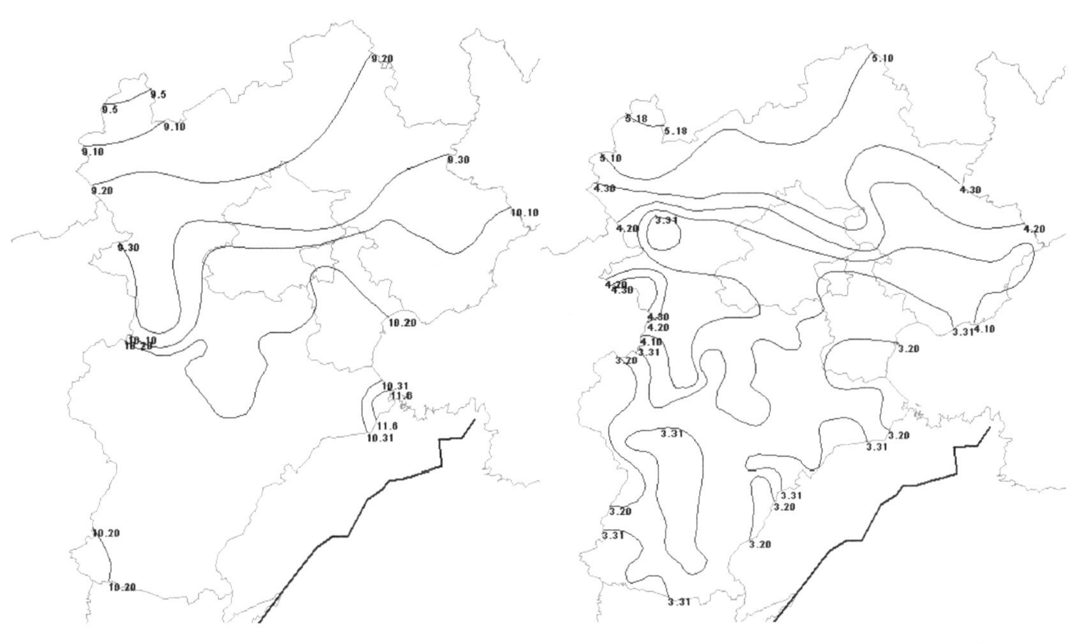

图 5.75 初霜冻平均日期分布图

图 5.76 终霜冻平均日期分布图

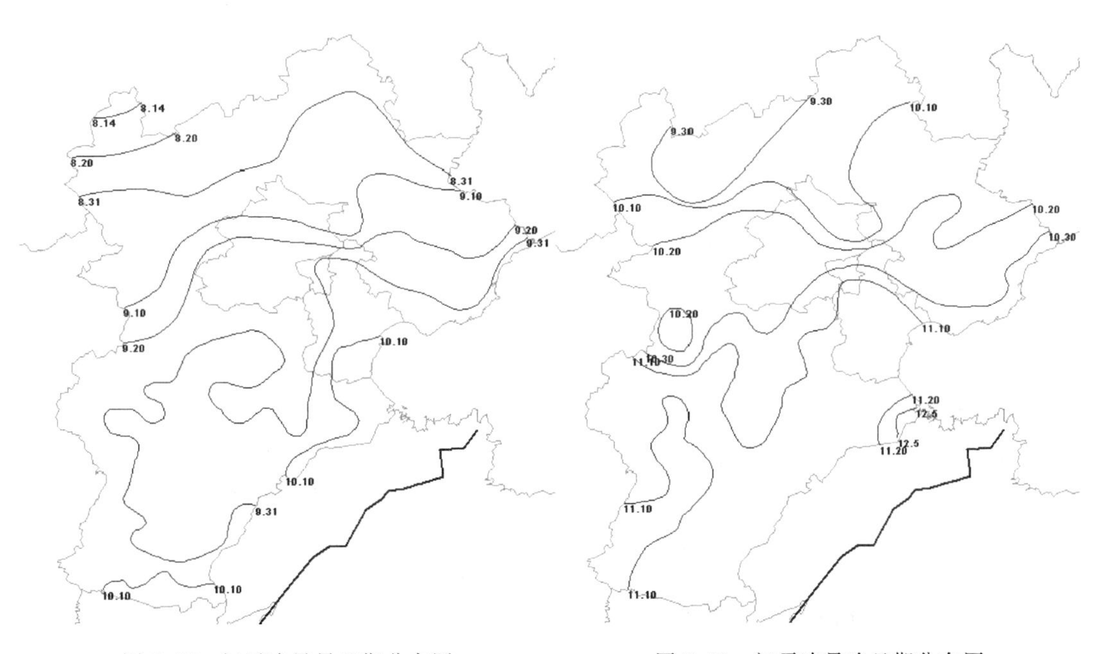

图 5.77 初霜冻最早日期分布图

图 5.78 初霜冻最晚日期分布图

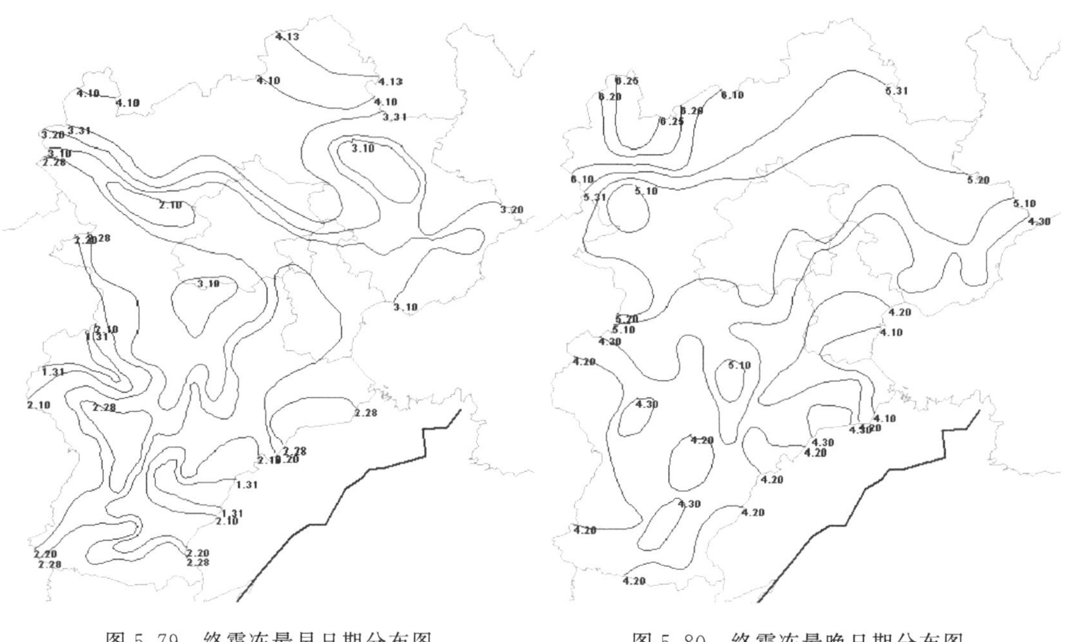

图 5.79　终霜冻最早日期分布图　　　　图 5.80　终霜冻最晚日期分布图

5.4.3　降雪

伴随寒潮常常出现降雪天气，有关降雪的统计情况，天气形势及预报方法等，见本书有关章节。

5.5　寒潮预报

对于寒潮预报，应考虑冷空气聚积、冷空气爆发南下、寒潮强度、寒潮路径、寒潮天气等几个方面。近些年，随着数值模式的不断发展和完善，数值天气预报准确率已经有了非常大的提高，尤其是形势预报场的可信度更高，欧洲中心预报可用时效在北半球接近 8 天。可以说数值天气预报的形势预报场已经在某种程度上超过了预报员的经验预报能力。而寒潮是一种大范围的天气过程，因此我们在做寒潮中期预报时，对于冷空气的积聚与爆发、高空天气系统的发展演变、地面冷高压的移动路径等可以根据数值预报场来预报；对于短期预报而言，以数值预报场为参考，用实况来加以检验订正；而对于 12 小时内的短时预报，则以分析各种实况资料为重点，再结合预报经验和地方特点，做出寒潮天气的预报。

(1)冷空气的强度。

1)首先分析高空天气系统演变及冷空气强度。分析 500 hPa、700 hPa 和 850 hPa 槽脊位置及强度，冷中心强度(500hPa 一般在－40～－48℃，700hPa 一般在－28～－36℃，因季节有所不同)，锋区强度(等温线密集程度，700hPa 上 10 纬距内有 5～8 根等温线，即 20～32℃/10 纬距)、24 小时变温、冷平流强度(风速大小以及与等温线的交角)等。

2)分析地面天气系统演变及强度。冷高压位置与形状(决定了冷空气路径)、冷高压中心强度(一般在1040～1055 hPa,随季节有很大差异)、冷锋强度(锋后24小时正变压和负变温的强度)、气压梯度(一般而言,10纬距或经距内气压差大于15 hPa时,即10纬距或经距内有6根等压线时可产生6级以上大风)、24小时变压强度(根据中央气象台的统计,变压正负中心之差达到40～50 hPa时则可能达到寒潮强度)、3小时变压强度(我省14时锋后3小时变压达到2.5 hPa时即可出现大风,锦州站3小时变压达到2 hPa时,我省即可出现东北大风)。

总之,高空锋区越强、冷平流越强、地面冷高压中心越强、冷锋后24小时变压和变温越强,出现的寒潮强度就越强。

(2)高低空系统配置。如果高空为一致强西北风,且有强冷平流和强下沉气流(一般700 hPa下沉速度大于20 Pa/s),同时地面气压梯度及3小时变压较大,则容易出现强降温且伴随大风天气;如果高低空配置不理想,如高空有较强冷平流,但地面冷高压扩散南下,气压梯度和变压较小,或虽然地面气压梯度很大,但高空冷平流不强,有较强降温但不一定有大风天气(例如2009年11月2日)。

(3)寒潮天气的类型。根据数值天气预报中冷空气移动路径,判断寒潮天气的类型偏北路径的寒潮天气,经常伴随偏北大风甚至东北大风,容易导致强降温,有时伴有降水。西北路径的寒潮天气,多以西北大风为主,也能导致强降温天气。偏西路径的寒潮,多以西北大风或偏西大风为主,常伴随降水天气,一般降温不剧烈,尤其是太行山东麓地区容易受焚风影响(风向在250～295°之间,风力＜4级时焚风效应最明显),降温不明显有时甚至出现升温现象,但若有偏北路径的冷空气配合,造成强降雪。

(4)物理量分析。温度平流、涡度及涡度平流、垂直速度(一般700 hPa下沉速度大于20 Pa/s时易产生大风天气)等。

(5)其他关注点:

1)影响最低气温的因素还有天空云量、风向风速、地形地貌等因素。天空晴朗有利于辐射降温,相反当天空中低云量较多时辐射降温弱,不利于地面降温;风力较大湍流强,不利于近地层冷空气的沉积;高原、山地地势较高,受高空冷空气影响明显,降温快,幅度大;低洼地区有利于近地层冷空气的沉积,沙地等地区土壤热容量小,夜间辐射降温明显,最低气温较低。

2)在考虑降温幅度时,还要考虑寒潮过程前的气温变化情况。如果前期维持气温偏高的状态,则降温幅度较大;反之,如果不断有冷空气影响,前期维持气温偏低的状态,则降温幅度偏小,但最低气温仍可达到较低的程度。

3)雨雪转换指标:850 hPa≤－4℃,925 hPa≤－2℃,1000 hPa≤0℃,地面温度≤2℃。具体预报见降雪的有关章节。

4)在前期干旱,尤其是春季,预报寒潮大风时注意沙尘天气预报。具体预报思路见大风沙尘的有关章节。

参考文献

河北省气象局,1987.河北省天气预报手册[M].北京:气象出版社.

朱乾根,林锦瑞,寿绍文,等,2007.天气学原理和方法(第四版)[M].北京:气象出版社.

第6章　雾

随着国民经济、城市群、高速公路网的快速发展，雾所导致的气象灾害已经引起了广泛的关注。大雾对交通运输有重要影响，可引发高速公路恶性交通事故、致飞机无法正常起降，同时还会对工农业生产、电力设施、人体健康造成严重危害。河北省雾出现频率较高的地带是河北平原，这是与河北省地形密切相关的。由于影响河北的冷空气多以西北路径、偏西路径为主，河北平原北部的燕山、西面的太行山对天气系统起到了阻挡和削弱的作用，常造成河北平原处于静稳天气形势下，容易出现雾霾天气。有时在稳定的天气形势下，大范围的雾可持续很长时间，如2002年12月9—19日和2007年12月18—28日河北平原曾出现过连续11天的大范围浓雾天气。

6.1　河北省主要大雾类型

雾是大量微小水滴悬浮于空中，使近地面水平能见度降到1 km以内的天气现象。雾的分类是一个相当复杂的问题，目前尚没有统一和通用的方法，孙奕敏(1994)和吴兑等(2011)采用如下方法分类(见表6.1)。

表6.1　雾的种类及划分依据

划分依据	名称
形成雾的天气系统	气团雾、锋面雾
雾形成的物理过程	冷却雾(辐射雾、平流雾、上坡雾)、蒸发雾(海雾、湖雾、河谷雾)
雾的强度	重雾、浓雾、中雾、轻雾
雾的厚度	地面雾、浅雾、中雾、深雾(高雾)
雾的温度	冷雾、暖雾
雾的相态结构	冰雾、水雾、混合雾

就河北省而言，最常见的雾有以下几种：辐射雾、平流辐射雾、平流雾。

6.1.1　辐射雾

6.1.1.1　定义及特征

由于夜间地表面的辐射冷却而形成的雾称为辐射雾。辐射雾是我省出现频率最高的雾，其高度一般为几十米到几百米，一般不超过400 m，绝大部分在200 m以下，即1000 hPa以下，其特征如下。

(1)有明显的季节性和日变化：秋冬季居多；多在下半夜到清晨，日出前后最浓，白天辐射升温开始后逐渐消散。

(2)与地理环境有密切的关系:在潮湿的山谷、洼地、盆地,水面等更容易出现辐射雾;

(3)冬半年气温日变化小,当大片浓雾出现时,白天雾不一定迅速消散。

6.1.1.2 辐射雾的形成条件

辐射雾的形成一般需要以下几个有利条件:(1)晴天无云或少云,地面有效辐射强;(2)空气相对湿度大,特别是雪、雨后或高空槽前半夜快速过境近地层增湿更为有利;(3)地面风速微弱;(4)大气层结稳定,近地层有逆温或等温存在;(5)近地面空气温度必需下降到接近露点温度。

6.1.1.3 河北省辐射雾的天气概念模型

(1)雨(雪)后辐射雾

一年四季中较为常见,具有突发性的特点,由于重点关注降水,雾的预报中有时容易被忽视。雨(雪)后的辐射雾一般发生在低槽弱冷锋降水之后,其特征如下:①造成降水的高空槽东移速度较快,一般前半夜过境,带来降水后迅速转晴;②500 hPa 上,高空槽后风速较大,一般≥16 m/s;从卫星云图上可以看到,对应的高空槽云系后边界清晰,但 850 hPa 以下风速较小,不超过 8 m/s;③地面气压场形势为西高东低,河北大部处于弱的华北地形槽控制之下;④多数情况下,逆温层较低,一般在 1000 hPa 以下,而湿度场垂直结构为“下湿上干”,湿层(相对湿度≥95%或温度露点差≤1℃)多集中在逆温层以下;⑤ 值得注意的是,这类高空槽可能没有降水,但也常常会带来大雾天气。

2009 年 2 月 9 日发生在河北平原的大雾天气是比较典型的雪后辐射雾。从图 6.1a 可以看出,500 hPa 高空槽线 2 月 8 日 08 时位于河套以西,8 日 20 时移至河北西部,9 日 08 时移至日本西部,24 小时移动了近 20 个经距,带给河北弱降雪后,迅速转晴,强的辐射降温导致大雾发生。

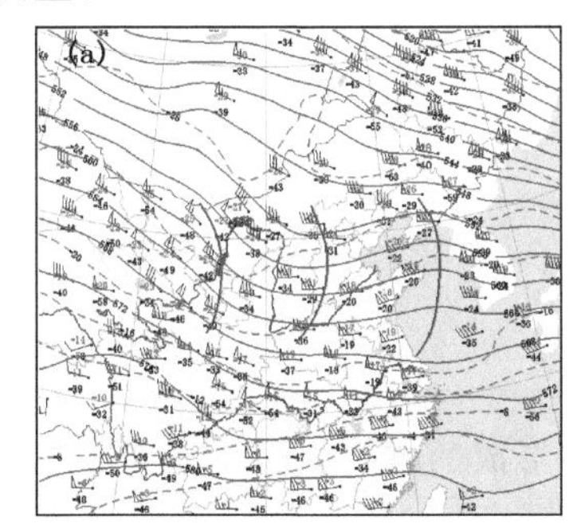

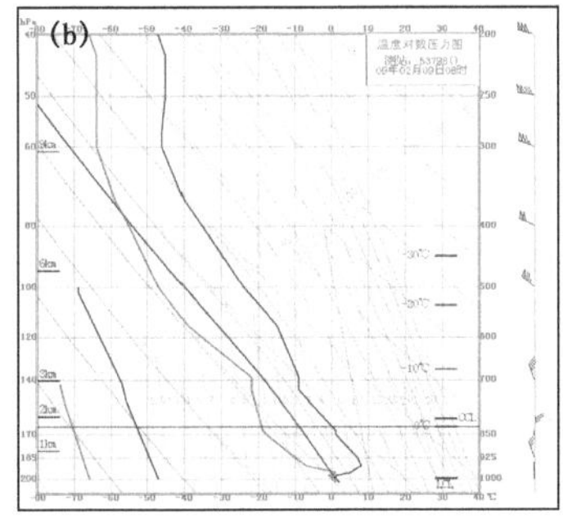

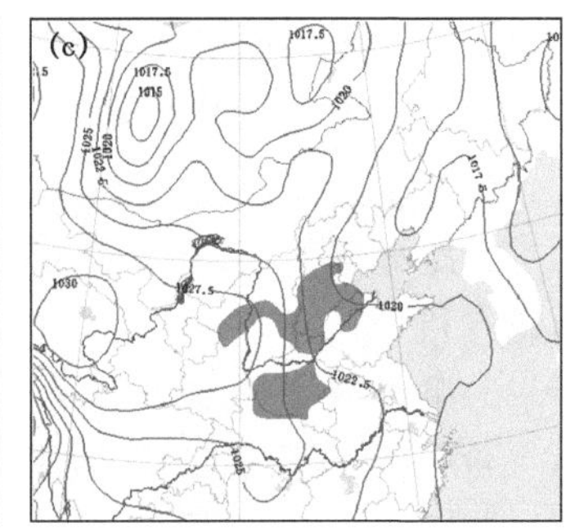

图 6.1 雨(雪)后辐射雾

(a. 2009 年 2 月 8 日 20 时 500 hPa 高度场和湿度场;b. 邢台(53798)2 月 9 日 08 时探空图;c. 2 月 9 日 08 时地面形势与雾区分布)

(2)高压控制下的辐射雾

这是在冬季常发生的一种辐射雾。华北大范围内高空受弱高压脊控制,地面冷高压中心位于蒙古国,冷空气扩散南下,等压线在河北平原变得稀疏,850 hPa 以下有弱温度脊控制河北中南部,天空晴朗无云或少云,冬季具有夜长的特点,有效的辐射降温导致辐射雾发生。

图 6.2 给出了 2005 年 11 月 20 日发生在河北平原一次大范围辐射雾的天气形势。从 18

日开始，500 hPa 华北地区转受高压脊控制，地面处于高压前部的弱气压场中，地面相对湿度较大，有小范围雾出现，由于形势稳定，湿度逐渐增加，低空逆温维持，20 日、21 日发展为大范围的辐射雾。从邢台的探空曲线看出，湿层集中在 1000 hPa 以下，1000 hPa 以上湿度迅速减小，湿度场的垂直结构为“下湿上干”，为典型的辐射雾。

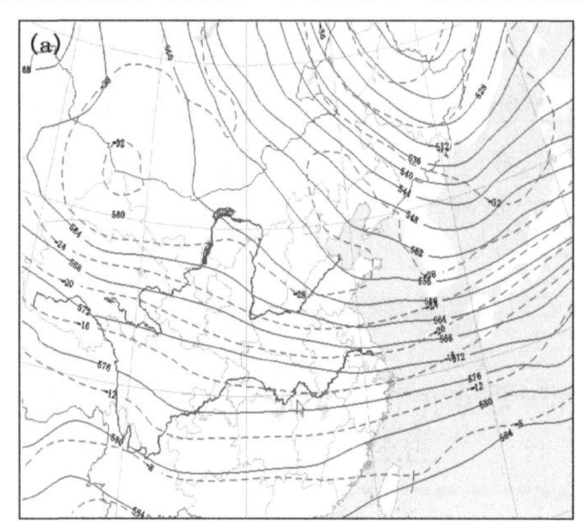

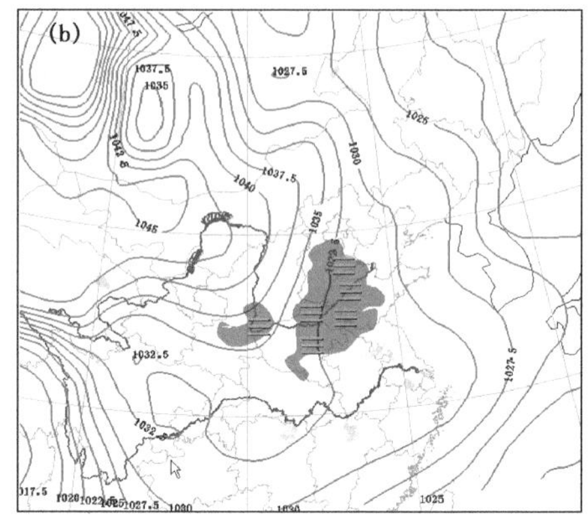

图 6.2　高压控制下的辐射雾

（a. 2005 年 11 月 20 日 08 时 500 hPa 高度场和温度场；b. 11 月 20 日 08 时地面形势与雾区分布）

6.1.2　平流雾

6.1.2.1　平流雾的定义及特征

暖空气移动到冷的下垫面所形成的雾叫平流雾。平流雾可在一天的任何时间出现，可以和低云相伴，陆地上出现平流雾时常伴有层云、碎雨云和毛毛雨等天气现象，并且持续时间较长，日变化不如辐射雾明显；通常平流雾的高度比辐射雾高，可达 600～700 m，有的甚至可达 900 m。平流雾多出现在沿海地区，在我省，纯粹的平流雾比较少见。

6.1.2.2　平流雾的形成条件

（1）风速条件：贴地层风速适中，一般 2～7 m/s。

（2）冷却条件：平流过来的暖湿空气与冷地表之间的温差越大，低层冷却越大，平流逆温越强，越有利于平流雾形成。

（3）湿度条件：平流的暖空气湿度大，水汽含量充沛。

（4）层结条件：稳定层结，平流雾的逆温层通常较高，逆温层形成的主要原因是平流逆温。

6.1.2.3　河北省平流雾的天气概念模型

河北省平流雾发生时天气概念模型如下：(1)从底层到高层（925～500 hPa）有明显的高空槽，我省受高空槽前西南气流控制；(2)高空槽前有暖平流（不能太强盛），暖平流自 700 hPa 越往下越明显，槽后冷平流较弱；(3)平流逆温强，逆温层高度较高；(4)湿度场呈现“上干下湿”结构，但湿度的垂直递减率明显小于辐射雾的垂直递减率；(5)地面形势看，河北一般处于入海高压后部的弱气压场中。

图 6.3 为 2002 年 12 月 14—15 日一次平流雾天气过程的高低空形势配置，高空槽位于河套南部，从 500 hPa 到 925 hPa 都很明显，河北大部处于槽前西南气流里，西南风强盛，从 700 hPa（图 6.3a）图上看，西南风风速达 16 m/s，但暖平流较弱，850 hPa（图略）风速也很大，为 8

～12 m/s，在河北中南部为 4－6℃一暖脊，地面处于入海高压后部的弱气压场中(图 6.3b)，河北大部分地区有弱的东北风，气温一般在－3℃～0℃之间，强盛的西南风将南方的暖湿空气带至河北、山西、河南等地，造成大范围的平流雾天气，雾区中局地有小雨雪出现。从邢台的探空曲线看(图 6.3c)，900～850 hPa 为深厚的逆温层，在其下雾垂直发展到 925 hPa，对应高度为 850 m；在逆温层之上，湿层(温度露点差≤4℃)伸展到 700 hPa，可见在本次平流雾过程中有低云存在的。

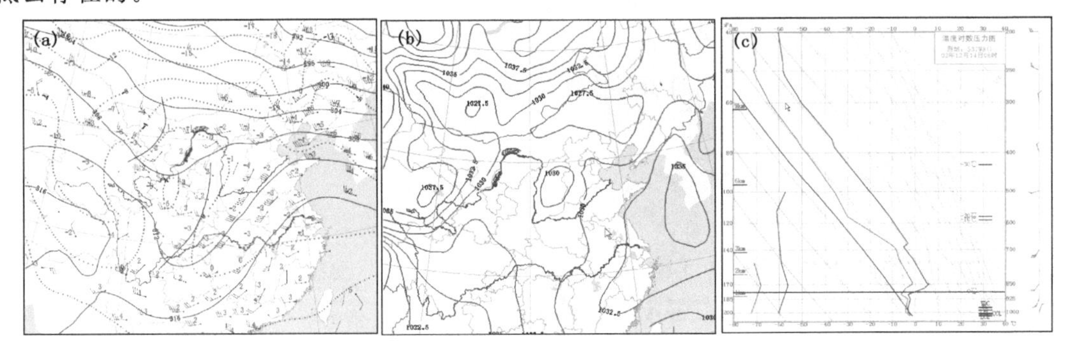

图 6.3　河北省平流雾的天气概念模型(2002 年 12 月 14 日 08 时)
(a. 700 hPa 高度场和温度场；b. 12 月 14 日 08 时地面形势与雾区分布；
c. 邢台(53798)12 月 14 日 08 时探空图)

6.1.3　辐射雾和平流雾对比

表 6.2 从不同角度给出辐射雾和平流雾的区别。

表 6.2　辐射雾 VS 平流雾

特征	辐射雾	平流雾
持续时间	短，一般不超过 1 d	可持续几天
强度	开阔地、水域附近强、爆发性	由弱变强
范围	局地性强	大范围
高度	较低，一般≤400 m	较高，400～1000 m
出现时间	后半夜到早晨	任何时间
逆温层	较低、贴地面	较高
形成过程	辐射	平流，天气尺度的动力驱动
边界层风速及切变	小，静风；弱切变	较大，中等风切变
典型探空图	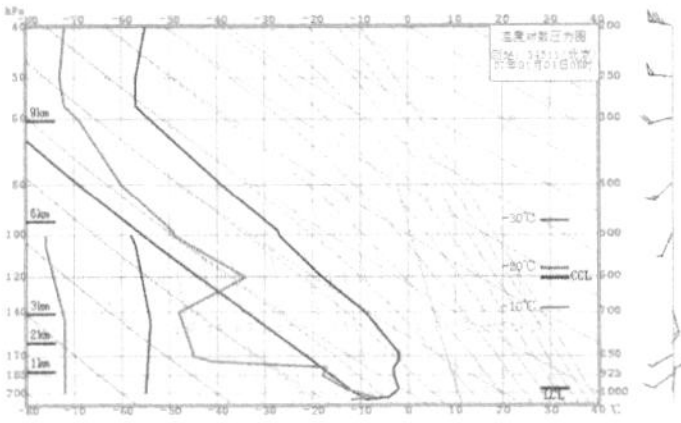	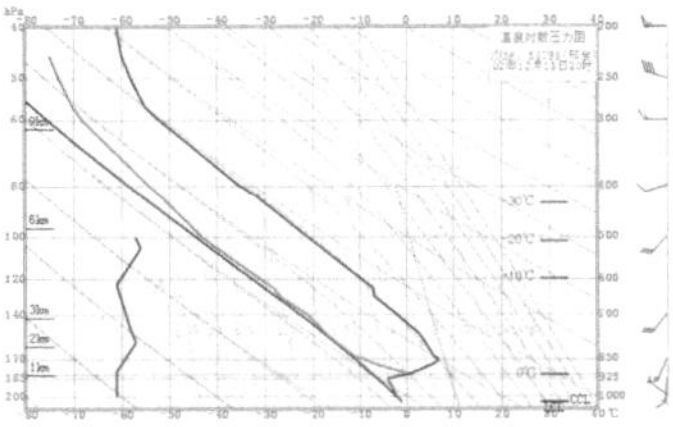

6.1.4 平流辐射雾

6.1.4.1 平流辐射雾的定义及特征

平流雾形成的物理过程是一个比较复杂的问题。仅有暖湿空气的平流条件，有时不容易形成雾，往往是暖湿平流再配合地面的辐射冷却，在这两种因子综合作用下更易成雾，称为平流辐射雾。这种雾在我省出现的频率也比较高。由于有暖湿平流的存在，逆温层往往比较高，因此这种雾的高度也比较高。当河北上空，中高层(700 hPa 及以上)受西北气流控制，低层(850hPa 及以下)受西南气流控制时所形成的雾多为平流辐射雾，其湿度场的垂直结构为"上干下湿"。

6.1.4.2 平流辐射雾的天气概念模型

河北平流辐射雾的天气模型如下：(1)700 hPa 以上西北偏西气流控制，850 hPa 以下逐渐转受西南气流控制；(2)逆温层高度比一般的辐射雾要高，但一般比平流雾要低；(3)湿度场的垂直结构为"上干下湿"，雾顶以上湿度迅速减小；(4)地面处于弱气压场中。

图 6.4 给出了河北省 2002 年 12 月 13 日一次平流辐射雾过程的天气形势。在 500 hPa 上(图 6.4a)，河套以东的大部分地区受西北气流控制，850 hPa 河北中南部处在西南气流里，同时有一暖脊控制河北(图 6.4b)，从邢台的探空曲线看(图 6.4c)，湿度垂直结构为典型的"上干下湿"，天空晴朗少云，受平流和辐射共同影响，河北中南部出现了大雾天气，为平流辐射雾。

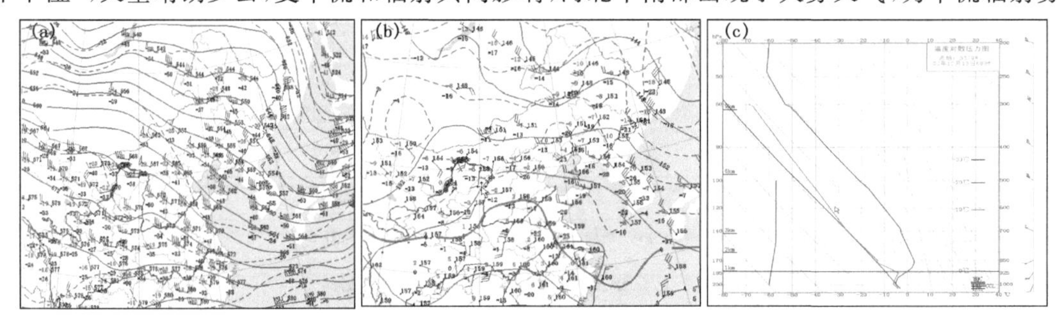

图 6.4 河北省平流辐射雾的天气概念模型(2002 年 12 月 13 日 08 时)
(a. 500 hPa 高度场和温度场；b. 850 hPa 高度场和温度场；c. 邢台(53798)探空图)

6.2 河北省雾的统计特征

6.2.1 空间分布特征

图 6.5 为 1976—2005 年 30 年河北省 142 个站点的总雾日分布图，可以看出大雾日数的分布与地形有着明显的关系，呈平原多、山区和高原少的趋势，冀北高原雾日数最少，在 100 d 以下；其次为燕山山区和太行山山区，在 200 d 以下；平原大部分在 500～1212 d 之间，其中雾出现频率较高的区域呈带状分布，有两条：一条与太行山平行(南北向)，位于京珠高速公路沿线以东并与其平行约 40～100 km 的范围内，单个站点的总雾日在 700 d 以上，几个高值中心

分别位于霸洲(905 d)、深泽(1189 d)、宁晋(1212 d)、磁县(1044 d);另一条与燕山平行(东西向),位于唐山的丰南(771 d)、乐亭(967 d)一线。可见,山前平原多雾特征明显。

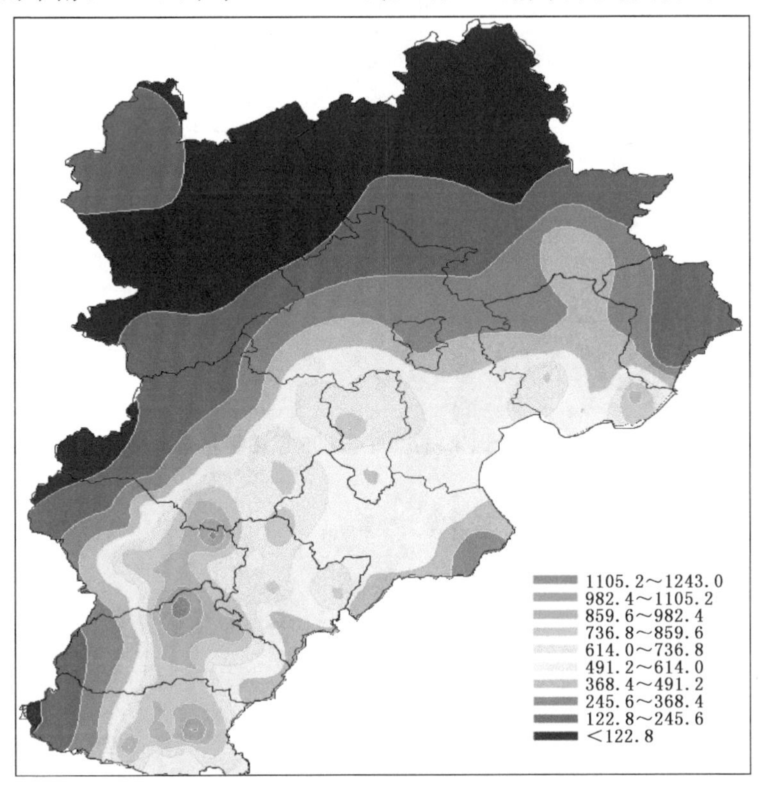

图 6.5　河北省 1976—2005 年总雾日空间分布(单位:d)

6.2.2　年代际变化及月际变化特征

统计了河北 20 个国家站 1959—2006 年逐年雾日资料(图 6.6),可以看出,河北大雾日数总体呈波动式增加趋势;20 世纪 70 年代是一个多雾时期,处于波峰,到 80 年代初有所下降,80 年代末期到 90 年代初又是一个高峰期,之后维持在 300 站次以下。雾日最多的是 1990 年,达 563 站次,最少的是 2005 年,仅 173 站次。

图 6.7 分别给出了 1959—2006 年间山区站和平原站逐月出现大雾的百分率变化曲线,可以看出,山区站和平原站有明显区别,夏半年(5—10 月)山区站出现雾的比例明显高于平原站,以 8 月为例,山区站出雾占全年的 16%,而平原站仅占全年的 6%。冬半年(11—2 月)平原站比山区站更容易出雾,其中 12 月份出现频率最高,占全年的 22%。春季(3—5 月)是最不容易出现大雾的季节,仅占全年的 10%,这与春季多风有关。

6.2.3　雾持续时间

河北省持续性大雾多出现在秋冬季节的河北平原。图 6.8 为 1954—2006 年河北省各观测站大雾持续最长时间分布图,可以看出,河北平原各站最长连续大雾时间大部分可达 9～15 d,平原东南部的景县和广平曾出现过连续 15 d 大雾,时间为 1994 年 11 月 17 日—12 月 2 日。山区的持续性大雾最长时间一般不超过 4 天。

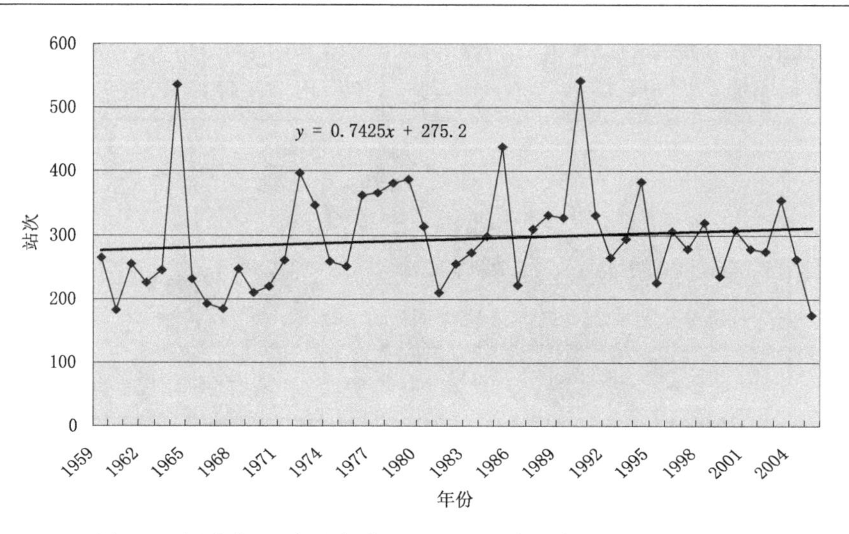

图 6.6　河北省 20 个国家站 1959—2006 年逐年总雾日变化曲线

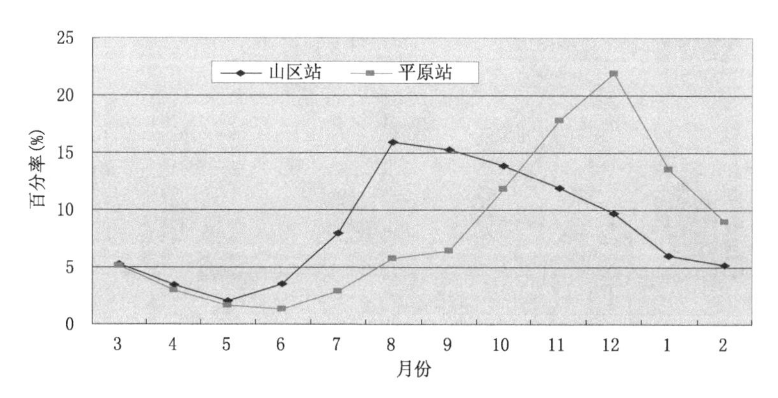

图 6.7　河北省 1959—2006 年山区站和平原站大雾逐月百分率变化曲线

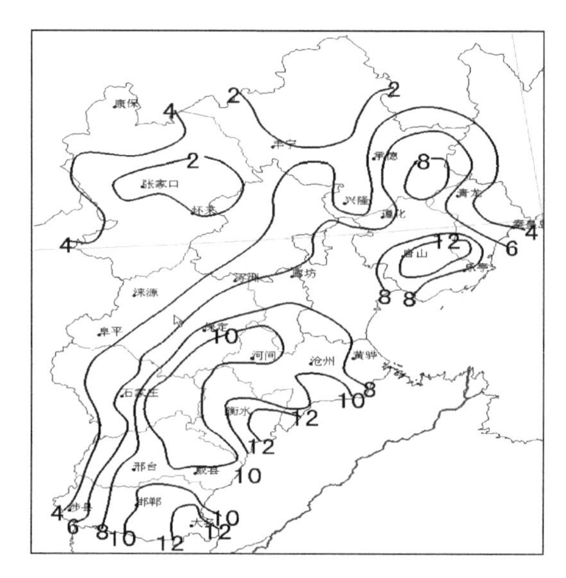

图 6.8　1954—2006 年河北省各观测站大雾持续最长时间分布图(单位:d)

6.2.4 能见度特征

从1959—2006年河北省冬季和夏季雾日平均能见度分布图(图6.9a,b)可以看出:不论夏季,还是冬季,河北省雾日平均能见度空间分布规律较相似:相对较低的能见度主要集中在河北平原,但是夏季雾日平均能见度比较冬季要好的多,基本上都在400 m以上,夏季大雾日平均能见度低于400 m的只有6个站,没有低于300 m的测站。而冬季日平均能见度低于400 m的有38个站之多,主要集中在平原地区,其中邢台内丘最低,日平均能见度为287 m,基本上冬季中南部平原雾日都能达到浓雾标准(Vis≤500 m)。

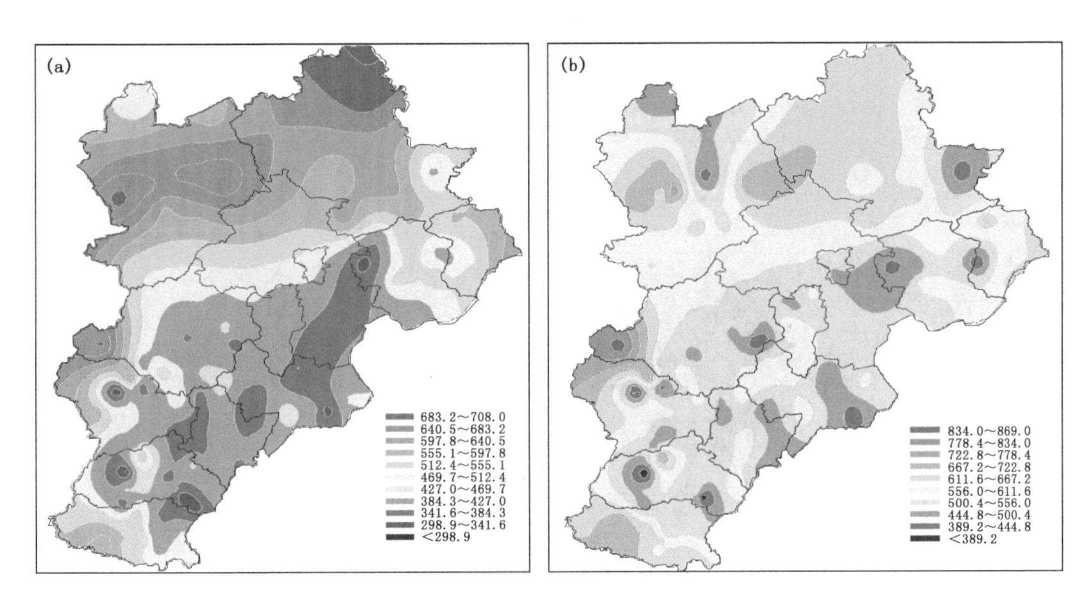

图6.9 河北省1959—2006年雾日平均能见度分布图(单位:m)
(a.冬季;b.夏季)

6.2.5 雾的生消时间变化特征

河北的雾多为辐射雾或平流辐射雾,因而辐射降温对雾的生成具有重要作用。一年之中,因季节造成的昼夜长短差异和日出日落时间不同必然会导致辐射降温最强时间的差异,因此雾的生消时间因季节有差别。从平原站和山区站冬季雾生消分布图(图6.10a,b)可以看出,冬季雾的生成时间主要在5时到9时之间,约占60%,而大部分雾生成于6时到8时,约占47%。冬季雾的消散时间集中在7时到12时之间,山区站雾的消散时间要早于平原站。

从夏季雾的生成消散图(图6.11a,b)可以看出,夏季雾主要在4时到7时之间生成,占70%以上,消散在6时到9时之间,也占70%以上,其他时段生成消散所占比例都较小。夏季雾维持时间较短,时段集中,这是它区别冬季雾的地方。另外,夏季雾的生成和消散时间都早于冬季雾。

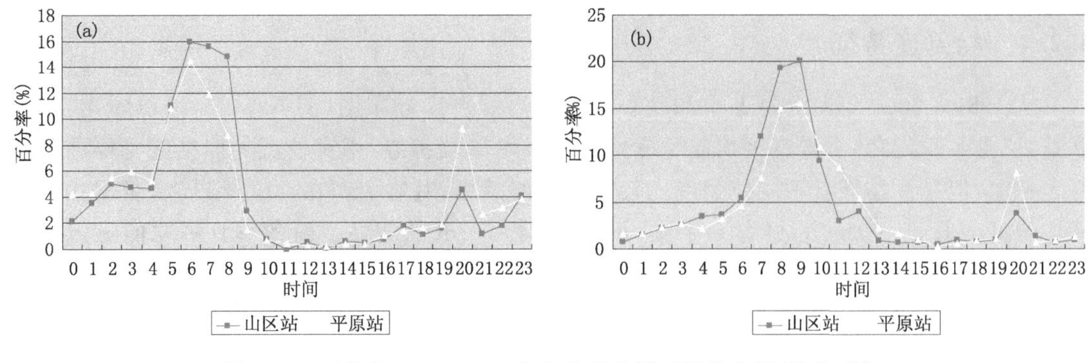

图 6.10　河北省 1959—2006 年冬季雾生消时间分布图(单位:%)
(a.生成;b.消散)

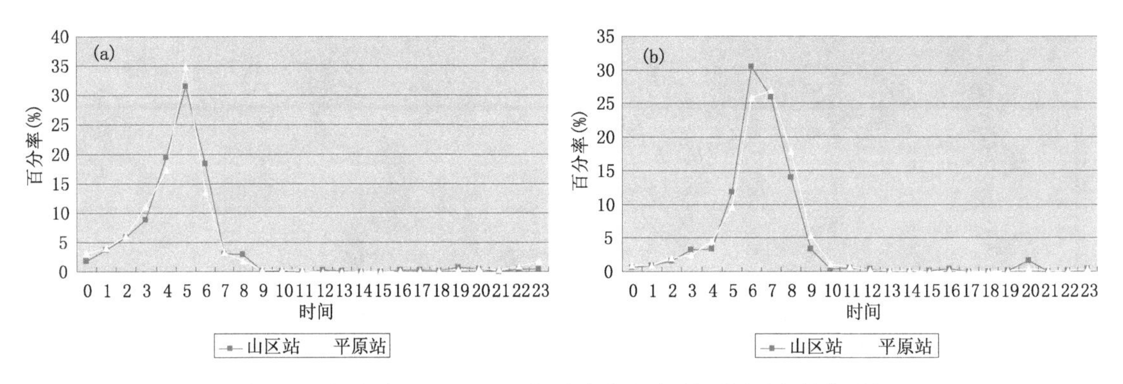

图 6.11　河北省 1959—2006 年夏季雾生消时间分布图(单位:%)
(a.生成;b.消散)

6.3　河北省秋冬季大雾的特征、成因与预报

秋冬季节(9 月—次年 2 月)是河北省大雾的高发时段,而河北平原则是大雾的高发区域,大雾出现的频率约占全年的 78%(图 6.7),且常出现持续性、大范围浓雾天气。这主要由于进入秋季以后,大气环流调整,逐渐由夏季风向冬季风转换,影响河北的冷空气多为西北路径或偏西路径,由于河北平原北倚燕山、西靠太行,当冷空气强度不够强时,受山脉阻挡,冷空气多以扩散方式南下,造成河北平原处于弱气压场的控制之下,风速较小,有利于稳定层结的形成,一旦湿度条件具备,有利于大雾的生成。

6.3.1　河北平原秋冬季大雾发生规律

河北平原秋冬季大雾具有以下几个特点:①渐发性。一次大范围浓雾天气一般不会突然出现,是一个渐渐发展的过程,需经过几天的酝酿积累,雾的范围和强度逐渐增加,发展过程为零散雾(几个站)→小范围雾(十几个站)→大范围(几十个站到一百多站)。②稳定性。大范围的浓雾一旦形成,如果没有明显的冷空气爆发或降水出现,大雾将稳定维持,很难快速消散,次日一般仍为大雾天气,预报员称为“以雾报雾”。③雾种类多样性。秋冬季连续性大雾过程一般不是单一类型的雾，一般是几种类型的雾交替出现，如辐射雾、平流雾、平流辐射雾，以平流辐射雾居多。④冬季大范围浓雾一旦形成，能见度日变化不明显。不象一般的辐射雾，早晨生成、上午到中午消散，能见度具有明显的日变化，连续性大雾过程中，能见度日变化很小，常常整天维持 1000 m 以下的能见度。

6.3.2 大尺度环流背景

河北平原秋冬季大雾通常发生在纬向环流背景下，500 hPa 亚洲中高纬环流平直，华北地区受偏西到西北气流控制(图 6.12a)，由于没有强冷空气活动，弱冷空气多以短波槽的形势快速东传，而与其配合的湿度场则表现为“上干下湿”，即中高层湿度很小，近地层湿度大，因此这种高空槽不会产生降水或伴有低云，有利于近地层逆温的形成和维持。地面形势表现为河北平原受弱气压场控制，风速较小，有利于大雾的形成。图 6.12b 是冬季大雾最常见的形势，高压中心位于蒙古国东部到内蒙古东部，冷空气受河北北部燕山和西部太行山阻挡，以扩散形式南下，造成等压线在燕山和太行山相对密集，华北平原地区稀疏，处于弱气压场控制之下。

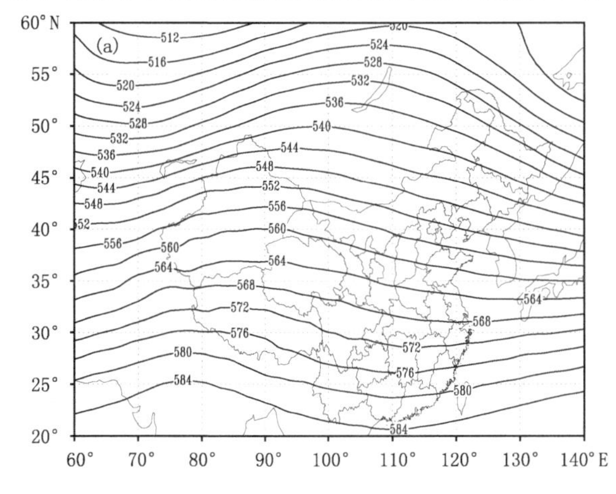

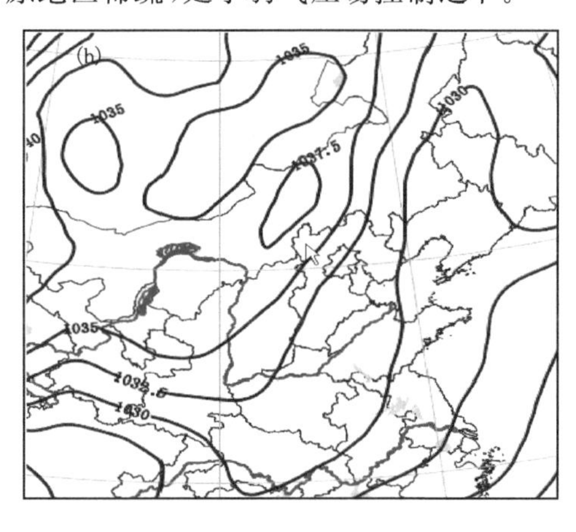

图 6.12 秋冬季大雾大尺度环流背景

(a. 500 hPa 高度场；b. 海平面气压场)

6.3.3 河北平原秋冬季大雾边界层统计特征

低空逆温的存在是大雾发生的重要条件。大雾发生在近地层，其高度为几十米到几百米，辐射雾高度通常为 70～300 m，少数强辐射雾可达 400 m；平流雾的高度略高，有时雾顶可达 900 m，雾顶一般位于逆温层底部。统计表明，河北平原秋冬季大雾绝大部分逆温层在 925 hPa 以下，逆温幅度在 0～11℃之间，冬季平均逆温幅度在 4.1～6.4℃之间，秋季在 2.3～2.6℃之间，冬季明显要高于秋季。湿层厚度(温度露点差≤3℃)绝大多数在 600 m(960 hPa)以下，湿层相对湿度的变化范围为 70%～100%，1000 hPa 以下的相对湿度在 80%以上，说明高湿度区多集中在 1000 hPa(约 200 m 以下)的近地层。湿层比湿的变化范围为 1.6～8.2 g/kg，秋季明显大于冬季。

6.3.4 温度场特征

秋冬季大雾发生时，河北平原 850 hPa 及 925 hPa 通常为一暖脊或暖中心，而近地层 1000

hPa 为冷温槽。图 6.13 和 6.14 为 2013 年 1 月 8—31 日连续 24 d 大雾过程 850 hPa 和 1000 hPa 温度场平均，可以看出，850 hPa(图 6.13)上，从河南北部到河北省为从西南伸向东北的暖脊，控制华北平原的暖脊温度变化范围为－6～－2℃，在 1000 hPa(图 6.14)，平均温度场则恰恰相反，华北平原受一东北—西南向的冷温槽控制，说明近地层有弱冷空气从东北平原扩散南下，导致近地层大气降温。这种温度场的空间配置有利于逆温的形成、加强和维持，从而利于大雾的生成与维持。

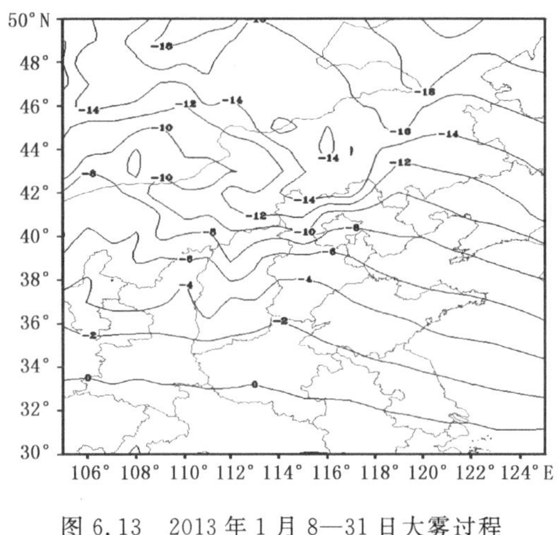

图 6.13　2013 年 1 月 8—31 日大雾过程 850 hPa 温度场平均（单位：℃）

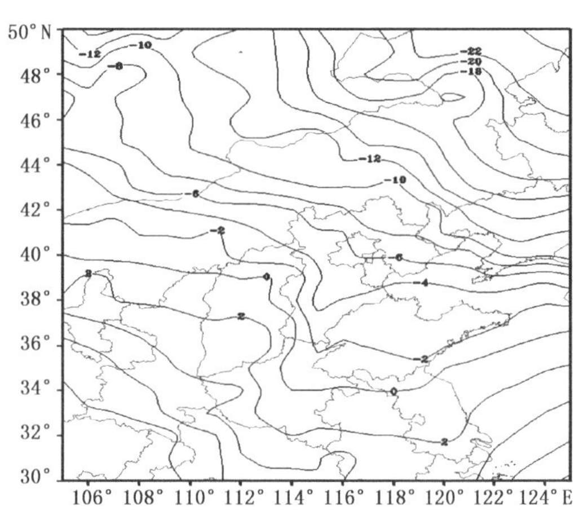

图 6.14　2013 年 1 月 8—31 日大雾过程 1000 hPa 温度场平均（单位：℃）

温度场另外一个显著的特点：就是 1000 hPa 的温度明显高于地面气温。图 6.15 给出了 2007 年 12 月 19—28 日连续大雾过程 08 时 1000 hPa 平均温度和地面平均气温之差，可以看出，河北平原 1000 hPa 的平均温度比地面平均气温高出 4～6℃。冬季河北平原 1000 hPa 的高度一般在 200 m 上下，说明在近地层 200 m 以下有很强的逆温，有利于大雾的生成与维持。这一点在实际预报工作中容易被忽视，原因是预报中使用的 T-ln$p$ 层结曲线是以 1000 hPa 为起点的，有一些大雾过程 1000 hPa 以上是没有逆温层存在的。

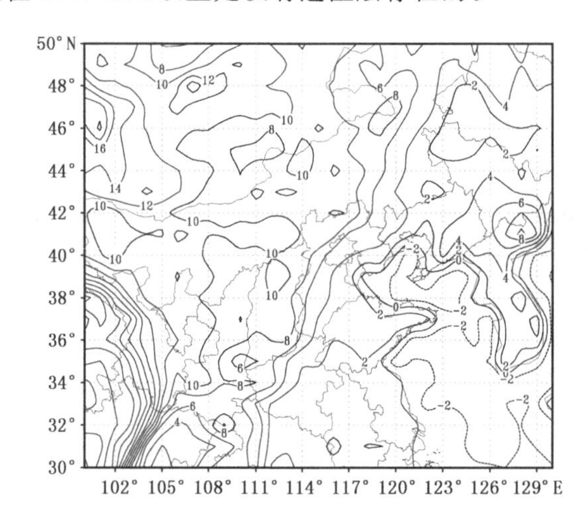

图 6.15　2007 年 12 月 19—28 日大雾过程 1000 hPa 平均温度与地面平均气温之差(单位：℃)

6.3.5 湿度场特征

河北平原秋冬季节性大雾湿度场的特征为：925 hPa 以上层次相对湿度较小，而 925 hPa 及以下则相对较大，具有明显的“上干下湿”的特征。图 6.16a 为 2002 年 12 月 10—19 日一次持续 10 天大雾过程河北平原（115°～117°E，36°～39°N）平均湿度场的高度—时间剖面图，可以看出，大部分时间，900～500 hPa 之间相对湿度为 10%～30%，900 hPa 以下相对湿度一般在 50%～90%。从 2002 年 12 月 11 日 08 时邢台站的 T-ln$p$ 图（图 6.16b），也可以看出这种上干下湿结构，湿层在 950 hPa 以下，相对湿度接近 100%，而 950 hPa 以上为干层。湿度场的“上干下湿”结构是大雾天气的重要特征。一般而言，一次连续性大雾过程有几次短波槽活动，这种“上干下湿”的高空槽有利于大雾的生成和维持，其作用表现在两方面：一方面槽前暖平流的输送有利于低层增温，而中高层较小的相对湿度使得天空云量少，有利于近地层的辐射降温，从而容易形成低层的逆温；另一方面槽前的暖湿气流则有利于低层湿度的增加。反过来讲，如果与高空槽配合的湿度整层都很大的话，将很可能会带来降水天气或云量增多，稳定层结将被破坏，不利于大雾的生成与维持。

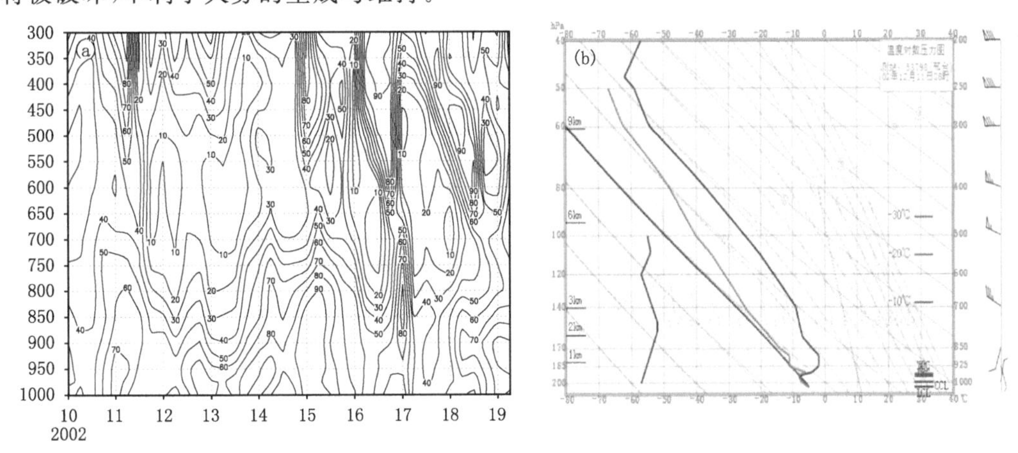

图 6.16　a. 2002 年 12 月 10—19 日河北平原（115°～117°E，36°～39°N）湿度场高度时间剖面图（单位：%）；b. 2002 年 12 月 11 日 08 时邢台站探空图

6.3.6 纬向环流背景下的连续性大雾

河北平原连续性大雾绝大多数都发生在纬向环流背景下，一次连续性大雾不是单一类型的雾，通常是几种类型的雾交替出现，由于 500 hPa 环流平直，因此多短波槽活动，在 700 hPa 和 850 hPa 上表现为高空槽快速东移，一次连续性大雾过程伴有几次高空槽经过，由此带来雾的种类发生变化。连续性大雾开始时，通常是辐射雾；当高空槽东移，河北平原受槽前西南气流控制时，雾多以平流雾为主，且大雾持续时间较长，整日维持低能见度；当槽过后转为西北气流控制时，雾的类型转为辐射雾；850 hPa 上，河北平原处于高压脊或高压脊后部时，雾的类型多为平流辐射雾。图 6.17 为 2007 年 12 月 19 日 08 时—28 日 14 时（北京时，下同）850 hPa 风场沿 115°E 纬度—时间剖面图及每日大雾站数，可以看出，在这次持续 10 d 的大雾天气过程中，其性质演变过程：12 月 18 日前半夜有一弱槽快速过境，后半夜受西北气流控制，天气转晴，19 日早晨辐射降温明显，出现了 75 个站的辐射雾；19 日白天、22 日、27 日分别有三个高空

槽过境，这几天大雾以平流雾为主，平原大部分站点大雾全天维持。20—21 日、23—26 日分别受高压及高压后部控制，为平流辐射雾；28 日，强冷空气到来，高空转为西北气流，地面气压梯度加大，逆温层破坏，大雾过程结束。2002 年 12 月 10—19 日连续 10 d 的大雾也是这种情况(图略)，大雾形成初期主要成因为雪后的辐射雾，整个大雾过程有三个高空槽过境，但大雾过程结束是第四个高空槽所带来的降水导致稳定层结破坏所致。

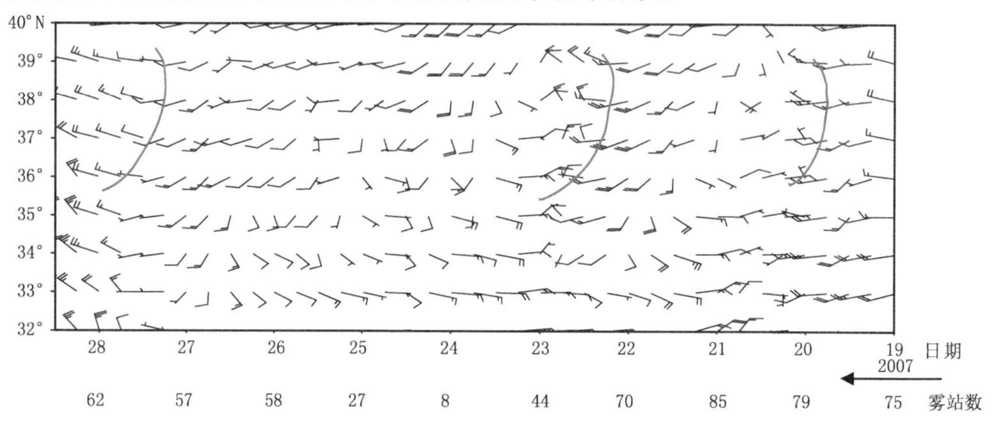

图 6.17　2007 年 12 月 19 日 08 时—28 日 14 时 850 hPa 风场沿 115°E 纬向时间剖面图及每日大雾站数

6.3.7　经向环流背景下的连续性大雾

在经向环流背景下，也可以出现连续性大雾，但比较少见，大雾的类型以辐射雾为主，其次是平流雾。其特点是：(1)欧亚中高纬为两槽一脊，槽脊移动缓慢，冷空气势力较弱，高空风速较小。(2)大雾发生前，河北有较强降雪出现，降雪结束后，转受高压脊控制，且高压脊控制河北时间较长。(3)由于雪面的强烈辐射降温作用和融雪降温增湿作用，导致地面气温较低，近地层湿度较大，而高空温度变化较小，925 hPa 以下较强的逆温长期存在，大雾天气持续。(4)大雾结束的方式通常是强冷空气入侵。

2006 年 12 月 31 日—2007 年 1 月 5 日持续 6 d 的连续性大雾就是这种情况。大雾发生前 2006 年 12 月 29—31 日河北省连续 3 d 降雪，过程雪量达中到大雪，大雪过后，2007 年 1 月 1—4 日高空转受弱高压脊控制，导致连续 4 d 的强辐射雾，雾的浓度大、范围广、持续时间长且终日不散，其中 2、3、4 日每天的大雾站数都在 100 站上下。从沿 115°E 的 850 hPa 等压面上的位势高度一时间演变图(图 6.18)可以看出，河北大部(36°N—40°N)，2007 年 1 月 1—4 日受高压控制，中心强度达 1560 gpm，4—5 日有一低值系统经过，雾的类型从辐射雾转为锋面雾，5 日冷锋过境，大雾结束。图 6.19 为石家庄附近(38°N，115°E)风场的高度—时间剖面图，可以看出，1—4 日高空以北到西北气流为主，风速很小，600 hPa 以下风速基本在 6 m/s 以下，4 日白天开始，一高空槽东移，槽后西北风加大，850 hPa 以下风速大于 12 m/s，从地面图(图略)可以看出有一冷锋相配合，冷锋于 5 日上午扫过河北，持续 5 d 的大雾结束。

综上所述，河北平原连续性大雾初始生成阶段多为辐射雾，其成因多为高空槽快速过境后转晴导致的辐射降温，或者是持续阴雨雪之后近地层增湿；大雾维持阶段多为与快速移动的短波槽相伴的平流雾、辐射雾或平流辐射雾；大雾结束多为强冷空气入侵所致，少数为新一轮的较强降水过程出现所致。

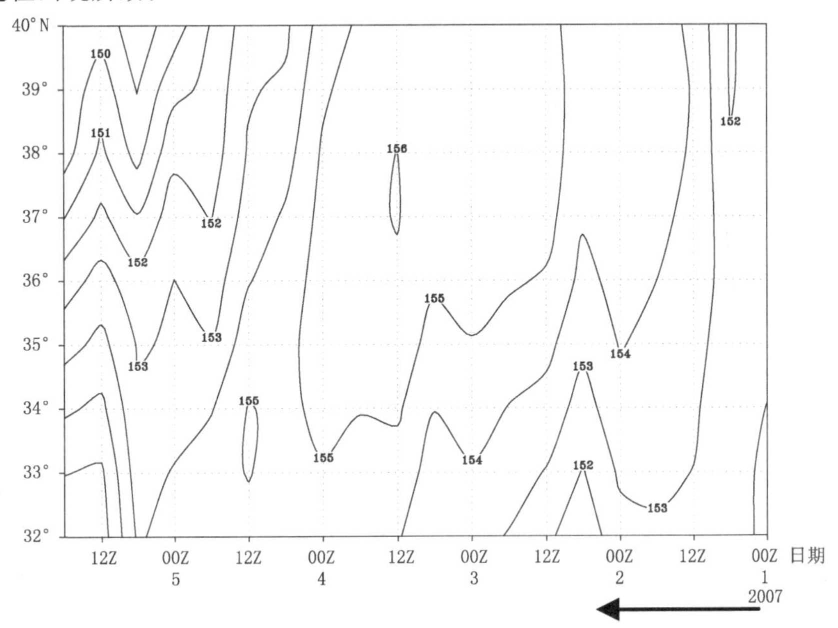

图6.18　2007年1月1日08时—5日20时沿115°E的850 hPa等压面上的位势高度—时间演变图

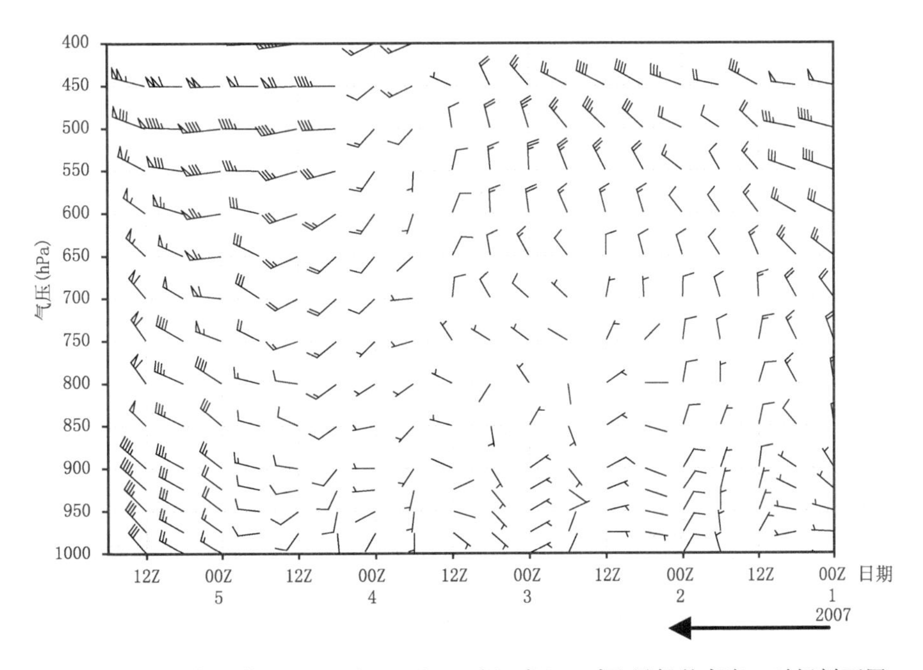

图6.19　2007年1月1日08时—5日20时(38°N,115°E)风场的高度—时间剖面图

6.3.8　河北平原秋冬季大雾雾区分布天气概念模型

在大范围成雾条件具备的情况下,并不是区域内所有的站点都有雾。一次连续性大雾过程中,雾的范围、强度是不断变化的。统计发现,雾区的分布与地面气压场密切相关,地面气压

场对雾区的范围分布起重要作用。根据 08 时地面形势，得出以下几种雾区分布的天气概念模型。

(1)高压前部型

雾区出现在地面高压前部，分为以下三种。

①西北高压型(图 6.20a，20 个雾日平均)，这种形势为河北平原秋冬季大雾最常见的地面形势，特点如下：地面高压中心位于蒙古国东部或内蒙古东部，由于河北北部燕山和西部太行山阻挡，冷空气扩散形势南下，等压线在河北北部燕山和西部太行山密集，而在河北平原稀疏，雾区多分布在燕山南麓、京珠高速沿线及以东的平原地区，大雾出现的站数较多。而在这种形势下，北京一般不会出现能见度小于 1000 m 的大雾。②北部高压型(图 6.20b，10 个雾日平均)，其特点：地面高压中心位于内蒙古东部，冷空气沿东北平原扩散南下，等压线在北部相对密集、中南部稀疏，等压线在河北境内呈东西向，雾区的范围和西北高压型相似，但大雾出现的站数要比其少。在这种形势下，北京出雾的几率也比较小。③西部高压型(图 6.20c，6 个雾日平均)，其特点如下：高压中心位于河套及以西，等压线呈南北向，和太行山走向平行，等压线在太行山以西密集，以东稀疏，锋面位于河北山西交界。在这种形势下，雾的范围也比较大、出雾站数比较多，但大雾的范围往往比前两种(西北高压型、北部高压型)偏东，主要位于京广铁路沿线以东，雾的种类多属于锋面雾，是连续性大雾即将结束的形势，随着冷锋东移，大雾自西向东快速消散。

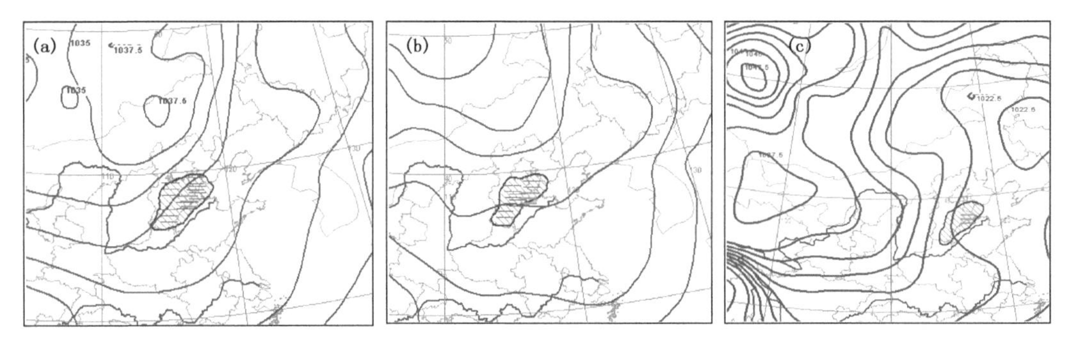

图 6.20　高压前部型.海平面气压场与雾区分布

(a.西北高压型；b.北部高压型；c.西部高压型.实线：地面等压线；阴影：雾区)

(2)锋前低压型

图 6.21a 为锋前低压型的海平面气压场与雾区分布(4 雾日平均)，特点如下：地面高压位于蒙古国中部，地面冷锋呈东北—西南向，河北中南部有一倒槽，在这种形势下，倒槽内的区域常有大雾出现，雾的性质多为锋面雾或平流雾，北京或不常出雾的山区也有大雾出现。

(3)均压场型

该型特点：河北一般处于地面气压鞍形场内(图 6.21b，4 雾日平均)，为均压场，气压梯度非常小，这种形势出现情况比较少，但雾区的范围最大、出雾站数最多，持续时间长，大雾常常终日不散，雾区包括京津和部分山区。如 2002 年 12 月 3 日、2004 年 12 月 3 日分别出现 100 站和 94 站大雾。

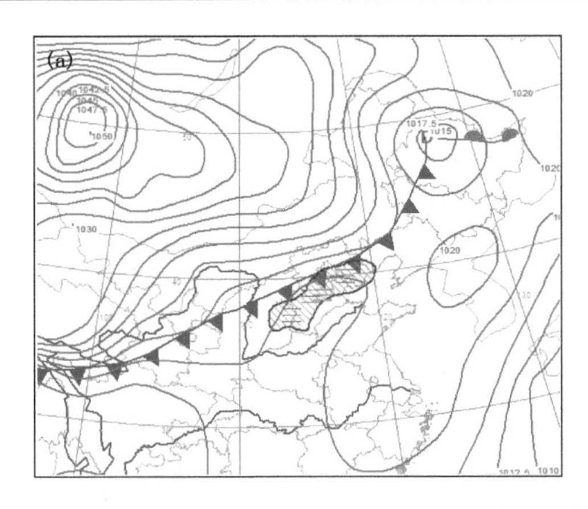

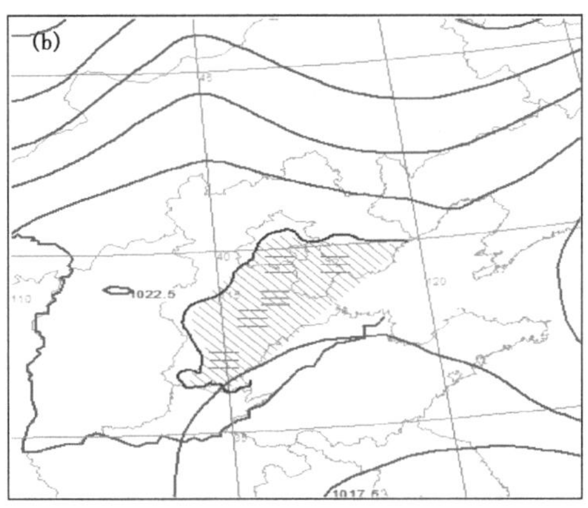

图 6.21　海平面气压场与雾区分布
（a. 锋前低压型；b. 均压场型. 实线：地面等压线；阴影：雾区）

6.3.9　华北平原多持续性大雾的原因及维持机制分析

6.3.9.1　地形作用

华北平原北倚燕山、西靠太行、东邻渤海。一些具有区域特色的特殊天气如华北回流、太行山东麓焚风、华北干槽都和太行山地形相联系的。西部的太行山和北部的燕山半环抱华北平原。燕山呈东西走向，北部和坝上高原（属内蒙古高原）相连，东西长约 420 km，南北最宽处近 200 km，海拔 600～1500 m（图 6.22，阴影），最高峰雾灵山海拔 2166 m。太行山系呈东北—西南走向，西接山西高原（属黄土高原），南北长约 600 km，东西宽约 180 km，海拔高度在 2000 m 以上的高山很多，其中最高峰小五台山海拔 2880 m。从沿 116°E 的南北向剖面图（图略）和沿 37°N 东西向剖面（图略）看，燕山南坡和太行山东坡为陡峭的阶梯状下沉地形，相比而言，太行山的坡度更大。地形对华北平原大雾的影响表现在以下三个方面。

首先，冬季影响华北的冷空气以西北或偏西路径为主，由于群峰林立的燕山和太行山半环抱华北平原，如一天然屏障，对西北或西来的冷空气起到阻挡和削弱作用。当中纬度环流平直，冷空气势力较弱时，一方面，受河北北部燕山和西部太行山阻挡，冷空气在山脉的北部和西侧堆积，在内蒙古中东部形成一地面高压，冷空气分股扩散南下，造成等压线西北梯度大、东南部小的格局（图 6.12b），华北平原处于弱气压场控制之下，易出现静稳形势，有利于雾霾的出现。另一方面，燕山北部的弱冷空气东移进入东北平原，受长白山阻挡，在低层从东北平原经渤海南下扩散至河北平原，有利于近地层大气的降温冷却，从而更接近露点温度，使大气趋于饱和，有利于大雾的出现，这一点从 1000 hPa 风场（图 6.22a）及地面风场（图 6.22b）可以看出，京珠高速以东的河北平原大部分为弱的东北风，在 1000 hPa 温度场（图 6.14）则表现为冷温槽。

第二，西北或偏西路径的弱冷空气越过近似南北走向的太行山，下沉增温，有利于平原地区近地层逆温层的维持或加强。以 2002 年 12 月 9—19 日持续性大雾过程 850 hPa 平均风场为例，可以看出（图略），华北大部分地区受西北偏西气流控制，气流越山后，下沉增温。从 500 hPa 和 850 hPa 垂直速度场看（图 6.24a，b），华北大部分地区为弱的下沉气流，垂直速度值自太行山向平原递减，下沉速度为 0～0.1 Pa/s。从平原地区温度的垂直剖面（图 6.23b）可以看出在 900 hPa 以下形成逆温，大气层结稳定。

第三，太行山地形的另一个作用是有利于地面辐合线的生成。图 6.22(a,b)给出了 2002 年 12 月 9—19 日一次持续性大雾过程 08 时 1000 hPa 风场和地面风场的平均场，可以看出，河北平原存在一条东北西南向、和太行山平行的地形辐合线，这条辐合线基本和京珠高速的位置一致，辐合线以西是西北风，以东为北到东北风，另外两次连续性大雾的地面和 1000 hPa 的平均风场也是如此(图略)。可见在河北平原，近地层存在着一条与京珠高速平行、近似重合的辐合线，这条辐合线的存在有利于近地层的水汽和大气污染物的聚集，从而有利于雾霾的生成，这可以解释京珠高速沿线多雾的原因(图 6.5)。那么这条地形辐合线是怎么形成的呢？主要由山区和平原的热力差异造成的，夜间，西部的太行山降温较平原快，造成太行山区温度低，平原温度高，导致山风下泄，吹向平原，与近地层平原东部的东北风相遇形成辐合线，由于高空环流平直，冷空气强度较弱，因此从东北平原经渤海回流至华北平原的东北风的厚度较浅薄，所以这条地形辐合线的空间伸展高度也较低，在 1000 hPa(约 200 m)以下。

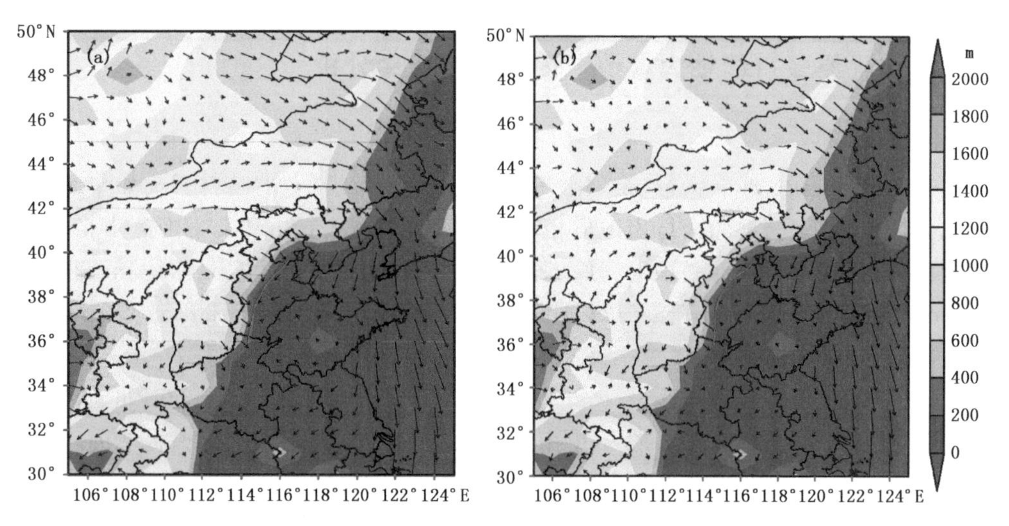

图 6.22　2002 年 12 月 9—19 日 08 时 1000 hPa 风场平均(a)、地面风场平均(b)
(单位：m/s，阴影为地形高度)

6.3.9.2　“干性”短波槽作用

前面华北平原连续性大雾绝大多数发生在纬向环流背景下，而在这种环流下的一个特征是多短波槽活动。短波槽有的来自新疆，经河套东移影响华北；有的是高原东移影响华北南部。这些短波槽一个最明显的特征是“干性”短波槽，即高层湿度较小(10%～40%)，尤其在 850 hPa 以上表现明显。这种“干性”短波槽对华北平原大雾的发生、维持、发展加强具有重要作用，通常会导致雾的范围扩大和强度增强，同时也会使雾的类型发生变化，当河北处于高空槽前时，雾一般以平流雾为主，高空槽过后，转为辐射雾。图 6.23 给出 2013 年 1 月 8—31 日连续大雾过程河北东南部(116°E，37°N)风场、湿度场(图 6.23a)和温度场(图 6.23b)的时间高度剖面图，可以看出，12 日、14 日、19—20 日、24 日分别有 4 个短波槽过境，除了 19—20 日整层湿度都较大的短波槽带来明显的降雪导致雾减弱外，其余 3 个短波槽湿度场空间结构都具有明显的干性特征，925 hPa 以上相对湿度为 10%～30%，导致雾维持或加强。例如，第一个

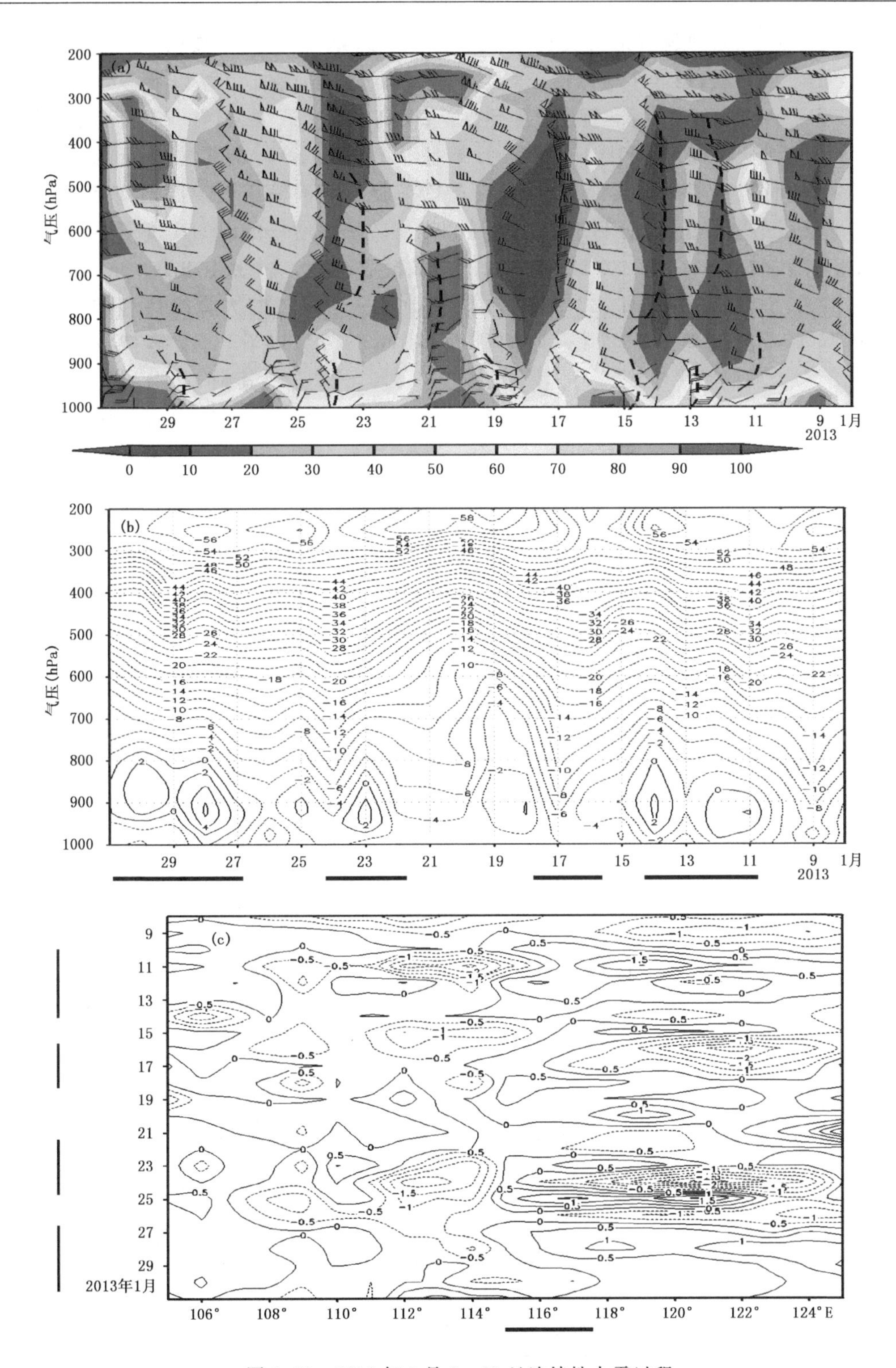

图 6.23 2013 年 1 月 8—31 日连续性大雾过程

(a. 08 时高空风场和相对湿度(阴影)沿(116°E,37°N)高度—时间剖面图(单位:m/s,%);
b. 温度场高度—时间剖面(单位:℃);c. 850hPa 温度平流沿 37°N 经度—时间剖面(单位:℃/s)

短波槽(12 日)过后,京津冀雾站数从 50 站次增加至 110 站;第二个短波槽(13 日),雾站数从 45 站次增加至 94 站次;第四个短波槽(23 日)影响,雾站数维持在 80 站以上。造成这种现象的原因有以下几个方面:(1)高空短波槽呈干性,说明高空无云或少云,有利于夜间地面辐射冷却降温,从而有利于雾的生成和维持;相反,如果是湿度很大的高空槽移过,则可能会导致降水或云量增多,进而使大雾减弱或消散。(2)高空槽前暖平流的输送使逆温增强增厚(平流逆温),使近地层层结更加稳定,有利于大雾增强和维持。从温度场的时间高度剖面(图 6.23b)可以看出,伴随着 12 日、14 日、24 日、28 日 4 个短波槽活动,低空分别在 975～850 hPa 出现了 2～6℃的逆温,对应 11—14 日、22—24 日、27—31 日三个阶段的大雾维持和加强。从 850 hPa 沿 37°N 所做温度平流的经度—时间剖面(图 6.23c)可以看出,大雾持续期间,雾区(115°—118°E)有弱的暖平流输送,其值一般小于 0.5×10^{-4}℃/s,其中 11—14 日、23—24 日、27—29 日暖平流输送较强的时段分别对应着较强的浓雾时段。(3)高空槽前西南气流将南方的暖湿空气向华北平原输送,流经华北平原冷下垫面,冷却凝结易形成平流雾。如果高空槽白天过境,会导致大雾没有明显的日变化,在中午仍然有大片的雾区,例如 2002 年 12 月 14 日、15 日、2007 年 12 月 26 日、2013 年 1 月 14 日、30 日、31 日都是典型的平流雾,可以发现,在 14 时地面图上仍然维持大片的雾区(图略)。(4)短波槽过后,华北平原高空转受西北气流控制,大气的下沉运动导致天空晴朗和下沉逆温,有利于辐射雾的形成。

6.3.9.3 大尺度下沉运动作用

分别计算了 3 次连续性大雾过程地面到高空的垂直速度平均场,发现华北及平原大部分地区以下沉运动为主。在华北平原,500 hPa 及以上层次下沉气流相对明显,700 hPa 及以下下沉运动相对较弱,在近地面层(1000 hPa 以下),平原部分地区出现弱的上升运动。图 6.24 给出 2013 年 1 月 8—31 日持续性大雾过程 08 时高空垂直速度平均场,可以看出,500 hPa,华北平原大部分地区 08 时平均垂直速度在 0.1～0.2 Pa/s(图 6.24a);850 hPa,08 时平均垂直速度为 0～0.1 Pa/s (图 6.24b);1000 hPa,在河北东部平原出现了弱的上升运动,平均垂直速度为 −0.1～0 Pa/s(图 6.24c)。另外两次过程也有类似特征(图略)。

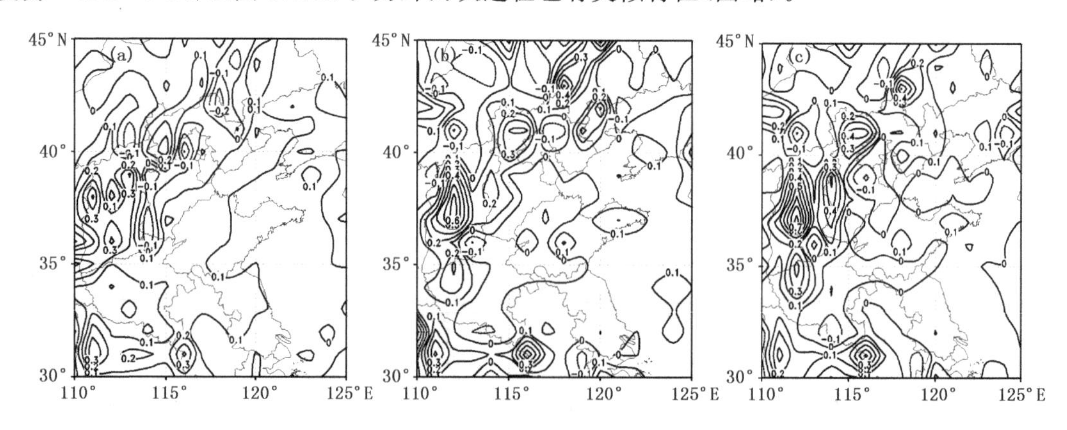

图 6.24 2013 年 1 月 8—31 日 08 时高空垂直速度平均场
(a. 500 hPa;b. 850 hPa; c. 1000 hPa;单位:Pa/s)

从 2013 年 1 月 8—31 日 08 时河北东南部(116°E,37°N)垂直速度的高度—时间剖面图(图 6.25)看出,1 月 8—31 日期间,700 hPa 及以上基本为下沉气流,垂直速度值在 0.1～0.8

Pa/s之间，而在 900 hPa 以下，则以弱的上升气流为主，上升速度为－0.1～－0.4 Pa/s。从图中还可以看出，每伴随一次下沉气流的加强和向低层伸展，都伴随着一次大雾的加强或维持。例如，11—12 日，中高层从弱的上升运动转为下沉运动，大雾从 50 站增加到 111 站；22—24 日，900 hPa 以上均为下沉气流，最大下沉速度达 0.8 Pa/s，伴随这次强的下沉运动，大雾站数从 14 站发展到 100 站次，并连续 3 d 维持 80 站次以上；29—30 日，从下沉运动转为上升运动，大雾站数从 70 站减为 36 站；18—19 日上升运动较强，达到－0.4 Pa/s，出现了降雪，导致大雾明显减弱。

从以上分析可见，华北平原维持大尺度的下沉运动一方面有利于夜间晴空的存在，另一方面其导致的下沉逆温限制了边界层之上的混合作用，从而有利于大雾的出现。当下沉运动加强时，低层稳定层结进一步加强和维持，从而导致大雾范围扩大，强度变强；当下沉运动减弱或中低层上升运动加强时，低层逆温层减弱或导致将雾抬升为低云，从而大雾减弱。

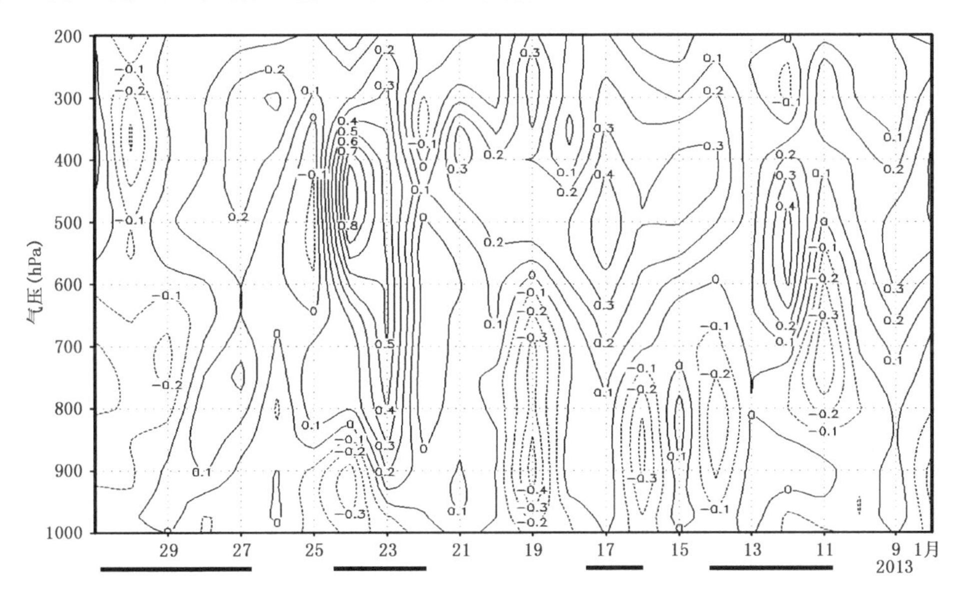

图 6.25　2013 年 1 月 8—31 日连续性大雾过程垂直速度沿(116°E,37°N)时间—高度剖面图(单位：Pa/s)

6.4　河北省夏季雾的特征与预报

与秋冬季大雾不同，河北省夏季雾具有以下特点：(1)一般不会出现持续 2 天以上的大范围浓雾天气。(2)夏季雾的维持时间比较短，这与夏季气温日变化大，日出后太阳短波辐射强、升温快有关，即所谓的“雾怕晒”。(3) 夏季雾的生成和消散时间都比冬季早。(4) 山区夏季出现雾的几率高于平原。(5)较大范围雾一般出现在 8 月。(6)夏季出现能见度低于 200 m 的浓雾几率较小。

夏季雾发生时，近地层的层结状况与冬季也有较大差别，逆温的强度不如冬季强，逆温幅度一般在 0～6℃之间，而冬季最强可达到 18℃，同时逆温层顶的高度也比冬季高，一般在 950 hPa 以上。湿层厚度(温度露点差≤3℃)在 950 hPa 及以下，但绝大多数在 975 hPa 以下，湿层相对湿度的变化范围为79%～94%。

表6.3从不同方面给出了河北省夏季雾和冬季雾的区别。

表6.3 河北省冬季雾VS夏季雾

	夏季雾	冬季雾
连续性	很少连续2 d以上	3～11 d,最长达15 d
范围	小	大
日维持时间	短	长
出现最多月份	8月	12月
地域频次	山区高于平原	平原高于山区
生成时间	4—6时	6—8时
消散时间	6—9时	9—12时
平均能见度	400 m～800 m	280 m～700 m
逆温强度	等温或弱逆温,0～6℃	强,0～18℃
逆温高度	一般较低	较高
环流特征	经向环流	纬向环流
主要机制	增湿	降温

分析近10年夏季较大范围的大雾过程,归纳出夏季雾有以下3种概念模型:雨后辐射雾、平流辐射雾、副热带高压外围的雾。

6.4.1 雨后辐射雾

这是夏季比较常见的一种大雾发生形式,即降水过后天气迅速转晴,强烈的地表长波辐射冷却,使地面温度迅速降低,近地层空气中水汽达到饱和。即:降雨增湿后辐射降温,从而形成雨后辐射雾。预报着眼点如下:(1)产生降水的高空槽移速较快,一般于白天或前半夜过境,后半夜转受槽后西北气流控制,天气迅速转晴(图6.26a)。红外云图表现为高空槽云系后边界清晰(图6.26c)。(2)与高空槽配合的冷空气势力较弱,地面形势场表现为河北处于低压后部或高压前部的弱气压场中(图6.26b)。(3)值得注意的是,白天或前半夜快速过境的高空槽有时尽管没有产生降水,如果前期地面有一定的湿度条件,次日早晨仍有辐射雾发生,因为这种高空槽往往具有"上干下湿"特征,槽前的西南气流会导致近地层湿度增加,从而有利于大雾的出现。这点在实际业务中容易被忽视。

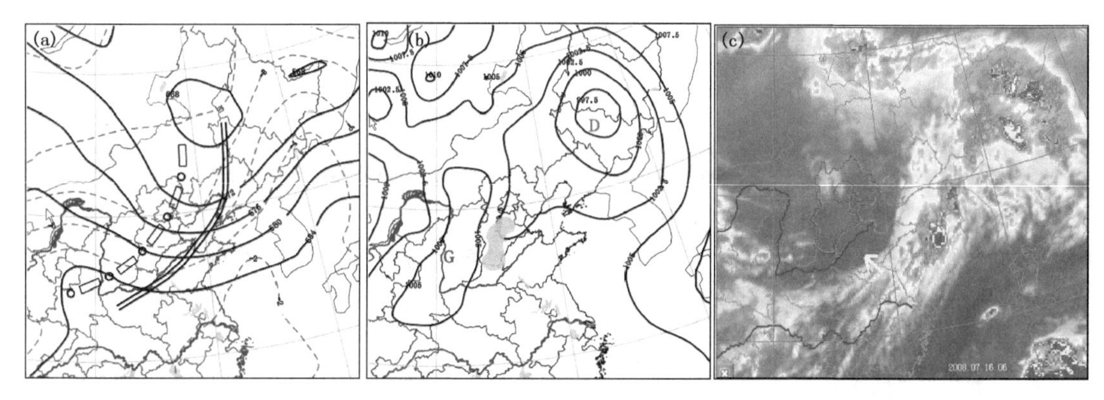

图6.26 2008年7月16日08时500 hPa高空图(a)、海平面气压场(b)及06时卫星云图(c)

(a中点划线为7月15日20时槽线位置,b中阴影区为雾区)

6.4.2　平流辐射雾

这也是夏季比较常见的一种大雾发生形式。其特点如下：(1)500 hPa 中高纬度从巴尔喀什湖至我国东部沿海为一宽广的槽区，中高纬盛行纬向环流，有短波槽快速东移，河北处于槽前的西南气流里(图 6.27a)，700 hPa 和 850 hPa 槽前有弱的暖平流，本地层结呈"上干下湿"结构(图 6.27c)。(2)地面图上，河北一般处于高压后部、低压前部的均压场或地面倒槽中(图 6.27 b)，大雾发生前中南部地区一般为弱的偏南风，有时沿京珠高速公路及其右侧常有地形辐合线生成维持，有利于水汽输送及辐合。(3)卫星云图上，与高空槽配合的云系以高云为主。

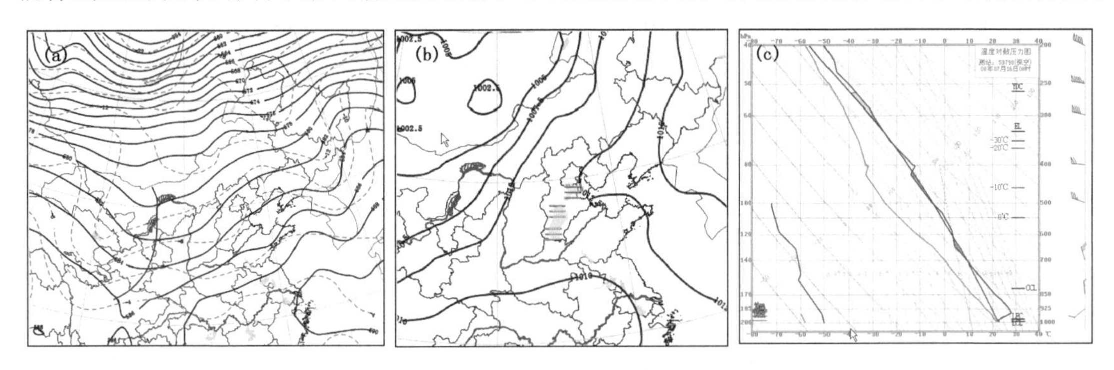

图 6.27　2006 年 8 月 25 日 08 时 500 hPa 高空图(a)、海平面气压场(b)及邢台(53798)探空图(c)

6.4.3　副热带高压外围的雾

2005 年 8 月 11 日早晨中南部地区出现了一次大雾天气过程，大雾发生在副热带高压外围，这种情况比较少见。其特点如下：(1)雾形成前期，500 hPa 高空图上，副热带高压东西带状，588 dagpm 线北缘位于淮河流域，河北中南部受 584 线外围西南气流控制。10 日白天有一高空槽经过河北，其后部河套高压脊随之东移，10 日夜间副高北抬，与河套东移的高压脊叠加，河北转受西北气流控制(图 6.28a)，而在 700 hPa 和 850 hPa 河北仍处于西南气流控制下。(2)从邢台的探空曲线(图 6.28c)看出，整层大气湿度为"上干下湿"层结，湿层位于 975 hPa 以下，这和大部分副高控制下的整层高湿有很大区别，造成天空以晴为主，有利于近地层辐射降温，而 700 hPa 以下及地面的偏南风(图 6.28b)则有利于近地层增湿，可见，这次大雾过程是一次平流辐射雾。

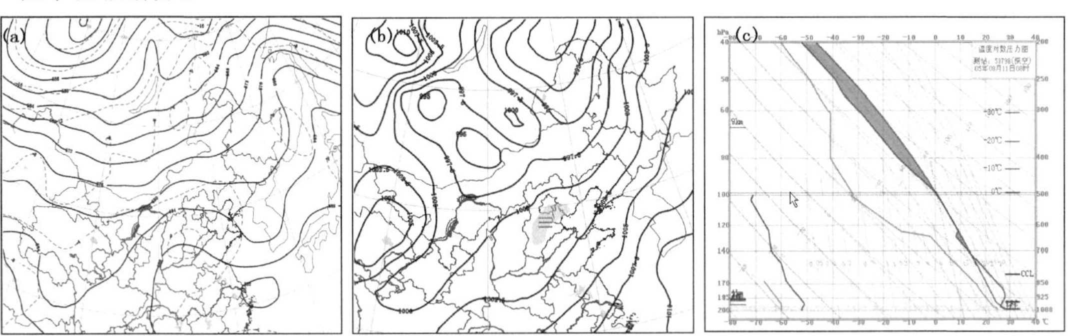

图 6.28　2005 年 8 月 11 日 08 时 500 hPa 高空图(a)、海平面气压场(b)及邢台(53798)探空图(c)

6.5 河北省大雾预报思路及预报指标

前面分析了河北省大雾的统计特征、秋冬季大雾和夏季雾的特征与预报着眼点，下面将给出实际业务工作中大雾的预报思路及一些预报指标。

6.5.1 大雾的生成

雾是近地面层水汽凝结现象，使未饱和空气达到饱和状态，可通过两种方式实现：其一是增加水汽（增湿），另一是使空气冷却（降温）。此外，还要有稳定的大气层结。因此，在预报未来是否会出现大雾时，可从以上三个方面考虑。

对河北而言，常出现的大雾主要有：辐射雾、平流辐射雾、平流雾。像其他灾害性天气预报一样，大雾的预报也没有一套固定的程序，但根据前面的分析，注意以下几点：

(1)从天气形势入手，分析大尺度环流背景，河北省大雾绝大部分发生在纬向环流背景下，地面形势表现为弱气压场。

(2)分析大气层结是否稳定。分析本省探空站的探空曲线，看看是否有逆温层存在。有时探空曲线上不存在逆温，还应注意一下 1000 hPa 和地面气温，如果 1000 hPa 的温度大于地面温度，说明逆温存在于 1000 hPa 以下。

(3)如果 850 hPa 或 925 hPa 有暖中心、温度脊存在，则更有利于近地层逆温的生成与维持。

(4)在未来不发生降水的情况下，如果地面露点温度在 14 时之前（下午之前）稳定少变，甚至缓慢升高，说明近地层在增湿，有利于次日出现大雾。

(5)大雾发生前一日地面气象要素阈值。由于探空资料的时间和空间分辨率较低，而数值预报对边界层诸要素的预报准确率较低，同时，基于大范围雾具有渐发性特点，所以地面气象要素具有更好的指示作用。根据近十年河北平原大雾的统计，图 6.29(a—e)给出了 1—12 月在次日出现零散雾、小范围雾、大范围雾，当日 14 时相对湿度、露点温度、温度露点差、能见度、风速所应达到的阈值，如对于 12 月而言，如果某日 14 时平原所有站点平均相对湿度在 50%上下，则次日可能有零散雾（<10 站）；如果在 60%左右，则可能有小范围雾（<30 站）；如果在 70%左右，则次日可能出现大范围雾（>30 站）。

(6)河北平原大雾的一些消空指标

①如果 08 时高空不存在逆温层或等温层，则该日无雾。

②呼和浩特、太原、张家口、北京，邢台五个探空站，08 时 500 hPa 的风向为 320°～360°，风速≥14 m/s 且 850 hPa 风速≥8 m/s 时，当日及次日全省基本无雾。

③当 14 时或 20 时平均风速≥4 m/s 时，次日一般无雾。

6.5.2 大雾的维持与加强

出现下列情况，大雾将维持或加强：

(1)秋冬季节，已经出现大范围浓雾，如果未来没有强冷空气入侵或云量明显增多、则大雾仍将维持。

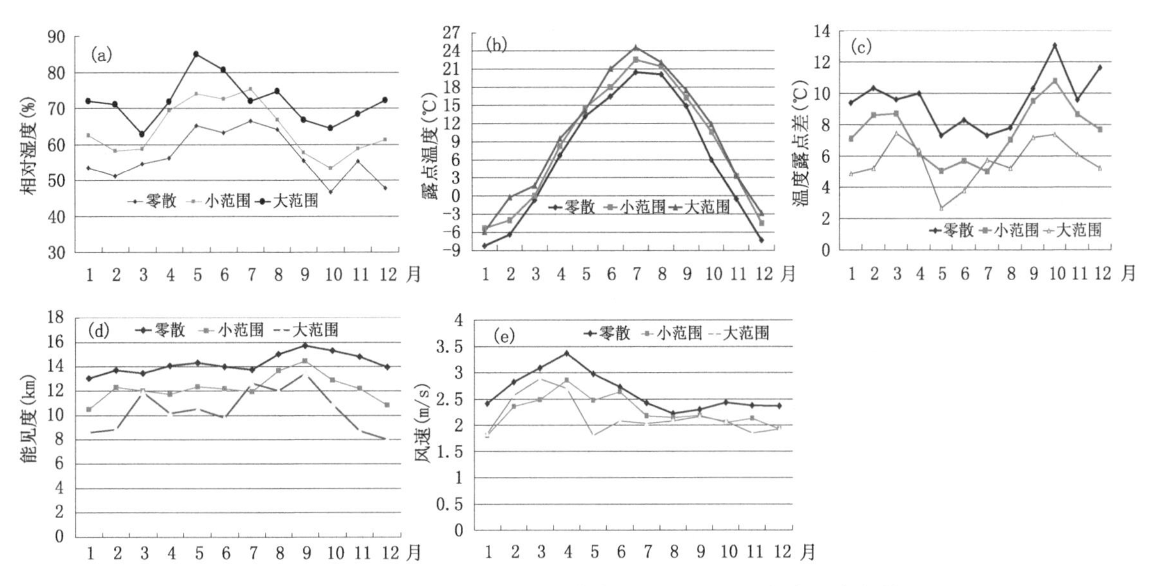

图6.29　河北平原1—12月大雾前一天14时地面气象要素阈值
(a.相对湿度(%);b.露点温度(℃);c.温度露点差(℃);d.能见度(km);e.风速(m/s))

(2)在纬向环流背景下,如果有“干性短波槽”过境,则大雾将会进一步发展或加强。

(3)对冬季大范围降雪过后产生的大雾而言,如果高空长时间受高压脊控制,且高空风速较小,大雾将维持或发展。

(4)当地面图上有华北地形槽、地面辐合线存在时,大雾将会维持与加强。

(5)大雾天气过程中,在多普勒天气雷达上,当东部平原有超折射回波出现时,表明大雾将会进一步发展和维持。

6.5.3　大雾的减弱与消散

雾消散的条件与形成的条件相反。雾形成时或使空气增加水汽,或使空气冷却达到饱和;消散时则或因加入干空气,或使空气受热皆可。一般来说风增强和日射加强可使雾消散。在预报大雾减弱或消散时,注意以下几点:

(1)当有中低云移至雾区,则大雾将明显减弱或消散。

(2)当有明显的降雪(雨)发生时,大雾将逐渐减弱并消散。

(3)雾的范围和强度越大,消除雾所需冷空气强度就越大。

(4)秋冬季大雾消散最常见的原因是强冷空气爆发带来的高空风和地面风加大。但有时对冷空气强度把握不好,会造成预报失败。因此不但要关注地面气压梯度,还要关注高空风,尤其是850 hPa及以下锋区强度,如果未来850 hPa锋区明显南压至雾区,大雾将减弱或消散。

6.5.4　河北省大范围浓雾预报要点

预报业务中,更关注范围大、强度强的浓雾,预报时可从以下几点来把握。

(1)已出现小范围浓雾。

(2)卫星云图上看,未来河北为晴空或少云。

(3)14 时地面气象要素相关达到次日出现大范围雾的阈值(见图 6.29)

(4)从数值预报温度场看,在 850 hPa 及 925 hPa 上,暖中心或暖脊控制河北。

(5)从数值预报湿度场看,850 hPa、700 hPa 湿度小于 40%,为明显的“上干”结构,湿度越小,越有利。

(6)数值预报 2 m 湿度预报在 90%以上。从预报经验看,本地中尺度 WRF 和 EC 细网格的 2 m 湿度场有较好的预报效果。

如果以上六点都满足,要及时发布大雾预警信号。

6.5.5 河北省大雾预报流程

以上介绍了大雾发生、维持、加强或减弱、消散等方面的预报着眼点,现在给出河北省台常采用的一种大雾预报流程(图 6.30),仅供参考。预报当日,根据实况,分为有雾和无雾两种情况:

(1)当日无雾,根据大雾的渐发性特征,一般预报次日无雾;但有一种情况例外,那就是如果高空有快速移过的高空槽,应注意考虑次日出现大雾的可能性。高空槽在夜间移出的越快,也就是转晴时间越早,有效辐射就越强,越有利于出现辐射雾。

(2)当日实况有雾,如果未来大尺度环流背景没有明显变化,排除有中低云移过、较强降水发生、中高层增湿、高空锋区南压几种情况,遵循“以雾报雾”原则,次日大雾维持或加强,否则大雾将减弱或消散。

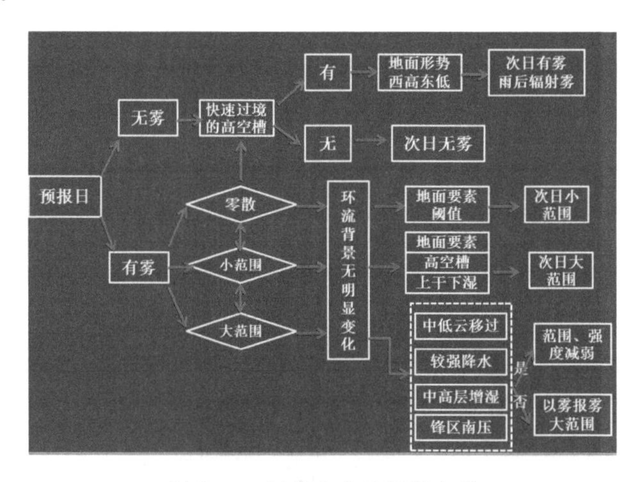

图 6.30　河北省大雾预报流程

6.6 河北省大雾客观预报方法

采用逐步消空和指标叠套法,制作河北平原大雾客观分县预报,近年的应用表明对大雾的 24 小时预报有较好的效果。

6.6.1 指标叠套法做雾的分县预报设计思路

指标叠套法多用于冰雹等强对流天气预报。大雾发生在近地层，高度一般在几十米到几百米，不管何种性质的雾，近地层应具备以下几个条件：(1)逆温条件：一般出现在层结稳定大气中，往往逆温越强，雾的范围和浓度越强。(2)湿度条件：统计表明，河北省大雾湿层(温度露点差≤3℃)往往在925 hPa以下，大部分发生在1000 hPa以下；(3)风力条件：河北省秋冬季大雾以平流辐射雾、辐射雾、平流雾为主，近地层925 hPa风速一般≤6 m/s。当近地层上述3个条件具备后，大雾能否出现则和地面气象要素如温度、湿度、风速、露点温度等密切相关，当这些要素达到一定的数值后，大雾将发生。统计表明，绝大多数情况下，大雾发生的前一天，地面形势多为弱气压场或均压场，地面气象要素有明显的变化，如露点增加、湿度增大、能见度变差等。众所周知，目前常规探空资料时空密度小(河北仅有3个探空站)，而数值预报的近地层产品可用性相对较差，不能较好地应用于大雾预报。地面观测资料的特点是时间间隔短，空间密度高，且时间序列长，更能反映近地层大气特征，对大雾的发生有更好的指示作用。因此，可以通过统计分析，将河北平原大雾发生的气象条件量化为多个指标(阈值)，采用逐步消空和指标叠套法制作大雾分县预报。

6.6.2 河北平原大雾发生的气象条件

将雾日分为三种类型：零散雾、小范围雾、大范围雾。某日出现大雾站数≤10个规定为零散雾日，≥30个站规定为大范围雾，11～29个站之间规定为小范围雾日。

高空统计要素包括：500 hPa以下各特性层风向、风速、是否存在逆温。按月份(1—12月)分别计算了零散、小范围、大范围雾日前一天08时、20时和雾日当天08时5个探空站风向出现的频次，风速的平均最大值、平均最小值和平均值。以邢台站代表平原地区，统计了邢台站(53798)雾日及前一日是否存在逆温。

地面统计要素包括：相对湿度、风速、露点温度、温度露点差、能见度等5个要素。定义海拔高度＜200 m为平原站，从河北省142个地面观测站中挑选出118个平原站。分两种情况统计：(1)按月份分别统计零散、小范围、大范围雾前一天14时和20时平原所有站(118个站)5个地面要素的平均值，依此给出次日平原出现区域性雾(零散、小范围、大范围雾)的阈值。(2)按月份分别统计零散、小范围、大范围雾前一天14时和20时所有出雾站点5个地面要素的平均值，依此给出次日单站出雾的阈值。图6.29a分别给出了1—12月雾日的前一天14时出雾站点相对湿度的平均值。以12月为例，在雾日的前一天14时，大范围雾的平原所有站平均相对湿度为68%、小范围雾为54%、零散雾为42%，而相对应出雾站的平均相对湿度分别为72%、62%、48%。可见，雾范围越大、强度越强对应前一日14时相对湿度的数值越高，露点温度也是如此。而风速、温度露点差、能见度刚好相反(图略)，其数值越低，越有利于次日出雾。从图中还可以看出，一年中的不同月份，雾日前一天14时相对湿度所需达到的数值是不同的，夏半年明显高于秋冬季。

根据以上的统计结果，同时得到以下消空指标。

①如果08时高空不存在逆温层或等温层，则该日无雾。

②呼和浩特、太原、张家口、北京，邢台五个探空站，08时500 hPa的风向为320°～360°，风速≥14 m/s且850 hPa风速≥8 m/s时，当日及次日全省基本无雾。

③当 14 时或 20 时平原所有站(118 站)平均风速>4 m/s 时,次日一般无雾。

④当 14 时或 20 时平原站的相对湿度、露点温度、温度露点差、能见度、风速的平均值均达不到零散雾所要求的数值时,次日无雾。如对于 1 月而言,如果某日 14 时平原所有站(118 站)平均相对湿度<50%,平均露点温度<10℃,平均温度露点差<4.5℃、平均能见度>13 km、平均风速>2.4,上述 5 个条件均满足,则次日无雾。

6.6.3 逐步消空和指标叠套法做雾的分县预报

利用当日 08 时高空观测、14 时地面观测和次日 08 时预报产品,制作次日早晨大雾预报。图 6.31 给出了指标叠套法制作河北平原大雾分县预报的流程图。具体说明如下:

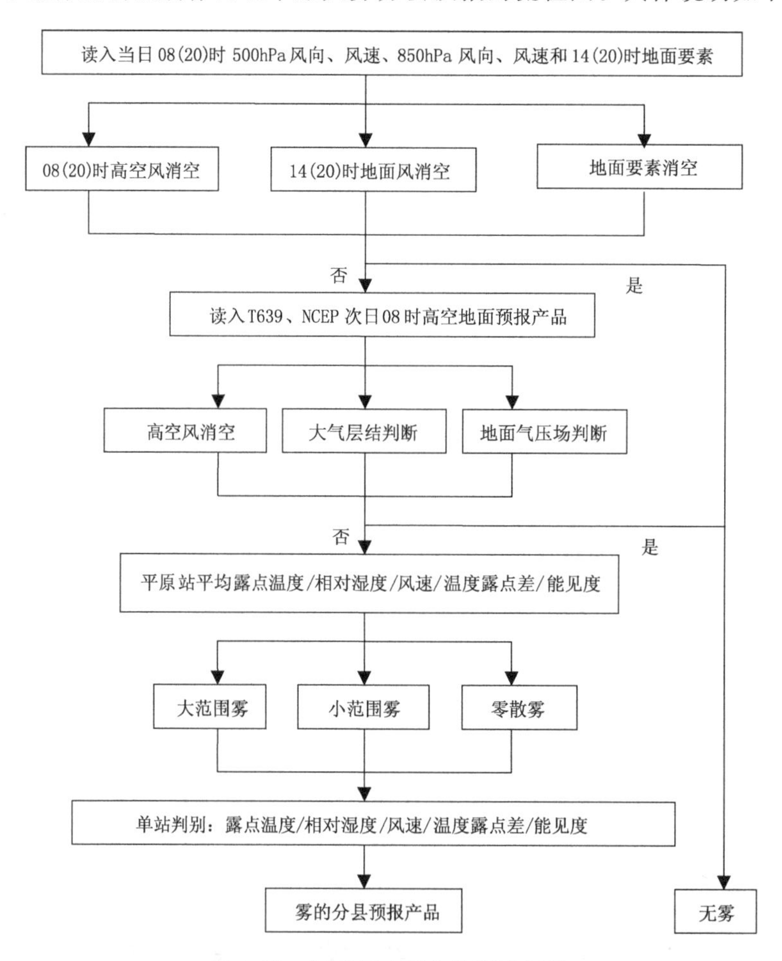

图 6.31　河北省大雾分县预报流程

第一步,当日实况资料消空。应用当日 08 时高空资料和 14 时、20 时地面资料,分别计算出 6.6.2 节中的消空指标②、③、④高空风消空、地面风消空、地面要素指标综合消空,如果其中任意一项满足,则预报次日无雾,流程结束;如果 3 项均不成立,则进入第二步。

第二步,次日 08 时的数值预报产品消空。这一步的主要目的考虑第一步没有消空而具备成雾条件,其原因可能是当日有快速移动的低值系统或锋面系统过境,本地处于槽前或锋前,第二天恰好转为槽后或锋后,为好天气,不会有雾出现,因此需进一步消空。这里应用次日 08

时 T639 高空风和地面气压场资料、08 时 NCEP 高空温度资料。分别用来计算三种消空指标：高空风、地面气压场强度、是否存在逆温或等温层。如果上述 3 项任意一项满足消空指标，则预报次日无雾，流程结束；如果 3 项均不满足，则进入第三步。

第三步，前两步都没有消空，说明成雾的高空、地面背景场已经具备，次日能否出雾，取决于地面要素。计算当日 14 时、20 时平原 118 个站点的相对湿度、露点温度、温度露点差、风速、能见度的平均值，与相应月份、相应要素的阈值比较，采用指标叠套法，确定河北平原次日是大范围雾、小范围雾还是零散雾，如果由相应的要素算出次日出现雾的结果不一致时，取相对较多的结果。

第四步，用当日 14 时、20 时逐站的相对湿度、风速、露点温度、温度露点差、能见度等五要素值与当月出现出雾站的平均阈值进行比较，如满足则赋值为 1，否则为 0，当满足条件的指标越多，说明该站出现雾的可能性越大。例如第三步中预报次日出现大范围雾，某站 14 时相对湿度大于、露点温度大于、风速小于、温度露点差小于、能见度小于当月出现大范围雾的阈值，则该站指标为 5。这样就可以得出次日出现大雾的分县预报指标，指标在 0～5 之间，指标越大则次日出雾的可能性越大。业务应用中，当某站指标≥3 时，则认为该站次日有雾。

该系统每天运行两次：下午 15 时和晚上 21 时。下午运行使用 14 时地面资料，晚上则使用 20 时地面资料。预报产品保存为 MICAPS 第三类格式，方便业务应用。

6.6.4　预报效果检验

对河北省 178 个站点(包括京津)2007－2009 年 3 年的大雾客观分县预报结果进行了点对点评分，由于目前中国气象局没有具体针对大雾的评分方法，故采用以下两种办法：参照晴雨 TS 评分标准和暴雨 TS 评分标准，结果如下(表 6.4)：按照晴雨评分标准，大雾预报的正确率、漏报率、空报率分别为：84.8%、2.7%、13.2%；参照暴雨 TS 评分标准，正确率、漏报率、空报率分别为：13.2%、50.2%、84.7%，较晴雨标准明显降低，这是可以理解的，因为对河北而言，大雾在一年中属小概率事件。

由于河北省大雾主要出现在秋冬季节，因此专门对 2007—2009 年 3 年秋冬季的预报进行了评分(表 6.4)，和 3 年全年的评分相比，评分明显提高，正确率、漏报率、空报率分别为：38.1%、35.4%、51.8%。由于评分资料时间较长，因此该评分具有一定的代表性和客观性。

表 6.4　河北省大雾分县客观预报评分(单位：%)

时间	评分标准	正确率	漏报率	空报率
2007—2009	晴雨 TS	84.8	2.7	13.2
2007—2009	暴雨 TS	13.2	50.2	84.7
07—09(冬半年)	暴雨 TS	38.1	35.4	51.8

参考文献

李江波，侯瑞钦，孔凡超，2010. 华北平原连续性大雾的特征分析[J]. 中国海洋大学学报，**40**(7)：015-023.

孙奕敏，1994. 灾害性浓雾[M]. 北京. 气象出版社：1-5.

吴兑，吴晓京，李菲，等，2011. 中国大陆 1951—2005 年雾与轻雾的长期变化[J]. 热带气象学报，**27**(2)：145-151.

朱乾根，林锦瑞，寿绍文，1992. 天气学原理和方法[M]. 北京：气象出版社：410-414.

中央气象局，1979. 地面气象观测规范[M]. 北京：气象出版社：22-27.

第7章 地方性天气流型

7.1 太行山东麓焚风

焚风(foehn,fohn)是出现在山脉背面,由山地引发的一种局部范围内的空气运动形式——过山气流在背风坡下沉而变得干热的一种地方性风。焚风这个名称来自拉丁语中的favonius(温暖的西风),德语中演变为föhn,最早主要用来指越过阿尔卑斯山后在德国、奥地利谷地变得干热的气流。

焚风在世界很多山区都能见到,但以欧洲的阿尔卑斯山,美洲的落基山,原苏联的高加索山最为有名。阿尔卑斯山脉在刮焚风的日子里,白天温度可突然升高20℃以上。在中国,焚风也到处可见,如天山南北、秦岭脚下、川南丘陵、金沙江河谷、大小兴安岭、太行山下、皖南山区。

焚风对工农业生产和人民生活都有一定影响,冬末早春的焚风,可使积雪融化,土壤解冻,物候期提前;夏初的焚风,常常造成干热风,使冬小麦提前结束灌浆造成早熟,从而降低产量;干旱季节的焚风提高了森林草原及城市火险等级,并易使火灾蔓延;此外,焚风天气出现时,会使许多人出现不适症状,如疲倦、抑郁、头痛、心悸等。

国内外对于焚风多有研究。国外代表性的研究是欧洲阿尔卑斯山的中尺度研究计划,该计划利用多年观测气象数据、飞机测量数据、雷达数据、卫星数据等对阿尔卑斯山的影响进行了研究,促进了人们对焚风的理解和认识。人们对南美的安第斯山、美国的洛基山产生的焚风也有研究。国内齐瑛等(1992)、陈明等(1995)对大兴安岭、太行山、祁连山等地焚风的气候特征进行了统计,讨论了焚风与山区地形形状的关系,并运用数值模式模拟了地形的热力强迫效应和动力影响机制在焚风形成和发展中的作用。赵世林等(1993)统计分析了1956—1990年气候资料,得出了太行山中段(以石家庄为代表)焚风的年、季变化和月、日变化,给出了焚风的天气学模型;讨论了焚风与西风及太行山地形的关系。张克映等(1992)研究了哀劳山神农架山区造成的焚风。

7.1.1 太行山东麓焚风天气统计特征

7.1.1.1 太行山地形特点

从研究焚风的角度,根据太行山脉的走势,太行山脉可以分为北段、中段和南段(图7.1)。北段北起洋河、永定河河谷,南至滹沱河谷,为东北—西南向;中段北起滹沱河谷南至石家庄西南部的苍岩山,为西北东南向;南段北起苍岩山南至山西省、河南省边境的沁河平原,大致为南北向。北段和中段之间为喇叭口地形。

太行山脉高度主要在 1500～2000 m，主要山峰有 7 个，其中 6 个在北段，1 个在南段。北段的山峰有东灵山（2303 m）、灵山（2420 m）、小五台山（2882 m）、白石山（2018 m）、太白山（2234 m）、南坨（2281 m），南段的山峰为阳曲山（2058 m）。

太行山以西山脉盆地交错，地形复杂。位于山西境内的吕梁山、恒山、五台山、太岳山和大同盆地、忻定盆地、太原盆地、长治盆地，都对翻越太行山到河北平原的偏西气流的方向、温度、湿度等有重要影响。太行山东侧坡度很大，直接下降到河北平原。

太行山地被拒马河、滹沱河、漳河、沁河等切割，多横谷，当地称陉。轵关陉、太行陉、白陉、滏口陉、井陉、飞狐陉、蒲阴陉和军都陉等被称为太行八陉。这些横谷对于焚风也有影响。

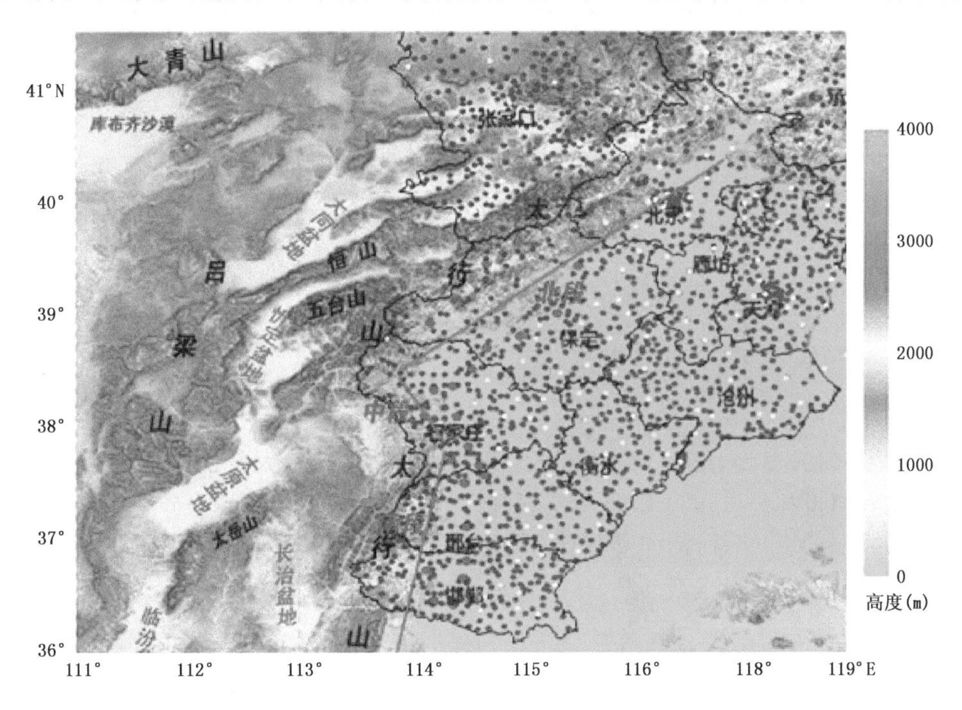

图 7.1　太行山地形特点（蓝点为两要素自动站，红点和黄点为多要素自动站）

7.1.1.2　统计的资料和方法说明

采用 2007—2008 年河北省 1500 多个温度、降水两要素自动站的温度资料，50 多个六要素自动站的逐小时温度、风向风速、湿度资料，北京、天津多要素自动站的逐小时温度、风向风速资料。河北及京津区域内自动站分布如图 7.1。选取沿太行山东麓分布的 23 个多要素自动站作为焚风出现的代表站，用于统计焚风出现的时次，它们是：涞源、阜平、易县、满城、唐县、曲阳、石家庄、灵寿、平山、行唐、井陉、元氏、高邑、赞皇、邢台、柏乡、临城、沙河、邯郸、永年、武安、峰峰、磁县。

小时变温：采用小时变温作为变量来研究太行山东麓焚风的统计特征，克服了将不同海拔站点气温订正到海平面气温时人为规定垂直递减率的缺点。小时变温 $\Delta T_h = T - T_0$，T 为当时的气温，T_0 为前 1 小时的气温。小时变温的大小可以用来表示焚风的强度。有时候我们也用分钟变温来表示焚风的强度，分钟变温 $\Delta T_m = T - T_0$，T 为当时的气温，T_0 为前 1 分钟的气温。

焚风统计的标准:23个代表站中有一个或多个站出现偏西风,同时气温上升湿度下降,我们认为这是一个焚风的时次。这个标准比赵世林等(1993)规定的标准“风向在WSW－WNW范围内,风速≥2.0 m/s,10分钟升温3℃,或半小时升温≥5℃”的焚风标准要弱的多。这样规定,弱的焚风也都能纳入了统计范围。

焚风典型个例:在河北省中南部区域里,挑选出小时温度上升大于等于8 ℃的时次,共19个,它们分布在16天里。从MICAPS历史资料进行反查,发现这16天均出现比较典型的西风或西北风天气(表7.1)。

表7.1　2007—2008年焚风典型个例

时间/(年-月-日-时)	风向	时间/(年-月-日-时)	风向	时间/(年-月-日-时)	风向
2007-02-03-04:00	西北	2008-10-25-09:00	西	2008-11-20-04:00	西
2007-04-06-08:00	西北	2008-10-27-08:00	西北	2008-11-26-06:00	西
2007-11-19-10:00	西	2008-10-27-09:00	西北	2008-12-01-04:00	西
2007-11-19-11:00	西	2008-10-31-01:00	西北	2008-12-17-01:00	西北
2007-11-23-11:00	西北	2008-11-03-01:00	西北	2008-12-19-12:00	西北
2008-02-28-07:00	西	2008-11-03-09:00	西北		
2008-03-15-08:00	西北	2008-11-06-00:00	西		

7.1.1.3　焚风的季节分布、日分布

图7.2为小时升温大于5℃焚风季节分布。由图7.2看出,太行山东麓焚风在春、秋、冬季都很多,这和赵世林等(1993)用35年资料统计的结果一致。焚风的季节变化与大气环流和冷空气活动路径有关。夏季,河北盛行夏季风,风向偏南,发生焚风几率很小。冬季及其前后,河北盛行冬季风,西北冷空气活动频繁,常吹西北或偏西风,发生焚风最多。

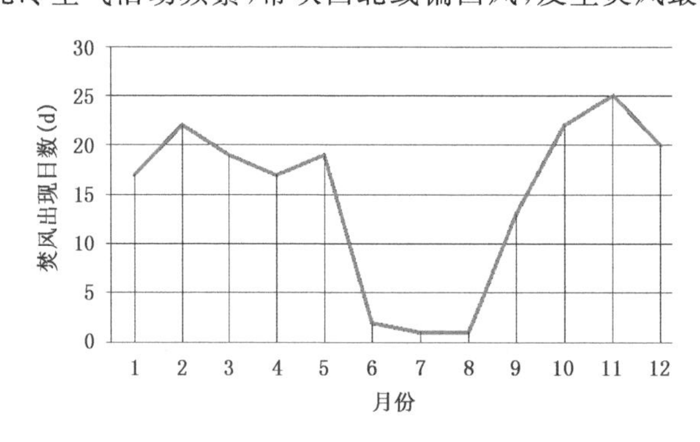

图7.2　小时升温大于5 ℃焚风季节分布

图7.3为小时升温大于5 ℃焚风日内分布。图7.3表明,焚风的日变化非常明显。焚风在24 h内均有出现,但午后到前半夜出现几率最小,几乎为零,后半夜出现较多,而早晨到上午出现最多。这个分布特征和太阳短波辐射及地球的长波辐射有关。另外,也可能与地形风有关(赵世林,1993)。

7.1.1.4　焚风的影响范围

我们规定,太行山东麓23个代表站中有4个或以上的站出现西风并且在过去一小时内温

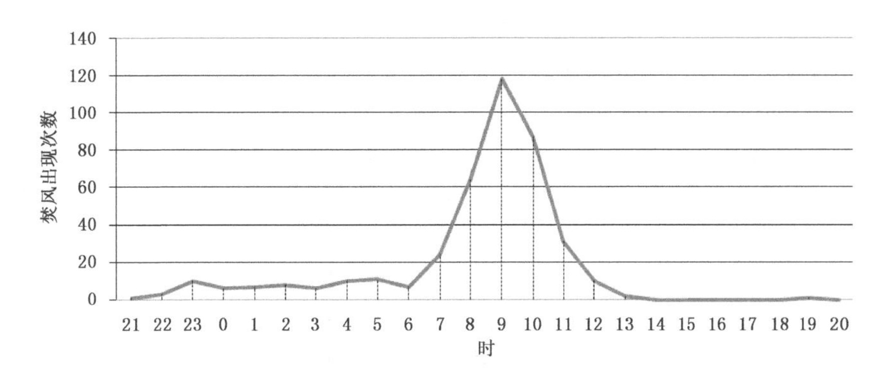

图7.3 小时升温大于5 ℃焚风日内分布

度上升湿度下降，为一个出现焚风的时次。统计2007—2008年资料，得到1267个焚风时次。

我们统计在这1267个焚风时次中，不同幅度的变温在不同时段、不同地区出现的次数，以考察焚风的时空分布情况。图7.4给出了$\Delta T_h=3\sim4$ ℃、$\Delta T_h=4\sim5$ ℃、$\Delta T_h=5\sim6$ ℃、$\Delta T_h>7$ ℃在01时、03时、05时、07时、09时和11时的次数分布，鉴于篇幅限制，其他分布图省略。01时、03时、05时可以反映后半夜的情况；07时介于夜间和白天之间，净辐射量的符号随季节变化，反映了早晨的情况；09时和11时则可以反映白天焚风分布的状况。由图7.4可以看到：

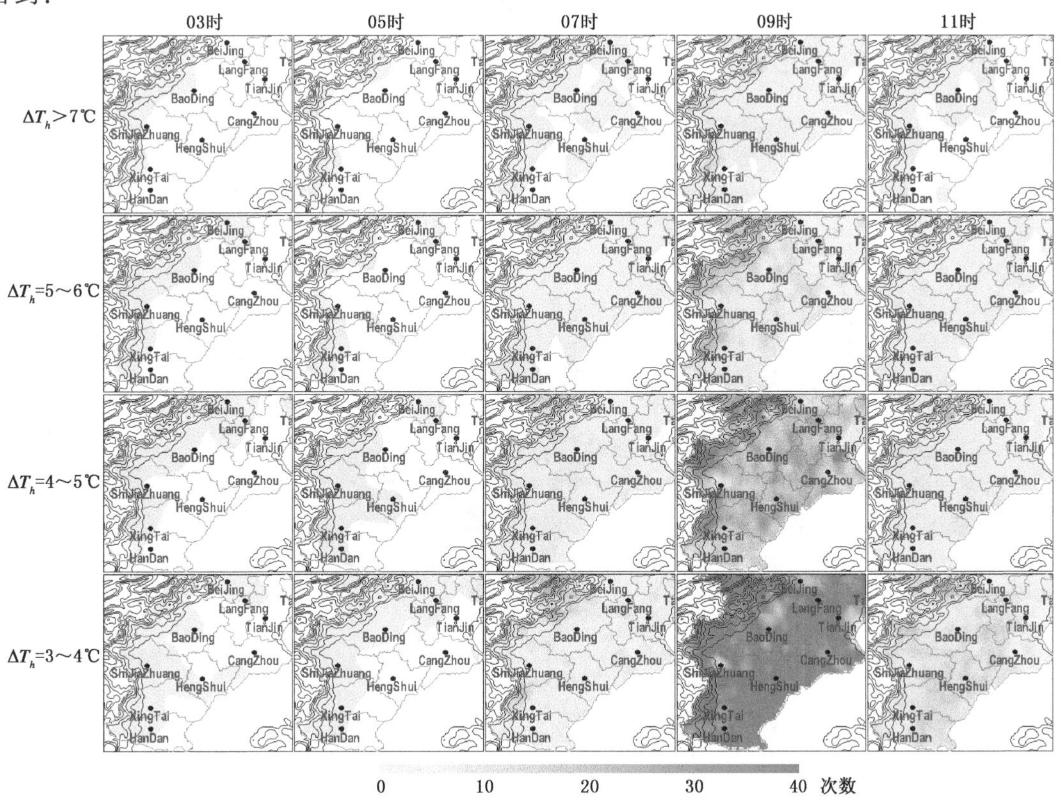

图7.4 不同幅度变温出现的次数

图中灰色线条为地形等高线，彩色图为不同幅度变温出现的次数

(1)焚风的区域分布特征在夜间表现明显,焚风区和无焚风区有明显的分界线。在白天,强焚风(小时变温 5 ℃以上)区域分布特征明显,而弱焚风区域分布特征不明显。如 3～4 ℃和 4～5 ℃变温,在 09 时和 11 时,太行山区和平原区出现的次数没有明显的差别。

焚风分布出现这个特点是容易理解的。夜间焚风增温抵消了辐射降温,焚风区内温度降幅减小,甚至不降反而上升,与无焚风区温度变化形成强烈反差,从而形成焚风区和无焚风区明显的分界线。白天焚风增温叠加辐射升温,如果焚风增温相对于辐射升温不很明显,或由于焚风在太行山东麓增温暖气团东移影响平原地区,弱焚风的区域分布特征就不明显。

(2)焚风出现在太行山东侧,强焚风出现在太行山东侧 50 km 内,其分布范围主要在保定、石家庄、邢台和邯郸西部,而保定、石家庄、邢台和邯郸 4 个市区在较强焚风区的外缘。较弱焚风出现范围东扩,可达太行山以东 100 km,包含整个石家庄,甚至影响到衡水。

(3)焚风主要出现在太行山北段东南侧和南段东侧,呈现出两个中心,而中段附近焚风出现相对较少。其原因和山走向有关,焚风出现山脉的背风一侧,若在中段产生焚风,则要求风向为西南,而西南风相对于西北和西风出现的几率较小。

7.1.1.5 焚风和风向的关系

图 7.5 给出了太行山区出现西北、西南、偏西风向的 3 个焚风个例,可以清楚地看到,焚风出现的区域和风向的密切关系。焚风出现在山脉的背风一侧。西北风造成的焚风主要出现在太行山北段东侧,偏西风主要影响太行山南段,而西南风主要影响中段。太行山中段很短,而且西南风出现相对西风和西北风较少,所以中段出现焚风的次数较少。从焚风分布和风向的关系可以解释太行山东麓焚风分布出现两个中心的特征。

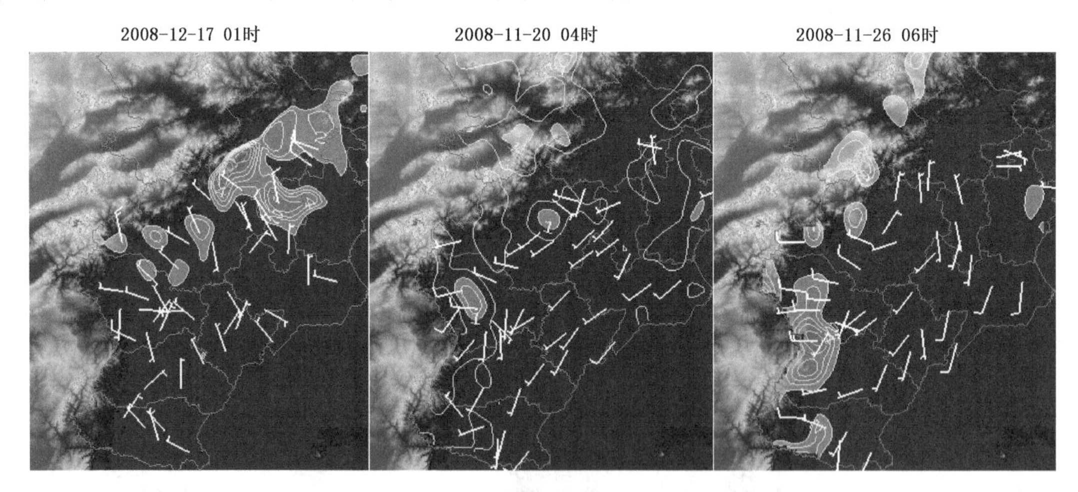

图 7.5 西北风(左)、西南风(中)、偏西风(右)下的焚风

图中填色等值线为正的小时变温(间隔:1℃)

7.1.1.6 焚风强度和风速的关系

从统计角度看,焚风强度(分钟变温)和风速大小有一定的对应关系,所对应风速的大小和地形有关。图 7.6 给出了阜平(20 次)、赞皇(15 次)和石家庄(10 次)明显升温情况下的风速,数据利用了出现最大小时变温的阜平 6 天、石家庄和赞皇各 2 天的逐分钟温度和风速资料。出现明显升温的时候,阜平风速在 2～6 m/s 之间,主要风速为 5 m/s;赞皇 3～5 m/s,4 m/s

居多；石家庄为 1.5～4 m/s。

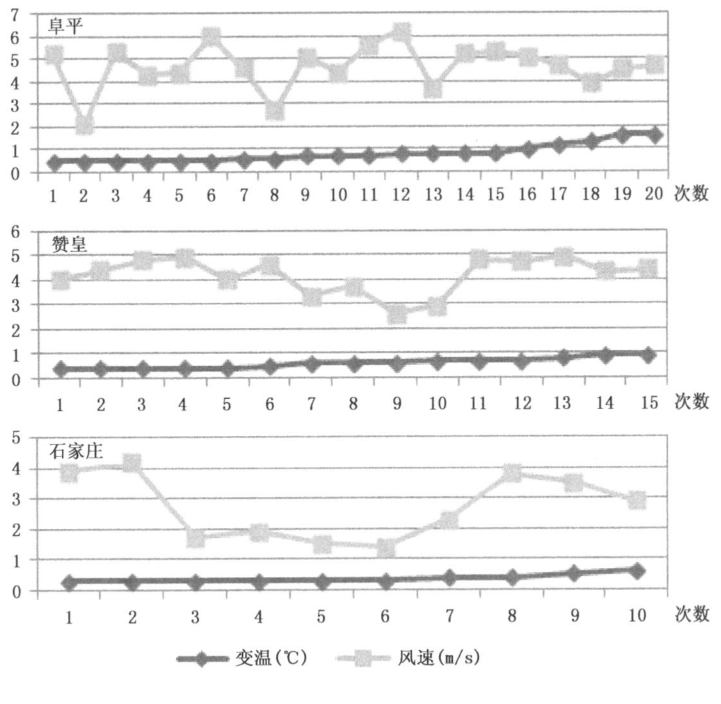

图 7.6　分钟变温和风速

7.1.1.7　焚风的阵性特征

选取小时变温≥8℃的 20 个站次温度变化曲线进行分析，发现焚风具有明显的阵性特征。温度的突变一般发生在几分钟到 30 min 之内，甚至 1 min 温度上升超过 2℃，同时伴有风向的转换。在 20 个小时变温≥8℃的站次中，阜平最多，出现了 6 次。图 7.7 给出赞皇和阜平两次焚风发生日逐分钟温度曲线、逐 5 分钟风向风速。

焚风的阵性也可以从小时变温场表现出来，小时变温场表现为在焚风发生区域出现一个升温区，空间尺度约为几十千米，这个升温区可以随风移动到下游。从焚风发生的时间尺度和空间尺度看，焚风应为中小尺度的天气现象。

7.1.1.8　焚风的卫星云图特征

焚风在夜间的红外云图表现的十分明显。焚风天气时，一般天空晴朗，没有云层覆盖。在太行山东侧，由于剧烈升温，常常造成沿山脉一条明显暗带，如图 7.8 中箭头所示。

7.1.1.9　焚风对河北平原的影响

通过考察 16 个典型焚风个例，我们发现，多数时候在焚风作用下太行山东麓产生的升温区并非不动，而是向东或东南移动影响河北平原(图 7.9)。升温区移动的速度大致相当于地面的风速，方向为地面风向。图 7.9 中，焚风热气团从石家庄移动到衡水大概为 5 个小时，移动速度约为 18 km/h，大致相当于地面风速(5 m/s)。

焚风热气团的移动性也是和焚风的阵性是一致的。焚风在某个时次突然升温一个区域，升温区再随风移动影响下游地区，焚风对河北平原的影响体现在移动的加热区，而不是对气团

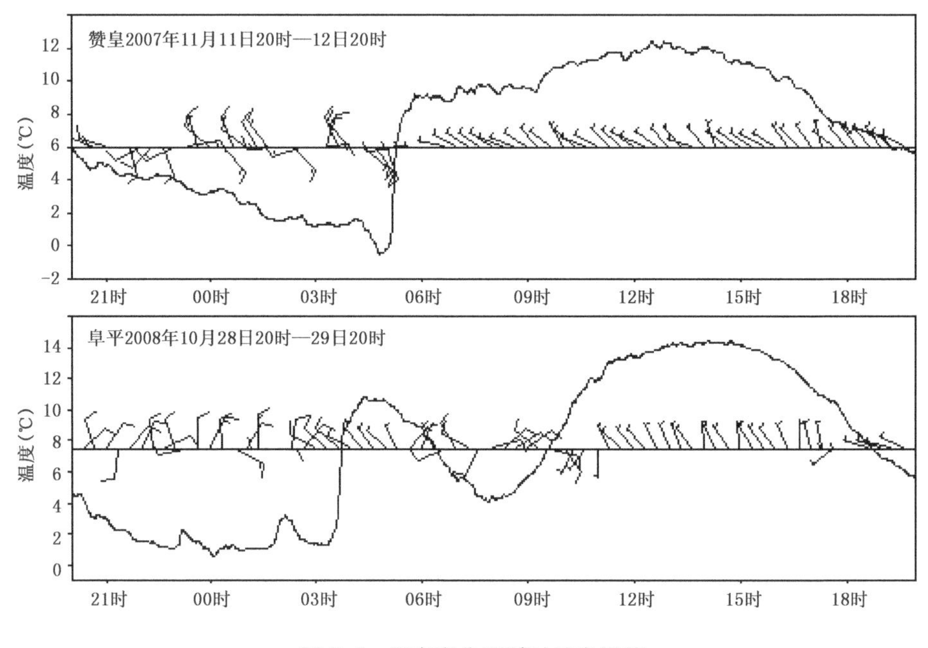

图 7.7　温度变化和瞬时风向风速

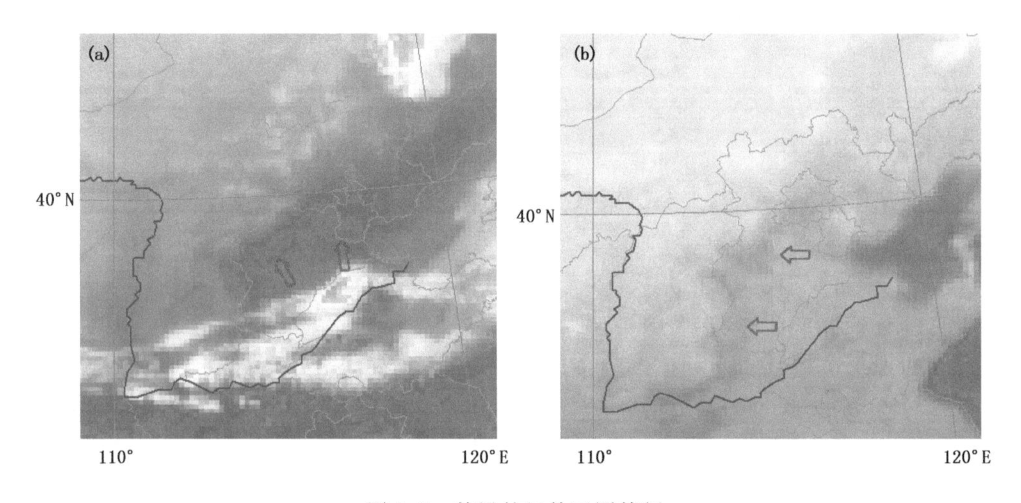

图 7.8　焚风的红外云图特征

(a)为 2008 年 3 月 15 日 7:30 红外云图;(b)为 2008 年 12 月 25 日 1:30 红外云图,

红色箭头指示焚风产生的暗带

的持续加热和向东扩展。

7.1.1.10　太行山东麓焚风天气统计特征

归纳前面分析,可给出太行山东麓焚风以下特征。

(1)焚风的区域分布特征在夜间表现明显,焚风区和无焚风区有明显的分界线。

(2)焚风出现在太行山东侧,强焚风出现在太行山东侧 50 km 内,较弱焚风出现范围东扩,可达到太行山以东 100 km 范围。

(3)焚风主要出现在太行山北段东南侧和南段东侧,呈现出两个中心,而中段附近焚风出

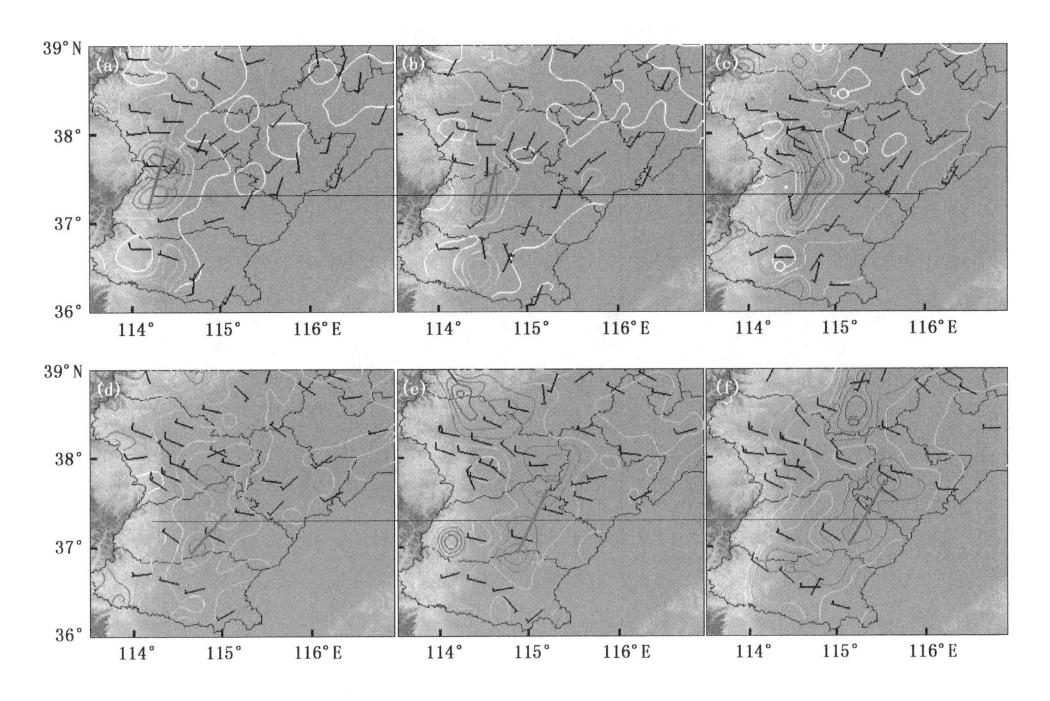

图 7.9　2008 年 11 月 25 日 05:00—10:00 焚风升温区的向东移动

(a) 06:00(北京时);(b) 07:00;(c) 08:00;(d) 09:00;(e) 10:00;(f) 11:00;等值线为小时变温（单位:℃ · h^{-1}),红线表示升温区位置,黑线表示升温区移动方向

现相对较少。

(4)焚风出现的区域和风向的关系密切。西北风造成的焚风主要出现在太行山北段东侧,偏西风主要影响太行山南段,而西南风主要影响中段。

(5)焚风强度和风速大小有一定的对应关系,所对应风速的大小和地形有关。

(6)焚风具有明显的阵性特征,温度的突变一般发生在几分钟到 30 min 之内,同时伴有风向的转换。

(7)夜间焚风在红外云图常表现为一条明显的暗带。

(8)焚风升温区东移对河北平原的影响,是河北省中南部气温剧烈上升的重要原因之一。

7.1.2　背风波对太行山东麓焚风产生和传播的作用

我们通过数值模拟的方法试图解释太行山东麓焚风的形成和传播的机理。下面利用 2008 年 12 月 26 日焚风个例 WRF 模拟的结果对焚风形成和传播机理进行讨论。

7.1.2.1　太行山背风波

太行山不是孤立的山脉,其上游山西省有山脉、盆地和高原,地形十分复杂。偏西气流经过高原、盆地、山地,会产生地形波。图 7.10 为 2008 年 11 月 26 日 03 时沿直线 A(113.4°E, 38.2°N)～B(115.5°E,37.1°N)位温的垂直剖面,从中可以看到复杂地形上空存在明显的地形波。在太行山右侧存在背风波,波幅在 2 km 到 4 km 高度上最大,可达 1 km;波长在低层较短,高空较长,1 km 以下波长约为 15 km,1～2 km 高度波长近 30 km。

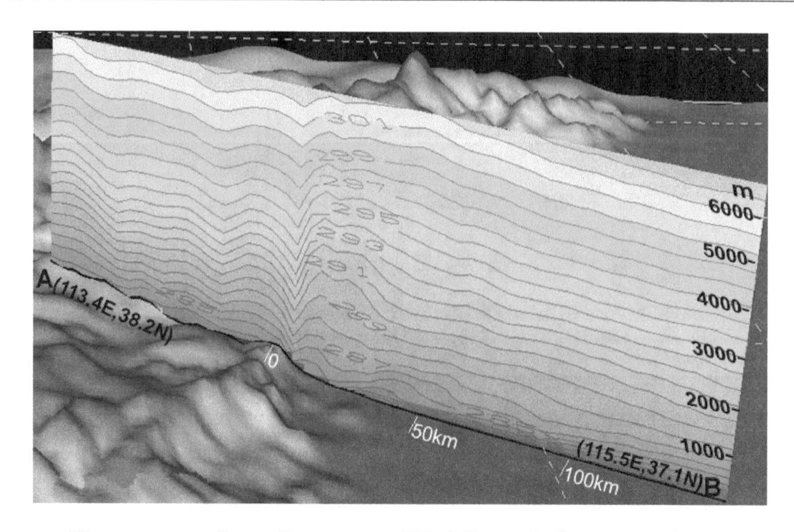

图 7.10　2008 年 11 月 26 日 03 时沿直线 AB 的位温(K)垂直剖面
(填色等值线,间隔 1 K)

7.1.2.2　焚风的发生、移动的机制——背风波

太行山背风波与焚风发生、传播关系密切,现在我们通过垂直速度场的时间变化分析二者之间的关系。图 7.11 为 2008 年 11 月 26 日 03 到 08 时的 900 hPa 等压面上的垂直速度场、地面变温场,图 7.12 为对应时次沿直线 A(113.4°E,38.2°N)～B(115.5°E,37.1°N)垂直速度场、小时变温场的垂直剖面,以及地面变温场。

由图 7.11 可见,地面焚风加热区位于下沉运动区的前沿,并随下沉运动区向平原地区移动,如图中蓝线所示。

由图 7.12 看出,03 时到 08 时太行山及其上游存在 3 个地形波,且其位置基本不变,可认为是驻波,如图中以 1、2、3 标识的蓝线和红线所示,蓝线表示地形波下沉支位置,红线表示上

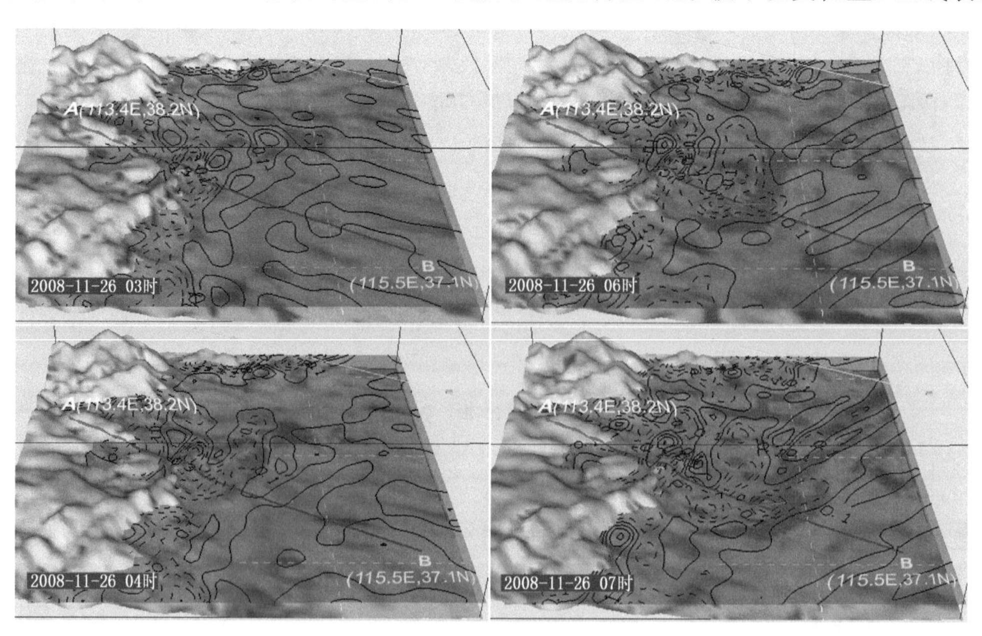

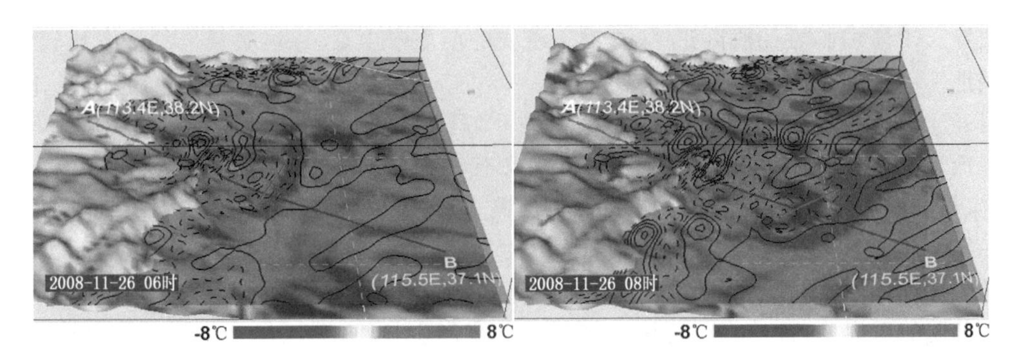

图 7.11　900 hPa 等压面上的垂直速度场

(图中颜色较暗的上层平面,等值线,0.1 m/s 间隔,实线为正即上升运动,虚线为负即下沉运动),地面小时变温场(覆盖地形的彩色图,暖色调为正变温,冷色调为负变温)

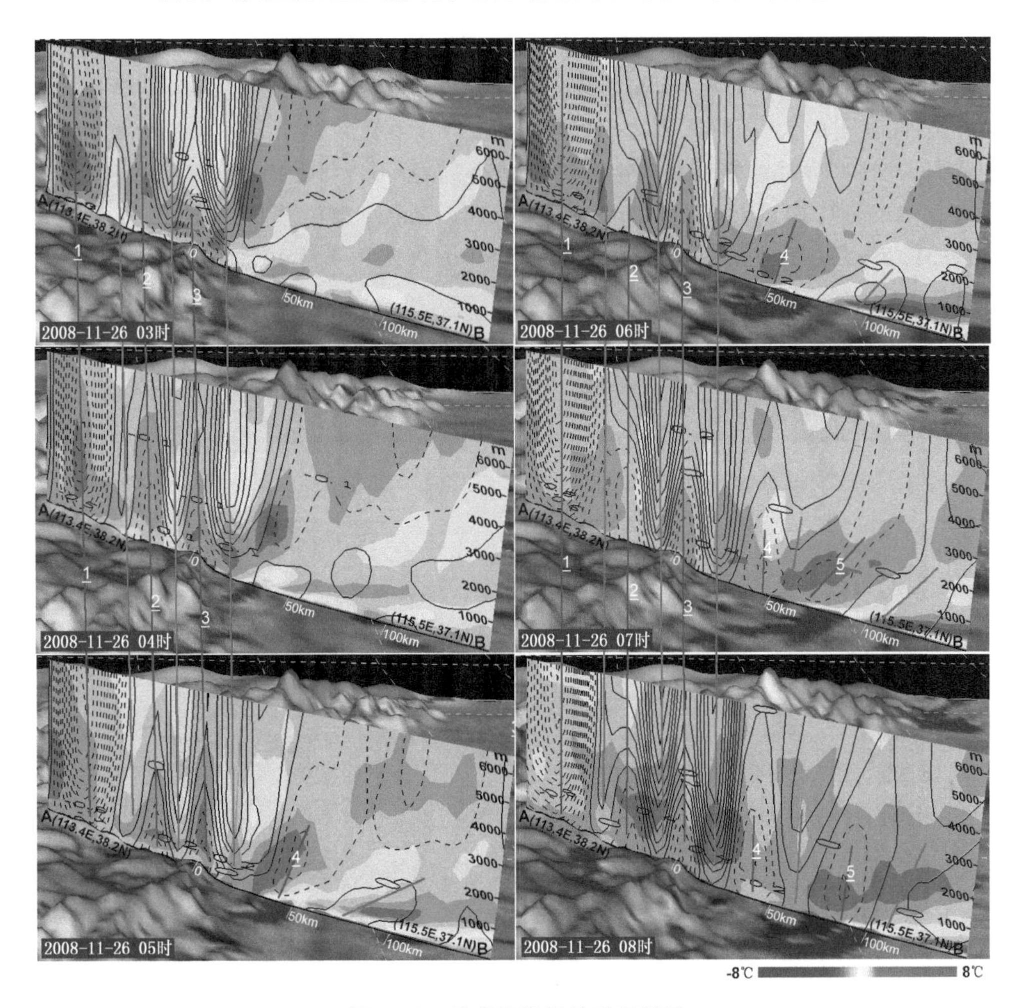

图 7.12　垂直速度场的垂直剖面

(等值线,小于 0 即下沉运动为虚线,大于 0 即上升运动为实线,0.1 m/s 间隔),小时变温场的垂直剖面(等值线填色图,冷色调为负变温,暖色调为正变温),地面小时变温(覆盖地形的彩色图,暖色调为正变温,冷色调为负变温)

升支位置。03、04 时，在山脚附近、第 3 波下沉支的前方产生焚风，这时焚风的范围比较小，垂直伸展近 1 km，在平原地区没有明显的波动。05 时，平原地区产生一个新的波动（以 4 标识的蓝线、红线表示），下沉速度 0.2 m/s，焚风产生在下沉区的前侧，水平范围明显增大，而垂直高度降低。06 时，第 4 波加强，焚风水平范围又有增大，而垂直高度降低到 200 m 以下。07 时，产生第 5 波，焚风加热区位于其下沉区的前侧，第 4 波仍然存在，但其下沉区没有明显的升温存在。

从上述过程看出，偏西气流过山产生地形波（在太行山东侧称为背风波），在太行山东侧低层激发了弱的重力波（背风波）；背风波的下沉气流产生焚风，焚风加热区位于下沉气流的前侧；焚风是背风波的传播而移动的，其移动速度和背风波的传播速度一致；焚风的垂直伸展高度在离开山脉的过程中逐渐降低。

7.1.2.3 背风波产生的条件

Scorer 的两层模式，是背风波的理论基础（寿绍文等，1993）。臧增亮等（2004，2007）由此提出了三层模式背风波的理论。为简便我们采用两层模式。Scorer 理论解释了背风波出现的两个必要条件：稳定的大气层结、风的垂直切变。scorer 参数常常作为一个判断和预报背风波形成的依据。产生背风波，需要其向上足够的减小，而且不连续。沿图 7.10 中 AB 直线上太行山东侧 20 km 处（114.4°E，37.6°N）做位温、风速、socorer 数的垂直廓线（图 7.13），可以看到在大气的低层，存在明显的风速切变和逆温，scorer 数在 500 m 处突然的减小，满足背风波产生的条件。

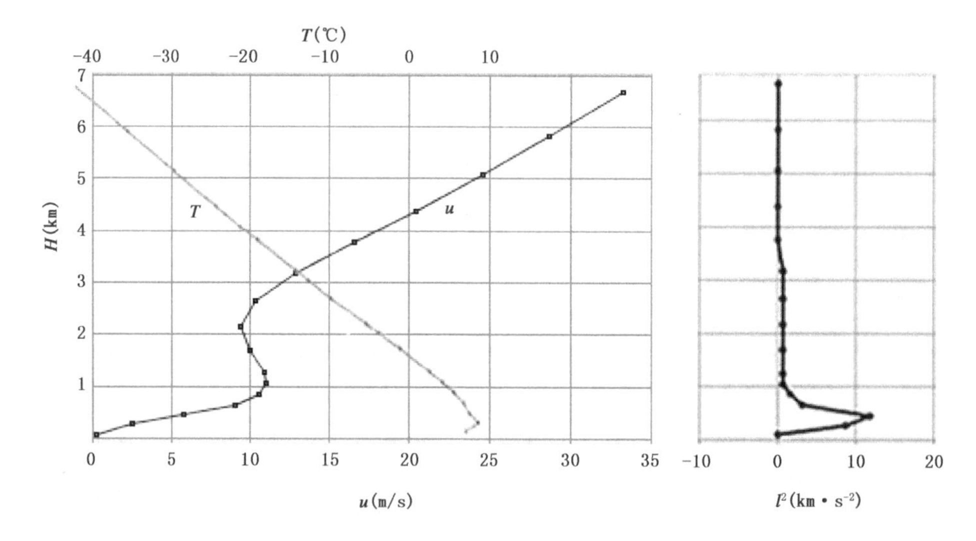

图 7.13 2008 年 12 月 26 日 08 时位温、风速、socorer 数的垂直廓线

scorer 数定义：

$$l^2 = \frac{\beta g}{U^2} = \frac{1}{\theta}\frac{\partial \theta}{\partial z}\frac{g}{U^2}$$

7.1.2.4 太行山东麓焚风的概念模型

西北或偏西气流经历山西盆地、山西境内的山脉或高原，再越过太行山，在太行山东麓形成背风波。背风波的递增率升高，同时下沉气流也会对低层大气产生压缩增温效应，使得太行

山东麓产生焚风。背风波是重力波,它可以向下游传播,伴随着下沉气流的向下游移动,正变温区也同时向东移动。变温区移动的速度和重力波的传播速度相同。如图7.14所示。

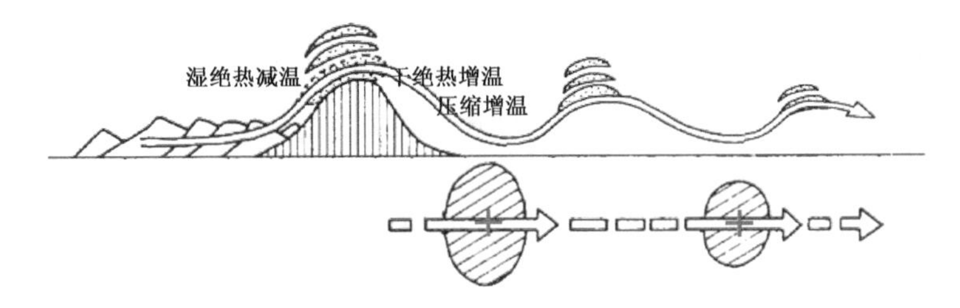

图7.14　焚风形成移动示意图

7.1.3　太行山东麓焚风预报思路

焚风的预报应充分利用焚风天气的统计特征,同时也考虑背风波出现的可能性。下面给出一个根据数值预报产品来预报焚风的思路:

(1)从高空风预报,分析背风波产生的条件,包括两点:大气层结的稳定性和风的垂直切变。如果大气是稳定的,而且风速随高度增加而增大,则scorer数向上减小,有利于背风波和焚风的产生;

(2)从地面预报,分析地面风的风向风速。如果是西北风主要考虑北段的焚风,西风主要考虑南段的焚风,西南风主要考虑中段的焚风;

(3)从不同时次的高空风剖面,分析重力波的移动,或根据地面的风向风速,考虑焚风的东移及其对河北平原的影响;

(4)从小时变温场或从分钟变温场,监视焚风的发生发展。夜间可利用红外云图辅助判断焚风是否出现;

(5)焚风预报中还应注意焚风的日变化和阵性特征。

7.2　华北回流

华北回流是指对流层低层自东北平原南下经渤海影响华北平原的冷空气。回流天气在华北地区一年四季都可出现,但主要出现在冬半年,是冬、春、秋三季降水的主要天气型,但也是预报员经常预报失误的形势。华北回流造成的天气变化复杂,有时只是天空云量增多、有时出现小雨雪、有时带来大降水(冬季的暴雪、春秋季较大的降水或连阴雨),有时还引起渤海和东部平原的偏东大风,诱发风暴潮,造成严重灾害。如2003年10月10—12日出现的50年罕见的秋季暴雨,就是一次回流天气过程,暴雨范围和雨强都突破了历史极值,同时还造成渤海海面和沿海的持续大风,地面东北大风达24.6 m/s,海上平台测得最大瞬时风力达40 m/s,海上10～11级偏东大风维持了20多小时,强劲的向岸风和天文大潮共同作用,导致渤海湾西部沿海出现了严重的风暴潮,灾害损失严重,仅河北省沿海直接经济损失就达2.44亿元(胡欣等,2005)。

又如2001年12月7日引发北京市交通近乎瘫痪的降雪过程,也是一次回流天气(赵思雄等,2002;孙继松等,2003),虽然北京市区平均降雪量只有1～2 mm,但由于降雪后导致路面结冰打滑,数十万辆机动车几乎无法正常行驶,北京市交通大堵塞,引起社会强烈不满。

7.2.1　华北回流的天气形势

华北回流天气的预报常常失误,早期(施友功等,1956;徐达生,1958)进行过个例分析。张守保等(张守保,2009)使用历史天气图统计了近20年华北回流天气个例,总结出产生回流天气的环流形势特征。尤其是产生大降水和形成偏东大风的环流形势特征。

7.2.1.1　统计标准和资料

地面在华北地区呈北高南低形势分布,且河北省中南部地区有1/3以上县市出现降水,其中日降水量局部有中雨(雪)以上的成片降水,即为一次回流天气过程。使用历史天气图、NCEP再分析资料(1°×1°,1天4次)。普查1981—2002年期间的历史天气图,22年资料中选取回流降水个例共31例,其中有20个过程伴有偏东大风,大风主要出现在春秋季。

7.2.1.2　华北回流的天气形势

普查历史天气图,根据地面在华北地区呈北高南低形势分布,且满足以上的统计标准。主要以高空500 hPa形势为依据,大致分为两型:

(1)两槽一脊型(19例)

主要天气形势(图7.15a):

1)乌拉尔山附近(50°～70°N,50°～70°E)为低压槽或低压。

2)贝加尔湖地区及以西(50°～65°N,75°～95°E)为高压脊。

3)河套及以西地区(35°～41°N,100°E附近)有低槽。

4)贝加尔湖以东(45°～60°N)范围内维持低压槽或负变温。若负变温不明显可考虑负变高。

如果北方冷空气势力更强,500 hPa图上在东北到华北北部的锋区更强;地面上处于西伯利亚到蒙古的冷高压势力更强则不常伴有偏东大风。

(2)高纬低压带型(12例)

主要天气形势为(图7.16a):

1)低压带位于(50°～65°N,75°～130°E)。

2)西风带锋区中在40°～50°N范围内有4～6根等温线。

3)巴尔克什湖到新疆(40°～50°N,75°～90°E)有≤－2℃的变温。

伴有大风的回流过程中,与只有降水的过程相比,北方冷空气势力更强,在500 hPa图上,华北北部的锋区更强(图略)。对应地面图上(图略),华北平原均处在6小时变压的正区中。产生大风的回流天气,其地面形势有两种类型,一是处于西伯利亚到蒙古的冷高压势力较强(图7.17a),冷高压中心强度大于1040 hPa,且东北平原到华北北部的6小时变压较大,基本在大于9 hPa的范围内,且变压中心达12 hPa;另一种是北方冷高压势力不强,但南方伴有气旋(图7.17b)。这两种情况下,华北平原地区的气压梯度都较大。但是第一种情况下大风范围和强度都比第二种情况大。因此,造成偏东大风的主要因子是地面的气压梯度的大小,高空的动量下传对回流偏东大风的作用不大。

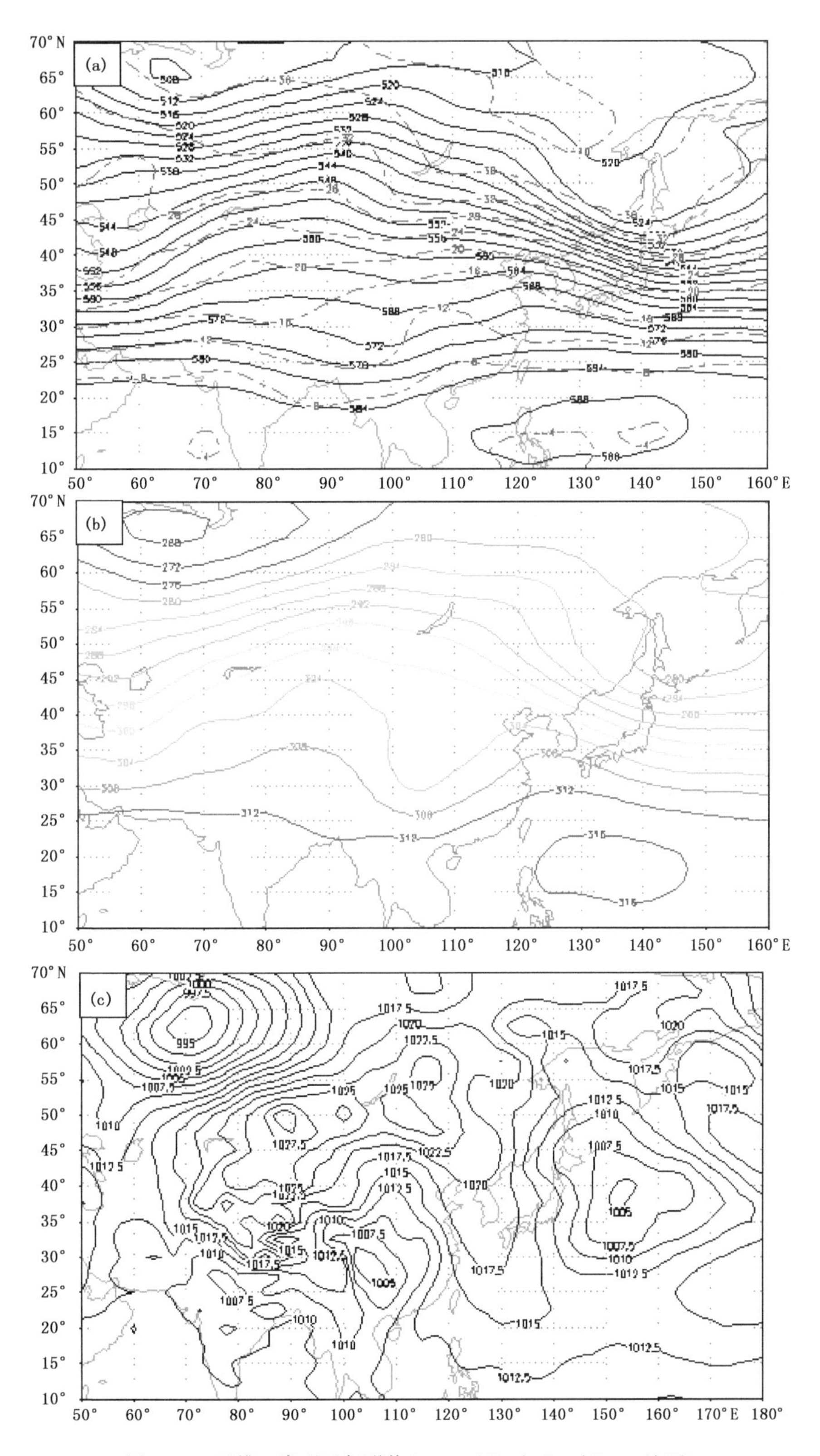

图 7.15　两槽一脊型天气形势(a. 500 hPa;b. 700 hPa;c. 地面)

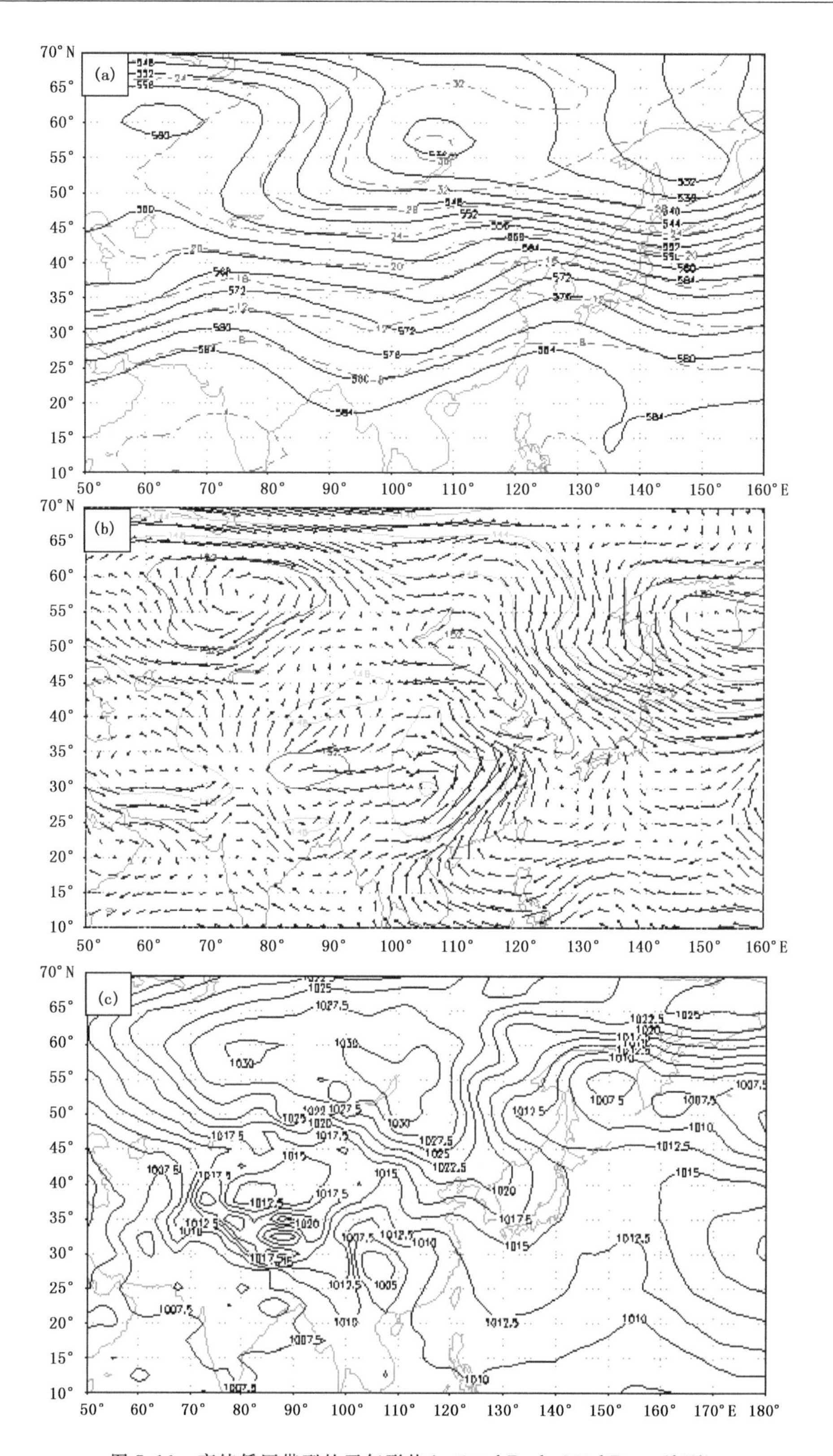

图 7.16　高纬低压带型的天气形势(a. 500 hPa;b. 850 hPa;c. 地面)

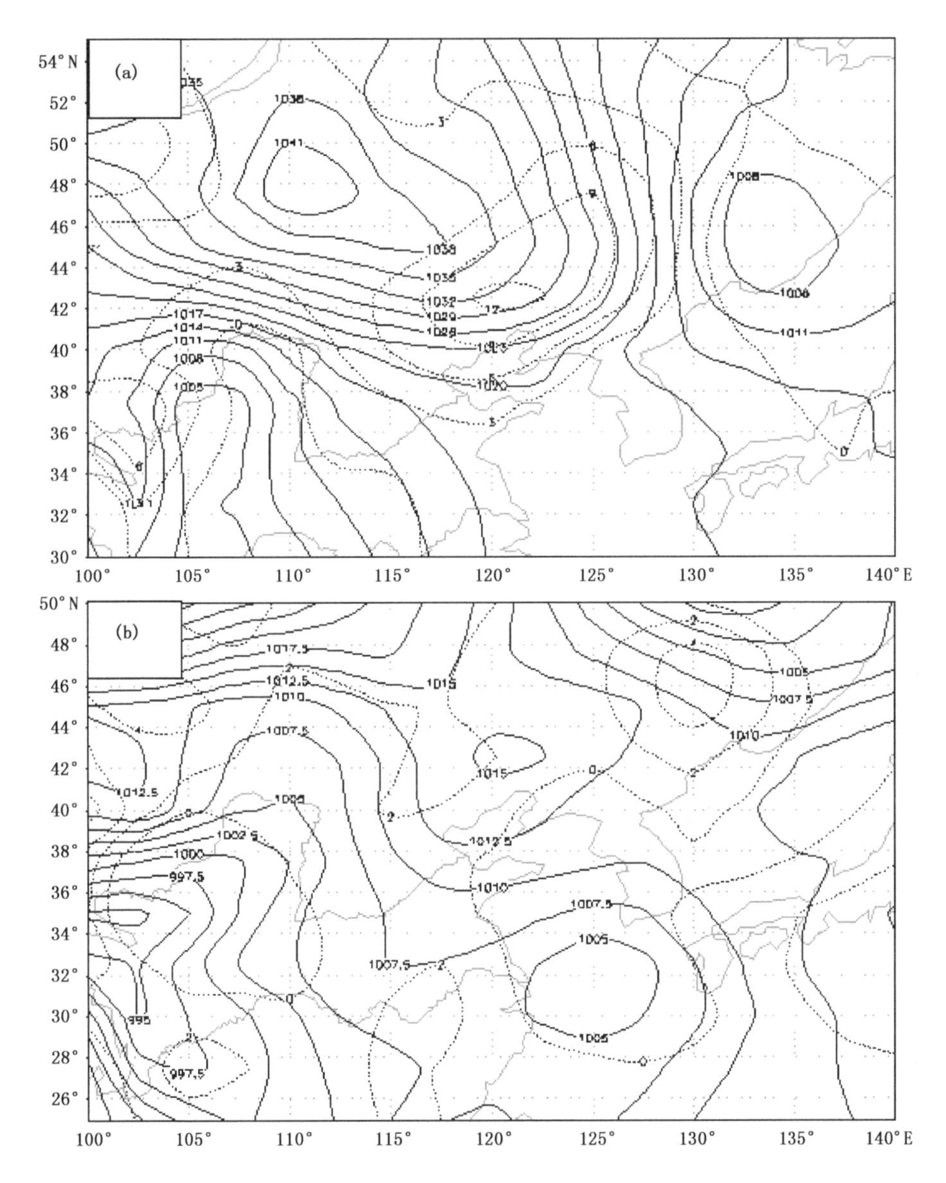

图 7.17　两种伴随大风的回流天气的地面形势

（实线：等压线；虚线：等 6 小时变压线，单位：hPa）

7.2.2　华北回流的性质

7.2.2.1　水汽的垂直分布

图 7.18 是回流降水过程中，降水较强时段沿 37.5°N 所做的合成比湿和风场的垂直剖面图。从图可见：降水区（粗实线）中高层是西南风，对应比湿的大值区，且在 700 hPa 附近是一大值中心；低层是偏东风，对应比湿的小值区，且存在从东向西的干舌（图中箭头）。这也说明水汽主要伴随中高层的西南气流，而低层的偏东风，随经过渤海，也是比较干燥的。

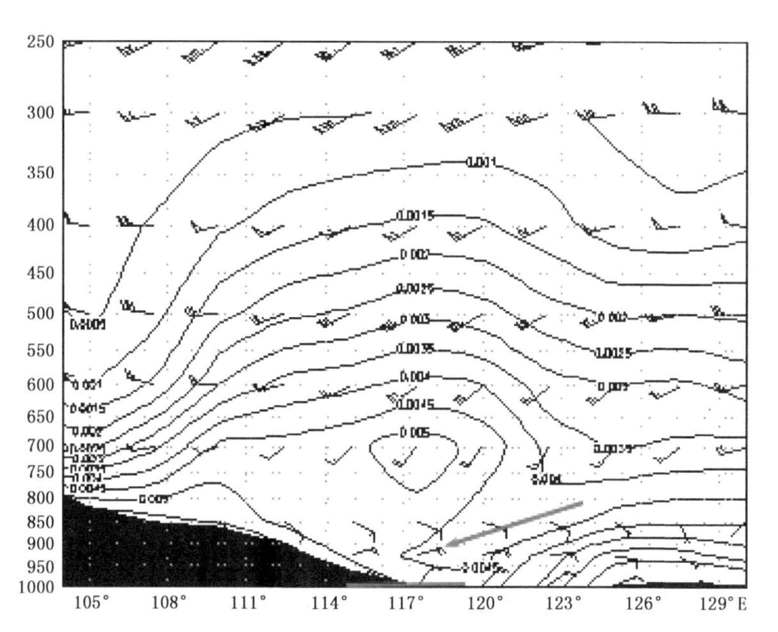

图 7.18　回流天气的降水较强时沿 37.5°N 合成比湿和风场的垂直剖面图
（单位：kg/kg，阴影区为山脉）

7.2.2.2　水汽通量散度的时空分布

图 7.19 是 2002 年 12 月 21—23 日石家庄附近的水汽通量散度与水平风场的垂直分布的时间演变情况。800 hPa 以下基本为水汽通量散度正值区，水汽辐散，且对应偏东风。

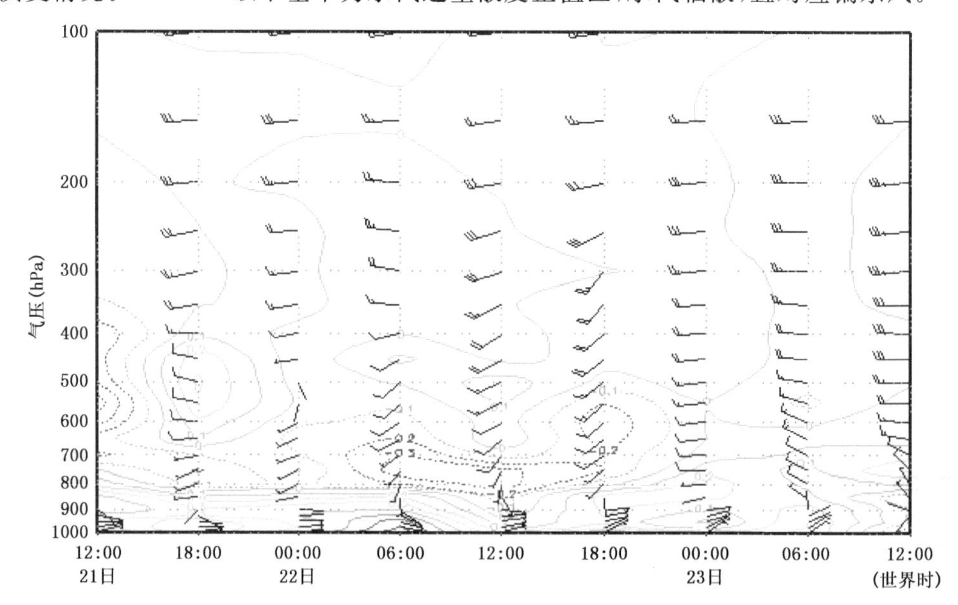

图 7.19　2002 年 12 月 21—23 日石家庄附近的水汽通量散度的垂直分布的时间演变

而在降水时段（粗实线）800～600 hPa 基本上为水汽通量散度负值区，水汽辐合，对应西南气流。且在降水强度较大时段，水汽通量散度负值区的厚度扩展到 500 hPa 高度。即水汽伴随中层西南气流来自南方。

总之，水汽伴随中层的西南气流进入降水区，且水汽通量的大值区范围和出现时段与降水区和降水强度对应。

7.2.3　华北回流天气预报指标与物理模型

使用NCEP再分析资料和多普勒雷达风廓线产品对华北回流降水个例分析可知：从风场的时空剖面图中，降水开始时低层偏东风与中高层西南暖湿气流叠加，而结束时低层偏东风与中高层西南暖湿气流两者之一消失。

过去普遍认为回流降水是暖湿气流在回流冷垫上爬升，属于稳定性降水。但回流强降水过程中，以2003年华北秋季的回流暴雨过程、2009年11月暴雪过程为例，此类暴雨过程中有中尺度系统活动，大气是对称不稳定的，也就是说存在多尺度之间的相互作用。其示意图如图7.20。

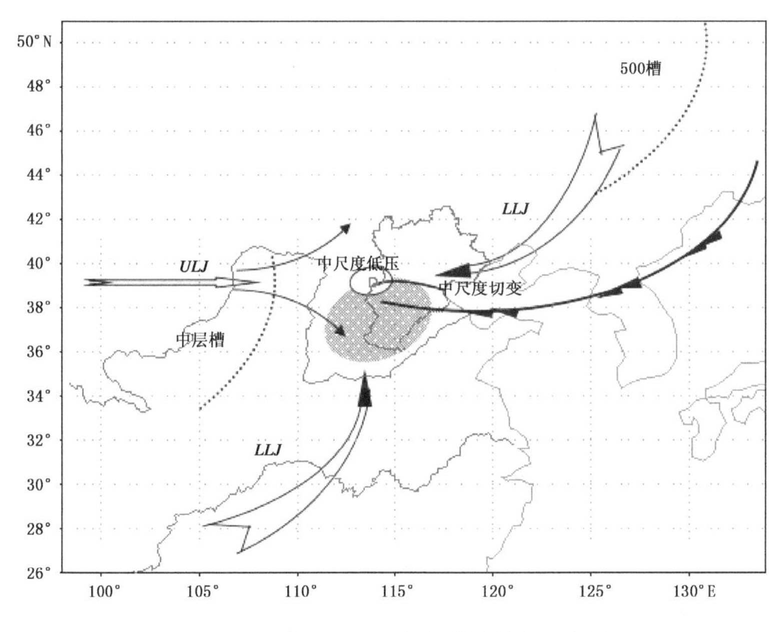

图7.20　华北回流天气的结构特征示意图

在回流强降水过程中，较强的回流冷空气与势力较强的暖湿空气相遇激发出中尺度系统，或者说在暖湿空气势力较强的前提下，在回流冷空气前沿（冷锋）及其后激发出中尺度系统（中尺度切变、中尺度低压）。中尺度切变和中尺度低压主要出现在低层。强降水与中尺度系统相伴，低空急流为中尺度系统提供水汽，同时中尺度系统带来强降水，降水释放凝结潜热有利于低空急流的加强和维持，天气尺度系统与中尺度系统相互作用的结果使得强降水维持时间较长（图7.20）。

7.2.4　有、无降水回流天气的对比分析

实际上回流天气是一种冷锋天气，华北回流造成的天气变化复杂，有时只是天空云量增多、有时出现小雨雪、有时带来大降水（冬季的暴雪、春秋季较大的降水或连阴雨），有时还引起渤海和东部平原的偏东大风，诱发风暴潮，造成严重灾害。通过对造成两种不同天气的回流过程进行对比分析，以期揭示其结构特征。

2002年12月22—23日是一次产生暴雪的回流天气过程，降水主要出现在河北省中南部

(40°N 以南)的保定、石家庄、邢台、邯郸和衡水地区。12 小时降水量达 6～13 mm,按降水等级划分为暴雪。而 2006 年 10 月 11 日是一次弱回流天气过程,天气实况为:11 日白天到半夜,华北地区上空有中低云,只有河北石家庄市的赞皇县有微量降水。我们对比这两次回流过程的异同。

500 hPa 图(图 7.21)上,中高纬地区均呈两槽一脊型,两者不同的是,河套及以西地区(35°N～40°N)的西风带低槽存在与否,2002 年的暴雪过程中,河套附近的低槽存在,而 2006 年 10 月的回流过程中,华北西部的低槽几乎不存在,只是在风场上存在切变(图 7.21b)。

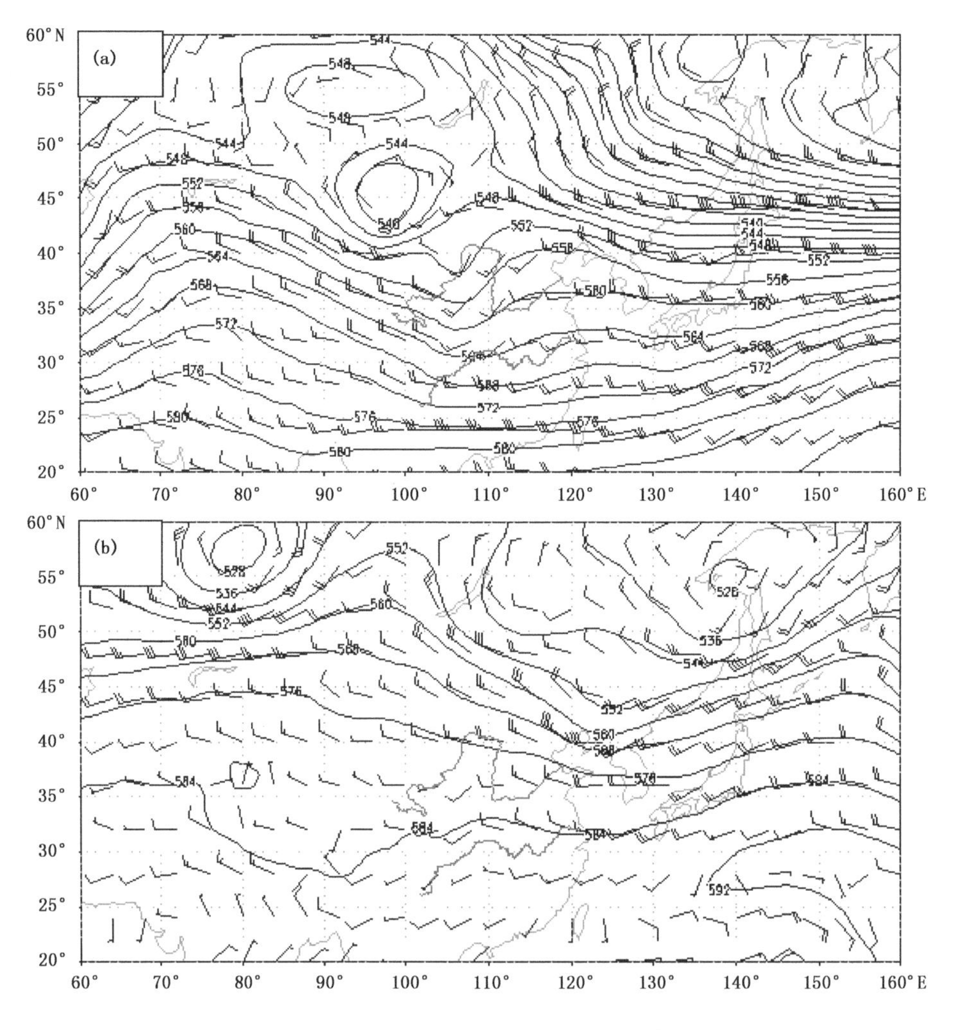

图 7.21　两种华北回流的 500 hPa 形势

(a. 2002 年 12 月 22 日;b. 2006 年 10 月 11 日)

对应 700 hPa 图(图略),2002 年暴雪过程中位于河套附近的西风带低槽比较深,槽前配合西南风急流。而 2006 年无降水的过程中,华北上空为一致的西北气流。

两次过程的地面图上,都有冷空气从东北平原南下,华北平原处于北高南低的形势(图 7.22),低层为东到东北风。这就是华北回流天气的地面形势,所不同的是 2002 年暴雪过程中在河套地区存在一倒槽。

图 7.23 是石家庄附近(115°E,38°N)风场与垂直速度的时空剖面图。由图回流出现的时

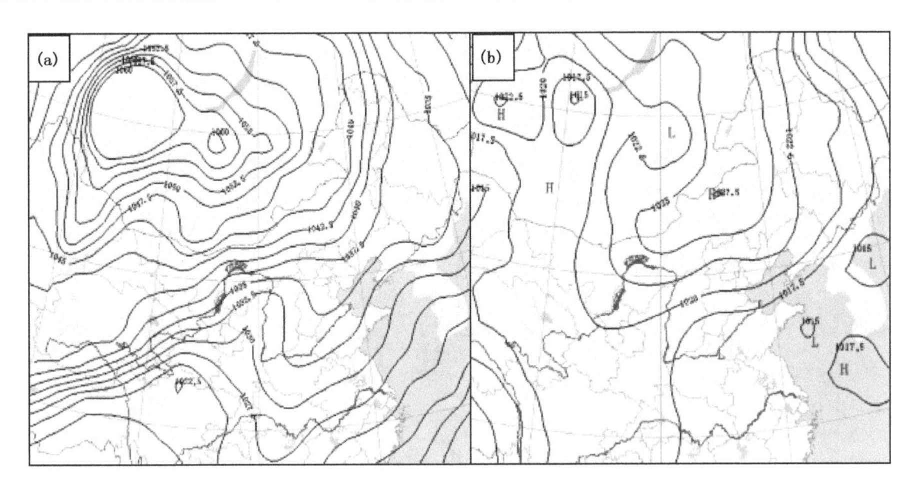

图7.22　两种华北回流的海平面气压场
(a. 2002年12月22日；b. 2006年10月11日)

段内(粗实线)对应华北平原云量较多时段。可以看出回流出现时段内，低层的偏东风存在，而中高层是西到西北风。在(图7.23b)800 hPa以下垂直速度为负，有上升运动；800 hPa以上为一致的下沉运动，上升运动很浅薄；与前述2002年12月回流过程中深厚的上升运动场分布是不一致的。浅薄的上升运动可能是垂直风切变和太行山的共同作用引起的。

我们分析了湿度场的分布(图略)，与2002年12月回流过程相比，2006年10月11日的回流过程中，700 hPa自南向北的水汽通道也不存在。

从以上分析可得出：中高层的西南暖湿气流在回流天气降水中是必要条件。没有西南气流的回流天气就没有降水，只有中低云。

7.2.5　小结

我们普查了近二十年的华北回流天气个例，依据500 hPa环流形势，对华北平原产生回流的天气形势进行了分型：两槽一脊型和高纬低压带型。并使用NCEP资料对回流天气过程中的动力条件、水汽来源进行了诊断分析，从中可得出了以下结论：

(1)影响华北平原的回流天气过程中，主要影响系统有三个：500 hPa图上两个低槽：40°N以北的西风带低槽(引导冷空气南下)、河套附近的低槽和地面冷锋。

(2)影响华北平原的回流天气过程中，涡度和散度的垂直分布与一般的降水过程不同，在近地层是反气旋(负涡度)和辐散区(正散度)，中低层是正涡度和辐合区(负散度)，高层是负涡度和辐散区(正散度)。垂直环流与北方锋面是一致的，都是暖空气一侧上升，冷空气一侧下沉，且向冷空气一侧倾斜。

(3)回流天气的水汽主要来自南方。在降水区之上，700～400 hPa之间水汽通量较大，而850 hPa向下逐渐减小，水汽主要伴随中低层的西南气流，边界层的偏东风，虽经过渤海，也是比较干燥的。

综上所述，在回流降水天气过程中，低层偏东风气流和中高层的西南暖湿气流是关健因子，两者缺一不可：(a)降水开始时低层偏东风与中高层西南暖湿气流叠加，而结束时低层偏东风与中高层西南暖湿气流两者之一消失；(b)源自南方的暖湿气流在北方南下的较干的冷楔上爬升。

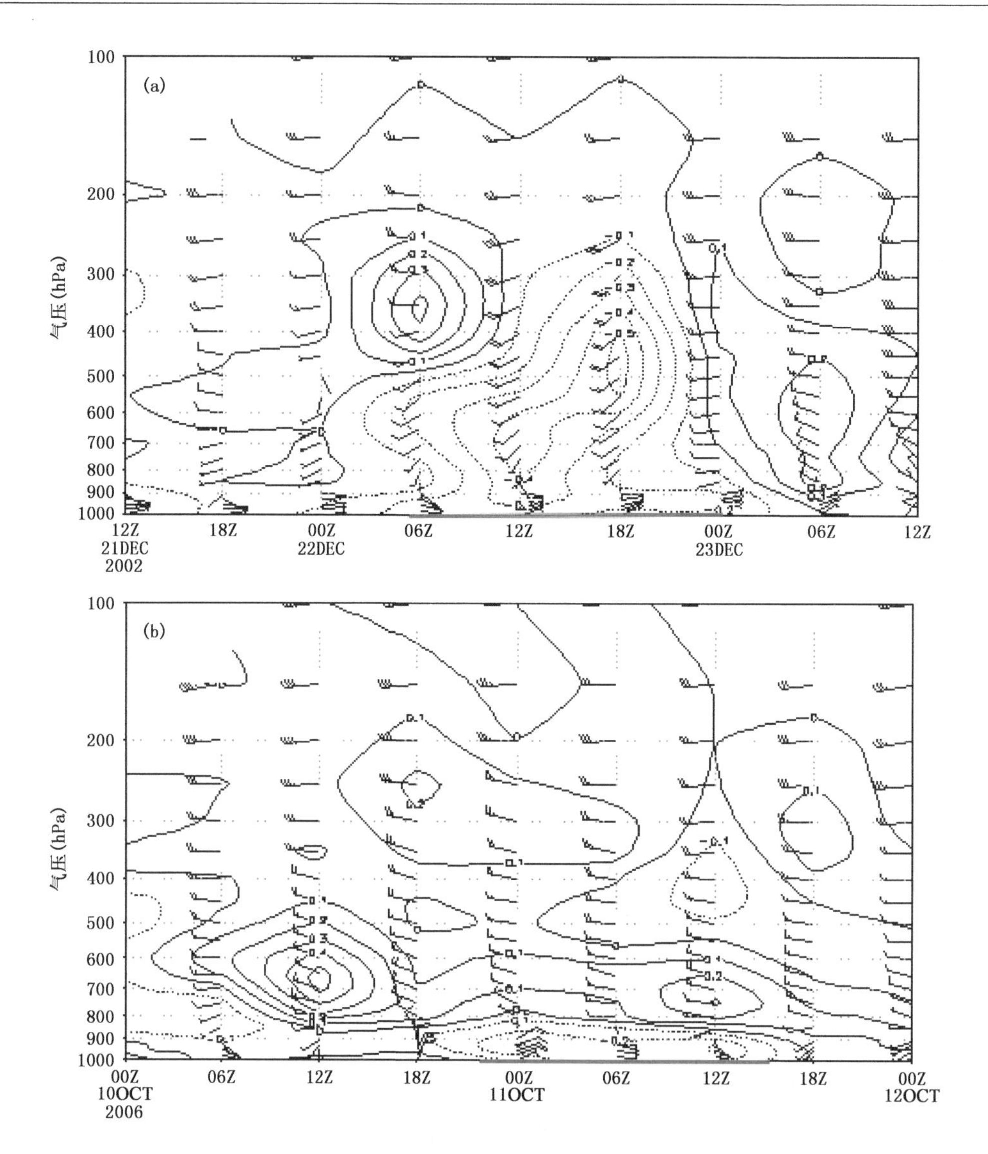

图 7.23　石家庄附近(115°E,38°N)风场与垂直速度的时空剖面图

(a. 2002 年 12 月 22 日;b. 2006 年 10 月 11 日)

参考文献

陈明,傅抱璞. 1995. 太行山东坡焚风的数值模拟[J]. 高原气象,**14**(4):443-450.

陈正洪,杨红青. 1996. 神农架“69.4”特大火灾个例成因分析[J]. 暴雨灾害,**15**(2):40-41.

齐瑛,傅抱璞. 1992. 过山气流与山区气温分布[J]. 气象科学,**12**(2):210-219.

寿绍文. 1993. 中尺度气象学[M]. 北京:气象出版社.

臧增亮,张铭. 2004. 三层模式背风波的理论研究[J]. 气象学报,**60**(4):395-399.

臧增亮,张铭,张玫. 2007. 三维三层背风波的理论和数值研究[J]. 大气科学,**31**(3):547-552.

张克映,马友鑫,李佑荣,等. 1992. 哀牢山过山气流的气候效应[J]. 地理研究,**11**(3):65-69.

赵世林,王荣科,郭彦波,等. 1993. 太行山中段的焚风[J]. 气象,**19**(2):3-6.

第8章　大　风

8.1　大风概述

大风是河北省的主要灾害性天气之一，一年四季均有发生。给农业生产和国民经济造成损失。夏季雷雨大风具有很强的破坏性，刮倒大树，吹断电线等事件经常发生。大风不仅危害陆地且危及海面。春季海上东北大风常刮翻船只，使渔业生产造成损失，沿海地区出现偏东、东北大风时常产生拍岸浪，甚至出现风暴潮，使海水倒灌。

气象部门规定某站有一个观测时次平均风速≥12 m/s或瞬时风速≥17 m/s，定为大风日。大风日数因地理和季节分布而不同。张家口地区（蔚县盆地外）、保定西北部涞源县一带、承德地区坝上，大风日数居全省之首，6级（≥10.8 m/s）以上大风日数平均每年60～120天，8级（≥17.0 m/s）以上大风日数50～70天；坝根的山地和沿海一带6级以上大风日数30～60天，8级以上大风日数20～50天。3—5月份，邢台东部、衡水、沧州南部一带盛行偏南大风，大风日数仅次于西部山区。其他地区大风日数较少，6级和8级以上大风日数不足30天，其中青龙、迁安、浆水、涉县一带只有5～10天。在时间分布上，以春季为最多，出现频率占45%，夏季占总次数的15%，秋季占17%，冬季占23%；在月份分布上以4月最多，8月最少。

河北省影响较大的大风主要有4种类型。一是雷雨大风，一般于4月下旬开始出现，止于10月，多出现在6、7月。雷雨大风持续时间短，风速大，危害重。1985年7月2日满城和保定的雷雨大风风速达36 m/s，给工农业生产造成很大损失。二是寒潮大风，多出现在秋末至冬春季节，均为偏北风，持续时间长，风后显著降温，少者降温4～6℃，多者降温8～12℃，给人民生产、生活带来不利影响。三是偏南大风，主要发生在春季及初夏，季节性很强，持续时间较短，有明显日变化，且多出现在午后，往往加剧农田干旱失墒，影响作物生长发育。四是偏东大风，主要发生在春秋两季，沿海地区往往因此出现风暴潮。

对于大风的防御。大面积植树造林是防御大风危害最根本的办法。防护林不仅可通过其枝叶阻挡和减低大风风速，而且还可以降低气温，增加湿度，防治风蚀土壤，改善局地气候等多种用途。因此营造防护林带和林网，可以大大减轻大风给农业生产带来的危害。

8.2　大风的定义

在中国天气预报业务中规定，平均风速达到蒲福风级6级（10.8～13.8 m/s）或以上的风或瞬时风速达到或超过蒲福风级8级（17.2～20.7 m/s）的风为大风。灾害性大风为近地面层风力达蒲福风级 8 级(17.2～20.7 m/s)或以上的风。

有大风出现的一天称为大风日。在统计大风日数时，依据中央气象局《地面气象观测规范》，以北京时 20:00 为日界，当某次大风过程跨越 20:00，按两个大风日数统计。

河北省对大风预报分为大风预报、大风警报、大风预警信号三级。

(1)大风预报：预计未来 48 小时责任区内将出现 6 级以上大风。

(2)大风警报：预计未来 24 小时责任区内将出现 6 级以上大风。

(3)大风预警信号(略)

河北省 2012 年根据风力等级，大风预警分为四级：

(1)蓝色预警(Ⅳ级)：预计未来 24 小时陆地出现平均风力达六级，或者渤海海区出现平均风力达七至八级大风；

(2)黄色预警(Ⅲ级)：预计未来 24 小时陆地出现平均风力达七至八级，或者渤海海区出现平均风力达九至十级大风；

(3)橙色预警(Ⅱ级)：预计未来 24 小时陆地出现平均风力达九至十级，或者渤海海区出现平均风力达十一至十二级大风；

(4)红色预警(Ⅰ级)：预计未来 24 小时陆地出现平均风力达十一级以上，或者渤海海区出现平均风力达十二级以上大风。

8.3 大风的统计特征

我省地势西北高、东南低。坝上草原海拔高度最高，在 1700 m 以上，而东部沿海不到 5 m。东起燕山山脉、西接军都山、小五台山、南连太行山脉，形成一个东西折向南的弧形山脉。我省风向、风速的变化，受到这种特定的地形、地理位置的影响，各地很不一致。

8.3.1 风的日变化

地方性风和系统性风的风向日变化都很明显。地方性风向的日变化，只有在风小、天晴时才比较明显，遇有雨、雪、寒潮、大风等天气时，日变化的规律往往遭到破坏。我省山区常表现为山谷风，沿海常表现为海陆风。坝上白天多西北风，夜间多西南风，承德白天多南—东南风、夜间多北—西北风；石家庄上午 10 时以前吹西—西北风、午后转东南风、23 时以后又转为西—西北风，这多半是地形作用所引起的山谷风的结果。平原大部分地区，一般下午—上半夜吹偏南风、下半夜—上午吹偏北风；地处东南沿海的黄骅，下午—上半夜多吹偏东风(海风)、下半夜—上午多吹偏南风(陆风)。在山区一些特殊地形下，如河谷交汇处、孤立山包的背风面，有时会产生风向不定的现象。

系统性风向日变化很明显，如石家庄地区的井陉、平山、灵寿、石家庄市盛行的偏西大风，多在山风出现时间内(下半夜—上午)产生，主要原因是西来路径较强冷空气造成的，其次，在变性冷高压控制河套以后，华北为一地形槽，当冷高压与地形槽之间的南北向等压线梯度加大，达到一定程度($p_{太原}-p_{石家庄}\geqslant 6$ hPa)时，产生偏西大风，这是由于滹沱河谷特定的地形条件和上述天气形势共同作用的结果。

风速的日变化在我省各地表现较为明显，一般早晨最小、日出后逐渐增大、午后达最大，傍晚一夜间又趋减小。张家口受地形影响,冬季常有夜间风速大于白天的现象。

8.3.2　风的季节变化

我省各地风向季节变化十分明显。冬季一般多北—西北风,夏季多偏南风,春、秋季为风向转换的过渡季节,各地先后不一。山区冬季风控制时间较长,从10月份开始至次年1月份,都以西北风为主,尤其是坝上可达8—9个月,6月和9月是冬、夏季风的更替时节,因此坝上的夏季风仅有2个月左右。平原地区冬季风控制时间不如山区,一般是4个月左右(11—2月),从3、4月起,偏南风次数开始增加,一直到10月份以后才转为冬季风。但平原3、4月份的偏南风,并非真正来自热带洋面的东南季风,这是由于春季陆地开始增暖、水温低于气温,来自西伯利亚的变性极地气团往往在海面滞留增强,春季的偏南风与这种入海高压密切相关,而真正的东南季风只有在6—8月才影响我省。

统计1981年—2010年河北省(142站)大风灾情报可以发现,我省30年间共出现大风灾情38699站次,平均每年1290站次,大致分布为西北部地区最多,东部沿海次之,东北部山区和南部平原偏少,张家口西北部是我省大风灾情的重灾区,出现了1000次以上灾情的站有四个,都集中在这一区域,分别为尚义、康保、宣化和张北,出现大风的频次是其他站平均的4倍以上。张家口地区的崇礼站,20年只出现了129次大风,为张家口地区的最小值,出现的频次低与崇礼的特殊地形有关(图8.1)。

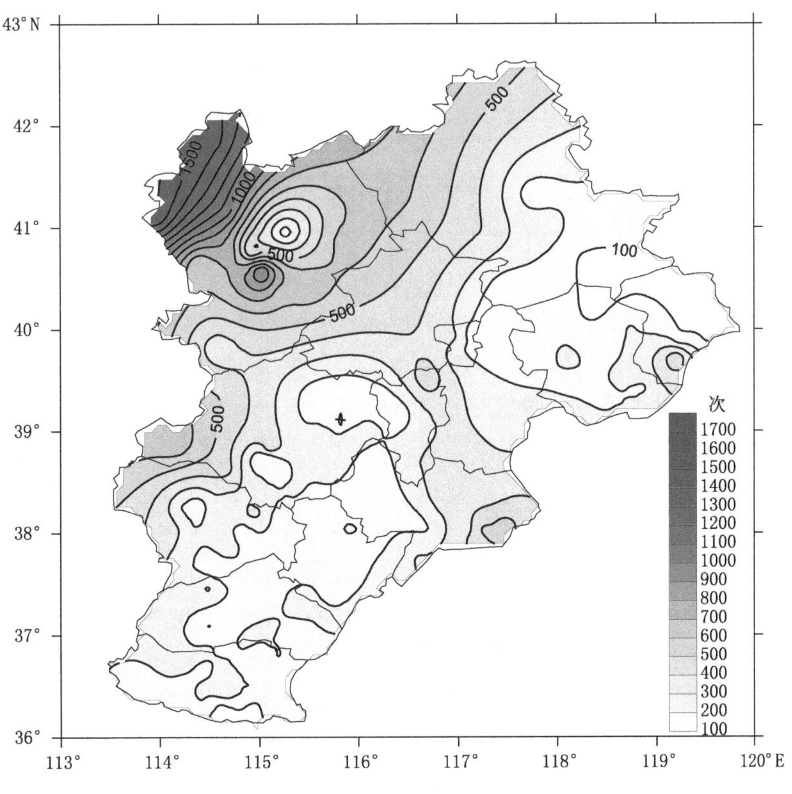

图8.1　河北省1981—2010年大风灾情分布图(次)

我省的大风灾情主要出现在春季，即3—5月，其中4月份最多达到了7521次，我省春季大风基本都是偏北或偏南的系统性大风，4—9月，大风次数逐月减少，从4月份开始，雷雨大风开始影响我省。统计1981—2010年尚义站的大风灾情月分布与全省的分布类似，4—5月尚义站30年每月共出现257次以上的大风天气(图8.2)。

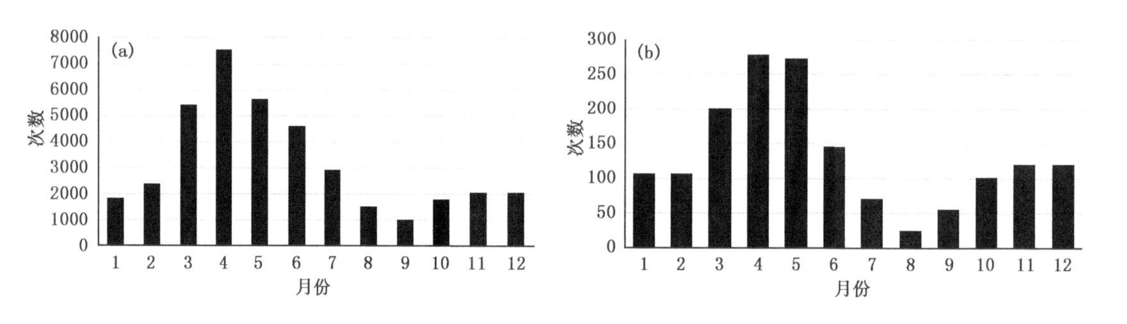

图8.2　1981—2010年全省142站(a)和尚义单站(b)逐月大风灾情次数

以地处北部山区的张家口为例，1月份北—西北风的频率为58%，偏南风只有6%，而7月份北—西北风频率为19%，偏南风频率为28%。但是，由于地理位置地形的影响，同一季节各地风向也有很大差异，如洋河、桑干河谷和唐山、乐亭一带冬季多偏西风，夏季多偏东风；吴桥、沧州、衡水一带，四季都以偏南风最多，春、秋季各地风向转换的时间也不相同，由冬季风转换为夏季风，北部山区和坝上要比南部平原晚1—2个月，而夏季风转换为冬季风则要早1—2个月，如4月份长城以南大部份地区已转为南—西南风为主，而张家口、承德以北要到5月份才转为偏南风最多。9月份张家口、丰宁、围场以北已经以西北风为主，而中、南部平原要到11月份偏北风才显著增加。

各地风速的季节变化亦很明显。大部份地区春季风速最大、冬季次之、秋季较小、夏季最小。

8.3.3　风的年变化

统计1981—2010年一天4次(02、08、14、20时)整点2分钟平均风发现，张家口西北部的张北、尚义、海兴、康保和沽源四个时次整点风平均为3.1～3.6 m/s，崇礼的平均风速只有1.6 m/s，同样是与崇礼当地的特殊地形有关。其次是沿海及附近平原，为2.4～3 m/s，承德南部燕山北麓和保定中东部平均风力在1.5 m以下，平均风力最小的站为承德县和唐县，分别只有0.9 m/s，其他地区1.5～3 m/s之间。统计这四个时次2分钟平均风的极值可以得到大致相同的分布，张家口西北部和沧州沿海最大风速为21 m/s，其他在11～20 m/s之间，其中有54个站4个整点2分钟平均风最大值都没超过15 m/s，其中衡水站和兴隆站只有11 m/s(图8.3)。

据历史统计，张家口地区(蔚县盆地除外)、保定西北部的涞源一带、承德地区坝上大风日数居全省之首，6级以上大风日数平均每年60～120天，8级以上大风日数50～70天；坝根山地和沿海一带6级以上大风日数30～60天、8级以上大风日数20～50天，3—5月份，邢台东部、衡水、沧州南部一带盛行偏南大风，大风日数仅次于西部山区；其他地区较少，6级和8级以上的大风日数不足30天，其中青龙、迁安、浆水、涉县一带只有5～10天。

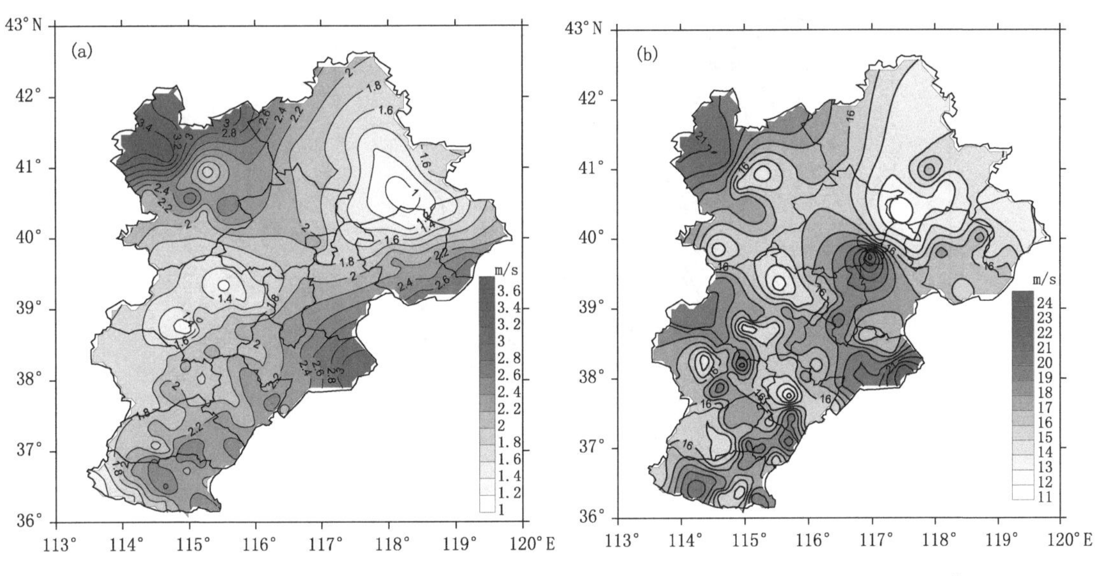

图 8.3 1981—2010 年河北省一天四次(02、08、14、20 时)整点 2 分钟平均风和极值

8.4 大风的分类

河北的大风按地形分为陆上大风和海上大风两大类,按路径可分为偏北大风、偏东大风和偏南大风三大类。

8.4.1 偏北大风

偏北大风多出现在秋、冬季节冷空气入侵时,我省中北部出现较多,大风日数由北向南递减。从张家口地区经保定西北部至廊坊一带为偏北大风日数高值区。各地年大风日数相差甚殊,康保 42 天,青龙仅为 0。在一个地区内差别也很大,以承德地区为例,丰宁 15 天、承德县不足 1 天,保定地区涞源 25 天,保定市才 1.4 天。偏北大风可分为 4 个型,阻高崩溃型、脊前下滑型、超极地型、西风槽型。

8.4.1.1 阻高崩溃型

高空形势:乌拉尔山或西伯利亚为一阻塞高压,影响系统是贝加尔湖—巴尔喀什湖的横槽。在 42°—50°N、90°—140°E 范围内有一支准东西向强锋区(图 8.4)。当西北欧出现"赶槽"并东移时,常引起欧亚环流形势的调整,有两种情况:1)阻塞高压轴向转为西北—东南向,横槽断裂,西段在巴尔喀什湖或以西切断,东段为东北—西南向斜槽,自蒙古向东南移动;2)阻塞高压破坏东移,东亚环流由纬向型转为经向型,导致冷空气南下。

地面形势:冷高压主体在萨彦岭西北部。高空横槽断裂后,冷高压出现分裂现象,常有一个中心移到蒙古中部。在贝加尔湖东部有低压生成,并有冷锋伸向蒙古中、西部。随着冷空气的东移,低压进入东北平原发展为气旋,冷锋侵入后,有时有副冷锋南下。

8.4.1.2 脊前下滑型

本型特点是亚州东部为一脊一槽形势,冷空气沿脊前西北或偏北气流南下时,速度较快。

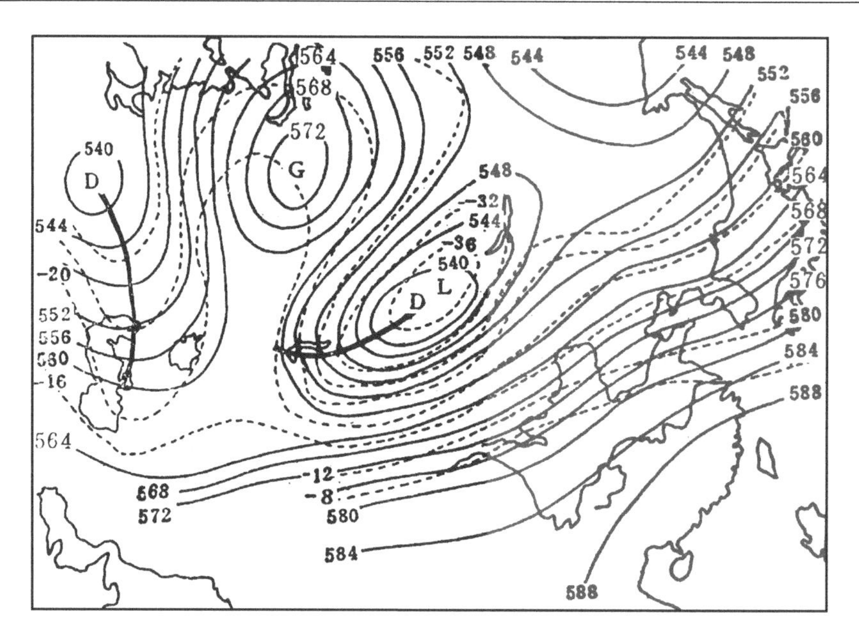

图 8.4　阻高崩溃型大风出现前 500 hPa 示意图

由于影响当时高压脊位置不同，又可分为三个副型：

乌拉尔山高压脊型，高压脊为西北一东南向或南北走向，脊线在 70°E 以西，脊顶在 60°N 以北，有时有闭合高压中心。从高压脊顶经西伯利亚一渤海为一致的西北气流，冷空气常以强锋区或冷温度槽形式从西伯利亚北部移向蒙古，常常在进入蒙古以后形成低压槽向东南侵入我省；有时乌拉尔山为一长波脊，蒙古也有一弱脊，当冷空气沿长波脊前下滑到蒙古时，削弱原来的弱脊继续快速南下。

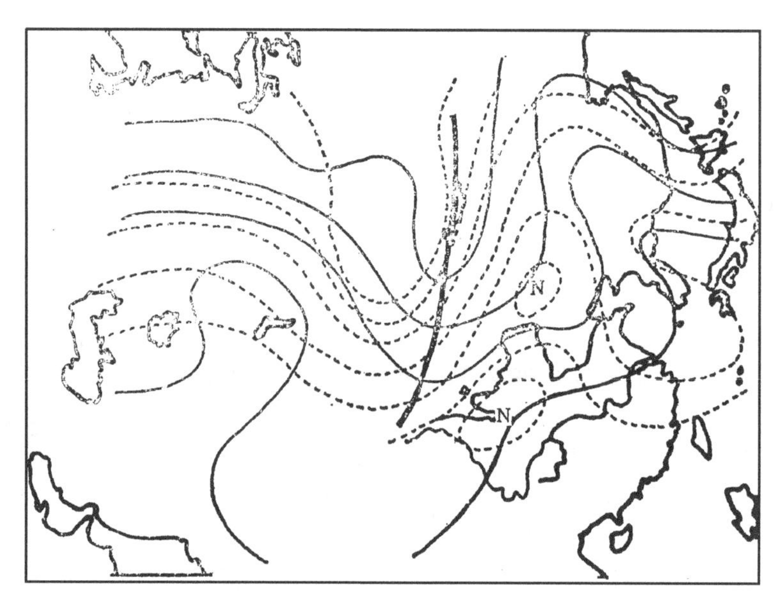

图 8.5　西伯利亚高压脊型大风出现前 700 hPa 示意图

西伯利亚高压脊型,从新疆一西伯利亚北部为高压脊控制,脊线在70°—90°E之间,冷空气东移到蒙古时,常常加深成为东蒙冷涡,其后部冷空气不断补充南下,有时我省上空维持一个冷中心,造成北部、东部,有时甚至是全省性的持续大风天气(图8.5)。

高压脊更替型,高空形势:欧亚大陆为两槽两脊型,槽脊相继东移。暖脊分别在东欧、蒙古一贝加尔湖。西伯利亚至巴尔喀什湖北部和亚洲东岸各为一深槽控制。西伯利亚低槽的活动有两个作用:①促使其前部暖脊东移;②槽前减压使高压脊减弱并向东南方向消退。由于里海一带暖平流的北上,使东欧高压脊得以发展,取代了原在蒙古一贝加尔湖高压脊的位置,冷空气沿脊前西北气流向东南移动。

地面形势:蒙古东部到长江中、下游为一完整高压带,贝加尔湖仅为低压控制而无冷锋。当高压带东移到长白山至东海一带时,蒙古中部开始有气旋发展,西伯利亚一新疆为强高压控制,中心位于萨彦岭附近。过程前一天锋后冷高压中心一般在1040 hPa以上,而冷锋前部高压带虽较完整,但中心强度一般都在1030 hPa以下。

8.4.1.3 超极地型

在偏北与偏东大风过程中,都有超极地一北来路径的冷空气南下影响我省。本型又可分为两个副型。

越脊型。700 hPa图上,从新疆经萨彦岭一贝加尔湖西北部为高压脊,冷空气来自西伯利亚,当其沿高压脊后部向东北方向移动时,迫使高压脊南部呈东北一西南向。冷空气越过脊线以后折向南移动,在蒙古东部形成冷涡或横槽,高压脊再度加强北挺,脊线转为南北向。有时是越脊的冷空气与原在脊前的冷空气相遇、合并南下的大风天气过程(图8.6)。

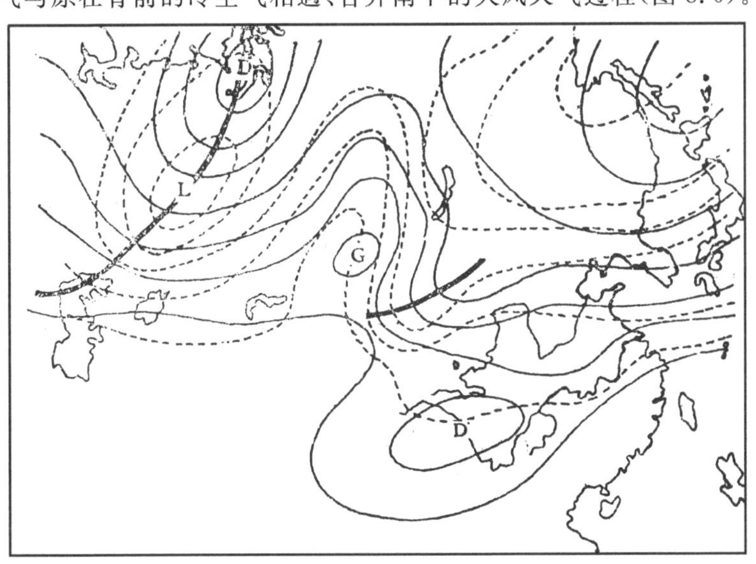

图8.6 越脊型大风出现前700 hPa示意图

北来型。700 hPa图上,新疆到萨彦岭为高压脊,贝加尔湖东部为冷涡控制,并有横槽西伸到110°E以西,从贝加尔湖西部经蒙古一华北为北一西北气流。冷涡在东移过程中常常移动到45°N以南,当横槽转竖后引导冷空气南下,或冷中心南移造成冷空气主力入侵我省。地面图上是以北来冷锋形式影响我省的。冷高压长轴呈南北向,从大兴安岭一华北为低压带,冷锋南下过程中常进入低压内发展成为气旋,有时只是冷锋南下。冷锋过境之后,我省处在西高东低气压场控制下。

8.4.1.4 西风槽型

高空图上，东亚上空无大槽大脊发展，冷空气沿偏西路径东移，途经巴尔喀什湖、新疆、河西走廊、河套进入我省。也有少数冷空气来自新地岛，在 90°E 附近南下后，经新疆东移影响我省。地面图上，有两种影响方式：西来冷锋（或与西北冷锋结合）；河套气旋东移入海（图 8.7）。

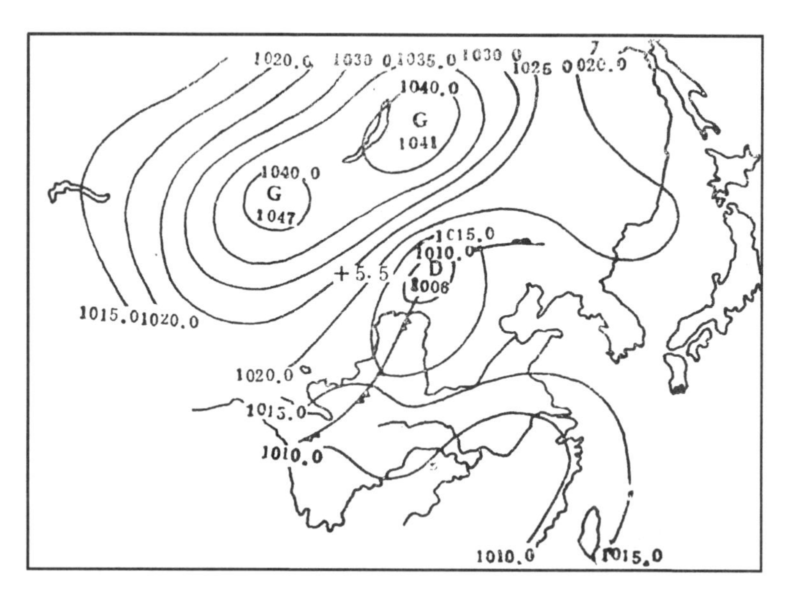

图 8.7 西风槽型大风地面图河套气旋东移入海示意图（单位：hPa）

8.4.1.5 偏北大风实例

2010 年 12 月 29 日河北省一次大范围偏北大风过程，500 hPa 上，12 月 25 日以来，极涡由 100°E 以西南伸，其南侧不断有低槽从涡底分裂东移，与东北冷涡合并加强。至 28 日 20 时，乌拉尔山地区高脊有所发展。冷涡后部横槽前有冷平流，12 月 29 日，横槽下摆，我省出现大风天气（图 8.8）。地面图上，冷空气自蒙古国西部东移，中心气压达到了 1055 hPa，本次过程为一次极地冷空气南下，配合横槽下摆造成的大风天气过程。

选取康保、丰宁、石家庄、沧州、大浮标和海事局 6 个站作为代表站，由逐小时极大风速变化图（图 8.9）上可以看出，石家庄 10 m/s 的大风开始出现在 10 时左右，且维持很长时间，东部的海事局、浮标站观测显示，风力最大到 8 级以上。

偏北大风通常伴随较强的下沉运动，地面气压梯度加大，梯度风与变压风共同作用产生了大风，动量下传也会使地面风速加大，通常认为预计地面图上冷高压中心到达 110°E 以东 45°N 以北时中心气压，在 11 月—次年 2 月超过 1040 hPa，3—4 月超过 1035 hPa，在 110°—120°E 之间，气压差达到 10～12 hPa，3 小时变压达到或超过 3 hPa，作为偏北大风出现的预报指标。

8.4.2 偏南大风

偏南大风多出现在春末夏初，以平原东南部的沧州、衡水、邢台东部居多，而太行山西部和东北部山区大风日数年平均不足 1 天。分为西北气流型和蒙古低压型和入海高压后部型。

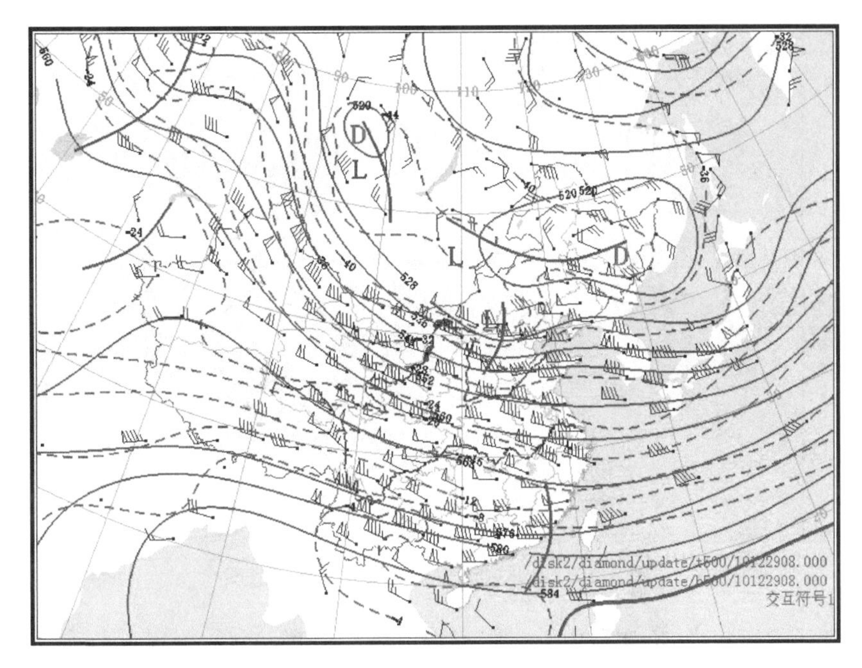

图 8.8 2010 年 12 月 29 日 08 时 500 hPa 高空图

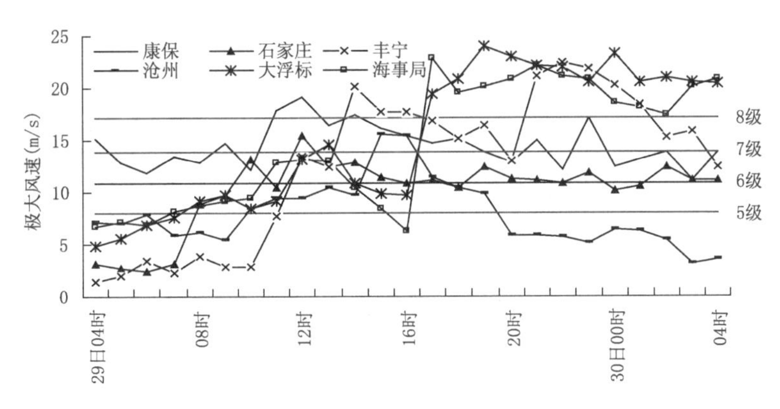

图 8.9 单站极大风速逐小时变化

8.4.2.1 西北气流型

700 hPa 图上，东亚大槽自 125°E 东移，蒙古经河套－长江中、下游为一高压脊，我省处在宽广的脊前西北气流里(图 8.10)。

地面图上，从我国东北－华北为一低压带，河套—蒙古东部为高压带，高压中心一般位于西安－呼和浩特之间、或在郑州附近。河套—内蒙古一带等压线呈东北－西南向，负变压中心在张家口、承德、北京、张家口的范围内。随着低压发展，河套弱高压减弱，低压前部高压入海加强，造成我省偏南风加大。

8.4.2.2 蒙古低压型

700 hPa 图上(图 8.11)，蒙古中部为一低压，低压中心一般由乌兰巴托附近东移，并有低槽向南伸到河套西部。从华北－河套为暖脊控制，我省中部、南部处在脊后较强的西南气流里。

地面图上(图 8.10)，从蒙古－青海为一低压带、气旋(或低气压)，中心在蒙古中部。华北

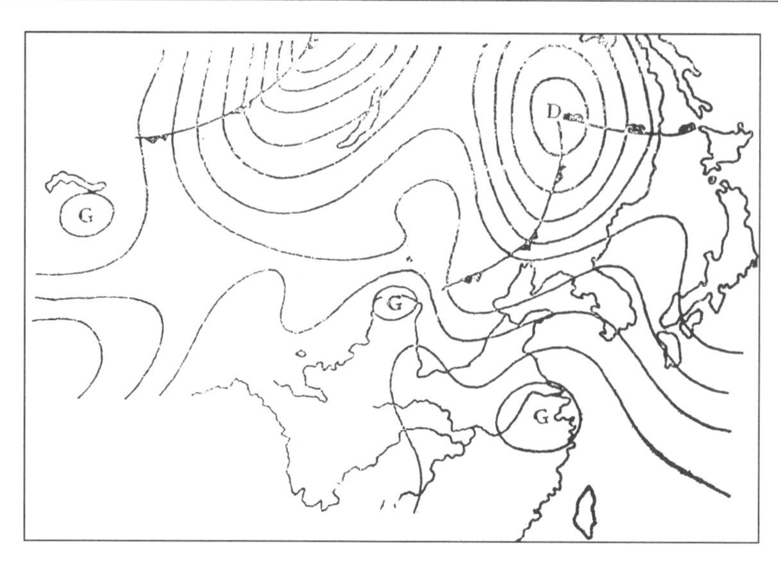

图 8.10　西北气流型偏南大风地面示意图

和河套之间气压梯度较大，负变压中心在张家口、赤峰、北京、沧州、张家口的范围内。随着低压东移，系统发展低压由纬向向经向发展，气压梯度加大，低压前部的偏南风加大，造成我省的偏南大风过程。

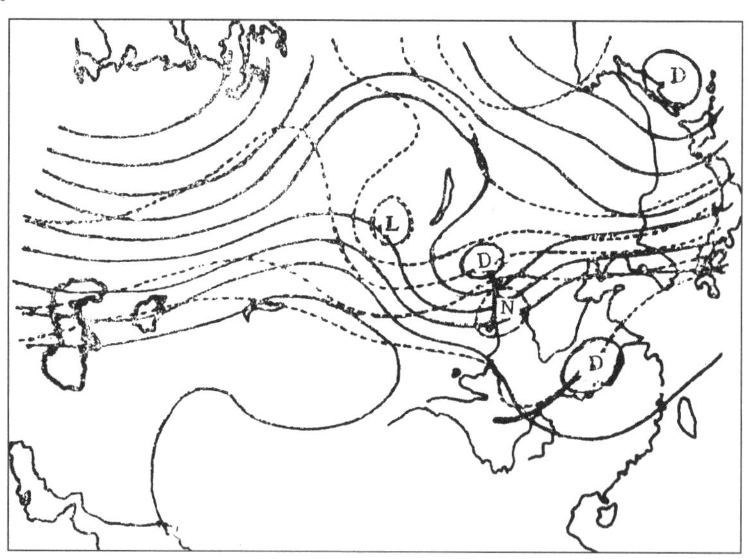

图 8.11　蒙古低压型偏南大风 700 hPa 示意图

8.4.2.3　入海高压后部型

700 hPa 图上，华北—长江中、下游为一暖脊，并有高压中心；从蒙古中部—河套西部为低压带，在河套西部有一个小槽。我省中、南部处在高压后部西南气流里。

地面图上，华北处在入海高压后部，从蒙古东部—河套西部为低压带。负变压中心在承德、北京、南宫、石家庄、张家口的范围内。

除了高压入海加强以外，偏南大风大多配合地面图上低压原地加强，通常由大尺度系统引起的次级环流导致。对系统移动速度的误判,会导致对大风持续时间估计不足或者漏报。偏南大风通常出现在午后配合风的日变化。低压加强,3 小时负变压大于等于 2 hPa 就可能造成我省的偏南大风。

8.4.3 偏东大风

偏东大风以春季居多,大风日数由东部沿海向内陆递减。分为平直型和脊前偏东型,在由冷空气引起的偏东大风过程中,低层冷空气由东北平原回流引起的地面气压梯度的迅速加大是造成河北平原沿海地区大风的主要原因,变压风在地面大风的形成中起到了重要作用。

8.4.3.1 平直型

高空(700 hPa)图上,西欧为阻塞高压控制,亚洲高纬大陆为极涡盘踞,极涡在南下东转过程中带来了冰洋寒冷气团,使得低压南侧的亚洲中纬度地区维持纬向锋区。从极涡外围南下的短波槽移到贝加尔湖时,与原在蒙古的弱脊反位相迭置并同时东移,迫使冷空气不再继续南侵而折向东偏南移动。同时,从极涡外围转下来的另一股冷空气,从巴尔喀什湖经新疆、青海、甘肃东移,与北方南下的冷空气在我省西部相遇,常造成大范围雨、雪、大风降温天气。这类天气过程,通常称为"回流"天气。

地面图上,贝加尔湖东部经蒙古至新疆为一低压带,冷锋位于蒙古中部,冷高压长轴在 50°—55°N,呈东西向(图 8.12)。冷锋的影响方式有两种。第一种:冷锋东段较西段移速快,转成近东西向南下侵入我省;第二种:主锋在南下过程中,与河套以西东移的冷锋相遇,在我省西部形成锢囚锋。

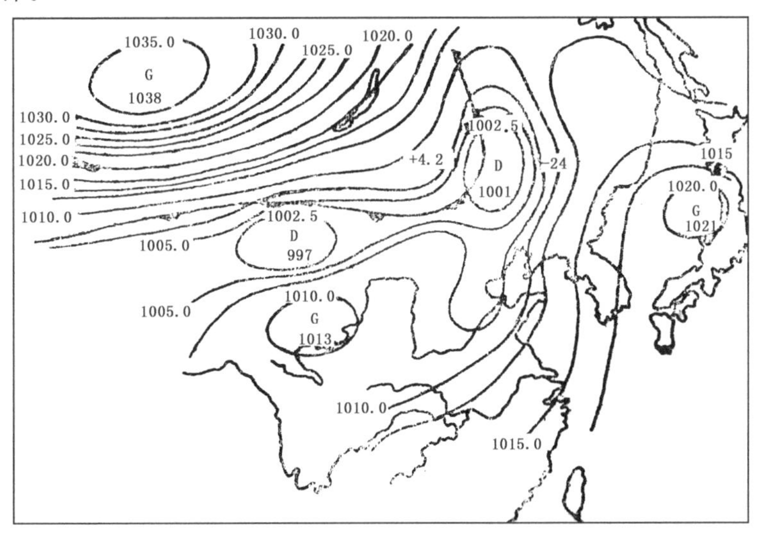

图 8.12 平直型偏东大风地面示意图:地面倒槽发展形成华北锢囚锋(单位:hPa)

8.4.3.2 脊前偏东型

本型与偏北大风脊前下滑型中的(1)、(2)颇近似,冷空气都是沿着高压前部西北气流向东南方向移动。但环流背景各不相同,脊前下滑型大多发生在槽脊移动形势下,而脊前偏东型大多处在稳定的环流形势中。乌拉尔山以东或西伯利亚平原受高压控制,常有闭合高压中心,欧洲为大低压区。冷空气来自新地岛或乌拉尔山北部。由于高压东移缓慢,沿脊前南下的冷空气逐渐折向东偏南移动，以北偏东路径侵入河北省。

8.4.3.3　偏东大风实例

2009 年 4 月 14 日下午 13 时开始至 15 日 00 时，河北省西北部地区陆续出现 6 级以上的西北大风，大风主要集中在坝上地区。15 日 02 时开始，冷空气从东北平原南下，经渤海进入我省，沿海地区出现偏东大风，随着地面冷锋的进一步南压，中南部地区由东北向西南先后出现大风天气。至 15 日上午 11 时左右，大风天气过程结束，全省共出现大风 64 个站次（图 8.13）。

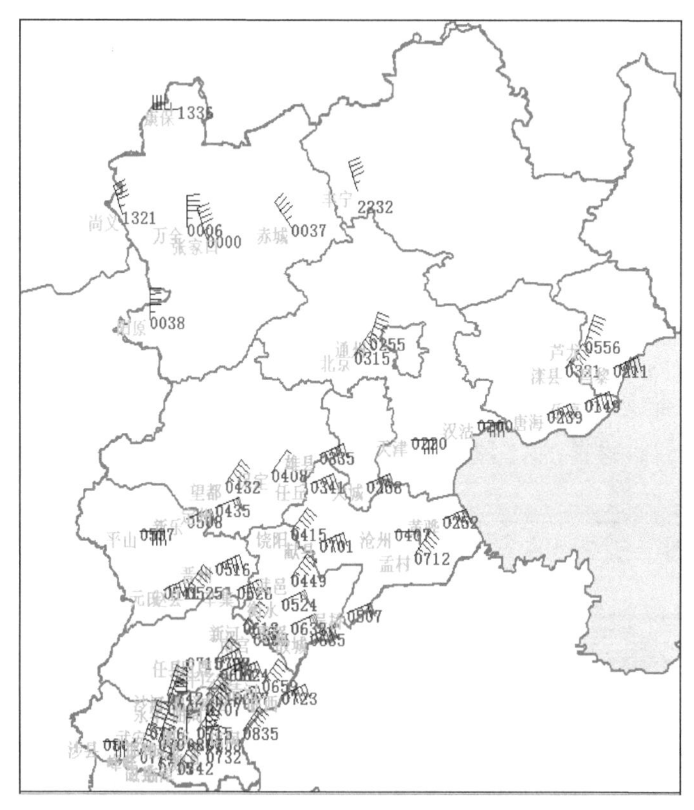

图 8.13　2009 年 4 月 14—15 日大风灾情实况

2009 年 4 月 14 日 20 时，500 hPa 欧亚中高纬地区为两槽一脊型，位于东西伯利亚有一低涡，500 hPa 河北省上空受西北气流的影响，地面形势为北高南低，锋区呈东西向位于河北省北侧，4 月 14 日 14 时有中心达到＋3 hPa 的 3 小时变压区域，随着地面锋区与 3 小时变压区的向南移动，河北省中南部地区普遍出现了大风天气，出现大风区域主要位于地面等压线密集区与变压线密集区重合的部分。相对地转风，变压风起到了更为重要的作用。

产生偏东大风的过程中，中高层系统相对较弱，更应该着眼于对流层低层的冷空气活动。低层强的冷平流往往是造成大风的主要原因。如果 500 hPa 有较明显的冷空气，地面偏东风持续时间较长，850 hPa 湿度较大，且有切变线配合，可能在我省产生大范围稳定性的降水过程。

8.5 河北省其他特殊类风

8.5.1 焚风

焚风出现在山脉背面,由山地引发的一种局地范围内的空气运动形式——过山气流在背风坡下沉时一种干热的地方性风。

8.5.2 干热风

干热风是小麦灌浆到成熟(5 月中旬到 6 月中旬)出现的一种高温、低湿并伴有一定风力的灾害性天气,因其主要对成熟期的小麦造成危害,所以也称为小麦干热风。干热风是危害小麦的重要气象灾害。小麦遭遇干热风时,植株蒸腾强度骤然加大,根系活力减退,造成水分平衡失调,生理机能加速,致使植株过早衰老,出现叶黄茎萎,芒炸颖开,甚至青枯逼熟,导致小麦失去正常生机,使千粒重降低,轻者减产 10%左右,重者减产 20%以上。

8.5.3 白毛风

白毛风也叫吹雪、雪暴。它是一种大量的雪片随风飘舞、使能见度小于 10 km,甚至小于 1 km 的天气现象,坝上俗称为白毛风。一般在刮风前一个星期、甚至半个月之内曾有过较大的降雪、而当时又未起过大风的情况下易产生吹雪现象。

我省坝上受白毛风危害很大,常常冻死大批的牲畜、冻伤人员、冻坏车辆。白毛风使能见度十分恶劣,就连当地的群众,也常常迷失方向。坝上地势高、开阔平坦,多大风和积雪,因此,吹雪日数较多,其他地区则少见。坝上西部平均每年有 5~11 天的吹雪,坝上东部 1~5 天,坝头山粱、风口平均每年也有 11 天左右,最多的年份可达 40 天左右,最少的年份只有 3~5 天。坝上的吹雪一般出现在 9 月至第二年 4 月之间,以 12 月—次年 2 月最多,约占全年吹雪日数的 70%左右。坝头的山梁、风口,五月份还会出现吹雪。

8.5.4 黄毛风

黄毛风就是沙尘暴。它是由强风卷起地面上的沙尘,致使空气严重浑浊、能见度小于 1 km 的天气现象,坝上俗称黄毛风。

黄毛风是由大风引起的一种灾害性天气。刮风前天气晴朗、湿度小;起风后天空呈黄色或红色,有时甚至遮住阳光,白天如同黑夜一般,伸手不见五指。我省坝上受黄毛风危害很大,如 1972 年张北县两面井公社,从春播到 6 月 13 日,连续刮了 42 场黄毛风,致使全公社 14 万亩播种面积中,有 4.7 万亩* 作物被刮走或被流沙覆盖;1962 年 2 月 2 日,鱼儿山出现黄毛风,能见度小于 50 m,室内白天点灯、道路被埋没,农场的一辆汽车,因无法辨别方向和道路,在离原地不到 10 km 的地方转了一天。洋河、桑干河谷的风沙危害也很大,丰沙线八号桥上的铁路,有时被沙土埋没。近年来,由于大量植树造林,起到了显著的防风、固沙效果,风沙的危害有所减轻。

---

* 1 亩=1/15 hm^2。

沙尘暴的多少和大风、土壤、植被有一定关系。沙土地、植被少、大风多的地方，沙暴就多。我省沙暴坝上多于坝下，河谷川地多于山地。坝上西部平均每年 8～20 天，洋河、桑干河河谷和饶阳、故城一带 5～11 天，燕山及太行山区不到 1 天，其他地区 1～5 天。多的年份与少的年份相差很大，如沽源县最多曾达 48 天，最少只有 4 天。沙暴多出现在春季，约占全年的 70%左右。

8.5.5 龙卷风

龙卷风这种自然现象是云层中雷暴的产物，具体的说，龙卷风就是雷暴巨大能量中的一小部分在很小的区域内集中释放的一种形式。龙卷风的形成过程可如下所述。

能产生龙卷风的积雨云都是巨型积雨云，在云一天放电过程中，云顶的正电量要比云底的负电量大得多。经云内闪电中和后则云底的负电荷不足，携带大量正电荷的云团跟地面形成强大电场。在静电引力的作用下，携带正电荷云团从云底向下伸出，携带负电荷的空气从四周汇聚而进行电中和。在积雨云的底部首先出现一个漏斗云，其周围的空气高速地旋转。

如果云中的正电量足够大，漏斗云会迅速地向地面或水面延伸，当它与地表相接后就形成了龙卷风。龙卷风的云柱是向下运动的携带大量正电荷的云团气流，云柱与地表之间存在着强大的电场，该电场虽然不足以引发闪电，但却能够使地面或水面产生很强的负离子流（电子流）。在负离子流的带动下，空气迅速上升而形成一个低气压区，在大气压的作用下四周空气向低气压中心部位汇聚，汇聚来的空气在负离子流的作用下加速上升，汇聚气流受地球自转偏向力的影响，龙卷风发生在北半球则逆时针旋转，发生在南半球则顺时针旋转。空气的上述运动，使龙卷风底部的气压越来越低，风速也越来越强。

我省有过多次有关龙卷风的记录，1983 年 8 月 5 日 17—18 时，龙卷风袭击了安平县，龙卷风直径约 100 m，行程 6 km，历时 15 min。龙卷风伴有暴雨、冰雹和飑线，24 小时降雨量达 318 mm。大风使成排的大树被刮倒或连根拔起，农作物严重倒伏，并造成一些房屋倒塌。

1989 年 7 月 16—17 日，故城、馆陶、临西和任丘市先后发生龙卷风天气。其中，故城县朴庄、李鸭鹅两个村，7 月 17 日上午 9 时半发生龙卷风，风速 100 m/s，路径长约 2.5 km，历时 2 min，伴有暴雨。龙卷风拔倒大树 1600 棵，刮倒房屋 6921 间，摧毁大型农机具 28 台，砸伤 205 人。全省因龙卷风共倒塌房屋 1000 间以上，伤 250 人，3 人死亡。经济损失数十万元。

1996 年 4 月 16 日下午 5 时左右，灵寿县谭庄乡南阳沟村遭到一场罕见的龙卷风袭击，这场风从该村西北方向刮来，风力凶猛，将正在盖房的几位村民连同结好的钢筋架一块卷起，钢筋架被卷出 20 多米，有一位村民被抛出 50 多米，造成 2 人轻伤，3 人重伤，3 人死亡。这是该县文字记载以来，风力最大、破坏性最强的一场龙卷风。

第 9 章　海洋灾害天气监测与预报

9.1　渤海地理、水文及气候特征

我国毗邻的海域北自渤海，南至南海的曾母暗沙，南北纵跨 44 个纬度，东西横跨 20 多个经度。海岸线北起鸭绿江，南至北仑河口，长达 18000 多千米。渤海、黄海与东海、南海一起都是太平洋西部与中国大陆相邻的中国近海。中国近海面积共约 473 万 km^2，其中东中国海（渤海、黄海、东海）为 123 万 km^2，南中国海（南海）为 350 万 km^2。渤海与黄海的分界线为从辽东半岛南端老铁山角经庙岛群岛至山东半岛北端蓬莱角；黄海与东海以长江口北角至济州岛西南角之间连线为分界线。

环渤海区域范围包括辽宁、河北、山东和天津三省一市，临海区域有丹东、大连、营口、盘锦、锦州、葫芦岛、秦皇岛、唐山、天津、沧州、滨州、东营、潍坊、烟台、威海、青岛、日照 17 个地级以上城市，呈现“三湾一峡两半岛”（三湾：辽东湾、渤海湾、莱州湾；一峡：渤海海峡；两半岛：辽东半岛、山东半岛）的自然地理特征（图 9.1）。

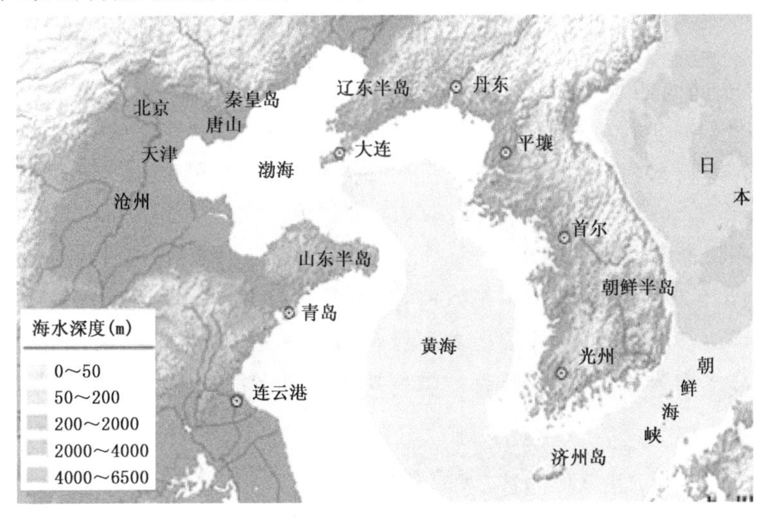

图 9.1　环渤海地区地理特征图

环渤海海洋特指渤海、渤海海峡和北黄海。渤海古称沧海，是中国的内海，三面环陆，通过渤海海峡与黄海相通。黄海因古时黄河水流入，海水呈现黄色而得名。黄海分为北黄海和南黄海。北黄海位于 35°N 以北，是山东半岛、辽东半岛和朝鲜半岛之间的半封闭海域。环渤海海洋的海域面积约为 16 万 km^2，三省一市海岸线总长 5939 km。

渤海位于最北部，基本上为陆地所环抱，为一个近封闭的浅海，在四个海区中，渤海面积最小，约7.8万km^2，海岸线5800 km，平均水深为18 m。在地质地貌上，渤海是一个中、新生代沉降盆地。这个路缘浅海由于受到北东至北北东向地质构造的控制，整个海呈东北—西南纵长的不规则四边形。其西北一侧与燕山山地的东端及华北平原相连接，东南一侧紧靠山东半岛，东北一侧紧靠辽东半岛。渤海海底地形平缓，海底沉积物除靠近基岩海岸有粗砂、砾石外，主要为粉砂和细砂。注入渤海的主要河流有黄河、辽河、海河、滦河等，它们带来了大量的泥沙。

黄海是一个半封闭浅海，面积为38万km^2。黄海平均水深为44 m，黄海的北侧与西侧为我国大陆，东侧为朝鲜半岛，东南部通过济州海峡、朝鲜海峡与日本海相通。由山东半岛东端的成山角往东北至朝鲜半岛的长山串，其间海底为北东向基岩隆起带，将黄海分为南北两部分，北黄海海盆较浅，南黄海海盆略深。

9.1.1 地理概况

根据海洋与地质部门海底地貌探测，渤海是一个大陆架上的浅海盆地，共有辽东湾、渤海湾、莱州湾、渤海中央盆地和渤海海峡5个海区构成。

9.1.1.1 辽东湾

辽东湾位于渤海北部，在长兴岛与秦皇岛联线以北，海底地形自湾顶及东西两侧向中央倾斜，且湾东侧较西侧深，最大水深32 m，位于湾口的中央部分。辽东湾湾顶与辽河下游平原相连，水下地形平缓，沉积了由辽河带入海中的泥沙，湾顶为淤泥，其外侧为细粉砂，其东西两侧分别与千山山脉及燕山山地相邻，水下地形坡度较大。辽东湾东部有一狭长的水下谷地，与辽东半岛西海岸平行向西南延伸，长约180 km。

9.1.1.2 渤海湾

渤海湾是一个向西凹入的弧形浅水海湾，构造上与沿岸地区同为一坳陷区，整个渤海湾有厚达3000 m以上的新生代沉积层，目前仍处于下沉堆集过程中，故水下地形平缓单调，等深线与海岸线平行，海湾水深一般小于20 m。渤海湾北部20 m的深水区紧靠岸边，这里有一条呈西北—东南走向的水下谷地，上段与蓟运河河口相接，下段渐渐转为东西向，与老铁山冲刷槽相连，这是一条沿断裂构造发育的河谷，沉溺于海底，以后受潮流的冲刷改造，成为潮流进入渤海湾的主要通道。黄河在渤海湾南侧入海，其大量泥沙入海后，一部分在潮流与东南向浪、流作用下，向北部运移扩展，加上历史上黄河曾自海河一带入海，以及现代海河水系泥沙的影响，因而渤海湾海水浑黄，堆集作用盛行。沉积物主要以淤泥为主。海底地形十分单调平缓。

9.1.1.3 莱州湾

以黄河三角洲与渤海海湾相隔开，海湾开阔，水下地形平缓单调。莱州湾的水深大部分在10 m以内，最深处为18 m，位于海湾的西部。莱州湾在构造上为一个凹陷区，新生代沉积厚度达8000 m。界于渤海湾与莱州湾之间的黄河三角洲是一个巨大的扇形三角洲。黄河入海径流量平均每年约为480亿m^3，平均年输沙量约为12亿t。由于黄河河口经常改造，三角洲大致以利津为中心的扇形面向海推进，中段每年平均外伸200～370 m。

9.1.1.4 渤海中央盆地

它位于渤海三个海湾与渤海海峡之间，水深为20～25 m，是一个北窄南宽，近似三角形的盆地。渤海中央盆地中心分布着细砂，而周围却分布着粉砂。这是因为有一支自海峡进入渤海的潮流，使沉积物中的细粒部分被潮流冲刷带走，而留下细砂。总之，渤海为胶辽两半岛环抱的大陆架内海，深度小，海底地形平坦，在平缓海底上的地貌类型却各具特色。如渤海南部的巨大黄河水下三角洲，沙坝围封的滦河水下三角洲，沉溺于海底的古辽河谷地，延伸至渤海中央盆地的蓟运河—海河水下河谷，渤海海峡老铁山水道西北侧的潮流冲刷槽，以及深槽北端出口处巨大的“潮流三角洲”等。

9.1.1.5　*渤海海峡*

渤海海峡位于辽东老铁山到山东蓬莱之间，宽 57 海里*，庙岛群岛罗列其中，使海峡分割为若干水道，以北部的老铁山水道为主，最大水深约 78 m，是黄海海水出进渤海的主要水道。从黄海出入渤海的潮流，路经海峡时，由于过水断面变窄，致使该处潮流速度高达 5 节**。南部的庙岛海峡水深 18～23 m，底质为粗大的砾石，成分为石英石和硅质灰岩。在南、北水道之间，还有几条水道，水深都超过 20 m。水道底部有基岩出露，也有砾石堆集。

9.1.2　水文分布

渤海、黄海和东海大部分海域都属于大陆架浅海，每年注入本区的径流量近 15000 亿 m^3。大量的淡水经与海水混合变性，在气候影响下，形成了具有明显的低盐特征的沿岸水系，其水文状况受陆地水文气象的影响很大，变化极为复杂。东部深水区有强大的黑潮暖流经过，平均流量达 $35\times10^6\ m^3/s$。黑潮主干及深入到大陆架上的支流给本区带来高温、高盐的黑潮暖流水系。黄、渤海的潮汐现象较其他海域更为突出，其潮差及潮流均较大。受到台风，寒潮袭击时，在一些地段成为风暴潮的多发区。

9.1.2.1　*渤海、黄海海流*

中国近海的海流，可分为两大系统，即外来洋流系统——黑潮暖流及其分支，当地生成的海流系统——沿岸流与季风漂流。黄、渤海的海流，在很大程度上受黑潮暖流系统的控制，全区冬、夏两季的环流方向基本相同。海水在水平和垂直方向上的大规模流动称为海流。在此，不包括周期性潮流。海流是海洋中热量和物质的输送者，它直接参与海洋中的热量分配，因而对大陆的气候影响很大，它还将海洋中的营养物质汇集于某些海区的表层，从而造成有利的渔场。其次，较强的海流对航海也起着重要作用。此外，海洋中一切水文特征的形成都与海流密切有关。生成海流的因素很多，其中最重要的是风对海面切应力的作用，而海水密度分布的不均匀性则是海流形成的另一重要原因。就大范围而论，上层海洋环流主要起源于大气环流，而深层环流主要起源于海水密度分布的不均匀性。

9.1.2.2　*渤海的暖流和冷流*

图 9.2 中虚线的箭头指示的是黄海暖流，也即是黑潮的分支。这支暖流从老铁山水道处穿过渤海海峡进入渤海，称之为渤海暖流。渤海暖流一直向西、向北，直至抵达陆地，使此处的秦皇岛成为渤海沿岸少有的不冻港。渤海湾暖流触陆后很快分化为两股冷流（黑色箭头所示），其一继续沿海岸线北上，称之为辽东湾冷流；其一沿海岸线南下，称之为渤海湾冷流。受

---

* 1 海里＝1.852 km；

** 1 节＝1.852 km/h。

渤海暖流搅动，辽东半岛西侧会出现一个较低的水压，于是辽东湾冷流在沿海岸北上后慢慢向东流去，碰触辽东半岛西海岸后南下，并最终加入渤海暖流。这样，辽东湾冷流与渤海暖流即组成一个闭环循环。同样受渤海湾暖流搅动的影响，渤海湾冷流在南下受阻后，掠过莱州湾从庙岛群岛南部穿过渤海海峡，沿胶东半岛海岸南下成为中国大陆近岸冷流的一部分。受辽东湾冷流的搅动影响，辽东湾内的海水形成一个逆时针方向流动的闭合海流系统。注入辽东湾的河流，如辽河等的水流的一部分，被辽东湾闭环海流裹挟至南侧湾口处，在东向流动的过程中与辽东湾海流进行海水交换。交换后进入辽东湾冷流的海水又与渤海暖流汇合，经渤海西海岸分流后一部分进入辽东湾冷流；另一部分进入渤海湾冷流，并最终流出渤海。

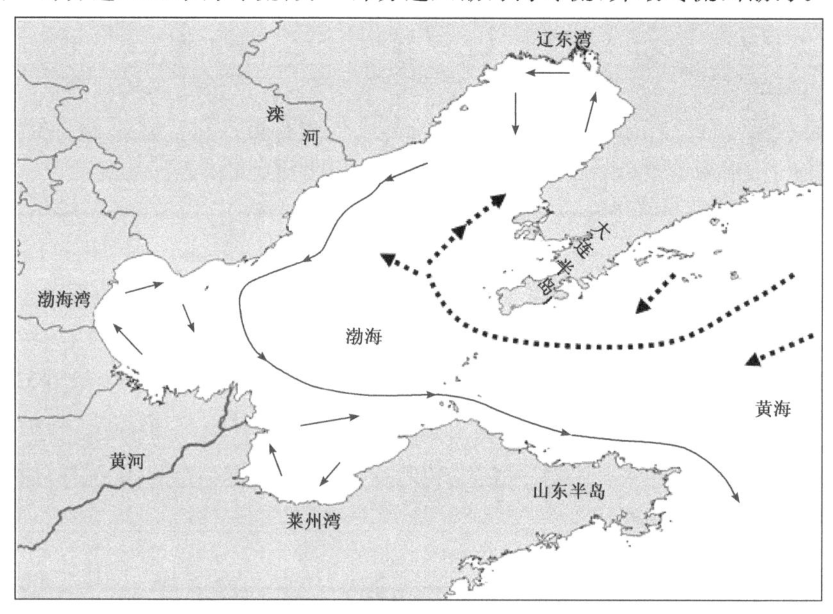

图 9.2　渤海、黄海海流分布图

9.1.2.3　辽东湾、渤海湾、莱州湾各自成体系的闭环海流(黑色细箭头所示)

辽东湾闭环海流(对于这个闭环海流尚有异议，若无此闭环环流，则整个辽东湾为一顺时针环流)受辽东湾冷流的搅动影响，辽东湾内的海水形成一个逆时针方向流动的闭合海流系统。注入辽东湾的河流，如辽河等的水流的一部分，被辽东湾闭环海流裹挟至南侧湾口处，在东向流动的过程中与辽东湾海流进行海水交换。交换后进入辽东湾冷流的海水又与渤海暖流汇合，经渤海西海岸分流后一部进入辽东湾冷流；另一部分进入渤海湾冷流，并最终流出渤海。渤海湾闭环海流受渤海湾冷流的搅动影响，渤海湾内的海水形成一个顺时针方向流动的闭合海流系统。注入渤海湾的河流，如海河等的水流的一部分，被渤海湾闭环海流裹挟至渤海湾东侧与渤海湾冷流进行海水交换，并最终随渤海湾冷流流出渤海。与渤海湾闭环海流的成因类似，受渤海湾冷流的搅动影响，同时也是受大量黄河水注入的影响，莱州湾内形成了顺时针方向流动的闭合海流。海流的一部分在莱州湾北部与渤海湾冷流进行海水交换，并最终流出渤海。

9.1.2.4　温度要素的分布

在海洋水文诸要素中，最基本的要素是海水的温度和盐度，绝大部分海洋水文现象都直接或间接与水温、盐度有关。另外,海水的盐度不仅集中地代表了海水里的理化性质,而且还是划分水团的重要指标。密度的跃层现象还会影响到潜艇活动和水下通讯。海洋中的冰冻,特别是流冰会对海上船只和海洋工程造成威胁。

黄海、渤海最容易受大陆气候的影响,水温季节变化最大,其北部海域冬季常出现冰冻现象。海区表层温度分布的特点是,自北向南逐渐增高,而年较差自北向南逐渐减小。

渤海,三面靠陆地,平均水深只有18 m,水温状况受陆地影响较大。冬季,各水层温度基本相同,等温线大体上与等深线平行分布。由于陆海分布及海流的影响,水温自中部向周边递减。冬季海水的对流混合可及海底,故水温的垂直分布近似呈均匀状态。在沿岸浅滩区域,每年均出现短期的结冰现象。海冰的生消对于局部海域的水文状况会产生显著地影响,如春季辽东湾出现的低温中心,多为融冰所致。夏季,随太阳辐射的加强,各水层温度均见显著上升,表层水温可达28℃左右。在辽东半岛以西海面和海峡北端,由于潮流垂直混合较强而形成低温区,水温低于24℃。在黄河口附近,随黄河入海径流增大,冲淡水的高温水舌朝东北方向一直冲到渤海中部,这一带10 m以浅的海水显著层化,10 m以深的水温仍然较低,而沿岸浅滩区上下层均匀,并且皆为高温水所占据。

黄海,为一半封闭的浅海,大体上中部为南北伸展的平坦洼地,这一地形特点对夏季水温影响极大。冬季,各水层温度分布极为相似,黄海暖流自南经北伸入本区,等温线呈明显的舌状分布,水温自南而北,自中部向近岸逐渐递减。近岸区域,1—2月份水温最低,约为1～5℃,中部海区2—3月份最低,约为4～11℃,此时温度的垂直分布同渤海一样,也大致呈现上下均匀一致。夏季,表层水温分布均匀,8月表层水温最高28℃,山东半岛成山角附近,因强烈垂直混合而形成低温区。表层以下各水层最高温度出现的时刻,随深度增加而渐次滞后。10 m深以各水层最高温度出现时间均推迟到9月份以后。20 m以浅各水层温度分布趋势差别较大,但20 m以深直至海底,各层水温分布趋势则基本相似,这是因为本区中下层大部分空间为黄海冷水团所占据,冷水团的温度只有6～12℃。在此冷水团的顶界,乃是本海区夏季温跃层特强所在。

9.1.2.5 盐度的分布变化

盐度分布与变化主要决定于入海河川径流的多寡、蒸发与降水量之差、环流的强弱和水团的消长。沿岸海区多为江河径流形成的低盐水系所控制,外海则主要是来自太平洋的高盐水系,此两系的消长运动,构成了本海区盐度分布的特点,即表层低,下层高和自近岸向外海增大的趋势。近海全区盐度变化具有明显的季节变化,夏半年降水量增大,表层盐度普遍降低,最低盐度出现在7—9月。冬季,表层盐度普遍增大,最高盐度出现在3—6月。近岸区域因江河径流影响,盐度变幅最大。

渤海盐度最低,年平均值约30‰。本区盐度的分布与变化,主要取于渤海沿岸水的消长。东部受黄海水团控制,盐度较高,约31‰。近岸尤其是河口地区,终年为低盐度区,盐度仅为26‰左右。冬季,各水层盐度分布基本相同,等盐线大致与海岸平行。夏季,表层盐度降低,8月不到30‰,而河口区常低于24‰。此时,黄河冲淡水舌可及海区中部,形成一范围较广的浅薄低盐层,而在此冲淡水舌之下约10 m以深的水层,仍为黄海高盐水所占据,并形成盐度跃层。

黄海盐度高于渤海,平均约为32‰。黄海暖流流经的东南部,盐度通常大于32‰。鸭绿江口附近盐度最低,一般小于28‰。随着高盐的黄海暖流向北伸入,自南而北盐度逐渐减小。

在成山角附近，南下的黄海沿岸流与北上的黄海暖流在此相遇，盐度水平梯度加大，连云港附近盐度分布很低。冬季，随黄海暖流势力加强，高盐水舌一直伸向黄海北部，水平梯度较大。这时的盐度垂直分布与渤海一样，也是到处上下一致的。夏季，随鸭绿江径流增大，北部近岸出现低盐区，而中部和南部仍受黄海暖海流影响，盐度较高，表层约为 31‰，10～20 m 层为高盐黄海水。海区中部 20 m 以深水层为高盐的黄海深层冷水，层化现象显著，垂直梯度很大。

9.1.3 气候特征

环渤海海域属于温带海洋性气候，季风明显，是大风、海雾以及衍生的海洋灾害如风暴潮、风浪、海冰等恶劣天气的频发区域。渤海海岸带年平均降水量 570～900 mm，平均气温 9.1～12.6℃，环渤海海域大风多发生在冬季，春秋季次之，夏季较少。冷空气(冷锋)、温带气旋及北上热带气旋都会引发该海域大风、大浪、风暴增水，对周边沿海地区的灾害性、高影响性天气也有明显的影响。如冬季，渤海持续的西北大风有时会造成烟台、威海大雪天气，持续的偏东风有时会造成京津冀等部分地区的湿雪天气。春、夏季，海区多雾，尤以黄海为甚。黄海全年雾日约 25～26 天；渤海的雾比黄海要少，秋冬季节较多。当渤海出现大面积平流雾时，会影响沿岸高速公路、铁路、航运及航班的正常运行。风暴潮对渤海西岸区的渤海湾和莱州湾影响最大。无论是在台风活动的盛夏、冷暖空气频繁活动的春、秋季，还是寒潮频发的冬季，与其相配合的东至东北大风侵袭，都有可能发生风暴潮。在环渤海海域，海浪主要以风浪为主，多为混合浪，涌浪较少，对海上运输、船舶极具破坏力的风浪多出现在冬半年(10 月—次年 3 月)。环渤海海域是全球纬度最低的结冰海域之一，属于季节性结冰海域。每年冬季寒冷期间，都有不同程度的海冰形成，辽河口、海河口、黄河口、鸭绿江口均为冰情较严重区域。冬季海区为单一的偏北气流控制，主导风为西北风，降水偏少，渤海中部相对岸区为暖区，平均风速为 6～7 m/s，6 级以上的大风频率约为 13%～18%。在 1—2 月份甚至会出现海冰(近年来较重一次出现在 2010 年 1 月 15－20 日)；春夏季主导风为南一东南风，降水与岸区相同，沿海岸带多夜雷雨天气，渤海中部相对岸区为冷区，平均风速为 4～5 m/s，6 级以上的大风频率约为 3%～5%；7—9 月渤海受海域范围的限制，涌浪较少，以风浪为主，平均浪高 0.2～0.3 m. 平均水温 24～26℃。海陆风摩擦效应及海锋叠加，会经常造成海岸带短时暴雨、大风雷电等强对流天气，影响海上飞机作业以及沿岸港口作业安全。

9.1.4 渤海主要气象灾害

海区及海岸带主要灾害天气指不同尺度大气低值系统引发的大风、大暴雨、强对流天气及均压场条件的大雾天气。海洋与大气相关的灾害性现象还有“厄尔尼诺”现象和“拉尼娜”现象等。近 10 年以来，直接由海上大风、大雾及强对流天气导致的触礁、碰撞、船舶失踪等海难事故约 110 起。其中渔船事故占 70%，商务船只 10%，其他船只 20%。1997 年的 11 号台风和 2012 年“达维”台风造成了沿海养殖业的灭顶之灾，几乎绝收。1998 年海军航空兵的一架训练机由于大风原因扎入海中失事。2003—2011 年在渤海湾北部海面就有 7 艘泊位在 1000 t 到 2000 t 的船只倾覆，61 人死亡或失踪，受伤 192 人，直接或间接经济损失达 5.33 亿元(不完全统计)，而这种态势呈直线上升，且受损规模越来越大。由于海上船只的数量增长了 10 多倍，海上交通事故的频率也呈指数上升。根据海事局提供的数据，海上事故主要有以下几种：①船只因大雾相撞、行船触礁、大船搁浅、海上船只遇大风浪倾覆。②港口作业船只因大风天气突变而造成的事故(船只脱缆、拖轮被风吹到渤海中部、巨轮在泊位搁浅等)。③沿海养殖业的作业船舶因突发强对流灾害性天气所造成的损毁。

海区大风:一般指海区实况出现 6 级以上风力(10.8 m/s 以上)。大风的产生是在特定大气形势场条件下,由于气压分布不均而造成空气流动,气压差越大,风速愈强。是多发性海难事故主要因素之一。

海区大雾:海雾是指发生在海上、岸滨和岛屿上空低层大气中,由于水汽凝结而产生的大量水滴或冰晶使得水平能见度<1000 m 的危险性天气现象,也是目前公认的高影响天气之一。它出现的危害性主要特征是:降低能见度和加重空气污染指数,对海岸带交通运输、航空、海上航运及人们身体健康产生直接影响,当大雾天气浓度、面积增大及持续时间较长,将对区域经济和人民生命财产构成严重的威胁。

海区强对流:一般指在海区一海岸带地区,由不同尺度对流云团引发的龙卷风、冰雹、短时暴雨、雷电大风等天气。对港口及近海渔船作业危害最大。

9.1.5　渤海主要海洋灾害

风暴潮:是由台风、温带气旋、冷锋的强风作用和气压骤变等强烈的天气系统引起的海面异常升降现象,又称风暴增水或气象海啸。风暴潮是一种重力长波,周期从数小时至数天不等,介于地震海啸和低频的海洋潮汐之间,振幅(即风暴潮的潮高)一般数米,最大可达 10~20 m。它是沿海地区的一种自然灾害,它与相伴的狂风巨浪可酿成更大灾害。通常把风暴潮分为温带气旋引起的温带风暴潮(如北方海区)和热带风暴(台风)两类。

海浪:是海洋中由风产生的具有灾害性破坏的波浪,其作用力每平方米可达 30~40 t。海浪是海面由风引起的波动现象,主要包括风浪和涌浪。按照诱发海浪的大气扰动特征来分类,由热带气旋引起的海浪称为台风浪;由温带气旋引起的海浪称为气旋浪;由冷空气引起的海浪称为冷空气浪。将某一时段连续测得的所有波高按大小排列,取总个数中的 1/3 个大波波高的平均值,称为有效波高。有效波高大于等于 4 m 的海浪称为灾害性海浪。

海冰:指海洋上的一切冰,包括咸水冰、河冰和冰山等。在冰情严重的区域或异常严寒的冬季往往出现严重的冰封现象,使沿海港口和航道封冻,给沿海经济及人民生命财产安全造成危害。渤海为 1 年冰期,初冰期一般出现在 12 月,重冰期为 1—2 月,融冰期为 3 月。

赤潮:是指海洋浮游生物在一定条件下暴发性繁殖引起海水变色的现象,它也是一种海洋污染现象。赤潮大多数发生在内海、河口、港湾或有升流的水域,尤其是暖流内湾水域。赤潮实际上是各种色潮的统称。赤潮可杀死海洋动物,危害甚大。

9.2　海上大风天气监测与预报

海上大风是一种严重的海洋气象灾害,一年四季均有发生,大风不仅威胁海面航行船舶、海岸带港口设施且危及海岸带城乡人口密集区的人民生命财产的安全。一般指海区实况出现 6 级以上风力(10.8 m/s 以上)。大风的产生是在特定大气形势场条件下,由于气压分布不均而造成空气流动,气压差越大,风速愈强,根据风力大小,通常分为从 6~12 共 7 级,是多发性海难事故主要因素之一。环渤海海区范围内,大风的主要表现形式为不同尺度的明显低值气旋系统前部西南大风及顶部偏东大风、寒潮大风、台风、强对流天气短时大风等。渤海西部沿海易受台风顶部及后部影响，常带来狂风、高潮、巨浪和暴雨，破坏力极大酿成灾害；强对流天气短时大风，是一种范围小时间短的灾害性天气现象，经常伴有雷电冰雹，风速可达每秒十几米到三十多米，在海岸带毁坏各种建筑和农作物。寒潮大风是伴随寒流带来的渤海大风天气，有时伴有海岸带大雪天气，而海区主导风对海岸带降雪落区具有指示作用；东北大风多出现在秋冬季，春季则西南大风居多。本章重点介绍渤海大风监测技术和预报方法建设。

9.2.1 海区大风监测手段与方法

在2007年以前，环渤海海域风场监测与陆地比相对落后，在7.8万km^2的环渤海“三省一市”气象部门所属海区常规气象观测站有3个设在海岛上，1个建在石油平台上，距海岸线2 km的气象站仅有11个，没有浮标站，航线船舶也多无气象观测设备，渤海大部海区气象要素实时资料为空白区域，海上灾情事故均来自媒体或海事局报告；海洋灾害研究大多数仍处于对灾害现象的研究，多数以描述性居多，对动力学过程和灾害的发生机理研究浅薄；海洋气象中尺度大气与海洋数值模式的研究开发受到限制，海上大风的预报与检验存在困难。现有的海洋观测站网是由气象、海洋、水利等部门建设，观测内容和方法、资料处理方式等都是按本部门、本学科的单一领域需求确定，没有形成完善的科学数据共享体系。2008年以来，在国家发改委“环渤海海洋监测网建设项目”资助下，中国气象局对海洋监测硬件设施进行一系列建设，推进海洋气象现代化进程。

根据蒲氏风力等级将6级风(10.8～13.8 m/s)定义为强风，将8级风(17.2～20.7 m/s)定义为大风。一般在气象预报业务中将平均风速达到6级以上的风，称为大风。目前的监测手段与方法如下所述。

9.2.1.1 岸基自动站

观测站距海岸线3～5 km以内沿海气象站改建或新建自动气象站等组成，提供温、压、湿、强风、雨量、能见度等气象要素的观测数据，通信方式采用有线、无线数传、GPRS通讯方式，每2分钟至每10分钟收集一次资料。供电方式采用交流、直流、太阳能电池等。

9.2.1.2 海岛自动站、石油平台

观测站由海岛气象站、海上平台、现有距海岸线1 km以内沿海气象站改建或新建自动气象站等组成，提供温、压、湿、强风、雨量、能见度等气象要素的观测数据，部分站增加海水温盐度、浪高、海流等观测。海岛站、海上平台站全部采取无线GPRS或卫星通讯方式，每小时甚至每10分钟收集一次资料。供电方式采用交流、直流、太阳能电池等；通信方式采用有线、无线数传、GPRS等；选配大容量存储卡实现长期无人自记。目前天津的A平台、山东长岛、辽宁菊花岛及河北翡翠岛监测资料相对稳定代表性强。

9.2.1.3 海洋浮标站

海洋资料浮标被海洋学家誉为“海洋上的地球同步卫星”。海洋资料浮标的功能、系统结构以及要完成的使命确实与天上的同步卫星很相似，当今卫星是高科技的综合体，海洋浮标也是集计算机技术、通信技术、能源技术，传感器测量技术、抗海洋恶劣环境技术、长期可靠性设计技术等于一身的科技含量较高的科技综合体。海洋资料浮标是世界各国海洋环境监测与海洋灾害预报的主要手段之一，是海洋环境立体监测的重要组成部分，它具有全天候、长期连续、

定点进行检测的特点，是其他海洋监测手段无法替代的。近海浮标系统将用于近海海面测量风向、风速、气温、气压等气象要素和表层流速、流向、表层水温、盐度和PH、溶解氧、浊度等水文、水质要素。

(1)海上监测设备。由浮标体、传感器组、数据采录装置、遥测遥控通讯系统、电源和系留设备等组成。浮标体为仪器设备的载体，有圆盘形、船形、球形、圆柱形等多种形式，较普遍采用的是圆盘形和船形浮标，其上常安装风向、风速、气压、气温、湿度(或露点)、表层水温、盐度(电导率)、流向、流速、波高、波周期、波向等传感器。其中传感器包括：气温传感器、气压传感器、风传感器、波浪传感器、波向测量传感器、海流剖面测量传感器、盐度等水质测量传感器。数据采录装置是以时钟控制的、按规定程序采集各传感器信号的工具。电源采用太阳能电池及自动充电系统。

(2)岸上接收设备。主要有遥控发射机、遥测接收机、天线、时序控制器、解调译码器、电子计算机等。

(3)浮标资料的收集、传输数据传输与接收：采用卫星通信作为数据实时传输的主要设备。浮标中的传感器将数据通过DCP发射至卫星，传输到卫星接收处理站，并由接收站转数据处理中心进行资料处理后，发给各用户。

(4)技术(设备)性能要求

浮标气象观测站。海上运行周期为两年，连续无故障、免维护运行时间为180天，实时数据平均有效接收率不小于95%。测量项目及技术指标极限环境条件如下：

水深：<200 m；

最大风速：<75 m/s；

最大波高：<25 m；

最大潮差：<5 m；

最大表层流速：<6 kn*；

环境温度：<−20℃～+45℃；

相对湿度：0%～100%；

最大摇摆角：30°；供电方式采用交流、直流、太阳能电池等；通信方式采用有线、无线数传、GPRS、卫星、短信等；选配大容量存储卡实现长期无人自记。

9.2.1.4 卫星、雷达资料反演

利用中国、日本及美国等卫星及星载雷达资料反演海区风场资料(FY-3A，HY-2B，NOAA)，用环渤海5部多普勒雷达监测资料反演边界层风场，用于海洋气象预报模式的研究和开发高分辨率(5～10 km)中尺度海洋数值预报模式。

9.2.1.5 船舶监测

①2009—2011年在渤海海峡烟台至大连航线客滚船进行监测试验，用ZQZ-A型自动站的航向航速测量仪采用单GPS定位和电子罗盘相结合的方式来实现，为降低船舶定位监测误差进行双GPS升级改造。2011年9月至10月，山东气象局科研人员与自动站厂家人员在渤海金珠轮进行了气象观测实验。用船舶站、移动自动气象站和船自带气象观测设备进行相对

* 1 kn=1852 m。

风比较,判断风传感器安装位置不同对测风的影响。实验结果表明,当船舶停留时,风观测数据受船体影响不大,三者风速变化的趋势一致,数据具有可用性。当船舶航行时,受船体的影响,会出现上行风。在同一平面高度,因安装位置的不同,相对风速值有较大差异,差值大小与船舶的航速成正比。例如,当船舶航速 14 节时,船首方向 2 分钟平均风速为 14～15 m/s,船两舷 2 分钟平均风速为 7～8 m/s,船中部 2 分钟平均风速为 4～5 m/s,差值可达 10 m/s 以上,船舶监测标准亟待制定。

②破冰船监测,冬季海上浮标需返厂维修保养,北部海区浮箱自动站因海冰撤回,仅有渤海破冰科学考察船进行 28 个固定站位监测风场资料,目前已经进行了 77 次,资料相对稀缺。一般由训练有素的海军气象人员执行。

③科研项目船舶监测

为了推进海洋天气精细化预报及军演需求,沿海气象台租用执法船、船舶公司中型通用船等,在有限区域风场进行逐小时监测,同时获取气压、温度及相对湿度资料,使用监测仪器为船舶 XZC2-2 型测风仪器,与便携式自动站＋GPS 对比同步资料,根据试验需求可设置多艘船舶同步监测,用于 WRF 模式细网格资料检验。也可用于与浮标及海岛站数据对比。

预期结果:

(1)风速对比结果:无论是近岸还是离岸 ,无论最低风速取值多少,二者的相关系数都在 0.9 以上,均方根误差都在 1.2 m/s 以内。

(2)风向对比结果:随最低风速取值增大而明显减少,当最低风速取 3 m/s,均方根误差减小到 20°以内。

(3)近岸和离岸的差别:对于风向,向岸风的相关系数明显低于离岸风,近岸情况的均方根误差明显高于离岸情况。

9.2.2 大风指标体系建设及业务流程

9.2.2.1 天气尺度系统分析基本思路

参考近 60 年环渤海大风研究几个历史时段(1957—2008 年)文献及天津台、大连台、山东台海上大风预报方法,利用近 30 年 7 个沿海站资料,统计分析大风年、季、月分布天气与气候的基本特征。入选 2001—2011 年大风引发海难事故 97 个个例,资料来源于河北省海事局、河北省农业厅渔政处、公安部河北海警支队等。应用 MICAPS 常规资料、卫星云图、数值产品、沿海站、山海关海军气象台、船厂测风站、海洋局海岛监测等,进行大尺度背景下同步资料天气学个例分析(500 hPa—地面图),具体分析 0—12—24 小时三维空间配置、冷空气路径与动量下传、0～48 小时变温、3 小时水平气压梯度、地形因素等,初步归纳 4 类天气概念模型与一般高影响天气对应关系。归纳不同预报量级指标。

9.2.2.2 短时大风天气中尺度天气概念模型及指标(5—9 月)

入选 2009—2011 年大风引发 23 个海难事故个例,利用海岛站、浮标站、T639 渤海 925 hPa －10 m 风场格点及物理量资料、雷电、卫星云图、秦皇岛(天津、沧州)雷达等,应用雷达 4D-VAR 风场反演、渤海 3 小时间隔空间剖面、海洋模式产品(MED)等技术,分析不同类型大风天气的中尺度特征及成因。归纳 3 类预报量级指标。

9.2.2.3 大风监测与预报技术改进

大风预报指标＋MED＋概念模型

A:秋、冬季冷空气强度分级

将 500 hPa 冷中心分为Ⅰ级－44～－40℃;Ⅱ级－39～－35℃;Ⅲ级－34～－31℃。ΔT24 变温对应级别,Ⅰ级－12～－10℃;Ⅱ级－9～－7℃;Ⅲ级－6～－4℃。春季仅考虑Ⅱ～Ⅲ级,夏季不考虑。

B:用 T639、EC 高空 500 hPa 形势及 JHM 数值海区预报场等对应其预报模型。

C:用 10 m 风场产品 T639、EC 渤海格点资料对比 T213 集合预报、天气在线渤海区域格点风向预报值。

D:系统性大风对应预报量级Ⅰ为 6～7 级;Ⅱ为 7～8 级;Ⅲ 为 8～9 级。

9.2.2.4　概率统计模型及 AI 技术应用

用于参差不齐的数值产品集成。概率值转换为计数值,样本个数、时间长度不受限制。用于海洋业务平台预报方法建设。

对 T639/EC 格点资料,值数据转换逻辑值触发预报模型,后台处理。目前已进行渤海 925～850 hPa 16 个格点报资料中 6 个格点试验,由 6 个格点扩展到 9 个格点或以上。

9.2.2.5　近 10 年渤海大风与高影响天气典型个例库

①2003 年 10 月 10—12 日大风暴雨风暴潮;②2005 年 0509 号台风"麦莎"(大风);③2007 年 3 月 4 日大风暴雪风暴潮,④2007 年 7 月 18 日大风暴雨;⑤2009 年 7 月 19 日大风暴雨,⑥2009 年 11 月 8—12 日大风暴雪;⑦2011 年 11 月 9 日台风"梅花"(大风),⑧2011 年 9 月 1 日强对流大风风暴潮,⑨2011 年 11 月 28 日强冷空气(海难事故);⑩2012 年 1210 号台风"达维"(大风暴雨风暴潮);2012 年 9 月 27 日强对流飑线大风等。

9.2.3　海区大风统计特征分析

9.2.3.1　统计特征

根据渤海海区近 30 年海岸带 14 个气象站大风资料统计与近 10 年渤海大风灾害天气个例库 11 次大风个例对比分析,海区及海岸带大风的主要特点是:一年四季均可出现,10—12 月秋冬季东北－西北大风次数偏多,在较强冷空气影响下有温带气旋北上,当 850 hPa 强锋区位于 40N°附近时,风力偏大,持续时间长,常伴有降水、降温天气且岸区降温幅度较大;7—8 月北上的台风其顶部覆盖渤海时偏东风达 6～7 级,继续北上渤海东北风达 7～9 级,海岸带 6～7 级,持续时间短;高空低涡后部有时伴有雷雨短时大风;均压场条件下海陆风 5—9 月明显,常伴有轻雾和大雾天气。5—6 月西－西南向大风次数中等,风力略偏大,持续时间中等,常伴有升温天气,岸区升温幅度较大;按照目前河北、天津、山东预报员手册大风的标准定义大风:定时观测平均风速≥10.8 m/s,或瞬时风速≥17 m/s,日平均风速≥8 m/s,定为大风日。近海海区有两个及以上测站达大风标准,定为一次大风天气过程。风向划分:偏北风 NW-NNE;偏东风 NE-ESE;偏南风 SE-SW。

(1)沿海地区大风呈明显年变化。48 年资料共出现大风 726 次,平均每年 15 次。最多年份 30 次(1976 年),最少年份 4 次(2002 年),相差 7 倍。年大风次数 20 次以上的年份共 11 年,10 次以上、20 次以下的年份 25 年,约占总年份的 50%,10 次以下的年份 12 年。

(2)沿海大风次数的月变化基本一致。大风次数从 1 月到 4 月逐渐增加,全年以 4 月最多,占全年大风次数的 22%。4 月到 9 月逐渐减少,9 月最少,9 月以后大风次数又开始逐渐增多，而 11 月、12 月大风次数变化不大。

(3)沿海大风呈现明显的季节变化。冬春季大风次数逐渐增多，春季达全年最多，一年中有近一半的大风出现在春季，夏秋季开始减少，秋季为一年中大风次数最少的季节，只占全年总次数的 15.3%。到了冬季，大风次数又开始增多。夏季、冬季大风出现的次数基本一致，二者占了全年大风次数的 31.4%。

(4)沿海历年四季风向频率。春季最多风向为 ENE，WSW 风次之，东南风较少出现。夏季最多风向为 ENE，SW 风次之，东南风较少出现。秋季最多风向为 NE，N 风次之，西南到东南风较少出现，说明了冷空气开始增强。冬季最多风向为 W，NNW 风次之，西南到东风较少出现，说明了大风天气主要是冷空气影响的结果。

(5)各季出现大风的时间分布定义：白天(6—18 时)，夜间(18—06 时)白天夜间同时出现大风按白天统计，获得结果为：春季白天出现大风的频率明显高于夜间，夏季夜间出现大风的频率明显高于白天，秋季白天出现大风的频率明显高于夜间；冬季白天出现大风的频率明显高于夜间，说明了冬季大风多是系统性天气造成的。

9.2.3.2 非常规资料分析

众所周知，获取海区实测风资料对早期海洋气象工作者来说是十分困难的事情，在多年的预报实践中他们用岸区资料代替近海实况，艰难地完成多次海区重大活动预报服务。中央台和环渤海地区老一代气象工作者进行 2～3 次重要的海洋与岸区对比观测试验，由于受当时条件限制获取的海上实况参差不齐，缺少冬季和夏季资料，经近 10 年 MICAPS 资料个例回代，部分结论尚可使用，海岸带与海区风速对比分析与近 3 年新的海岛站对比分析值相近似，适用于常规海区一般风速预报及大风预报量级订正。岸区代表站盘锦、锦州、秦皇岛、昌黎代表北部；乐亭、汉沽、塘沽、黄骅和李家堡代表西部；大连、营口代表东部；烟台、龙口代表南部。从表 9.1 可以看出渤海北部海风、陆风平均风速差值秋季大于春季，这与春、秋季海陆温差的符号正好相反，秋季海洋与陆地相比为热源，容易造成海岸带锋生；春季海洋与陆地相比为冷源，容易造成海岸带锋消，夜间的风速差值表现为最大，从热力条件分析可以理解。表 9.2 与表 9.1 比较明显看出春季渤海西部岸区比北部岸区平均风速要大，同时春季西部岸区平均风速较秋季偏大，实际预报中要参考海岛站实时资料综合研判。

表 9.1 北部海区与海岸带平均风速及差值 单位：m/s

时间	02 时			08 时			14 时			20 时		
对比	海区	海岸	差值	海区	海岸	差值	海区	海岸	差值	海区	海岸	差值
春季	7.5	3.3	4.2	7.7	3.5	4.2	6.8	5.6	1.2	7.5	3.4	4.1
秋季	8.4	3.2	5.2	8.2	3.5	4.7	6.7	4.3	2.4	7.3	2.1	5.2

表 9.2 西部海区与海岸带平均风速及差值 单位：m/s

时间	02 时			08 时			14 时			20 时		
对比	海区	海岸	差值	海区	海岸	差值	海区	海岸	差值	海区	海岸	差值
春季	7.5	4.7	2.8	7.7	5.4	2.3	6.8	6.6	0.2	7.5	4.5	3.0
秋季	8.4	2.1	6.3	8.2	2.2	6.0	6.7	4.6	2.1	7.3	3.0	4.3

表 9.3　山海关海区与北戴河平均风速及差值　单位:m/s

月份	1	2	3	4	5	6	7	8	9	10	11	12
山海关海区	5.8	5.8	6.6	7.3	6.1	5.0	4.7	4.8	5.9	6.4	6.0	6.3
北戴河岸区	3.9	5.0	5.5	5.7	4.5	3.6	3.9	3.7	3.4	4.0	4.0	3.5
差值	1.7	0.8	1.1	1.6	1.6	1.4	0.8	1.1	2.5	2.4	2.0	1.8

表 9.3 入选有效资料为 2002 年 6 月至 2005 年 6 月进行每日定时 6 次风(05、08、11、14、17 和 20 时)的观测,北戴河观测站代表陆地资料进行了对比分析,通过对两地逐日最大风速对比分析找出异同,结果显示山海关海区的风速要明显大于秦皇岛观测站的风速,其差值大小与山海关海区风速大小成正相关,与 1989—1990 年亚运会对比观测结论具有一致性(表略);北戴河的日最大风速各月平均值在 3～4 m/s 之间,而山海关的最大风速各月平均值在 4.7～6.4 m/s 之间,7 月份两地差值最小为 0.8 m/s。统计出差值最大的月份在 9 月 2.5 m/s。两地日最大风速的风向约有 70%以上是一致的,风向的差值<45 度,6 月、8 月 90%以上如此,盛行风向为南～西南和东～东北,与北戴河日最大风速的差值一般在 2～4 m/s,系统性大风最大风速的差值为 8～11 m/s(例如 2003 年 6 月 4 日)与季节无关。

利用 2009 年 8 月至 2012 年 8 月渤海海岛站和浮标站监测资料,将目前海岸带大风预报指标范围,向海区扩展 20～30 海里。资料以近 10 年典型个例为主,因为多数个例可以和数值预报格点值匹配,以 10 年以前的海岸带大风分型为辅助,具体应用时应参考海岛自动站、雷达风廓线、T639 的 10 m 风场、WRF 模式的 10 m 风场预报等。

9.2.4　系统性大风天气概念模型

入选 2001—2008 年 1—12 月 MICAPS 系统 20 时和 08 时(北京时)常规资料,个例天气图以 500 hPa、850 hPa 及地面图为主;近海代表站为北戴河站、东山站(海洋局)、山海关站(海军气象台);用河北渔业港监局事故科、河北海事局事故处记载的 2001—2008 年原始海难个例 97 起资料,进行同步资料对比,其中,10 起海难记录与同步偏北大风相关、33 起海难记录与偏东大风天气相关、16 起海难记录与同步偏南大风天气相关、18 起海难记录与同步局地大风相关,多数伴有能见度较差。

冷空气大风(主要为偏北大风或东北风),查找冬半年强冷空气或寒潮过程;气旋引起的大风(包括热带气旋和温带气旋),查找经渤海湾或登录的热带气旋及温带气旋(渤海气旋、黄海气旋、江淮气旋等)过程引起的大风;高低压系统结合引起的大风(高压后低压前的偏南大风,北高南低情况下偏东大风),以地面形势场分型为线索;局地的大风主要是强对流天气引起的大风(包括龙卷、飑线、雷暴大风等),目前的资料现状对此类大风的监测相对困难,获取个例甚少,需要在 500 t 以上船长日记中查询,以 2007 年以来新建海岛站、雷电监测及入海后典型雷达回波个例为主。

9.2.4.1　偏北大风的冷空气路径及天气分型(图 9.3)

(1)北路冷空气路径及地面分型:该路冷空气引导锋区从贝加尔湖以东南下,由东北平原进入渤海北部造成海区和河北海岸带东一东北大风,850 hPa 在 40°N 有纬向型锋区维持(5～7 个经距),海上最大风速达 32 m/s 以上,平均持续时间 22～25 h,占大风概率的 26%。具体指标:1)500 hPa 贝加尔湖东侧有冷中心为－40～－36℃,850 hPa 锋区位于 105°～125°E,40°

～52°N，五纬距等温线≥4 条；2）太原、北京 3 小时变压大于 2.5 hPa，700 hPa $T_{(北京-赤塔)}$≥20℃；3）地面完整蒙古高压，中心≥1040 hPa。

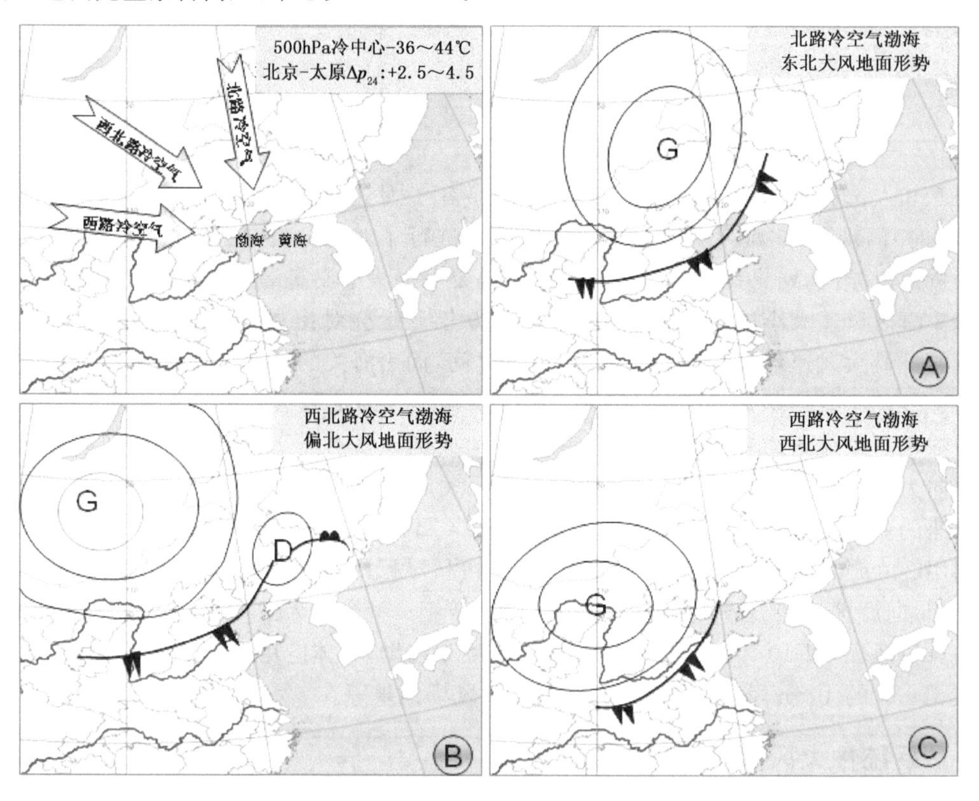

图 9.3　冷空气路径及地面偏北大风形势场分型

（2）西北路冷空气路径及地面分型：该路冷空气引导锋区从萨颜岭—蒙古中部进入中蒙边境，由华北平原进入渤海北部造成海区和河北海岸带北—西北大风，850 hPa 在 36°～43°N 有东北—西南向锋区维持，海上最大风速达 24 m/s 以上，平均持续时间 21～23 h，占大风概率的 59%。参考指标：1）500 hPa 冷中心为－32～－36℃，850 锋区在 39°～53°N，95°～120°E 内 5 纬距等温线≥3 条；2）太原、北京 3 小时变压大于 3.0 hPa，700 hPa $T_{(北京-伊尔库茨克)}$≥8℃；3）地面图上，高中心位于 90°～110°E，50°～55°N，海区处于东北—西南低压带，冷锋前。冷高压中心数值 11 月—次年 4 月≥1032 hPa，5—10 月≥1028 hPa。冷锋后最大三小时变压≥2.8 hPa。

（3）西路冷空气路径及地面分型：该路冷空气引导锋区从新疆—河西走廊，由河北平原进入渤海造成海区和河北海岸带西北大风，850 hPa 在 40°N 有东北—西南向锋区维持，海上最大风速达 20 m/s 以上，平均持续时间 12～14 h，占大风概率的 12%。参考指标：1）500 hPa 冷中心为－32～－36℃，在 46°～56°N，110°～126°E，中心强度 11 月—次年 4 月≤－24℃，5—10 月≤－15℃；850 hPa 锋区位于 38°～52°N，105°～126°E，且五纬距内等温线≥3 条；2）850 hPa 或 700 hPa 上二连浩特至少有一层风速≥16 m/s，700 hPa $T_{(北京-赤塔)}$≥8℃；3）地面图上冷高压呈南北向，海区为低压带，处于冷锋前部，锋后最大三小时变压≥2.6 hPa。

9.2.4.2　海区偏南大风的天气分型

(1)东北低压,主要由蒙古气旋动态演变而来。当地面低压有高空疏散槽配合时,槽后冷平流较强与槽前暖平流明显,地面气旋发展东移,同时,在朝鲜半岛一日本海有大陆变性高压维持少动,平均强度 1024 hPa,渤海恰好处于西南风向气压梯度密集区,海上最大风速达 21 m/s 以上,平均持续时间 10～14 h,占大风概率的 15%。是最常见的西南大风地面形势场(图 9.4)。

(2)华北地形槽是指在太行山东侧的华北平原上的低压槽,是浅薄系统。春季出现时因没有降水,加之有时云量小于 3/10 常被称之华北干槽, 主要是地形产生的动力减压作用造成的。即当较强的西风越过太行山时,处于背风坡的华北平原,由于中层大气正涡度平流动态增大导致气压迅速下降形成地形槽,当与黄海高压之间形成较大梯度时,导致渤海的西南大风,海上最大风速达 18 m/s 以上,平均持续时间 6～8 h,占大风概率的 5%(图 9.4)。

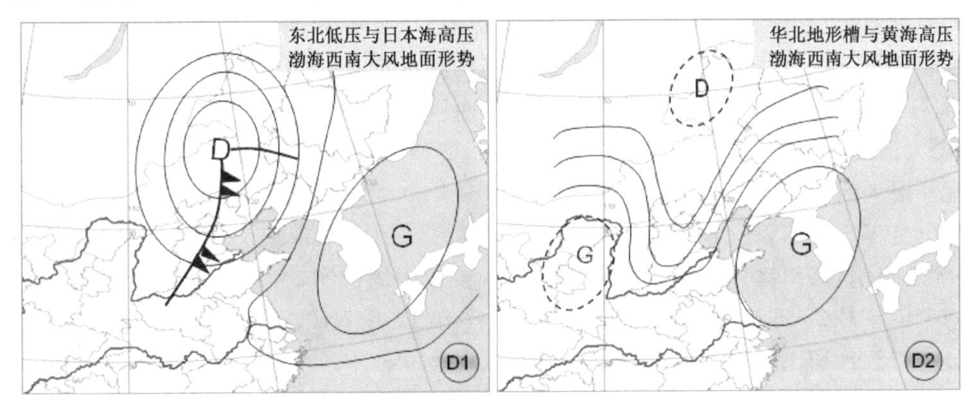

图 9.4　渤海偏南大风地面形势分型

9.2.4.3　北上温带气旋与台风偏东大风天气分型

(1)黄河气旋东移型与江淮气旋北上型:所导致的渤海偏东大风地面形势场比较相似,是春秋季节冷暖空气最剧烈交汇区域 41°～38°N,117°～127°E,例如 2003 年 10 月 10 日和 2007 年 3 月 4 日环渤海地区两次高影响天气,海上最大风速达 36 m/s,平均持续时间 24～28 h,占大风概率的 3%。参考指标:1)500 hPa 贝加尔湖东侧有冷中心,中心温度≤－30℃;2)850 hPa 锋区位于 105°～125°E,40°～45°N,且冷平流最强在辽宁中南部平原,五纬距等温线≥4 条,700 hPa $T_{(北京－赤塔)}$≥20℃;3)地面冷高压东西向分布,高压中心≥1030 hPa,35°～45°N,110°～125°E 有倒槽(或减弱的台风低压),负变压中心在唐山到秦皇岛一带 Δp≤3～3.0 hPa(图 9.5a)。

(2)台风北上型:当台风北上时中心在江苏沿海时渤海处于台风顶部,河北海区由东南风转东风,唐山、秦皇岛遇到天文大潮增水时易出现风暴潮,海上最大风速达 22 m/s,平均持续时间 6～8 h;随着路径转向东北时,台风中心进入黄海时渤海大部为东北大风,沧州黄骅易产生风暴潮,海上最大风速达 18 m/s,平均持续时间 6～7 h。负变压中心在大连、营口 Δp≤3～3.4 hPa(图 9.5b)。

9.2.4.4　地形对近海海区西北大风的影响

地形对渤海 NW 大风影响如下(图 9.6):①系统性 NW 大风一般位于地面大尺度"低压

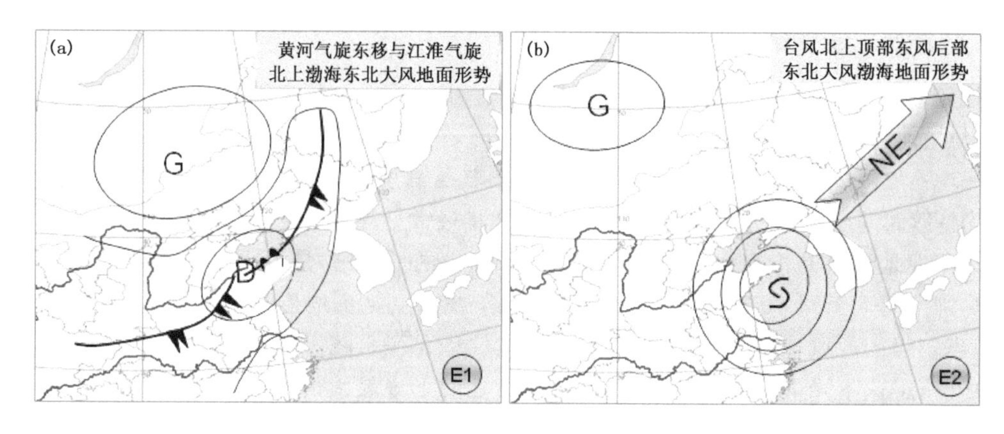

图 9.5　温带气旋、台风北上海上偏东大风天气分型

后部”处于地形下风坡，高空槽减弱，垂直方向气柱高度增长，单位面积大气压强迅速减小，使得水平气压梯度减弱，下风坡风场向外辐散加大西风分量，地形摩擦在海区 0～20 km 减弱为 0，风速增大区在 100 km 以外的大连—烟台海区，②冷气团入海后变性，动态移动靠动量下传（比正常预报大风迟 12 h 以上，持续时间较短 3～5 h)，加之大连—烟台海区地形的“狭管效应”明显也是 W—WNW 大风增大区域，相对河北海区的海岸带天文大潮与低系统叠加引发的风暴潮是减水，莱州湾、烟台、威海是增水区。参考个例：2004 年 11 月 24 日；2006 年 11 月 5 日；2007 年 4 月 25 日；2007 年 11 月 16 日；2007 年 12 月 7 日；2008 年 7 月 21 日；2008 年 11 月 29 日；2008 年 12 月 29 日。

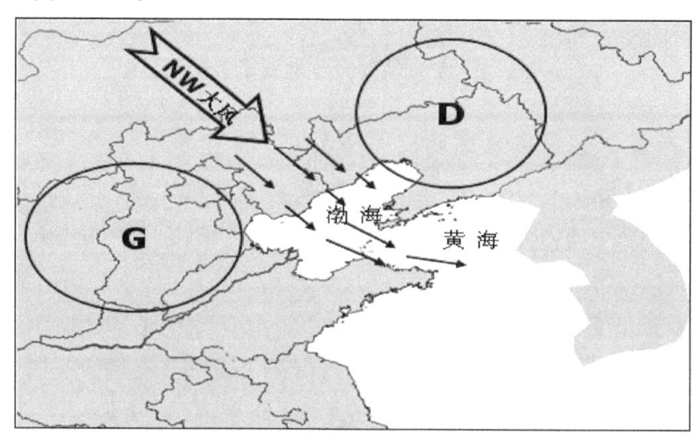

图 9.6　渤海 NW 大风矢量与地形关系图示

9.2.4.5　地形对近海海区东北大风的影响

系统性 NE 大风一般位于地面大尺度低压顶部位于渤海南部，相对整个海区地面形势场为“北高南低”型，高空为槽或低涡强度少变，冷空气前沿以 850～950 hPa 锋区后部，垂直速度与风场叠加纬向剖面，“动量下传”明显，渤海北部单位面积大气压强迅速增大，使得水平气压梯度加强，其对应区域一般为海区大风区。西部海岸线地形（燕山山脉南部）与 NE 风向一致，其右侧边界层摩擦效应明显，气压梯度增大，在海岸带—海区 20 km 风速大于 18 m/s，但风速大值区在 30～60 km 的渤海中部海区。风暴潮方面：相对河北海区的中北部海岸带天文大潮与低系统叠加引发的风暴潮是减水，莱州湾、渤海湾及烟台是增水区域（图 9.7）。参考个例：

2003 年 10 月 10 日;2006 年 3 月 8 日;2006 年 6 月 28 日;2007 年 3 月 4 日;2007 年 5 月 23 日;2007 年 5 月 28 日;2007 年 11 月 3 日;2008 年 8 月 17 日;2008 年 8 月 25 日。

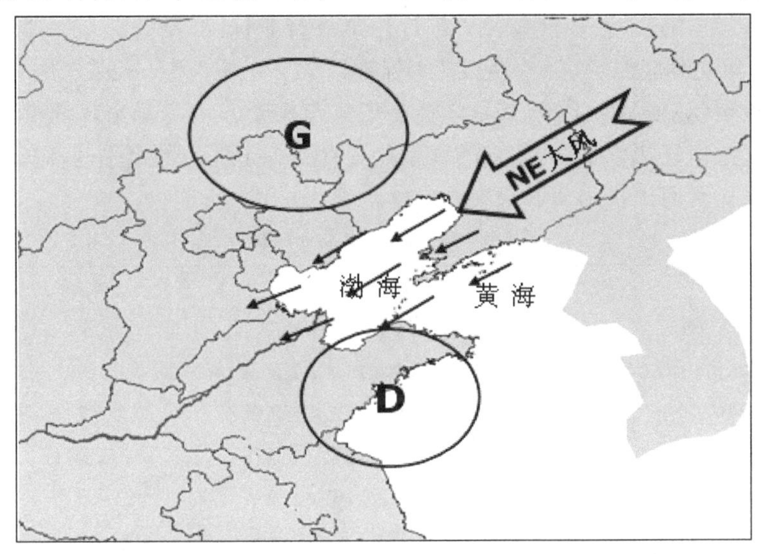

图 9.7　渤海 NE 大风矢量与地形关系图示

9.2.5　海陆风监测及特征

海陆风主要是因为海陆温差造成的,因此温差越大海陆风越强。利用秦皇岛岸区 2004—2006 年 3 个站地温、逐小时风向、风速及河北海洋站逐日海温资料,分析海陆风不同季节逐日转换时间、水平和垂直尺度及海陆风成因,结果表明:海陆风的水平尺度为 20～30 km,垂直高度冬季在 250～300 m,海陆风的日变化,白天吹海风,夜间吹陆风,夏季阴天时海陆风弱一些,春季 6 月份海风最强,冬季 12 月份陆风最弱。全年都有海陆风效应的存在,基本与日照时间成正比。

海陆风的偏转:河北的海岸线大体呈东北一西南走向,故垂直于海岸线的海风为 SE 风,陆风为 NW 风。考虑地球自转科氏力影响,风向将渐次呈顺时针偏转,直到与海岸线平行,成为 SW、NE 风。若按照 16 方位统计应为 SE、SSE、S、SSW、SW 风,而陆风应为 NW、NNW、N、NNE、NE 风。

海陆风的垂直高度:1989—1990 年,秦皇岛市气象局曾经做过距 20 km 小球探空海陆风试验,得出冬季 1—2 月份,在一天之内的 11 到 14 时风向由陆风向海风过渡。海风最强盛出现在 14 时前后,此时海风可达到 300 m 左右的高度。之后海风逐渐减弱时,先是风向在垂直方向上不稳定,17 时在 150 m 高度以上风向由 SE 转 SW,海风的高度也由 300 m 下降到 200 m,但风速的减弱并不明显。17 时以后,海风开始向陆风过渡,到 20 时完全转为陆风。入夜后,陆风风速逐渐增大,高度升高。陆风风速最大值出现在 05 时,而高度最高值(300 m)出现在 08 时。须指出的是,在 250～300 m 高度之间,是风的过渡带,在这个过渡带内,风向变化在一天之内十分剧烈(可达 360°),而风速的变化却很小。海陆风的水平尺度经统计海风深入内陆一般影响到秦皇岛—唐山岸区一带,距海岸线约 20 km 以内,且离海岸线越近越明显。但个例分析海风最远可影响到距海岸线 40～60 km 的县区。

9.2.6 大风引发海难事故典型个例

依据交通部海事局、农业部渔业司关于船舶事故行业标准，结合2001—2011事故报告资料给出（表9.4）河北海区海难事故标准，基本标准以人员死伤为主，凡符合表内标准之一的即达到重大事故级别，必须及时上报，其科学性需要逐步完善。由此看出降低事故级别，海上搜救及时准确的气象信息非常重要，要求的精细化程度是高于陆地的水平的，海区事故甄别依赖于目前海洋天气监测网提供的实时资料为科学依据。

表9.4 重大海难事故一般标准

船舶吨位等级	死亡人数	船舶损失情况	直接经济损失（万元）	注释
3万t以上或1万马力以上	3人以上	已沉没、全损或无修复价值	100万元以上	货轮、商船
5000以上至3万t以上	3人以上	已沉没、全损或无修复价值	70万元以上	货轮、商船
1000以上至5000 t以上	3人以上	已沉没、全损或无修复价值	50万元以上	客混、商船
200 t以上至1000 t以上	3人以上	已沉没、全损或无修复价值	20万元以上	客混、渔船
20 t以上至200 t以上	3人以上	已沉没、全损或无修复价值	2万元以上	内海渔船
20 t以下或40马力船舶	3人以上	已沉没、全损或无修复价值	1万元以上	近海渔船

9.2.6.1 大风引发海难事故个例

2011年11月28日08—14时，受寒潮大风天气影响，渤海西部沿海出现七八级东北风，阵风达九级，浪高1.8 m。超载返航的8艘养殖渔船在风中遇险，经全力搜救，18人获救，2人死亡，8人失踪（图9.8）。利用MICAPS3.1常规资料、海洋预报监测、海岛站、浮标站及河北海事局海难事故报告等资料，对2011年11月28日08时—29日20时由大风引发秦皇岛海域海难事故气象条件及预报服务进行综合分析。结果表明（图9.9—图9.10）：此次为典型的冬季寒潮大风天气过程，位于内蒙古东部至黑龙江一带较强冷空气伴随纬向型冷锋大举南压，江淮至山东半岛一线西南暖湿气团北上与其短时相持，逐渐加大渤海海区南北向水平方向气压梯度，形成有利于渤海东北风形势场，在低层850 hPa切变线后部冷空气动量下传共同作用下，迅速增大海区东北大风的分量，导致了海区大风天气和灾害性海浪的发生。海岛及浮标站同步监测显示：事故海区东北风大于8 m/s起风时间为8：36，8：56后突增至17 m/s，且持续31小时，致使当时返航船只无法进港；28日海温监测为8.5℃，浪高1.8 m，6小时后落水人员生还可能性逐渐降低；29日事故区海温监测为8.0℃，浪高1.8 m，不利于船舶海上搜救。气象、海洋部门均提前24～48小时发布大风和海浪警报，尽管如此，依然出现重大事故，令人深思。气象部门与海洋部门各自独立，实时资料不能共享，影响海洋天气灾害精细化预报服务质量，发布的预警信号可信度偏低，也是船主产生侥幸心理贸然出海的原因之一，基层海事、渔业管理部门也有一定监管不严的疏失。各部门加强科研专项合作可能是减小和降低海难事故的有效途径之一。

9.2.6.2 天气背景

众所周知，重大灾害性天气是大气环流动态变化过程中的特定产物。此次为典型的冬季寒潮大风天气过程，高纬度地区大尺度的经向环流加大，引导强冷空气南下，必然导致中纬度底层风场、温度和气压场短期变化。2011年11月28日08时500 hPa图上，蒙古东部至我国大兴安岭一线为天气尺度低槽，其冷中心为－48℃，低中心强度为 5070 gpm。锋区宽度 40°－50°N，等温线密度大于 6 根；同日 08 时 850 hPa 图上（图 9.9），冷中心为－24℃，锋区等温线密度为 8 根，暖空气势力明显偏弱（偏强有利降雪天气），锋区长度大于 2000 km，较强冷空气伴随纬向型冷锋大举南压，江淮至山东半岛一线西南暖湿气团北上与其短时相持，逐渐加大渤海海区南北向水平方向气压梯度，形成有利于渤海东北风“北高南低”形势场（图 9.9），在低层 850 hPa 切变线后部冷空气动量下传共同作用下，迅速增大海区东北大风的分量，导致了海区大风天气和灾害性海浪的发生（图 9.10）。

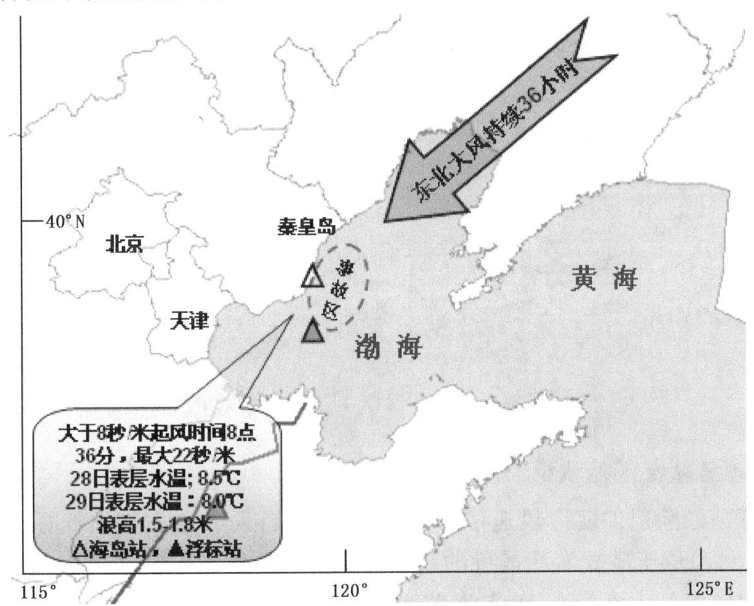

图 9.8　发生海难事故海区及综合监测图示

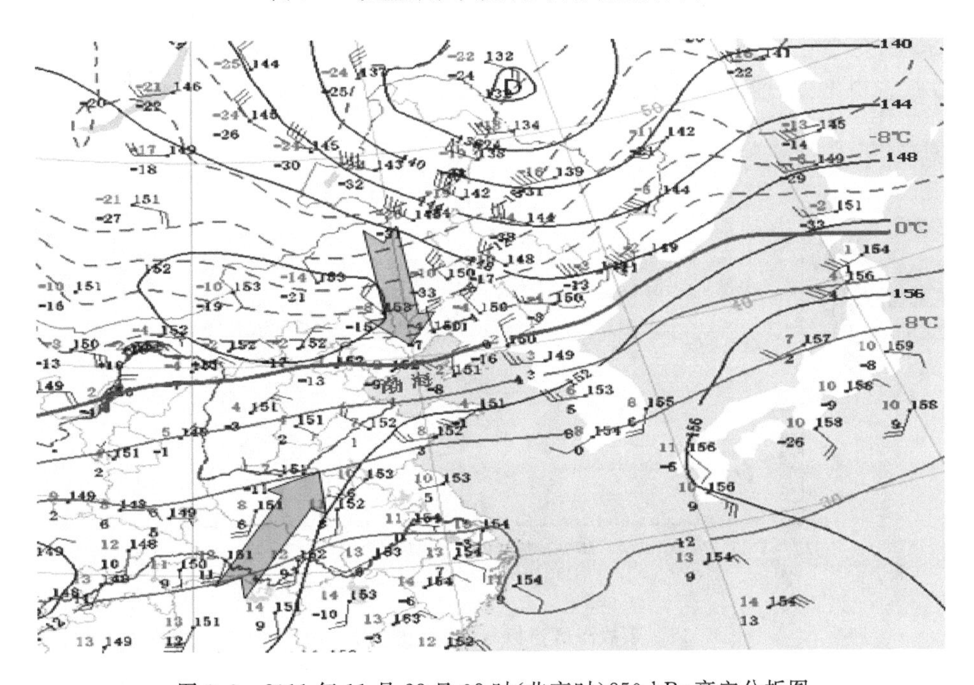

图 9.9　2011 年 11 月 28 日 08 时（北京时）850 hPa 高空分析图

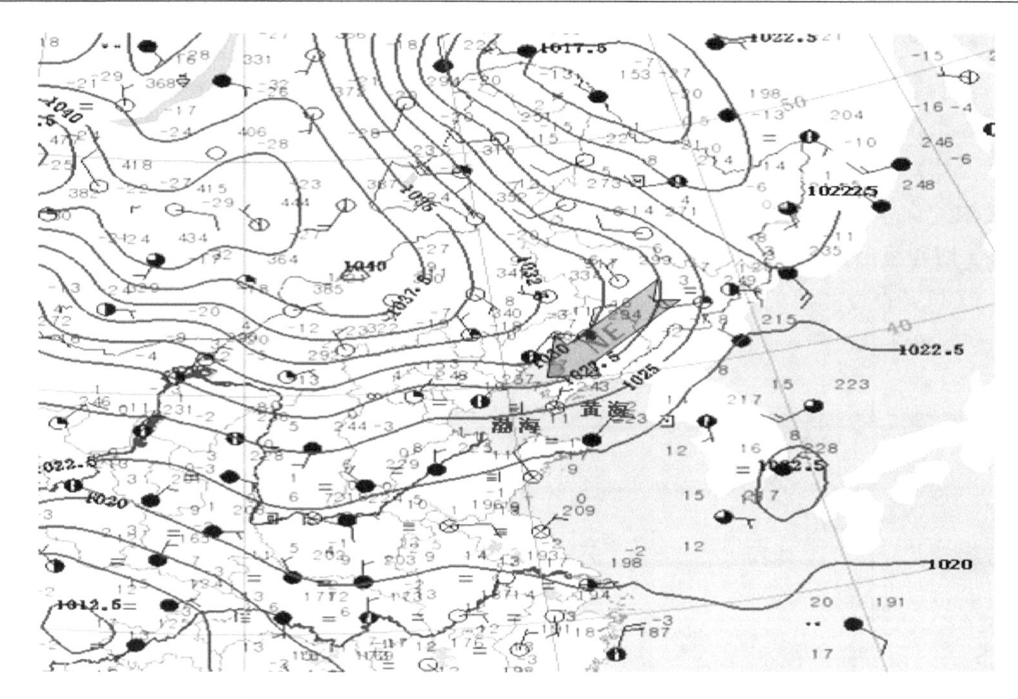

图 9.10 同步地面天气实况图 11 月 28 日 08 时(北京时)

9.2.6.3 同步海岛站与浮标站极大风速监测资料分析

为了客观评估遇险船舶实际风速估计值,利用海岛自动气象站与大浮标大风监测资料进行了对比(图 9.11),位于事故海区最近的翡翠岛 6 要素监测站距离渔港码头约 1 km,位于事故海区最近的唐山海区大浮标岛 10 要素监测站距离渔港码头约 40 km,基本可以代替事故海区大风实况值。海岛站与浮标风速差值为 3～5 m/s,海区东北风大于 8 m/s 起风时间为 8:36,8:56 后突增至 17 m/s,且持续 31 小时。海浪与大风对应估算值:浪高为 1.8～2.0 m,结合事故报告得出:海难事故发生的主要时段为 2011 年 11 月 28 日 08—14 时,8 艘海上先后

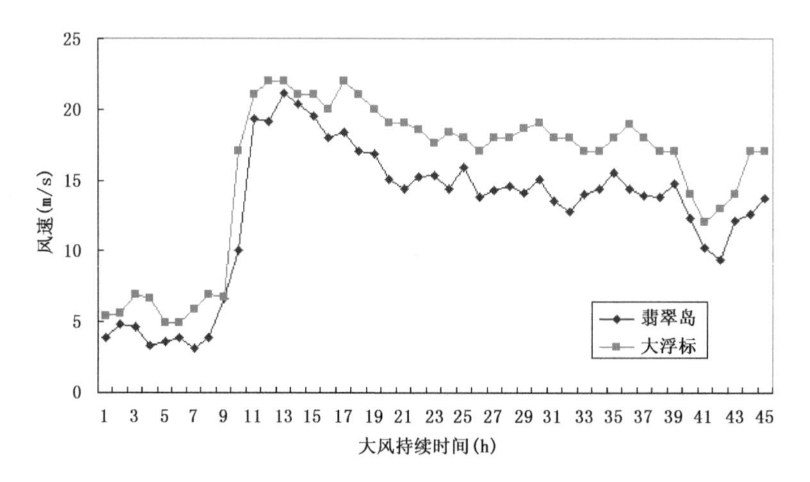

图 9.11 事故海区浮标与海岛站极大风速对比图
(28 日 00 时—29 日 20 时(北京时))

返航接近岸区 1～2 km 的时间约 8:50 至 9:30，恰好与大风起风时间一致，10—14 时船舶基本处于失控状态，其中一艘距离岸区仅有 500 m 左右，当时风速最大达 22 m/s，浪高 2.8 m，20 min 后在人们的视野中逐渐消失。

9.2.6.4　预报与服务

从 27 日 16 时气象部门发布了第一份海上大风警报，预报 28 日白天到夜间我市沿海海面将有东北风 7～8 级，气温下降 4～6℃并提醒相关单位注意；28 日继续发布海上大风警报：28 日夜间到 29 日秦皇岛海区仍有 7～8 级东北大风。之后每天三次发布海上大风警报，通过电台、电视、报纸、“12121”、手机短信、传真、电子显示屏等方式对外发布，对市政府、海上搜救中心、应急办、海事局、渔政处等相关单位。河北省气象局于 29 日 23:40 启动三级应急响应，积极做好预报服务。

国家海洋预报台 2011 年 11 月 27 日 18 时发布三天海浪预报：28 日渤海、黄海将生成大浪区，最大波高 3.5 m，29 日维持并扩展至东海，最大波高 4 m，30 日维持，最大波高 4.5 m。海温预报：11 月 26 日—12 月 02 日预报海区表层水温分布状况是：渤海为 8.0℃到 12.5℃。

9.2.7　西部海区风速预报方法

利用秦皇岛、塘沽、海上平台等 5 个自动站 2005—2007 年的逐小时风速历史资料对渤海西部海区的风速的相互关系和自身变化进行分析。使用二维分布概率模型统计方法，计算各种均值及相关系数，总结出风速的年变化和日变化，塘沽近海海区风速的年变化趋势是 3 月末 4 月初为全年风速最大的时期，比陆地大约提前 15 天；秦皇岛，塘沽和海上平台站的资料对比分析，认为秦皇岛沿海地区同样具有塘沽和其近海海区风速变化的相关性；塘沽和海上平台站的资料，二者的风速在 24 小时内有很大的关联性(即同时增加或减少)。最后总结出用塘沽沿海陆地风速预报近海海区风速的方法。

9.2.7.1　资料的选择及有关说明

使用 2005，2006，2007 这三年的秦皇岛(站号：54449)，卢龙(站号：54438)，抚宁(站号：54541)，塘沽(站号：54623)，海上平台(站号：54646)5 个自动站逐小时资料。

①海上自动站目前渤海很少，只有 54646 站的资料较全，而且距离海岸线的距离适中。

②在研究秦皇岛的风速时必不可少要选择 2～3 个本地的站点，从而选择了卢龙，抚宁作为内陆站的代表。

③由于海上平台站和秦皇岛还是有一点距离的，天气尺度的天气系统的影响在时间和空间上会有较大的差别，在用 54449 站和 54646 站作比较的时候，发现两者的相关性不是很好，所以没有直接用 54449 站和 54646 站作出一些比较，而是选取塘沽站和平台做统一计算，从而做出指导秦皇岛的预报方法，并且塘沽和秦皇岛的观测站距离海边的位置相近。

在月报表前期处理时，首先使用 VB 软件程序提取月报表报文中风速的要素数值，按预定的格式保存好提取结果。生成的结果文件有：每月逐小时风速文本(共 5×12×3＝180 个)，再通过程序计算提取出，逐月日平均风速文本(共 5×12×3＝180 个)和日逐小时平均风速文本(共 5×12×3＝180 个)，然后通过使用气象统计方法计算要素之间的相关性。

9.2.7.2　风速月变化的分析

一年 12 个月，不同的季节月份，受到的气象影响系统各不相同，比如：偏北风类天气系统

(阻高崩溃型,脊前下滑型,超极地型,西风槽型),偏东大风类天气系统(脊前偏东型,超极地型,平直型),偏南风类天气系统(西北气流型,蒙古低压型,入海高压后部型),那么风速的大小变化也是不同的。但是从气候角度来说,这些天气系统应该是以年为周期,基本是重复发生的,所以经过统计,对月平均风速的这5个站进行比较,查找相互关系。(图9.12横坐标是月份,纵坐标是风速,单位m/s。)

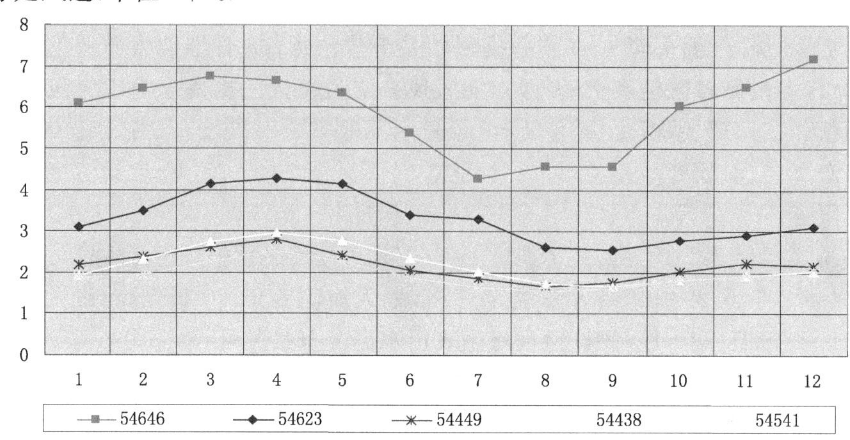

图9.12　海上平台(54646),塘沽(54623),秦皇岛(54449),卢龙(54438),抚宁(54541)风速平均值

在计算出2005,2006,2007年这5个站日平均风速的基础上,计算以下的相关系数:

秦皇岛和塘沽每月的风速大小的相关系数,两站的相关系数不是很大,而且不是很稳定,说明,两站的风速关系不是很大,尤其是夏季,这有可能是夏季平均风速较小,相互的联动性很差造成的,但是在某些月份,在天气尺度系统影响下,相关性还是比较好。

秦皇岛和海上平台每月的风速大小的相关系数,基本上所有的相关系数都是很小的正数,说明,秦皇岛和海上平台的风速的关系正相关,但是没有很大的联动性,有可能是距离的问题。

塘沽和海上平台每月的风速大小的相关系数基本上所有的相关系数都是大于0.6的正数,说明,塘沽和海上平台的风速的关系正相关,而且联动性很强,这两个站很近,所有的天气系统影响两站的时候,风速会在24小时内有相应的变化,做天津近海海区的风速预报,塘沽是一个很好的陆地选择站点(表9.5)。

表9.5　逐月相关系数统计

	2005年	2006年	2007年
1月	0.88319	0.73368	0.900274
2月	0.778511	0.463874	0.60682
3月	0.643477	0.657541	0.753269
4月	0.480318	0.391177	0.584607
5月	0.617623	0.037400	0.610603
6月	0.741836	0.432453	0.626406
7月	0.238176	0.600277	0.433771
8月	0.666359	0.519862	0.612429
9月	0.79143	0.733667	0.653255
10月	0.887828	0.740378	0.84398
11月	0.786386	0.748065	0.705203
12月	0.917916	0.832125	0.97317

9.2.7.3　风速日变化的分析

风是受多种因子制约的，在下垫面均一的海洋上，由于离岸的远近而风力各异，在同一个天气系统控制下，海洋风速和陆地的风力差异很大。在河北预报员手册中曾对1977—1981年的风速资料统计得出：风速的日变化在我省各地表现较为明显，一般早晨最小日出以后逐渐加大，午后达到最大，傍晚到夜间又趋于减少。海上平台7号和塘沽对比，海面风速上午趋于减弱，下午14时最小，黄昏后风速迅速增强，半夜至清晨达到最大值。陆地与海面相反，上午风速逐渐增大，14时达到最大值，傍晚风速迅速减小，清晨5时最小。

白天，太阳辐射使得地面迅速升温，大气层结区域不稳定，到了午后尤其明显。所以，14时前后陆风最大，太阳落山以后，地面冷却较快，大气层结趋于稳定，风速逐渐减小。海面温度常与陆地相反，由于海水热容量、下垫面等原因，海面白天增温、夜间冷却都较陆地要慢，因此，海面风速的极值与陆地相反。下面是对2005—2007年的资料的统计，图9.13中的横坐标为时间轴，纵坐标是风速，单位：m/s。

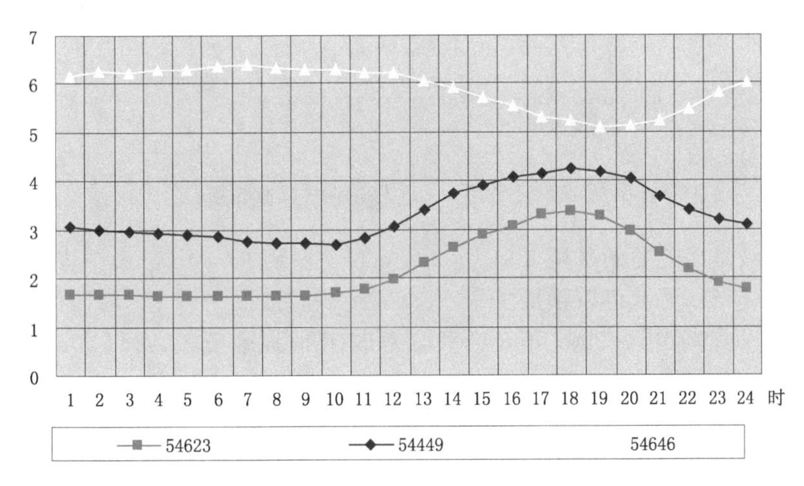

图9.13　秦皇岛(54449)，塘沽(54623)，海上平台(54646)24小时平均日风速变化曲线图

统计结果与近年来沿海风速变化研究结论基本一致，风速变化的趋势维持原有的状态，最大和最小速度的峰值出现的时间也基本一致。总结出海岸带与近海风速变化也是符合天气变化基本规律和特征，对于短时临近预报、预警具有较大的实用性。

9.2.7.4　客观预报方法

通过塘沽和海上平台资料的计算，设想秦皇岛站和秦皇岛海区的风速应该有相同的关系。所以用研究塘沽和海上平台的风速的相互关系，对于指导秦皇岛使用本站做海区风速的预报很有价值。下面是计算2005—2007年3年每月平均54646(海上平台站)与54623(塘沽站)风速的差值。从(图9.14)中可以看出，不同月份，差值不同，利用塘沽站点的预报风速值加上差值(最近上个月的平均差值，这样可以使得误差减小)可以简单作出海区风速的预报，换算成等级的也就是平均值是在2～3级风的差别范围内变化。图9.15中显示出塘沽和秦皇岛站全年约平均风速差值(0.7～1.8 m/s的变化范围)。

以前秦皇岛本地作海区风速预报都是在陆地预报的等级上加上2级风。例如，秦皇岛预报2～3级，海区预报4～5级风，没有白天和夜间的区分。但是通过以上的研究，应该在白天

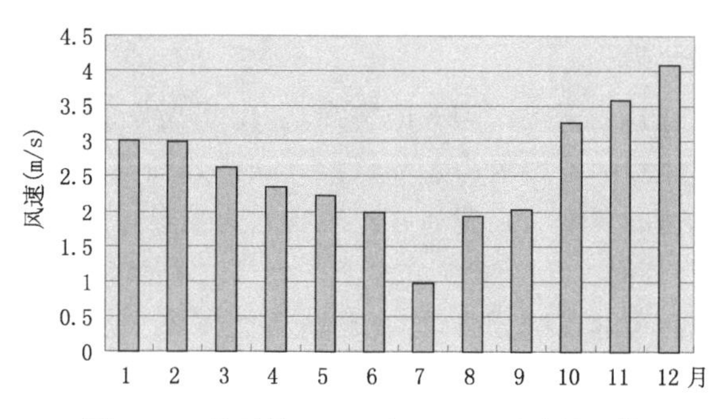

图 9.14　月平均 54646 与 54623 风速的差值

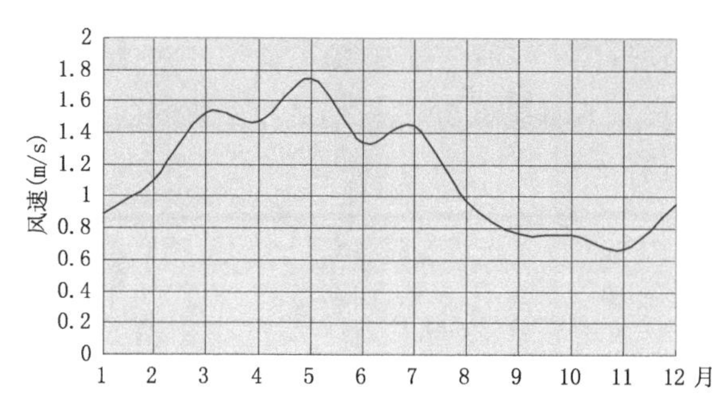

图 9.15　月平均 54623 与 54449 风速的差值

对海区预报的等级是在陆地的基础上加 1～2 级,夜间应该加 2～3 级(最少也要 2 级)。这样,陆地白天预报 3～4 级,海区可以预报 4～5 级。陆地夜间预报 2～3 级,海区可以预报 5～6 级左右。图 9.16 是塘沽 2005—2007 年 3 年平均逐 24 小时风速差值,可以看出,20 时至次日 8 时,风速差值基本在 3～3.5 m/s,有 2～3 级的差值,白天只有 1～2 级的差值。

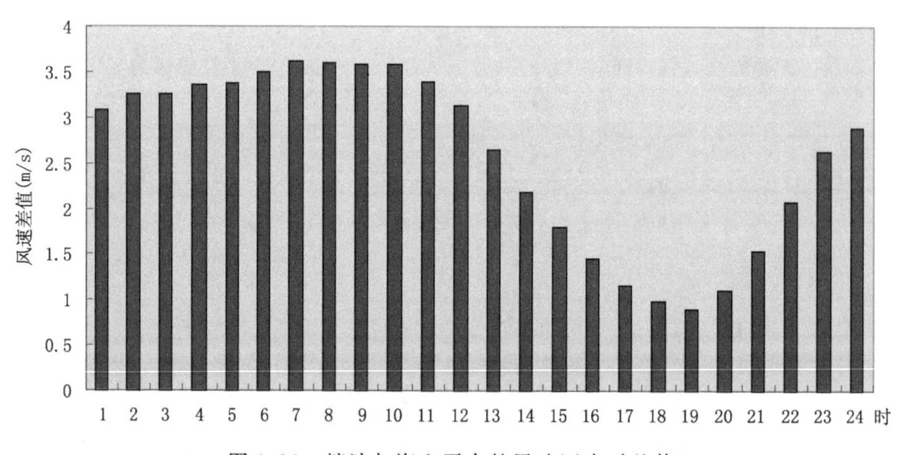

图 9.16　塘沽与海上平台的风速逐小时差值

用塘沽和海上平台的风速大小的相互关系,假设秦皇岛和秦皇岛近海海区也有相同的经验预报方法,计算海上平台站除以塘沽站风速的倍数大小(表 9.6,每月平均值)。

表 9.6 海上平台站风速除以塘沽站风速所得倍数

	2005 年	2006 年	2007 年
1 月	1.998889	1.938434	2.115853
2 月	1.876902	1.844477	2.136985
3 月	1.646571	1.717366	1.719126
4 月	1.668455	1.542102	1.61301
5 月	1.605371	1.585368	1.743689
6 月	1.528029	1.623955	1.697393
7 月	1.140588	1.398615	1.518719
8 月	1.868608	1.749839	1.591714
9 月	1.74269	1.629316	2.009685
10 月	2.173699	1.983716	2.399319
11 月	2.204626	2.400615	2.338838
12 月	2.170956	2.348661	2.406734

总结以上的统计结果，综合得出近海海区风速预报方法的客观数学方程：

(1)$X/Y=B$；

(2)$X-Y=C$；

(3)在 24 小时内没有强天气系统的影响下，日变化的风速仍然具有图 9.16 的变化趋势，24 小时内风速极值，平均值满足(表 9.6)基本条件。

X:近海海区风速(24 小时平均值)；Y:沿海陆地风速(24 小时平均值)；

B:倍数(不同月份，倍数不同)；C:差值(不同月份，差值不同)

对于塘沽沿海海区的预报，由于海区资料的存在，使得倍数和差值都是可以计算的，但对于秦皇岛来说，近海地区的资料没有，使得预报的检验和倍数表、差值图没有，只能利用预报统计关系做出风速等级的近似预报。现在对塘沽和海上平台做出验证，资料使用 2007 年 2 月 1 日下午 20 点对未来 24 小时海区的风速做出预报，再用实况做出检验。

2007 年 2 月 1 日 20 时开始预报，假设预报未来 24 小时风速平均为 A，由于 2007 年 1 月平均风速差值为 2.95 m/s(准确数字)则海区风预报为 $A+2.95$。现在把 2007 年 2 月 1 日 21:00 到 2 月 2 日 20:00 的的塘沽实况假定就是 1 日 20:00 的预报(1.7 m/s=2 级风)，则海区预报为 4.7 m/s(3 级风)，海区实况为 5.1 m/s(3 级风)。

在预报的等级上基本一致，但是这里要说明一点：等级预报是风速的范围预报，这个也许会在这次检验中显得很准确，但是在量化到具体的数字上面就会有偏差。比如，这次预报(这是在预报塘沽未来 24 小时的风速准确率为 100%的情况下)，海区风速偏差 0.4 m/s，占预报比重的 9%)。由于随机选择的个例风速不是很大，现在特意选择一个大风的个例。

2007 年 3 月 4 日 20 时开始预报，假设预报未来 24 小时风速平均为 A，由于 2007 年 3 月平均风速差值为 2.7 m/s(准确数字)和倍数为 1.7，则海区风预报为 $A+2.7$ 或 $A\times1.7$ 现在把 2007 年 3 月 4 日 21 时到 3 月 5 日 20 时的塘沽实况假定就是 4 日 20 时的预报(7.475 m/s=4 级风)，则海区预报为 10.1 m/s(5 级风)或 12.699 m/s(6 级风)，海区实况为13.5 m/s(6 级风)。

在预报风速上面一般有比较大的偏差，实况风速越大偏差越大，但是如果用上面的方法预报风速等级上，应该只有最大 1 级的预报偏差，效果应该还是可以的。

9.3 海上大雾天气监测与预报

大雾天气是目前公认的高影响天气之一。受沿海季风环流和环渤海水体的热源效应影响，致使渤海沿海地带水汽条件好、气压梯度小、出现浓雾日数较多。同时由于地形的变化、下垫面的差异、距离海岸线的远近等不同因素影响，沿海地区雾出现频率、时段、性质均有较大不同。它的危害性主要特征是：降低能见度和加重空气污染指数，对交通运输、航空、海上航运及人们身体健康产生直接影响，当大雾天气浓度面积增大及持续时间较长，将对区域经济和人民生命财产构成严重的威胁，2007 年 11 月 25—26 日华北东部区域及渤海西部出现了近年来一场罕见的大雾，严重时能见度甚至不足 10 m。沧州、天津、唐山、秦皇岛至沈阳高速公路从 25 日 15 时—27 日 7 时全线封闭，数万辆汽车受阻，各地航班、港口及电力设施均受到不同程度影响。尤其在运输行业飞速发展的今天，即高速公路长度向 4 万 km 延伸、海区航运和航空航线递增、班次加密、铁路三次大提速的背景下，气象部门如能提供准确及时的沿海大雾预报，其意义重大。通过分析沿海地区浓雾天气气候变化规律，应用新的探测资料建立新的天气模型、技术指标等改进大雾天气方法，逐步提高海雾监测与预报的整体水平。

9.3.1 海雾定义及分类

海雾是指发生在海上、岸滨和岛屿上空低层大气中，由于水汽凝结而产生的大量水滴或冰晶使得水平能见度＜1000 m 的危险性天气现象 。目前对海雾尚没有确定划分标准，傅刚(2009)、曹晓岗(2010)、孙奕敏(1994)和吴兑(2001)采用划分依据如表 9.7：

表 9.7　渤海雾的种类及划分依据

划分依据	一般分类
形成雾的天气系统	气团雾、锋面雾
雾形成的物理过程	冷却雾(辐射雾、平流雾、上坡雾)
雾的强度	重雾、浓雾、中雾、轻雾
雾的厚度	地面雾、浅雾、中雾、深雾(高雾)
雾的温度	冷雾、暖雾
雾的相态结构	冰雾、水雾、混合雾

9.3.1.1 海雾的分类

海雾是在特定的海洋水文和气象条件下产生的。当低层大气处于相对稳定状态，由于水汽的增加及温度的降低，近海面的空气逐渐达到饱和或过饱和状态，此时，水汽以细微盐粒等吸湿微粒为核心不断凝结成细小的水滴、冰晶或者两者的混合物，悬浮在海面上几百米以内的低空里，当雾滴增大、数量增多，使能见度降低到 1 km 以下时，便形成了海雾。海雾的分类见表 9.8。就渤海区域而言，最常见的雾有以下几种：辐射雾、平流雾、平流辐射雾、锋前雾、冷季混合雾和地形雾等。

表 9.8　海雾的分类

类　型		主要成因
平流雾	平流冷却雾	925 hPa 暖空气平流到冷海面上成雾
	平流蒸发雾	925 hPa 冷空气平流到暖海面上成雾
混合雾	冷季混合雾	冷空气与海面暖湿空气混合成雾
	暖季混合雾	暖空气与海面冷湿空气混合成雾
辐射雾	浮膜辐射雾	海上浮膜表面的辐射冷却而成雾
	冰面辐射雾	冬季渤海北部冰面的辐射冷却而成雾
地形雾	岛屿雾	岛屿迎风面空气绝热冷却而成雾
	岸滨雾	海岸附近形成的雾

(1)平流雾

平流雾可在一天的任何时间出现,可以和低云相伴,并且持续时间较长,日变化不如辐射雾明显。通常平流雾的高度比辐射雾高,可达 600～700 m,有的甚至可达 900 m。平流雾形成的物理过程是一个比较复杂的问题。仅有暖湿空气的平流条件,有时不容易形成雾,往往是暖湿平流再配合海岸带一海区的辐射冷却,在这两种因子综合作用下更易成雾,称为平流辐射雾。

1)平流冷却雾:在弱低压带均压场背景下,925～850 hPa 暖湿空气移到环渤海冷海面时,底层冷却,水汽凝结形成。每年 4—6 月渤海大部、黄海北部的海雾多属于此类。辐射雾的形成一般条件为:晴天无云或少云,地面有效辐射强;空气相对湿度大,特别是海岸带地区雪、雨后或高空槽前半夜快速过境近地层增湿更为有利;地面风速微弱;大气层结稳定,近地层有逆温或等温存在;近地面空气温度必需下降到接近露点温度。其高度一般为几十米到几百米,一般不超过 400 m,绝大部分在 200 m 以下,即 1000 hPa 以下。我国的近海以平流冷却雾居多,海雾从春至夏自南向北推进。以东海和黄海的雾最多。黄海雾季在 4—8 月,雾区比东海大,整个海域都有雾。渤海雾季在 5—7 月,东部多于西部,集中在辽东半岛和山东半岛北部沿海。渤海西岸从莱州湾以北直到秦皇岛的广大海区相对偏少,主要集中在海岸带 20～30 km 地域。

2)平流蒸发雾:冷空气从暖海面上流过,一面蒸发向空中输送水汽,一面因湍流交换向大气输送热量,前者利于雾生,后者利于雾消。当蒸发作用大于热输送时,便能形成海雾。

以上两种平流雾的特点:雾性浓、范围大、持续时间长,伸入大陆较远;常伴有平流低云;活动多变,出现突然;日变化不明显。

(2)辐射雾:在弱高压均压场背景下,当海面上有一层悬浮物质或有海冰覆盖时,夜间辐射冷却生成的雾。多出现在中、高纬度冷海面上。多见于辽东湾、渤海湾、莱州湾水域的黎明前后,日出后渐消。

(3)冷季混合雾:低气压区内降水在下降过程中不断蒸发或升华,增加近海面层大气中的水汽量。同时周围冷空气不断卷入低气压区内,与因蒸发或升华作用使得海面上接近饱和空气发生混合凝结而成雾。暖季混合雾的形成同上。

(4)地形雾:海面暖空气在向岛屿和海岸爬升的过程中冷却凝结而形成的雾。如北戴河海区的东南坡和大连半岛等,春夏季节早晚常常轻雾缭绕,中午迅速消失。

9.3.1.2 海雾的水文、气象条件

海雾的生成、持续和消散，既有水文条件，也有气象条件。在水文条件中，以黄海与渤海冷暖洋流交换和表层水温的作用比较显著。气象条件中近水面大气温度、湿度、风和空气稳定度的作用较大。

(1)海雾的水文条件

海雾常出现在涌升的冷洋流上，或者是冷暖洋流的交界区域。海面水温可作为海雾生成的临界，大片海雾区出现在海面水温低于 20℃的海域。高于 20℃的海域，海雾逐渐减少，超过 25℃等温线以外的海域，不再有雾，且与海岸带温度有关。

(2)水一气温差条件

大量的观测事实表明，85%的雾发生在气温高于水温 0～6℃范围内。气温高于水温 1℃时出雾的比例最大。高于 6℃以上，很难出现平流冷却雾。但对平流蒸发雾来说，却多出现在气温低于水温 10℃以上(气温越低，海面蒸发越旺盛)。

(3)湿度条件

据统计温度露点差在 1℃以下时，占出现雾的 88%，其中又以温度露点差在 0.1～0.5℃以下时产生海雾的次数最多。近年来的观测事实表明，海雾形成时的相对湿度不一定要达到 100%，有时相对湿度达到 85%以上，就有海雾生成。但相对湿度低于 75%，一般不易有海雾生成。

(4)风场条件

对平流冷却雾来说，暖湿气流的长期存在，对海雾的生成和发展相当重要。有海雾生成时，一般盛行偏南气流(渤海、黄海)或偏东气流(渤海西海岸带)，海雾发生时风力多为 2～4 级(2～8 m/s)，特别是 2～3 m/s 最为有利。

(5)大气稳定度条件

有较强的逆温层可以使平流冷却雾得以产生和维持。但对于平流蒸发雾来说，一般多出现在低层大气呈不稳定状态下。

9.3.2 渤海大雾气候特征及天气概念模型

目前海雾的监测与预报研究的主要方法：卫星遥感、海岛站、浮标站探空监测技术，预报方法以天气学、统计学、数值预报、卫星反演等为主。实际业务运行在 MICAPS3.1 系统下，用云图与同步探空、地面雾区叠加图、温度场逆温层剖面及 TBB 值与海面温度比较，估算雾区面积、高度及秋、冬季雾区温度垂直递减率。配合 T639 2 m 湿度场、风场产品及海岛站监测资料，进行渤海一海岸带大雾天气监测与预报。理论研究方法和手段为：利用数值模式对海雾进行研究：Guedalia(1994)一维模式，胡瑞金(1997)二维模式，Darko Koracin 的 MM5，傅刚(2004)RAMS, Gao(2007)MM5。优先主题：定量的研究海表面热状况对海雾的影响机制；WRF 模式对海雾的模拟能力。

9.3.2.1 渤海地区大雾气候特征分析

使用资料为 1978—2008 年，环渤海 14 个海岸带站“气表－1”资料。近 10 年渤海大雾灾害天气个例库资料分析，大雾日的统计方法：以 20:00 为日界，1 日内只要有 1 次或以上大雾记录就统计为 1 个大雾日，对跨越 20:00 的大雾按 2 个大雾日统计。大雾持续时间统计方法：

1 日中当大雾的间隔时间在 4 小时以内的，按一次大雾统计，持续时间累计；当一天中大雾的间隔时间在 4 小时以上时就定义为另一次大雾；将跨越 20:00 的同一场大雾作为一次连续大雾过程处理。大雾持续时间、连续大雾日数统计均跨月、跨年统计。从中筛选出 252 个过程个例采用统计分析与同步天气图大雾灾害天气个例库对比分析，得出渤海大雾的主要特点是：

大雾年变化及月变化：沿海地区 30 年间共出现雾日 347 次，平均每年 12 次。最多年份 21 次（1990 年）。大雾各月出现频率沿海地区春、夏两季出现雾的频率几乎相当，11 月是多雾的月份。1、9、10、12 月 4 个月次数较少。海岸带地区的雾主要出现在夏、秋季，冬季由于空气干燥则很少出现。

四季各时刻出现雾的分析：沿海地区春、夏季出现雾的最多时刻在 6—7 时，秋季最多在 7—8 时，冬季最多在 8—9 时，随着季节的转换日出时间逐渐后移，出现雾的时间向后推移 1 个小时左右。春季 13—15 时很少出现雾，夏季气温高日照充足，12—17 时都很少出现雾，秋季空气湿度小，12—16 时很少出现雾，冬季气温低，只有 13—14 时很少出现雾。综合分析表明，渤海沿海出现雾的主要时段：春季在 3—10 时、夏季 3—8 时、秋季 6—8 时、冬季 6—10 时。内陆地区出现雾的时间和沿海有明显的不同，春季出现雾的最多时刻在 7—8 时，夏季最多在 6—7 时，秋季最多在 6—8 时，冬季最多在 8—10 时。春季 10 时以后就很少出现雾了，夏季气温高，9 时以后很少出现雾，秋季空气干燥，10 时以后很少出现雾，冬季气温低，只有 15—16 时很少出现雾。同步资料分析表明：大雾天气 500 hPa 为槽前正涡度区，700 hPa 物理量 ω 在（$-1\sim-5$）hPa/H。K 指数一般为负值，沙氏指数为正值且 $SI>17$。由于受地方性天气影响，风向、风速、出现时间都有较大差异，有时在同一天气系统影响下风向、风速、出现时间也不一样，预报员对地方性天气要有足够的了解，才能对沿海的大雾作出正确判断。

9.3.2.2　海区大雾天气概念模型

在环渤海地区，当空气运动相对静稳时（水平风速小于 2 m/s），垂直混合太弱，不利大雾的形成；层结不稳定，垂直混合太强，气流扩散强烈也不利雾的形成，只有适度的混合作用才能形成较厚的大雾，垂直上升速度在（$-1\sim-5$）hPa/H 对大雾形成非常有利。根据 18 例实况形势场分析，海区出现雾的基本天气类型有三种：

（1）低层暖脊，地面弱高压微风型

在 850 hPa 天气图上（图 9.17），暖脊从山东半岛伸向华北地区的北部地区，华北上空气温明显偏高，ΔT_{24} 为正变温区，0℃线位于 42°N，这种分布表明，华北地区的气压场偏低，容易形成低层混合逆温，阻碍了空气扩散。在地面图上中国大陆几乎全部被弱高压控制，华北地区及冀东地区气压梯度不大，风力小，由于低层暖舌的长时间维持，多发于 10—11 月份渤海大部，黄海北部地区 24～36 小时大雾天气。

（2）低层暖脊，地面鞍型场静风型

低层暖舌，地面鞍型场静风型低层温度场也有非常明显的暖舌长时间维持（图 9.18），在 850 hPa 天气图上，海上高压与大陆的蒙古高压遥相呼应，鄂霍次克海低压和南亚的低压遥相呼应；在同步地面图上气压场的分布与低空高度场基本一致，这样的气压、高度场分布使得冀东地区基本处于鞍型场的静风区内，空气扩散慢，雾区在鞍型场附近即渤海形成。

（3）低层暖脊地面弱低压微风型

低层暖脊、地面弱低压微风型天气概念模型主要表现特点如下：850 hPa 天气图上（图 9.19），低层暖脊势力比较强盛，暖中心在河套地区，冷中心偏北，高度场主要表现气旋中心偏

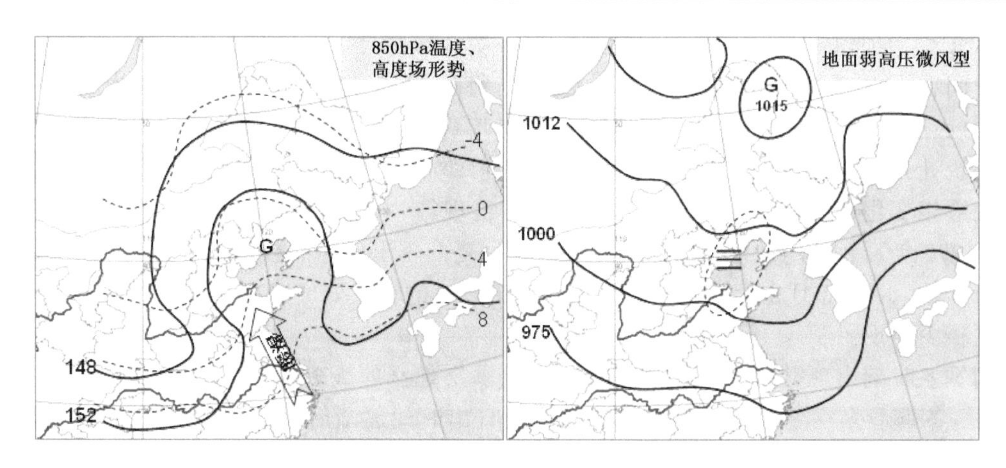

图 9.17　850 hPa、地面、低层暖舌，地面弱高压微风型天气概念模型

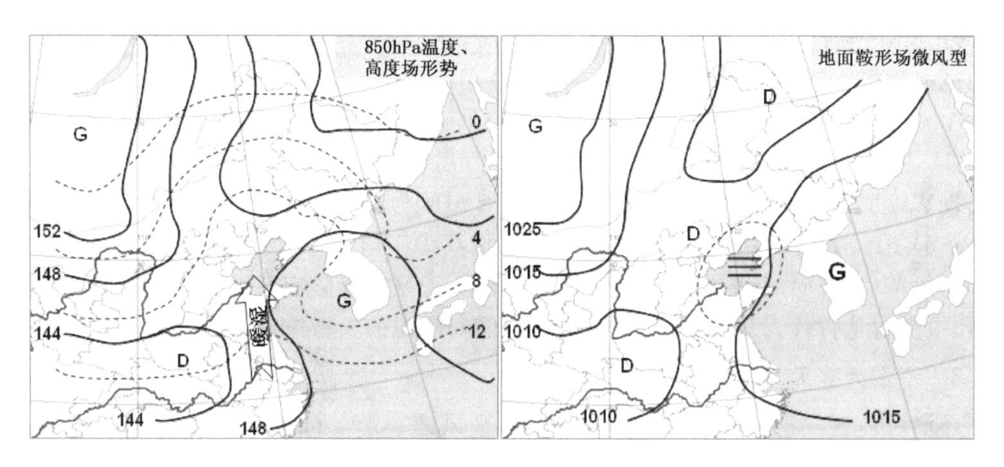

图 9.18　850 hPa、地面、低层暖舌、地面鞍型场静风型天气概念模型

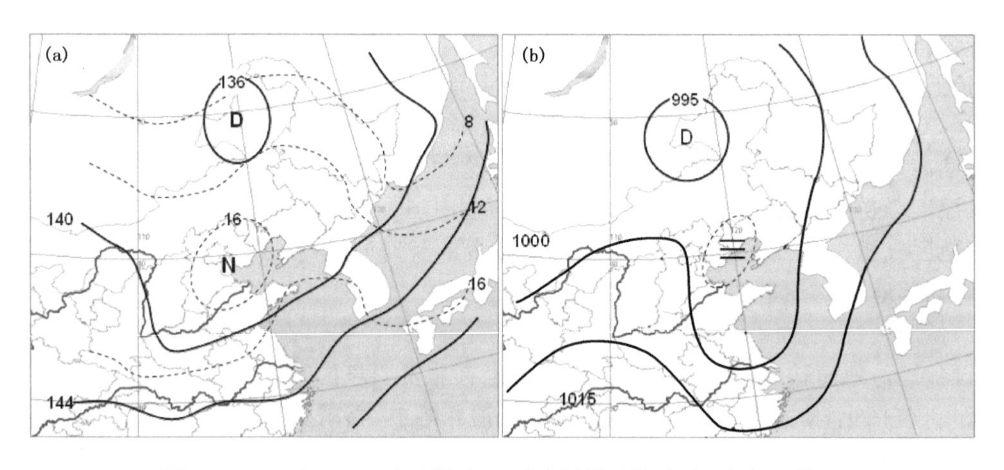

图 9.19　850 hPa(a)、地面低层(b)暖脊弱低压微风型天气概念模型

北，在 62°N，102°E 附近，青藏高压已经建立，华北及冀东地区处于高空槽影响下；地面气压场的分布与高度场相似，低压中心在 60°N，115°E，华北及黄河下游地区为深槽，槽底伸至西南地区，河北处于低压槽槽内，暖空气滞留于华北及冀东地区，区域性较长时间东移，导致低层混合

逆温，阻碍了空气扩散，多发于 6—9 月份渤海大部，黄海北部地区 24～48 小时大雾天气。

出现大雾的均压场一般概念：地面气压场无论是鞍型、弱高压型、弱低压型，气压由中心向外围的梯度，为每个纬距一个百帕左右的变幅。在垂直方向上气压梯度也较小，850 hPa 温度场有暖脊，500 hPa 风场以偏西风为主，具体差别视季节和天气系统的演变而定，目前没有具体标准，相关的一些标准正在制定之中。渤海大雾参考个例见表 9.9。

表 9.9　2001—2008 年渤海海区系统性大雾天气参考个例

时间	灾害类别	持续时间(h)	850 hPa 温度场	850 hPa 风场	地面影响系统
2001-11-23 08	轻雾转大雾	12～16	有暖脊	东南风	低压均压场
2001-07-12 05	大雾	8～14	弱暖脊	偏南风	鞍形均压场
2003-06-19 22	大雾	6～8	有暖脊	东南风	低压均压场
2004-08-27 05	大雾	5～6	弱暖脊	偏南风	高压均压场
2004-09-03 05	大雾	8～12	有暖脊	东南风	低压均压场
2004-09-04 06	大雾	6～8	有暖脊	西南风	高压均压场
2005-10-13 06	大雾转雨	2～3	弱暖脊	东南风	低压均压场
2006-06-24 05	大雾转雨	10～12	有暖脊	偏南风	鞍形均压场
2007-08-09 09	轻雾转大雾	8～10	有暖脊	东南风	低压均压场
2007-09-15 12	大雾	6～8	有暖脊	东南风	低压均压场
2007-09-17 09	大雾	6～8	有暖脊	西南风	低压均压场
2007-10-03 08	大雾	8～12	有暖脊	偏南风	低压均压场
2007-10-03 16	大雾	11～16	有暖脊	东南风	弱低均压场
2007-11-05 16	大雾	15～17	弱暖脊	西南风	高压均压场
2008-10-15 17	大雾	12～14	有暖脊	偏南风	弱高均压场
2008-10-17 14	大雾	10～12	弱暖脊	偏南风	低压均压场
该大雾灾害天气与 16 起海难记录直接相关					

9.3.3　大雾监测与预报业务流程

基于 MICAPS 系统的卫星云图与天气图叠加大雾天气预报预警概念模型的建立(2006 年之前多数个例缺少云图同步资料)变化情况。一是根据用户需求，二是随着气象新资料应用技术不断更新，入选的预报因子、预警信号升级指标、预报概念模型及业务流程也随之变化。主要根据实际预警能力和效果，例如 2009—2010 版，温度脊特征值下降至 925 hPa，雷达因子被红外与可见光云图叠加图取代，MM5 产品被 T639 产品取代之(见图 9.20)。

(1)2001—2006 年大雾天气预报模型：850 hPa 天气图＋日本数值预报＋地面实况＋2 个自动站；

(2)2007—2008 年大雾天气预报模型：850 hPa 天气图＋红外云图＋雷达＋MM5＋地面实况＋1 个海岛站；

(3)2009—2010 年大雾天气预报模型：850/925 hPa＋红外 TBB＋可见光＋地面实况＋T639＋5 个海岛站；

(4)预报因子：逆温层，雾区温度垂直递减率分布，红外 TBB，可见光云图叠加，海陆温差，

2 m 相对湿度与 10 m 风场，均压场条件等。

(5)预警信号上升、下降指标：TBB 定量监测值与 3 小时实况叠加对比；系统性中、低云系前锋与雾区相对运动时，预报意义为浓雾加重；轻雾被低云叠加区比非叠加区能见度量级降低 3～4 成。

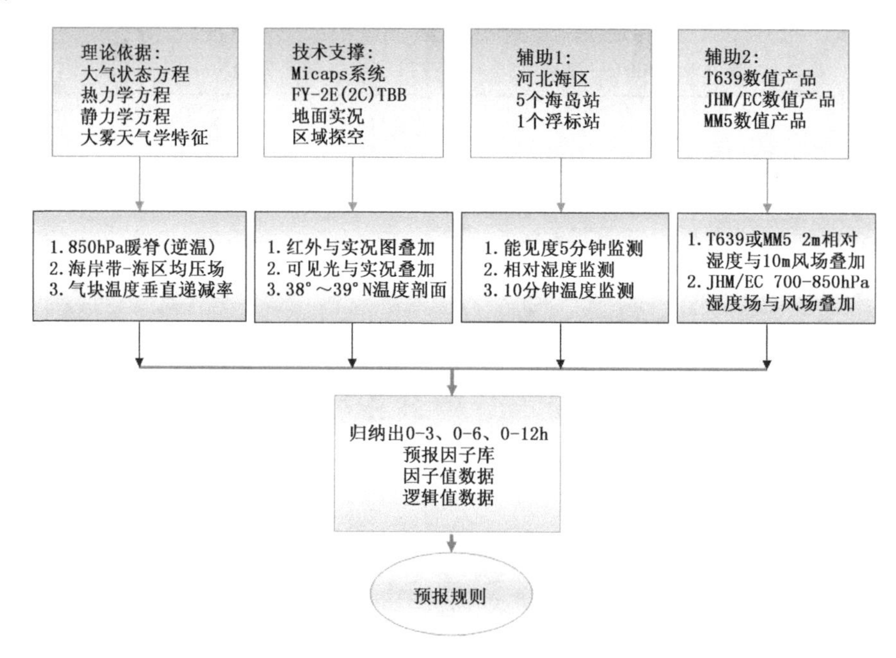

图 9.20　海雾监测与预报因子提取业务流程图

9.3.3.1　基于 MICAPS 系统下 FY-2E(C)卫星云图分析

由目前的各类卫星监测功能和技术性能指标得知，大雾的监测主要是极轨卫星可见光通道(FY-1D，FY-3A，NOAA17 直方图法)产品，星下点分辨率在 1 km 以下，2 张/(天・次)，网上查询；FY-2E(C)红外星下点分辨率在 5 km，24 张/天，非汛期 30 分；FY-2E(C)可见光云图星下点分辨率在 1.25 km，6～8 张/天，红外云图对 1 km 以下大雾监测能力明显偏弱，但 MICAPS 系统下 FY-2E(C)红外云图可以和 2 次同步探空资料、8 次实况资料叠加，配合 TBB 定量产品、6 次 FY-2E(C)可见光云图实况叠加产品进一步增强监测能力，可识别低云雾区面积，订正极轨卫星大雾监测及雪区监测产品，在 2009—2010 年几次海岸带一海区大雾预报预警中业务效益显著，给秋冬季大雾预报方法研究带来一些新思路。在未叠加云图中难以判别雾区和雨雪区，得到的是一般信息 TBB 定量值和云的形态分布，同步叠加实况后(图 9.21)得到信息是轻雾分布和雨雪大致分布。说明一点：河套北部 TBB 大值区并没有与降水天气对应。冬季 08 时可见光叠加图反差小，识别效果不好，叠加 9 时云图清晰度明显提高，优于本地雷达反射率因子产品，相对环渤海地区可见光云图时次受限于 9—15 时，是云图资料有效应用不足的主要原因之一，而 3 小时实况图可辅助红外云图同步 24 小时使用。

9.3.3.2　与实况叠加的卫星云图大雾天气特征

通过 24 个例的红外及可见光云图实况叠加、同步 TBB 及反照率资料分析，降雪前海岸带一海区大雾生成区域多数在 850 hPa 暖脊 0～4℃范围，地面弱均压场，吹偏南风，大雾由山东

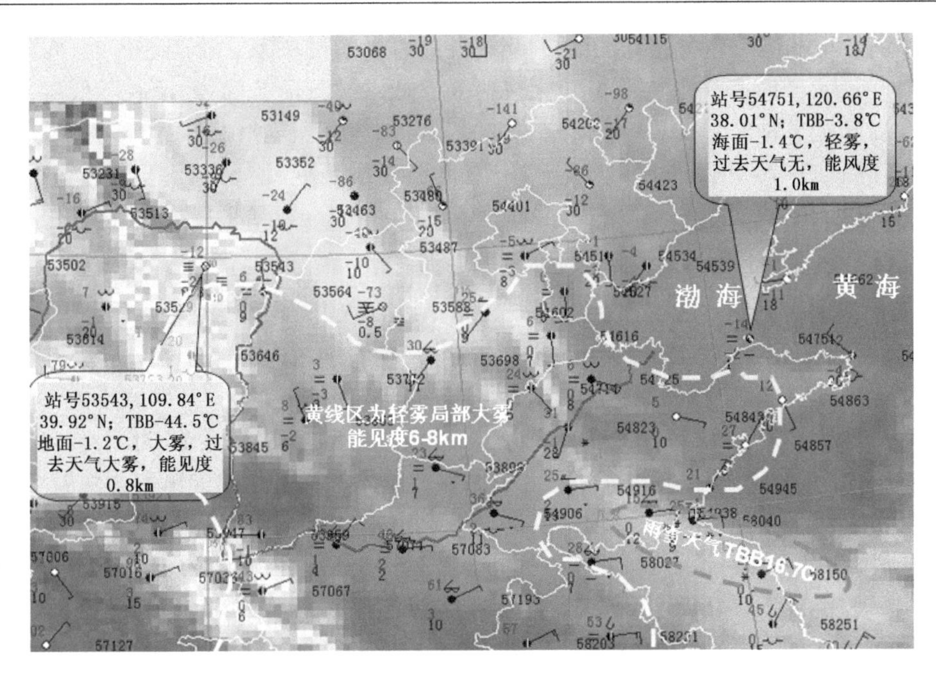

图 9.21 2010年3月18日08时FY-2E(C)红外与MICAPS2.0系统实况叠加图

半岛北部向河北海区发展(图 9.22)；地面弱均压场吹东南一东风，大连、烟台由轻雾转为大雾由东向西运动，并与西来系统性中低云前锋做相对运动 TBB −16～−24℃，9—14 时可见光反照率 0.16%～0.34%，轻雾覆盖区能见度下降 40%～50%，与非覆盖区域比，大雾区域浓度加重；天津、黄骅吹南风，雾区沿海岸带向秦皇岛一锦州海区运动，由轻雾转为大雾；大雾发生发展始终粘附在海岸带，一般为总面积的 1/3，TBB 估测雾高度 400～600 m；渤海南北温差 3～5℃，东西温差 1～2℃，850 hPa 温度＞海面温度；同步海岛站监测显示：能见度 100～200 m，海上风 2～4 m/s，岸区 1～2 m/s；相对湿度维持在 92%～98%；可以认为，海雾的发

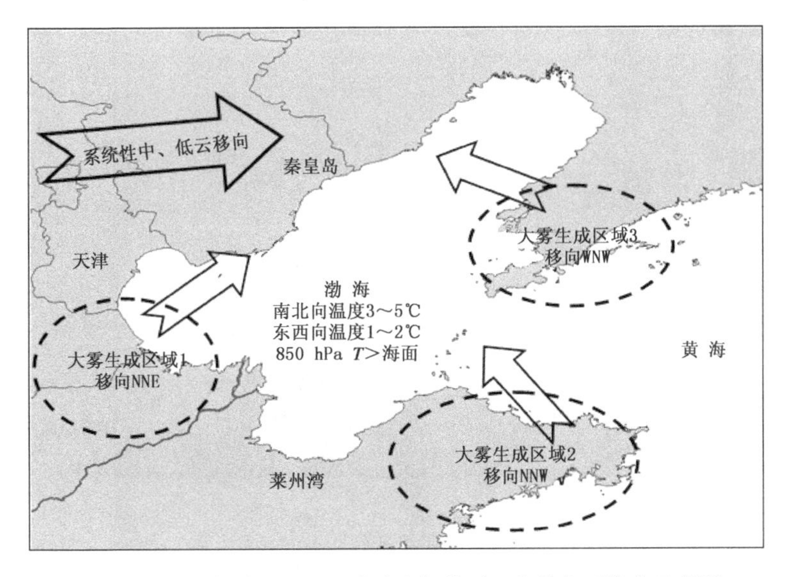

图 9.22 秋、冬季 850 hPa 暖平流条件下三个雾生区综合示意图

展、维持和消散与下垫面热状况、低层的湍流条件有着密切的关系。出现轻雾时，海气温差减小，不足 0.3℃，大雾时海气温差 0.8℃，大气边界层低层湍流活动加强，反映了低层大气平流雾加强，有利于海雾的发生和维持。傅刚等(2009)对海表面温度对海雾的影响进行了敏感性试验表明：升高 SST，海气间的温差减小，海气界面间的稳定性减弱，海雾面积减小。降低 SST，海气交界面间的气层更加稳定，海雾面积增大，与监测分析结果接近一致。

9.3.3.3 低层温度场及物理量空间剖面

850 hPa 温度场风场与云图叠加的实际意义可以直观看到雾区水平分布面积，其暖平流通过与海面弱湍流活动扩大雾区面积和维持雾区浓度少变(850 hPa 温度、风场、雾区与云图叠加图略)；温度场剖面(图 9.23)的意义在于直观分析空间逆温层分布；由原始的大气状态方程 $p=\rho RT$，热力学方程 $\mathrm{d}Q=c_p\mathrm{d}T-ART/p\mathrm{d}p$，静力学方程 $\mathrm{d}p=-\rho g\mathrm{d}Z$ 为理论依据，推导出气块湿绝热递减率 γ_s(0.6℃/100 m)总是小于 γ_d(1℃/100 m)。绝热递减率并随温度 T、气压 p(H)而变化，是云图应用技术主要理论依据之一，也是应用 TBB 资料与岸区温度、海区温度叠加差值分析确定预报因子的理论依据。众所周知，气象卫星红外通道的观测值，是云顶和无云区地球表面向太空发射的辐射。通常将它以相当黑体温度(Black Body Temperature，TBB)表示称之“亮度温度”。24 小时监测地球表面不同尺度天气系统云系发生发展消亡一些基本特征，直观展示明显系统云系分层结构及不同尺度合并分离过程。海区－海岸带大雾天气一般低于 1 km 不遵循上述规律，对河北海岸带－海区域出现的 24 次大雾天气过程进行综合对比分析、同步物理量场逆温层剖面及历史资料拟合。应用大气状态方程原理估算雾垂直递减率(0.02～0.04)℃/(0～600)m，然后在 MICAPS2.0－3.0 系统下，用云图与同步探空、地面叠加图，监测区域 TBB 值与地面与海面温度比较，估算雾区面积及高度，总结出 FY-2E(2C)红外云图 TBB 在海岸带－海区大雾监测预报中区别低云的快捷方式。秋冬季环渤海地区较低的逆温层和适当的湍流发展条件，有利于形成一定厚度的雾；对山海关探空 10 个个例的 100～1000 m 资料分析，平均雾顶高度在 400 m 左右，在均压场条件下雾顶高度可达 700 m；逆温层及高湿区在 919 hPa 以下，浓雾时厚度层则相对偏低逆温层及高湿区在 987 hPa 以下，表明大气层结相对稳定，垂直厚度的大小与大雾控制时间及面积成正比。且与实时自动站监测资料较一致(图 9.23)。

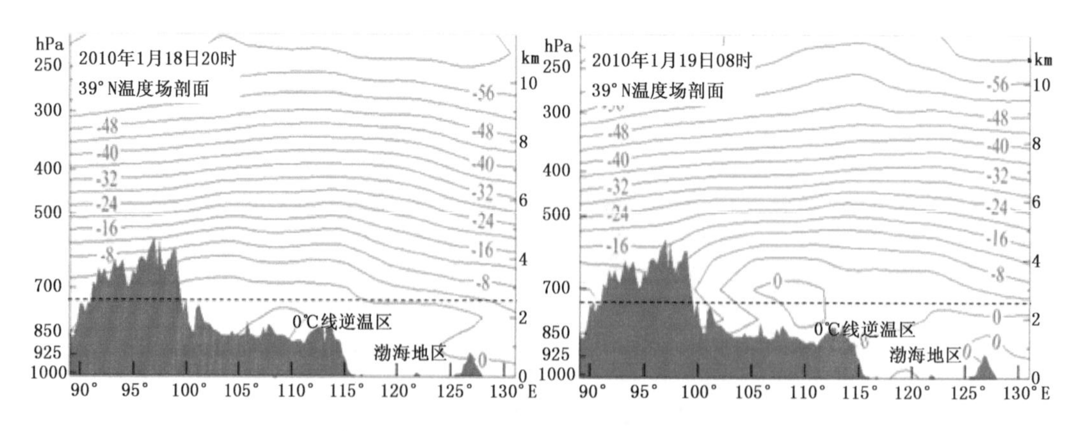

图 9.23 秋冬季逆温条件下温度场剖面图

9.3.3.4　大雾监测流程及预警信号指标

随着新的监测资料逐步应用，通过实际预报预警信号效果检验，流程更贴近实战（图 9.24），预警信号被诸多个例归纳出半定量化指标（表 9.10）。用 08、20 时云图与探空温度场叠加，得出环渤海地区温度与高度换算值；云图与地面图同步资料叠加，用 3 时 GPS 定位求出监测区域或某点 TBB 值；用海区表层温度或岸基站温度代表初始场下限，925 hPa 为雾区顶高上限，在叠加图上利用单站探空温度湿度估算雾层厚度、面积；筛选低层最佳云图、物理量因子，采用“配料”方式进行分级业务运行。

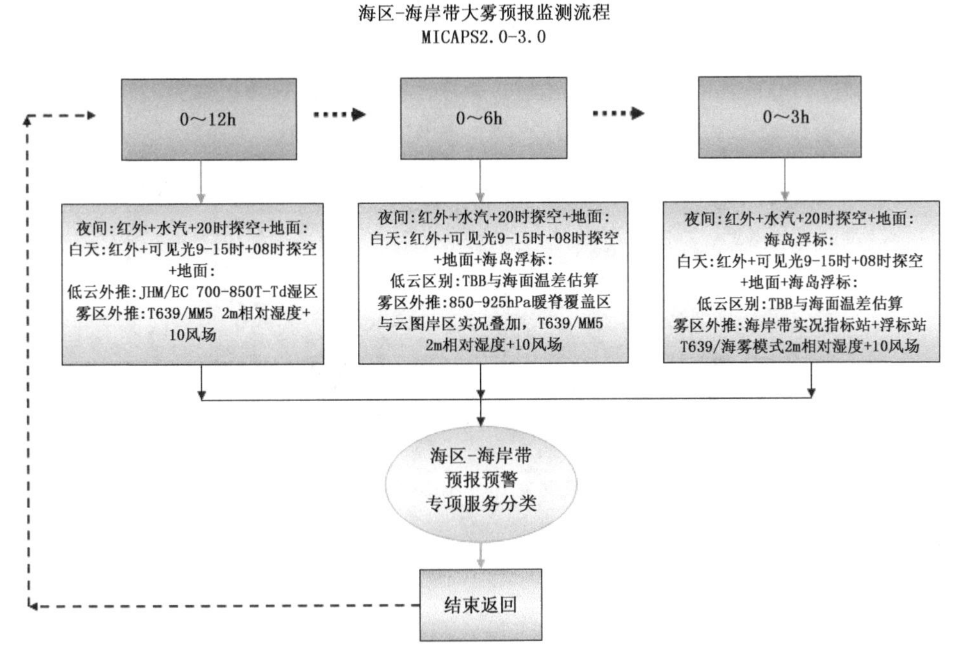

图 9.24　海岸带-海区大雾天气预报监测流程图

表 9.10　海岸带-海区秋冬季大雾天气灾害预警信号指标

预警信号	850/925	红外 TBB	可见光	地面实况	T639/mm5	5 个海岛站
黄色信号 12:00	08—20 暖脊	−16～−24℃	0.19—0.23	大连，烟台轻雾	γ 湿平流＞85％	能见度＜2.0/RH85％
黄色信号 12:00	08—20 弱暖脊	−11～−26℃	0.20—0.25	大连，烟台轻雾	γ 湿平流＞80％	能见度＜1.5/RH90％
黄色信号 12:00	08—20 弱暖脊	−4～8℃	0.26—0.30	龙口，威海轻雾	γ 湿平流＞80％	能见度＜2.0/RH90％
橙色信号 6:00	08—20 暖平流	−10～−14℃	0.19—0.26	大连，烟台大雾	γ 湿平流＞89％	能见度＜1.0/RH85％
橙色信号 6:00	08—20 暖平流	−8～−12℃	0.19—0.28	大连，烟台大雾	γ 湿平流＞95％	能见度＜1.0/RH85％
橙色信号 6:00	08—20 暖平流	−4～−8℃	0.19—0.33	大连，烟台大雾	γ 湿平流＞95％	能见度＜1.0/RH85％
红色信号 2:00	弱低均压场	4～6℃	0.23—0.33	天津，乐亭大雾	γ 湿平流＞95％	能见度＜0.8/RH85％
红色信号 2:00	弱低均压场	0～4℃	0.29—0.39	大连，天津大雾	γ 湿平流＞95％	能见度＜0.5/RH85％
红色信号 2:00	弱低均压场	−4～0℃	0.31—0.34	大连，乐亭大雾	γ 湿平流＞98％	能见度＜0.5/RH85％

注：* 红外 TBB−16～−24℃或更低，11～14 时可见光反照率 0.32％～0.42％时，有中低云覆盖能见度偏低 30％～40％

9.3.3.5 海岸带-海区大雾面积、厚度快捷监测方法

通过云图叠加图，采用 GPS 三点定位、TBB 平均值与地面(海面温度)比较，利用探空资料垂直递减率 1℃/100 m(或 0.6℃/100 m)估算雾区面积及高度，预报 1－3 小时大雾结束时间或强度变化。①点击 08 时、20 时：925、850、600 hPa 环渤海探空值，云图可前后延 30 分将地面与云图叠加；在 MICAPS2.0 系统中，应用 FY-2C(2E)与地面叠加(图 9.25)，②应用温度湿绝热垂直递减率 0.6℃/100 m、海岛自动站、TBB3 点平均值定量区别混合雾和海雾，3－5 分钟可半定量估算面积、厚度；③温度比较：海区 TBB 海温估计值与岸基站温度，用海岛站进行比对；应用 TBB 值与地面温度比较，用 rm0.6℃/100 m 估计高度区别混合雾对应实况(图 9.26)；比较适用于任意海区，也可以较直观检验海洋大雾预报模式产品。

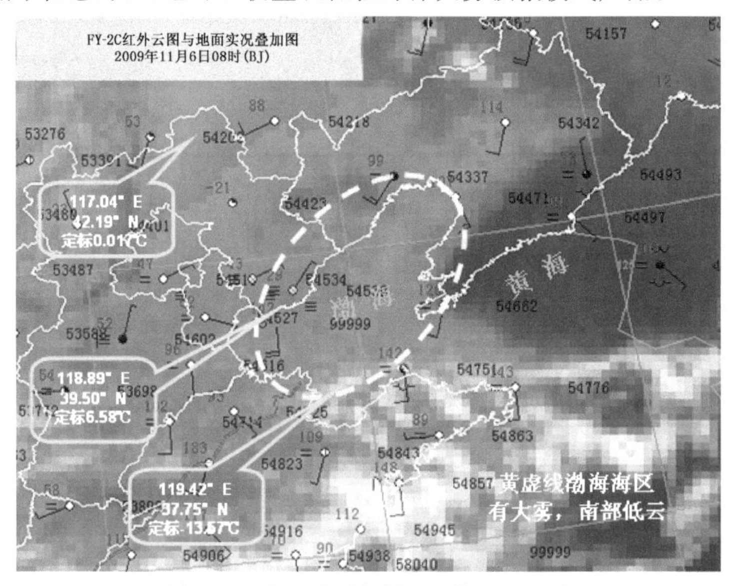

图 9.25 海区大雾与低云红外云图监测

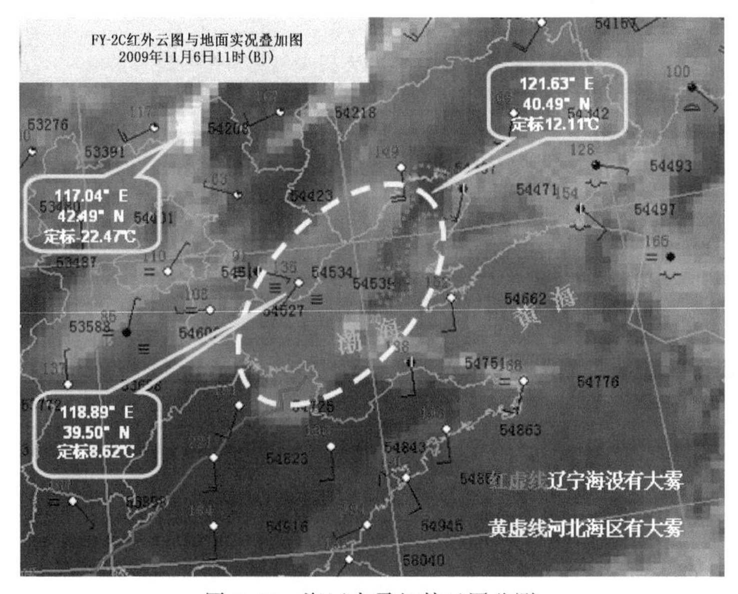

图 9.26 海区大雾红外云图监测

9.3.3.6 红外与可见光云图雾区监测互补

在图9.27中，左侧红外云图对渤海、黄海南部大雾监测出现明显误判，同步可见光较清晰分析出海雾外围分布区域并与后期极轨卫星监测产品近似，但难以区别中低云覆盖区也可能出现大雾区域的误判，故此，应用红外TBB与实况叠加图进一步订正，使得海雾预报监测误差降低一些。在实际预报监测过程中，MICAPS系统下的红外和可见光云图比极轨卫星产品出图时间要快40～50分钟，为预报用户的“快速服务”争取了宝贵时间。如果时间允许可后延10～15分钟，将为用户提供相对准确的任意区域和定点区域的雾区预报监测数据。

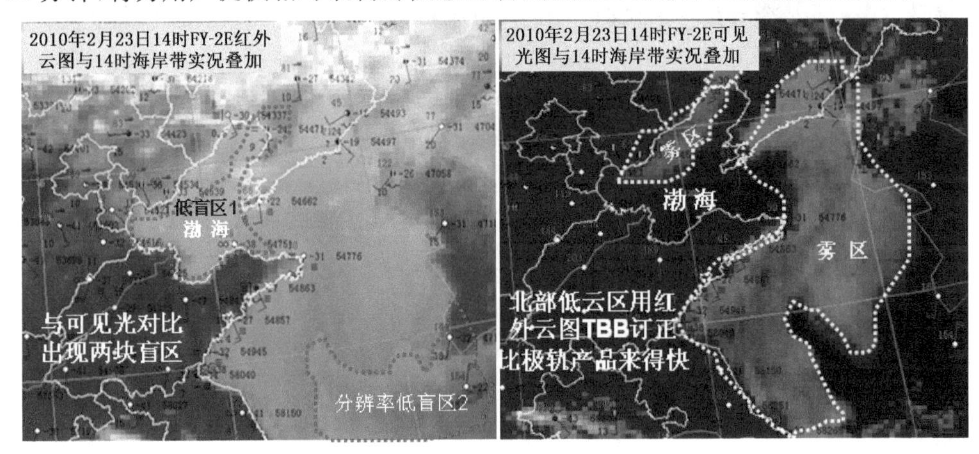

图9.27 白天红外与可见光云图互补个例分析图

9.3.3.7 沿海站中尺度要素场对比

由于地形的变化、下垫面的差异、距离海岸线的远近等不同因素影响(图9.28)，导致卢龙一沿海地区雾出现频率、时段、性质均有较大不同。典型个例对比分析(表9.11)，能见度小于500 m时卢龙站与沿海站存在风向辐合，渤海偏东风时水汽短时输送距离为50～60 km，渤海

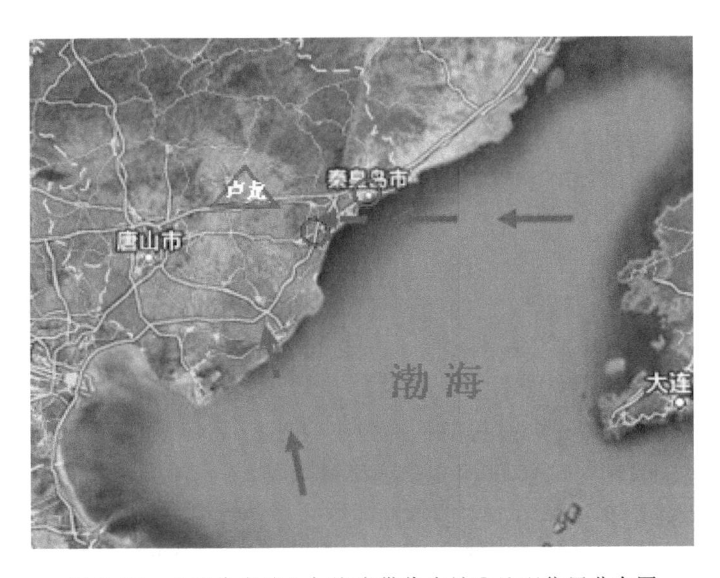

图9.28 丘陵代表站△与海岸带代表站○地理位置分布图

吹南风时水汽短时输送距离为80～100 km，且风速由海区2.4～3.5 m/s至卢龙丘陵地带时减小到0.1～0.7 m/s，使得相对湿度维持在93%～99%，有利于浓雾天气维持的水汽和热力湍流交换微观条件。由于海区平均风速大于陆地，在相同背景场条件下，卢龙站能见度小于500 m的浓雾天气次数多于沿海站，当沿海站出现轻雾时，卢龙站为大雾，沿海站出现大雾时，卢龙站为浓雾，与距离海区位置、湿度场及低层风场弱扰动有关，其中，南到偏东风水汽的输送和相对弱低压带的均压场是持续性大雾的必要条件。

随着大尺度系统移动，中尺度系统的平流雾与辐射雾边界层温度、湿度及风场发生变化，平流雾抬升、夜间辐射冷却及海区风向作用下，对平流雾条件有时减弱，成为辐射雾形成的有利条件，或转换为混合雾。

表9.11 能见度小于500 m卢龙站与沿海站风向风速及相对湿度同步对比

个例编号	北戴河风向	风速(m/s)	相对湿度(%)	→卢龙风向	风速(m/s)	相对湿度(%)	注释
2007.10.25—27	NW—WNW	0.8～2.1	96—100	NNE—NE	0.5—1.5	96—99	11小时
2007.12.10—11	ENE—WNW	0.9～3.4	95～100	WSW—W	0.6～2.1	98～99	13小时
2007.12.26—27	NE—ENE	0.8～2.5	83～99	NW—ENE	0.1～2.0	97～100	22小时
2009.10.25—26	WNW—NW	0.1～1.4	98～100	NW—E	0.7～2.1	95～97	18小时
2009.10.28—29	WNW—W	0.9～2.0	81～100	WNW—NNE	0.4～2.1	93～97	11小时
2009.11.06—07	WSW—NNW	0.0～2.7	57～100	SSW—E	0.6～1.8	95～97	14小时
2011.10.13—14	W—WNW	0.5～1.7	86～96	ENE—NW	0.5～2.1	94～98	18小时
2011.10.19—22	WNW—NW	0.4～1.6	94～96	ENE—WNW	0.1～1.7	93～98	26小时
2011.10.28—29	WSW—WNW	0.4～2.4	84～96	NNW—WNW	0.2～1.7	95～98	16小时
2012.09.10—12	WNW—W	0.6～2.5	92～100	ESE—NE	0.6～1.6	93～97	11小时

9.4 海上强对流天气监测与预报

强对流是指伴随雷暴现象的对流性短时强降水、大风、冰雹及雷电等灾害性天气。这种天气的水平尺度一般小于200 km，强中心垂直高度可达12～15 km，是气象灾害中历时短、天气剧烈、破坏性强的灾害性天气，是目前海洋监测、预报与预警难点之一。较强的强对流天气系统的危害程度仅次于进入渤海台风的“破坏力”，例如：2009年7月18日在渤海西部、南部岸区分别出现了由850 hPa横切变线南压过程引发的短时强降水、大风天气过程，120个站出现暴雨，海区最大阵风达32 m/s，烟台24小时最大雨量为224 mm，造成了重大人员和财产损失，3个省区海岸带地区直接经济损失达1亿元以上。2011年9月1日01—07时，渤海西部沿海地区出现了由强对流天气引发的暴雨、海区大风及冰雹天气，其中，沧州海岸带风速最大为30.8 m/s，海区东北风20 m/s持续时间为1小时以上，黄骅港5根直径为30 cm缆桩被拉断，6艘800吨以上船舶发生碰撞，并出现局部风暴潮灾害，直接经济损失达8000万元人民币以上。近年来，随着环渤海地区中尺度监测网的逐步完善，广大气象工作者克服海洋气象灾害实况资料匮乏的不利条件，进行了一系列科研探索，大量的强对流天气研究成果为我们展现了天气发生的宏观特征和基本条件。卢焕珍等(2008)、王彦等(2006)借助多普勒天气雷达自动站对产生海岸带雷暴大风的对流风暴进行个例分析，总结出雷暴大风雷达回波的主要形态(弓状回波、阵风锋、带状回波)、大风来临前反射率因子核心下落、径向速度场有辐合特征等结论；贺靓等(2011)、郭庆利等(2011)应用卫星资料、多普勒雷达、闪电资料、自动气象站资料对近年来海岸带及陆地发生雷电、大风个例进行分析，得出雷暴发生条件、得到了一些中尺度对流系统中地闪、云顶亮温与雷达回波的关系；这些成果大多为陆地一海岸带地区强对流天气过程的定性描述和分析，对海区强对流系统直接或间接引发的海洋强对流灾害个例研究甚少，与实际业务需求尚有距离。

本节入选 MICAPS 系统个例库强对流天气 25 个例背景资料、红外云图云顶亮温、两部多普勒雷达、海岛站、浮标站及海洋模式产品等同步资料，分析入海前后的强对流中尺度系统空间结构特征；分析三类天气尺度背景场条件下的高空与低层急流配置及 K 指数和 SI 指数对应值，综合分析渤海边界层辐合线与强对流天气落区对应关系；建立渤海强对流天气物理概念模型；为海区强对流天气监测与预报技术的研究提供依据。

9.4.1　渤海强对流天气背景分析

渤海强对流天气的发生是大尺度背景特定环流条件下的产物，高层大气的经向环流加大，引导冷、暖空气南北向相对运动，必然导致中低层风场、温度场、湿度场垂直方向短期变化和中、小尺度天气系统的水平方向的合并。而突发性中尺度天气的强度、出现的地点又与大气稳定度、动力因子、水汽条件及海陆温差有十分密切的关系。大多数不同尺度的强对流天气系统是由陆地移向海区的，并在不同的海岸带区域获取新的能量，重新加强发展影响新的海岸带直至内陆区域，最终回归到高层大气引导气流之中，它的生、消及演变规律仅是环渤海区域大尺度背景下的一个中间过程。

近 20 年渤海海岸带强对流天气气候统计特征显示：一般雷雨天气最早出现在 2 月下旬，最晚出现在 11 月末，强对流天气主要集中在 5—9 月，其中 5、6、9 月多短时大风、雷电、冰雹灾害天气，7—8 月多强降水、雷电灾害天气。天气尺度背景下的强对流天气系统一般为三条路径由陆地移向海区，分别为蒙古低涡(低槽)底部 400 hPa 偏西急流引导中尺度系统由西向东覆盖渤海；东北低涡(低槽)后部 400 hPa 西北急流引导中尺度系统由北向南覆盖渤海并进入黄海北部；副高边缘 500 hPa 西南急流引导中尺度系统由南向北覆盖渤海；独立的渤海海风锋一般产生的强对流天气较弱，仅在海岸带附近与中尺度辐合线合并时产生强对流天气。渤海强对流天气的发生发展与季节、影响系统的时空尺度分布相关(见表 9.12)，与陆地强对流天气生成所需要三个条件基本相同(垂直不稳定、水汽、抬升机制)。其天气学特征及中尺度动力学条件为：

①主要天气尺度影响系统来自蒙古一东北低涡与低槽、副高边缘等。强对流系统移向移速与高空 500～400 hPa 引导气流相关；灾害天气落区一般在低空急流左侧或中尺度风场辐合区。

②低层中尺度抬升因子为 850～925 hPa 切变线、地面锋及边界层辐合线等。925 hPa 低空急流一般对应海岸带低层垂直风切变大值区。400 hPa 高空急流一般对应探空深层垂直风切变大值区。

③中尺度动力学条件为：用来衡量热力不稳定大小的最佳参量是对流有效位能 CAPE。“明显系统”对流有效位能 CAPE 为 1200～1400 J/kg；K 指数为 28～34℃，最大达 38℃以上；

SI 指数为－1.2～－3.7℃，最大达－6.0℃以下；“不明显系统”各类对流不稳定参数偏小2～3个数值。

④具体的海区强对流天气中尺度系统预报预警时空尺度匹配因子优劣取决于卫星、雷达及细网格数值产品应用技术能力与水平，目前的渤海气象灾害类别区分及强度估测主要依赖于雷电地闪、海岛站、浮标站及SWAN反演产品等资料综合判定，将在下面分析中进一步探讨。

表9.12 典型个例天气动力、稳定度特征值与海区强对流天气一般对应关系 08－20时(北京)

个例时间	500 hPa	400 hPa	925 hPa	*CAPE*J/kg	*K*℃	*SI*℃	*Wsr*0～6 km	海岸带－海区天气
2007-7-18	低涡N	W向急流	横切变	393	40	－1.2	20	短时暴雨、强对流
2008-5-14	低涡E	NW向急流	竖切变	340	25	1.4	13	一般强对流、雷电
2008-5-24	低涡E	NW向急流	竖切变	1417	18	－0.6	13	一般强对流、雷电
2008-6-30	低涡N	W向急流	竖切变	1218	38	－3.7	15	暴雨、强对流
2008-7-15	低槽N	SW向急流	低涡	010	28	5.2	22	暴雨、强对流
2008-7-29	低槽N	NW向急流	竖切变	010	36	－1.2	21	雷电、暴雨、强对流
2008-8-11	低槽M	W向急流	竖切变	795	32	－3.9	12	大暴雨、强对流
2009-7-13	低槽N	SW向急流	竖切变	795	32	－3.9	12	一般强对流、雷电
2009-7-18	低涡E	NW向急流	横切变	010	36	1.5	17	暴雨、强对流
2009-7-28	低槽N	W向急流	弱切变	564	24	－1.2	12	暴雨、强对流
2010-4-24	低槽N	NW向急流	急流	010	06	9.9	23	一般强对流、雷电
2010-5-02	低槽N	W向急流	切变急流	010	06	6.2	24	一般强对流
2010-5-03	低槽N	W向急流	暖切变	010	23	－6.5	22(13)	一般强对流
2010-5-08	低涡N	W向急流	弱切变	010	01	9.9	20	一般强对流
2010-5-13	低涡E	N向急流	暖切变	010	01	8.3	11	一般强对流
2010-7-19	副高	S向急流	低涡	619	29	－0.2	18(12)	大暴雨、强雷电
2010-8-04	副高	SW向急流	竖切变	148	40	－2.1	14	大暴雨、强雷电
2010-8-20	副高	SW向急流	竖切变	748	30	0.4	19	大暴雨、强雷电
2010-10-1	低槽M	SW向急流	横切变	420	11	0.4	23(16)	龙卷、冰雹、大风
2011-5-13	低涡E	NW向急流	急流	010	14	2.8	16(13)	一般强对流
2011-8-31	低槽E	NW向急流	横切变	1409	33	－3.6	20(13)	大风、暴雨、冰雹
2012-5-04	低涡N	NW向急流	横切变	255	33	1.2	19(16)	一般强对流
2012-5-14	低涡N	W向急流	横切变	148	29	0.5	20	一般强对流
2012-6-03	低涡N	NW向急流	暖切变	1369	29	－5.5	20	雷电、暴雨、冰雹
2012-6-13	低涡M	W向急流	SW急流	1226	35	－1.4	41(15)	雷电、暴雨、冰雹

注释：表中Wsr0～6 km后部括号值为Wsr0～2 km低层垂直风切变取值

9.4.2 渤海强对流天气卫星云图监测

9.4.2.1 FY-2E红外/水汽云图分型及实况特征值

渤海大致范围为117°～123°E，37°～41°N，处于中纬度区域，西风带短波系统影响较多，直接影响系统为天气尺度及次天气尺度的涡旋状、带状及中尺度对流云团，移至渤海时空强度演变由卫星云图监测逐步判别。在对上述典型个例强对流天气影响系统分析基础上，采用同步资料叠加分析得出(表9.13)。初步分为3种类型：

云区由西向东运动—蒙古低槽转低涡型。前期由低槽次天气尺度云系覆盖渤海大部引发混合云强降水，伴有雷电、大风天气。12—24小时后在东移过程中转低涡型，其后部零散对流云团单体在陆地发展，在偏西向高空急流及地面辐合线共同作用下移至海岸带区域合并为中尺度带状云系，入海后云顶TBB值−52℃→−76℃→−30℃，移向移速为E/50 km/h，造成新一轮海区强对流天气发生；

云区由北向南运动—东北低涡型。高空低涡在东北移速减慢，在高空西北向急流激发(风速垂直切变加大)及海岸带辐合线(925 hPa NE向低空急流)抬升作用下，在渤海北部海岸带—海区弱对流云带加强，入海后云顶TBB值−32℃→−81℃→−38℃，移向移速S/60 km/h，次天气尺度云系覆盖渤海大部引发混合云强降水，并伴有雷电、大风天气。

云区由南向北运动—副高边缘型。500 hPa副热带高压588线位于日本海至我国黄海—东海西部一线，渤海位于副高边缘左侧中尺度对流云系前部，在黄河中下游及徐州附近有中尺度对流云团发展，中尺度象元面积100×200 km，3小时TBB变化−72℃→−86℃→−78℃；移向/移速为N/60 km/h；西南向400 hPa高空急流在合肥—大连一线，海区持续偏东风6～8 m/s，次天气尺度云系覆盖渤海大部，引发海岸带—海区大暴雨、强雷电及短时大风天气。

表9.13 渤海强对流天气FY-2E红外/水汽云图分型及实况特征值(117°～126°E，36°～42°N)

基本分型	云图特征	云系尺度	中尺度象元	3小时TBB变化	移向移速	海区灾害天气估测
蒙古低涡	涡旋云系中部	大尺度	300×400 km	−52℃→−76℃→−30℃	E/50 km	降水、大风、冰雹
蒙古低槽	带状云系中部	大尺度	200×400 km	−61℃→−78℃→−24℃	E/60 km	暴雨、大风、冰雹
东北低涡	涡旋云系中部	大尺度	300×500 km	−31℃→−81℃→−38℃	S/60 km	暴雨、雷电、冰雹
东北低槽	带状云系中部	大尺度	200×500 km	−45℃→−68℃→−28℃	S/70 km	大风、暴雨
副高Ⅰ	中尺度涡旋云系	中尺度	300×400 km	−91℃→−71℃→−32℃	NE/80 km	大暴雨、雷电
副高Ⅱ	中尺度带状云系	中尺度	100×200 km	−100℃→−91℃→−68℃	NE/60 km	大暴雨、雷电

9.4.2.2 副高边缘型卫星云图分析

2010年7月19—20日强对流降水过程FY-2E红外云图的演变过程在7月19日20时(图9.29)，低涡状云区在渤海西部一线移速减慢，中尺度云团强TBB中心覆盖渤海大部，呈西南—东北向大尺度云区移动，叠加6小时降水值后明显看出雨强中心与TBB中尺度象元分布一致性，海区—海岸带出现大范围的暴雨区，21时渤海一线云团发展北上，此后云团呈中尺度涡旋状旋转北移，02时移出河北降水明显减弱，大暴雨云团中尺度象元MEB为−91℃→−71℃→−32℃；同步水汽图比红外云图涡旋状特征更清晰一些，雷电资料为7月19日20时—20日08时天津雷电正闪6，负闪4，秦皇岛正闪0，负闪2，即对流降水偏弱，初步判断降水以混合云为主，对流降水为次之，可能是高层冷空气切入较快，对流降水发展条件受到抑制。

同步CloudSat卫星云剖面分析。为了进一步探讨海区—海岸带强降水天气中尺度云团空间结构，应用CloudSat卫星云剖面图对比同步FY-2E红外云图，资料参数为：北京时2010年7月20日2时，第28段1001个像元运行3 min，剖线长度约1200 km，高度30 km，轨道号22475扫描范围34.6°—50.0°N，120.0°—123.6°E。剖面空间轨迹是随时间变化的(见图

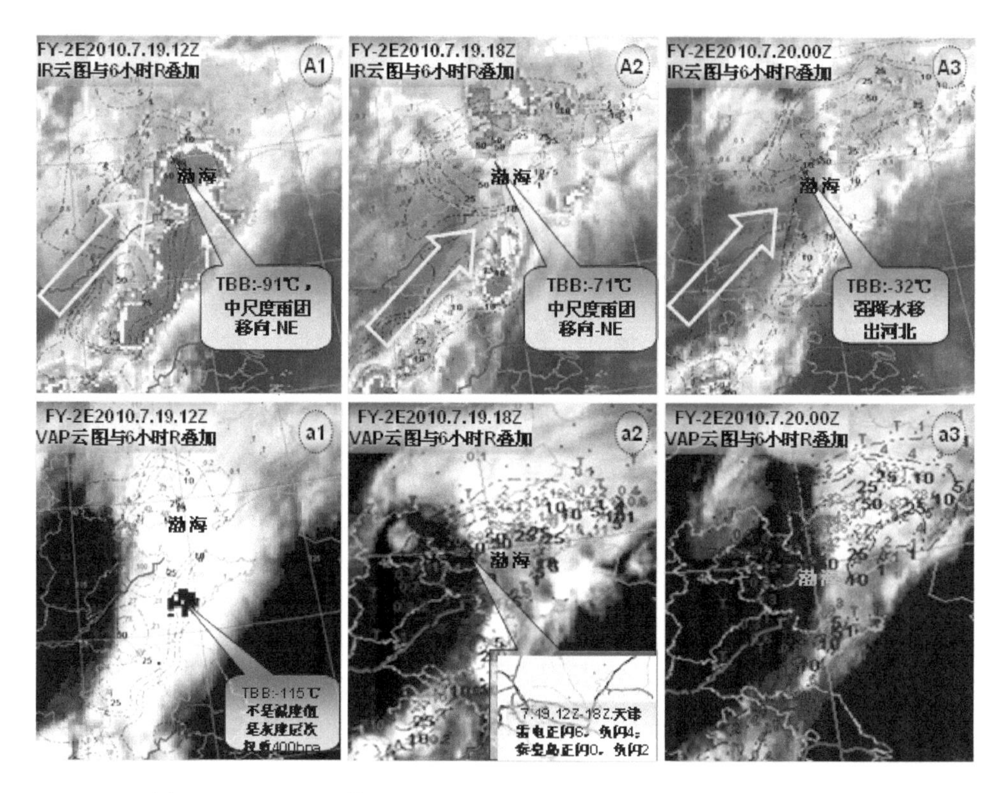

图 9.29　FY-2E 红外云图 2010 年 7 月 19 日 20—20 日 08 时(北京时)

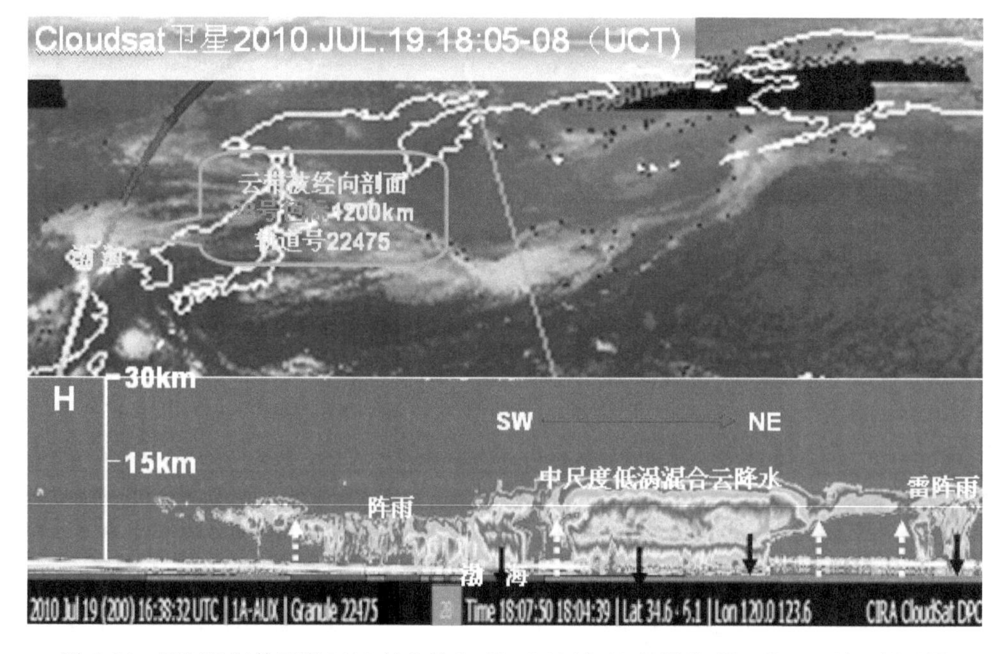

图 9.30　FY-2E 红外云图 2010 年 7 月 20 日 02 时(北京时)同步 CloudSat 卫星云剖面图

9.30)，同步顺向剖面 cloudsat 轨迹经过所选区域为副高边缘天气尺度云带(雨带)中尺度降水系统空间传播某一时刻的形态，主体剖面顶高接近 12 km，上升与下沉气流基本对称，周边有拖带中、小尺度云团，夜间 02 时造成强降水的中尺度低涡云系主体已经移出河北海区其后部转为阵雨，渤海西部中 β 尺度雨团是一个动态变化过程，上游暴雨减弱雨团移动到渤海海区-西海岸带，在有利的垂直速度、相对湿度辐合区域产生新的暴雨云团，结束后对下游中尺度雨团发展是一个快速波动传输过程，与多单体风暴的传播机制相似；同步雷电资料地闪频数偏少，强降水时段峰值以混合云为主，与同步 FY-2E 云图分析结论比较一致。其预报意义为：秦皇岛海区应取消暴雨预警信号，相对辽宁西部海区、北部海区则应升级雷电、暴雨预警信号。

9.4.2.3　渤海两次低层横切变强对流天气卫星云图监测

两次海区强对流降水过程 FY2C 红外云图的演变过程非常相似，云图动态分析看到的是"带状"大尺度云区向南移动。主体云区南压过程中在渤海一线速度减慢，西南方向的河南一线相对弱带状云系迅速向 NE 移动发展与主体云系对接，低层 850～950 hPa 风场 NE 向与 SW 向急流辐合区在渤海中部海区，雷达监测到的带状回波由北向南移动与云图中尺度象元 MEB 相对应。

2007 年 7 月 18 日 08 时大暴雨云团呈准带状分布(图 9.31)，位于西海岸带的天津—唐山—辽宁一线，09－10 时海岸带一海区出现大范围的大暴雨区，11－12 时渤海一线云团略增强少动；河南一带状有发展北上趋势，此后云团呈跳跃式传播，16 时与主体云系对接，呈长条状纬向分布位于山西南部－河北南部－山东省，中尺度象元的 TBB 最低为－115℃，邢台、沧州出现暴雨天气，随后就是济南大暴雨灾害天气的发生。天津雷达显示正好相反，带状由 NE 向 SW 延伸，即与低空 NE 向急流有关，强降水持续时间为 3～6 小时。

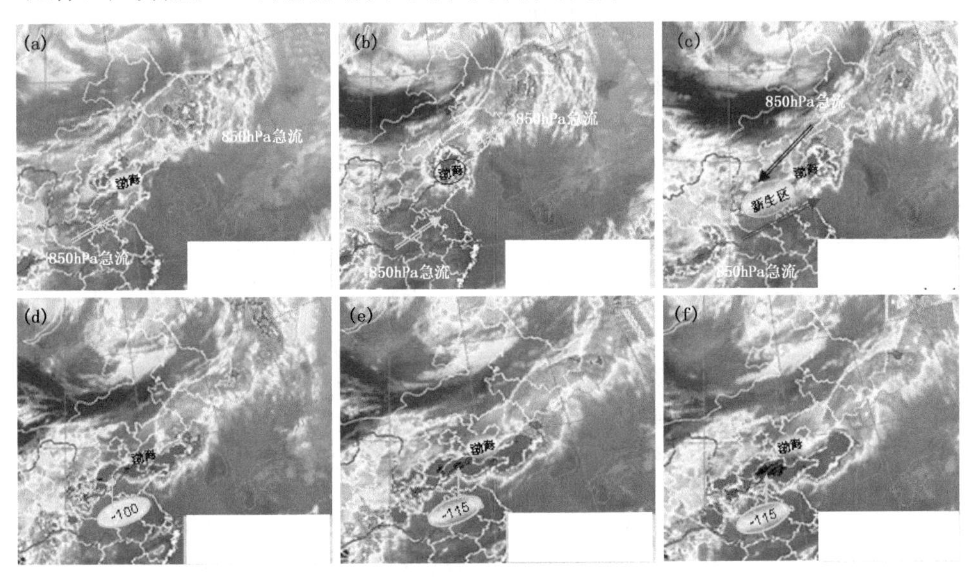

图 9.31　2007 年 7 月 18 日 08－18 时(北京时)FY-2C 红外云图
(a)08 时；(b)11 时；(c)12 时；(d)16 时；(e)17 时；(f)18 时

2009 年 7 月 18 日 00－02 时渤海一线云团略增强少动(图 9.32)；河南一带状云系有发展北上趋势，此后云团呈跳跃式传播，03 时与主体云系对接，呈长条状纬向分布位于河北中南部－山东半岛，中尺度象元的 TBB 低值区为－115℃，随着横向云带在渤海南压，沧州海岸带出现暴雨区，随后就是烟台大暴雨天气的发生。天津雷达显示正好相反，带状由 NE 向 SW 方向延伸，即与低空 NE 向急流有关，降水时间出现在 21—05 时（夜间降水），夜间辐射增温弱对流发展受限。

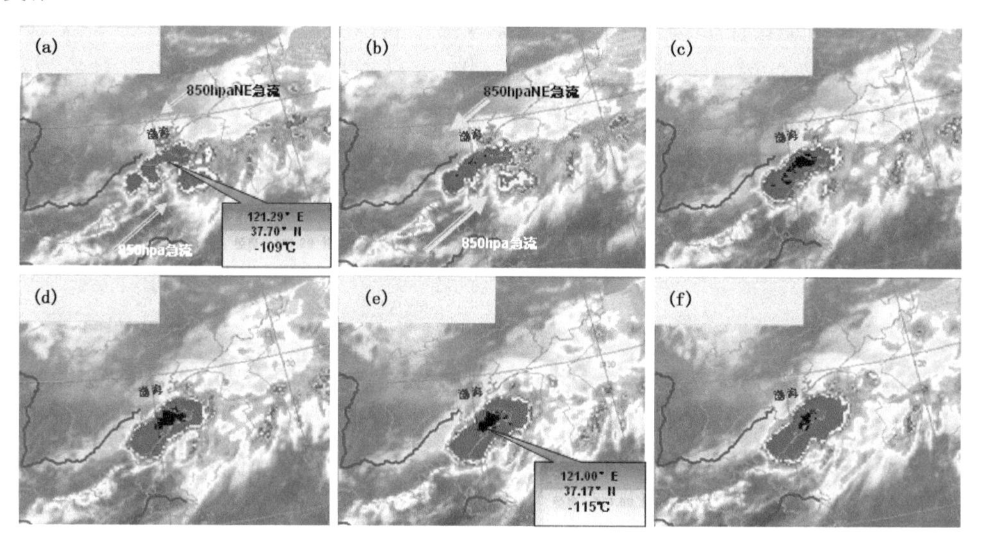

图 9.32　FY-2C 红外云图 2009 年 7 月 18 日 02—05 时(BJ)
(a)02:00;(b)02:30′;(c)03:30′;(d)04:00;(e)04:30′;(f)05:00

9.4.3　渤海强对流天气雷达回波特征及典型个例

9.4.3.1　进入渤海海区强对流天气雷达回波特征分析

参考同步天气背景及云图特征分析结果，应用 PUP 回放系统对 25 个典型做进一步综合分析，分析渤海强对流回波源地，移动路径及发生、发展、消失规律，分析海区 β 中尺度单体及多单体风暴雷达反射率因子、回波顶高特征及分级值，回波顶高与雷电分布对应关系；提炼出 6 种海区强对流回波分型，对比临近时次海岸带实况、海岛站、浮标及雷电资料给出强对流灾害天气的估测类型，为建立渤海强对流天气概念模型及预报、预警指标提供技术支撑（表 9.14）。

表 9.14　进入海区强对流回波与强对流天气一般对应关系

回波源地	回波类型	面积	质心强度	顶高	移向移速	入海强度	海区地闪	灾害天气类型估测
渤海西岸	带状	300×400 km	60 dBz	15 km	E/60 km	45～55 dBz	带状	暴雨、大风、冰雹
渤海西岸	带状	200×300 km	55 dBz	12 km	E/60 km	40～50 dBz	带状	大雨、大风、冰雹
渤海西岸	带状	100×200 km	50 dBz	11 km	E/70 km	40～50 dBz	带状	中雷雨、大风
渤海北岸	带状	300×400 km	60 dBz	13 km	S/50 km	45～55 dBz	带状	暴雨、大风、冰雹
渤海北岸	带状	200×300 km	55 dBz	12 km	S/60 km	40～50 dBz	带状	暴雨、大风
渤海北岸	块状	100×200 km	50 dBz	11 km	S/70 km	35～40 dBz	块状	中雷雨、大风
渤海南岸	涡旋	300×400 km	50 dBz	13 km	NE/60 km	55～60 dBz	涡旋	大暴雨、大风
渤海南岸	带状	200×300 km	55 dBz	15 km	NE/70 km	45～50 dBz	带状	大暴雨、大风
渤海南岸	块状	100×200 km	50 dBz	11 km	NE/70 km	40～45 dBz	带状	大雨、大风
海风锋叠加	带状	50×100 km	35 dBz	11 km	N/30 km	30～40 dBz	带状	海岸带雷雨、大风
海风锋叠加	块状	30×50 km	30 dBz	8 km	NW/20 km	40～50 dBz	块状	海区一般雷阵雨

注：海区地闪 1—3 小时分布与回波顶高大于 8 公里区域接近一致，负闪密度增加时降水强度增大正闪对应冰雹

9.4.3.2　海区 2009 年 7 月 28 日海风锋雷达回波个例分析

①发展阶段(见图 9.33)。两个体扫后 09:12′纬向型带状海风锋 CR37-38 及 ET 回波特征,09 时秦皇岛—唐山海区有一带状回波生成,两个体扫后 09:12′,回波水平尺度为 230 km×30 km,多单体风暴,强度 45～50 dBZ,ET8－9 km,移向 NNE,移速 30～40 km。天津海区同步生成块状水平尺度 30 km×40 km,单体风暴,强度 55～60 dBZ, ET 11 km,海区原地旋转,持续时间 1～2 小时,原地后迅速减弱,对应天气短时雷雨,同步雷电密度较大,可能与地形有关。

②成熟阶段:三个体扫后 09:18′,强度增至 55～60 dBZ,岸区 ET 10～13 km,移向 NNE,移速少变 25～35 km。对应天气短时雷雨大风,持续时间 1～2 小时;径向速度图 V27.0.5°～3.4°回波特征为:0.5°仰角海区边界层 2000 m 高度风向 SE－ESE,风速约 4～5 m/s 回波面积明显小于 CR37,1.5°仰角海区边界层 1000 m 高度持续风向 ESE,风速约 5～7 m/s 回波面 2.4～3.4°仰角海区边界层 1500～2000 m 高度风向出现明显辐合区,有利于对流强发展。

③消亡阶段:09:42′,回波趋于减弱,岸区单体风暴,强度下降至 30～40 dBZ, ET 8 km,天津海区回波原地旋转迅速减弱,同步雷电密度减少。

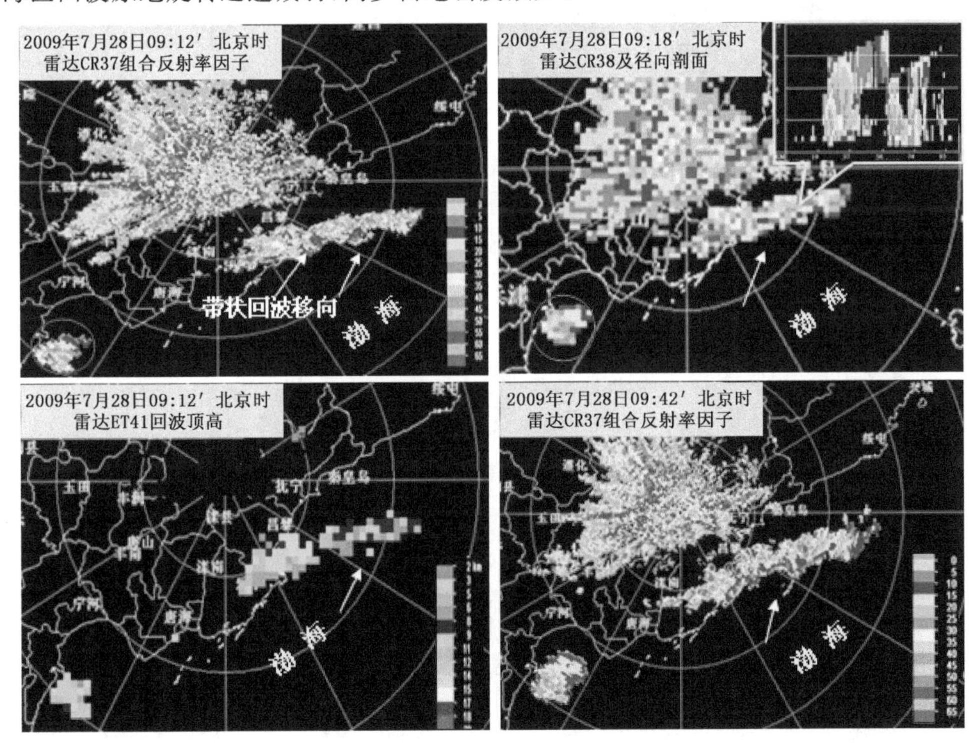

图 9.33　渤海海区 2009 年 7 月 28 日纬向型带状海风锋 CR37-38 及 ET 回波特征

9.4.3.3　海岸带 2010 年 10 月 1 日龙卷、冰雹天气回波个例

2010 年 10 月 1 日 14—15 时(北京时)在渤海西海岸带出现短时雷雨、大风(没有龙卷灾情报告)、冰雹天气(见图 9.34)。14:42′位于海岸带 β 中尺度带状回波,水平尺度为 300 km×30 km,单体风暴,回波强度 55～60 dBZ,质心 ET 13 km,并出现龙卷和中气旋,移向沿海岸带 NE－SW 向移动,移速 50～60 km,持续时间 1 小时,进入海区后逐渐减弱 。同步四个体扫

V27.1.5°径向速度图也明显看出典型的多风暴单体特征，低层辐合风场切变线恰好在沿岸区发展，β中尺度带状回波水平风场有逆风区和速度对，高层风场辐散，有利强对流天气发展维持。

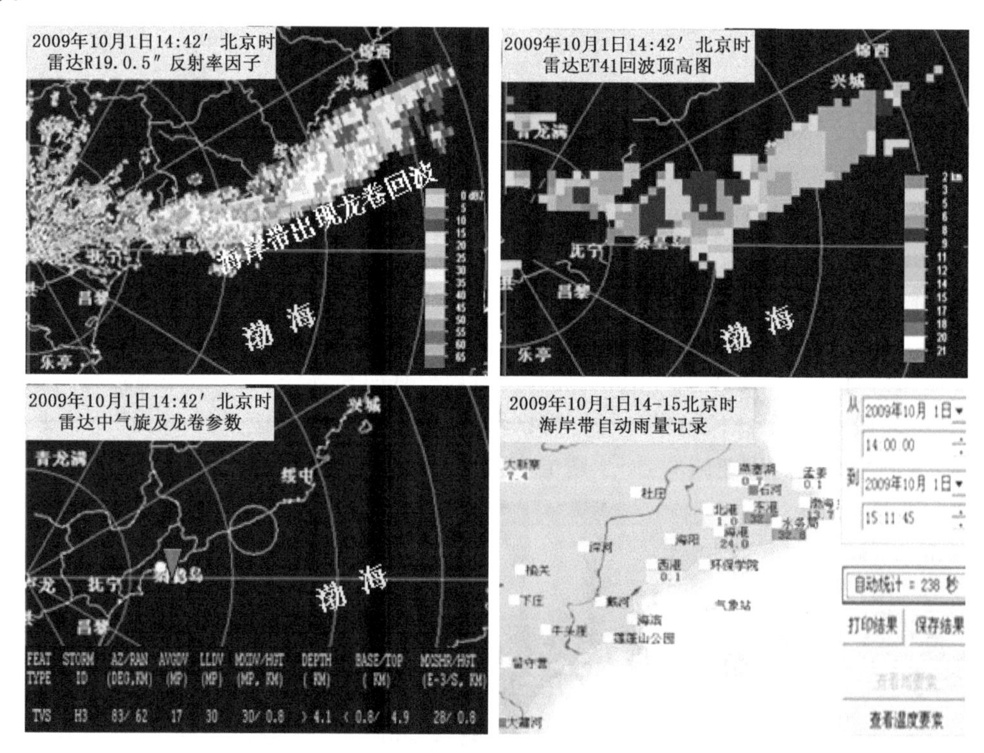

图 9.34　河北海岸带-海区 2010 年 10 月 1 日 CR37、ET41、龙卷参数综合图

9.4.3.4　*渤海大风、南部大暴雨雷达回波个例*

在天津雷达 CR38 组合反射率因子(图 9.35)明显看出：11:42′—12:42′(北京时)，切变线已经过境，由 NE－SW 向逐渐转向 E－W，即由“弓形”转为带状强度 50～55 dBZ，ET 为 9～10 km，15 时形成纬向带状回波，其西部已延伸到邢台，前锋距济南 50 km，对应同步径向速度图渤海低层为 NE 气流且出现速度”模糊”说明海区阵风风速大于 27 MPS，正常用 1～3 小时外推一般难以预报出邢台一带暴雨天气，但济南可预报性相对大一些。

9.4.4　渤海强对流天气物理概念模型

业务实践表明：渤海强对流天气是监测、预报中难点问题之一，没有什么成功经验，目前尚属于探索阶段，定量描述海区强对流天气三维时空尺度变化比较困难，实况资料一般以“近似资料”代替为主，有效应的用雷达、云图同步资料综合叠加并加入中尺度数值产品是其关键应用技术手段，若干雷达反演个例显示：空间风场与回波剖面叠加，没有回波处不一定是下沉区域，有回波区域也存在下沉气流，对于β中尺度对流云团多数为不对称涡旋状；任何强因子都是相对的，是动态变化，客观存在互补问题，是一个天气意义组合问题，不同尺度云团的空间剖面为强对流天气概念模型改进提供新的依据。

针对渤海 25 次强对流天气过程，在分析强对流天气发生时天气尺度影响系统及中尺度动

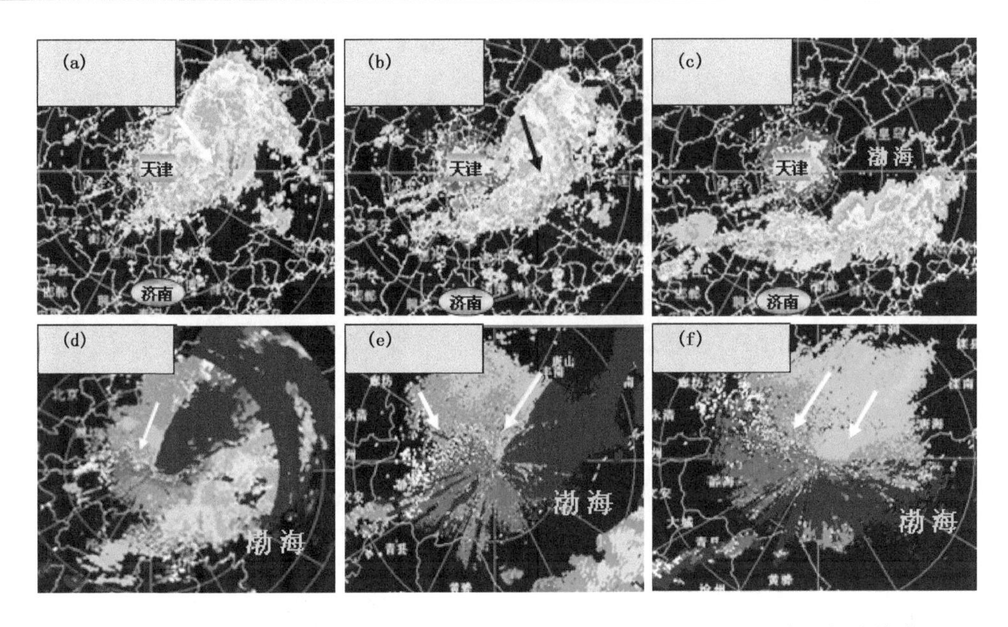

图 9.35　2007 年 7 月 18 日天津雷达 CR38(a,b,c)与 V27(NE 向大风,d,e,f)海区切变线南压过程图
(a)11:42′;(b)12:42′;(c)15:00′;(d)11:42′;(e)18:42′;(f)15:00′

力学因子的基础上,综合同步个例的卫星云图、雷达回波基本特征分析,从实用性角度归纳出 3 个海区强对流天气概念模型:

9.4.4.1　蒙古低涡(低槽)型及物理量场

(1)形势场(图 9.36):低涡(低槽)位于蒙古东部一线,槽线底部在黄河以南,400 hPa 急流在河套至北京地区,朝鲜半岛一东北南部为暖高压脊。

(2)低层风场:对应高空形势,850～925 hPa 海区为“经向型”次天气尺度或中尺度切变线。

(3)卫星云图:渤海位于大尺度涡旋云系中部,中尺度象元面积 300 km×400 km, 3 小时 TBB 变化 −52℃→−76℃→−30℃ ;移向/移速为 E/50 km;一般情况“低槽型”进入渤海中尺度象元 TBB 值减弱移至东部海岸带后有增强趋势。

(4)雷达回波:带状回波生成于承德一北京一线,进入渤海后回波强度维持在 40～50 dBz,回波顶高 11～13 km,且海区地闪 1～3 小时分布与回波顶高大于 8 km 区域接近一致,负闪密度增加时降水强度增大,正闪密度大值区对应冰雹。

(5)海岸带探空北京、乐亭、锦州站:*CAPE* 为 900～1300 J/kg;*K* 指数为 28～32℃; *SI* 为 0～−2℃; W_{sr} 0～6 km 为 20～22 m/s。一般多发于 5—6 月,海区气象灾害强度次序强雷电、大风、冰雹、强降水。

9.4.4.2　东北低涡(低槽)型及物理量场

(1)形势场(图 9.37):低涡(低槽)位于东北中部或南部一线,槽线底部在山东半岛以南, 400 hPa 急流在锡林浩特至秦皇岛地区,贝加尔湖一乌兰巴托为暖高压脊。

(2)低层风场:对应高空形势,850～925 hPa 海岸带一海区为“纬向型”次天气尺度或中尺度切变线。

(3)卫星云图:渤海位于大尺度涡旋云系后部,带状中尺度象元面积 300 km×400 km, 3

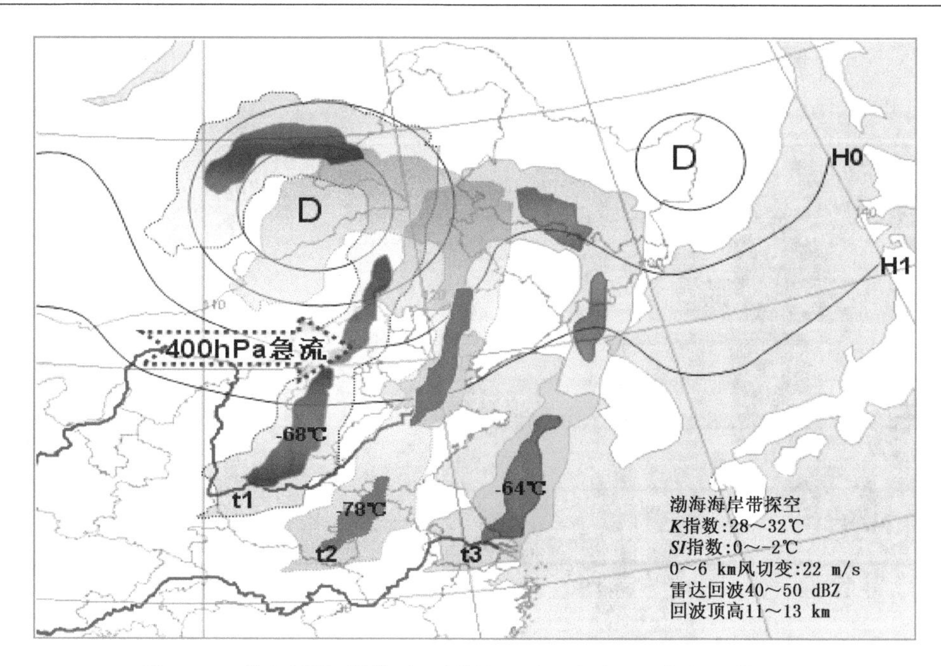

图 9.36 蒙古低涡(低槽)相对渤海强对流东移型天气概念模型图

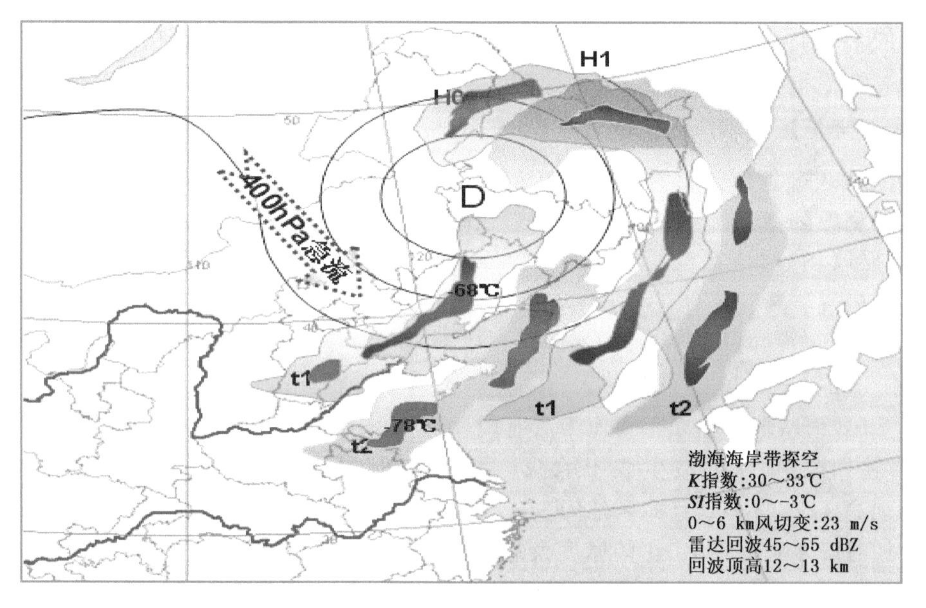

图 9.37 东北低涡(低槽)相对渤海强对流南压型天气概念模型图

小时 TBB 变化 −52℃→−76℃→−78℃ ;移向/移速为 SSE/60 km;一般情况“低槽型”进入渤海中尺度象元 TBB 值少变移至南部海岸带后有增强趋势。

(4)雷达回波:带状回波生成于辽宁阜新—承德一线,进入渤海后回波强度维持在 45～55 dBZ,回波顶高 12～13 km,且海区地闪 1～3 小时分布与回波顶高大于 8 km 区域接近一致。

(5)海岸带探空锦州、乐亭、大连:*CAPE* 为 800～1350 J/kg;*K* 指数为 30～33℃; *SI* 为 0～−3℃; W_{sr} 0～6 km 为 21～24 m/s。一般多发于 7—8 月,海区气象灾害强度次序强降水、大风、雷电、冰雹。

9.4.4.3　副高边缘型及物理量场

(1)形势场(图 9.38):500 hPa 副热带高压 588 dagpm 线位于日本海至我国黄海—东海西部一线并有西伸北抬趋势,高压中心位于日本九州岛附近;400 hPa 急流在合肥—临沂至大连;赛音山达—呼和浩特移向为弱低值系统。

(2)低层风场:对应高空形势,850～925 hPa 海岸带—海区为"经向型"中尺度切变线或涡旋并有低空急流;海区持续偏东风 6～8 m/s。

(3)卫星云图:渤海位于副高边缘左侧中尺度对流云系前部,在邯郸、徐州块状中尺度对流有发展北移趋势,中尺度象元面积 100 km×200 km,3 小时 TBB 变化 －72℃→－86℃→－78℃;移向/移速为 NE/60 km;一般情况中尺度云团进入渤海西海岸带—海区 TBB 值增强移至北部海岸带 2～3 小时后有继续增强趋势。同步水汽图比红外云图涡旋状及块状特征更清晰一些。

(4)雷达回波:块状回波生成于沧州—天津南部一线,并呈波动式传播,进入渤海后回波强度维持在 50～55 dBZ,回波顶高 9～12 km,且海区地闪 1～3 小时分布与回波顶高大于 8 km 区域接近一致;正闪密度分布小于负闪。

(5)海岸带探空大连、乐亭、锦州站:$CAPE$ 为 1000～1410 J/kg;K 指数为 32～35℃;SI 为－1～－3℃;W_{sr} 0～6 km 为 22～26 m/s。

一般多发于 7—8 月,海区气象灾害强度次序强降水(6 小时海岸带大暴雨)、雷电、大风。

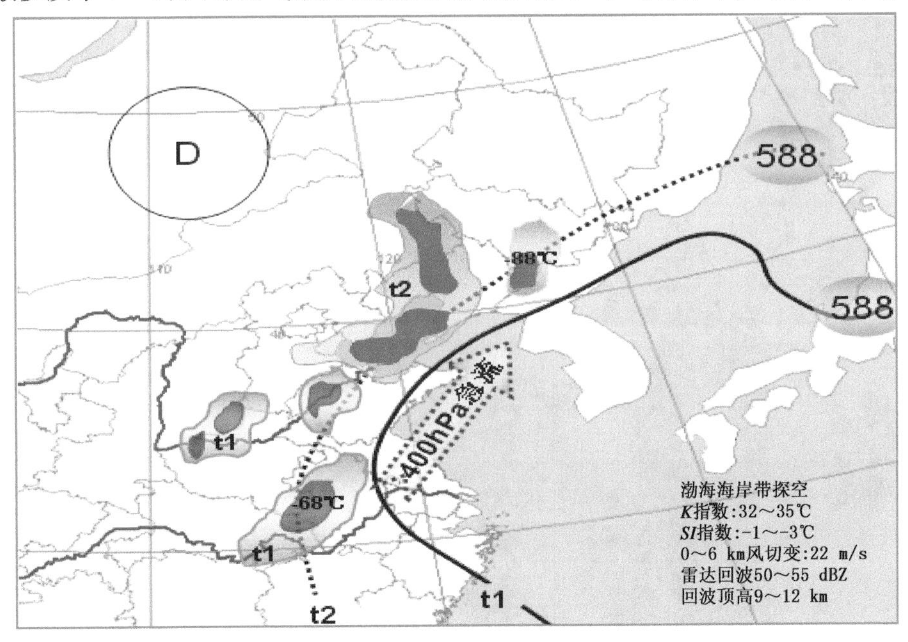

图 9.38　副热带高压边缘相对渤海强对流北上型天气概念模型图

结束语

海洋天气预报仅是海洋气象学研究内容之一。现代海洋气象学研究内容为:(1)海洋气象的观测和试验;(2)海洋天气分析和预报;(3)航海、渔业、盐业及港湾等应用气象学等。1959 年,WMO(世界气象组织)对海洋气象学的定义为:"(海洋气象学)是气象学的一个分支,是关于大洋上空大气现象、它们对浅和深海水的影响和洋面对大气现象影响的研究"。把二者结合起来作为一门边缘学科进行研究，则是近 20 年才逐渐开始的，传统的天气学、气象学观测理论和技术仍然是其主要的技术支撑。2008—2011 年气象出版社出版的浙江、广东省天气预报技术手册及《现代天气预报技术和方法》，均没有“海洋天气预报”独立的章节。20 世纪 90 年代版的《河北天气预报手册》仅有海陆风部分内容，没有标准范本可参考。因此，编写一个具有河北省自己特色的海洋天气监测与预报的独立内容难度较大。这从理论和技术层面上仅是一个探索过程。现在的工作主要基于近 10 年我省三个沿海台常规灾害个例资料及近 5 年河北海洋预报监测应用技术科研项目为切入点展开的。因能获取的资料参差不齐，有些问题，还待进一步深入研究。

参考文献

Gao S, Lin H, Shen B, and Fu G, 2007. A heavy sea fog event over the Yellow Sea in March 2005: Analysis and numerical modeling[J]. *Adv. Atmos. Sci.*, **24**: 65-81.

傅刚，王菁茜，张美根，等，2004. 一次黄海海雾事件的观测与数值模拟研究—以 2004 年 4 月 11 日为例[J]. 中国海洋大学学报(自然科学版)，**34**(5)：720－726.

郭庆利，薛波，党英娜，2011. 渤海海峡雷雨大风的多普勒雷达回波特征[M]. 海洋预报，**28**(1)：13-18.

贺靓，于超，吕新民，等，2011. 渤海中南部海区一次雷暴大风过程分析[M]. 海洋预报，**28**(1)：19-24.

胡瑞金，周发琇，1997. 海雾过程中海洋气象条件影响数值研究[J]. 青岛海洋大学学报，**27**(3)：282-289.

卢焕珍，赵玉洁，俞小鼎，2008. 雷达观测的渤海湾海陆风辐合线与自动站资料的对比分析[M]. 气象，**34**(9)：57-64.

孙奕敏，1994. 灾害性浓雾[M]. 北京. 气象出版社：1-5.

王彦，李胜山，郭立，等，2006. 渤海湾海风锋雷达回波特征分析[J]. 气象，**32**(12)：23-28.

吴兑，吴晓京，李菲，等，2011. 中国大陆 1951—2005 年雾与轻雾的长期变化. 热带气象学报，**27**(2)：145-151.